数学·统计学系列

U0237724

定方程及其应用

ite Equation and Its Application (Volume III)

●南秀全　杜雯　编著

（下）

哈尔滨工业大学出版社

HARBIN INSTITUTE OF TECHNOLOGY PRESS

内容简介

本书共有七章,分别为勾股数的性质及其应用,佩尔方程及其应用,无穷递降法,指数中含有未知数的一些特殊的不定方程(组),几何问题中的不定方程,其他一些特殊不定方程的解法,数学竞赛中与不定方程(组)相关的问题.

本书适合大学师生及数学爱好者参考使用.

图书在版编目(CIP)数据

不定方程及其应用. 下/南秀全,杜雯编著. —哈尔滨:
哈尔滨工业大学出版社,2019.2
ISBN 978 – 7 – 5603 – 7616 – 5

Ⅰ.①不… Ⅱ.①南… ②杜… Ⅲ.①不定方程
Ⅳ.①O122.2

中国版本图书馆 CIP 数据核字(2018)第 199278 号

策划编辑　刘培杰　张永芹
责任编辑　张永芹　穆　青
封面设计　孙茵艾
出版发行　哈尔滨工业大学出版社
社　　址　哈尔滨市南岗区复华四道街 10 号　邮编 150006
传　　真　0451-86414749
网　　址　http://hitpress.hit.edu.cn
印　　刷　哈尔滨市工大节能印刷厂
开　　本　787mm×1092mm　1/16　印张 30.75　字数 620 千字
版　　次　2019 年 2 月第 1 版　2019 年 2 月第 1 次印刷
书　　号　ISBN 978 – 7 – 5603 – 7616 – 5
定　　价　98.00 元

◎ 前 言

我们知道,当一个方程中未知数的个数多于一个时,称这个方程为不定方程. 一般来说,它的解往往是不确定的. 例如,方程 $x+2y=3$,它的解就是不确定的. 这类方程或方程组称为不定方程或不定方程组,一个不定方程总有无数组解. 如果只讨论求整数系数的不定方程的整数解,那么它可能仍有无数组解,也可能有有限多组解,也可能无解.

古今中外的数学家们长期进行研究和完善的不定方程(组)是数论中最古老的一个分支. 我国古代数学家们对不定方程的研究已延续数千年,成绩卓著. 古代流传至今的,如韩信点兵、物不知其数、百鸡问题、余米推数等问题和解法都是十分有趣的,并曾经誉满全球,被世界各国研究不定方程者列为先声,从中汲取难以估量的营养. 由于不定方程(组)的内容极其丰富,在科学技术和现实生活中应用很广,直到1600多年后的今天,对不定方程的研究仍是人们非常感兴趣的重要课题.

正因为不定方程与代数数论、代数几何、组合数学等有密切的联系,近几十年来,这个领域又有了很多重要的进展. 同时,简单的或特殊的不定方程可以培养学生的思维能力和创新能力,因此,它又是近几十年以来,中外各级各类数学竞赛命题的重要内容之一. 解国内外数学竞赛试题中的不定方程问题,没有固定的方法和模式,也没有普遍的方法可以遵循,只能根据具体问题进行具体分析,选择合适的方法去求解. 因此,本书选择了近几十年来国内外数学竞赛中的经典试题,进行了分类讲解,供数学爱好者参考.

由于作者水平有限,书中一定会有许多不足之处,敬请广大读者批评指正.

南秀全

2018.11

勾股数的性质及其应用

8.1 勾股数定理及其应用

在我国古代数学著作《周脾算经》中,有记载"勾广三,股修四,径隔五."这个三边都是正整数的直角三角形,通常称为勾股三角形.

如果正整数 x, y, z 能满足不定方程

$$x^2 + y^2 = z^2 \qquad ①$$

那么 x, y, z 就叫作一组勾股数,记作 (x, y, z). 当 (x, y, z) 不含有公约数时,我们称之为基本勾股数,即如果 (x, y, z) 为一组勾股数,且 $(x, y, z) = 1$,那么 (x, y, z) 叫作一个勾股数的基本组,用集合 S 表示全体勾股数的基本组.

在公元 263 年,我国古代数学家刘徽著的《九章算术》中记载:"短面曰勾,长面曰股,相与结角曰弦,勾短其股,股短其弦."书中有

$$3^2 + 4^2 = 5^2, 5^2 + 12^2 = 13^2, 7^2 + 24^2 = 25^2$$
$$8^2 + 15^2 = 17^2, 20^2 + 21^2 = 29^2$$

由此可以看出,我国古代数学家早已研究出了许多组勾股数.

每一组基本勾股数与自然数相乘,结果仍得勾股数,例如,由基本勾股数 $(3, 4, 5)$ 可得到 $(6, 8, 10)$, $(9, 12, 15)$, $\cdots$,以这些勾股数为边的直角三角形都是相似的. 含有公约数的勾股数被称为可约勾股数. 在研究勾股数的性质时,本书只考虑基本勾股数的情形.

定理 1   如果 (a, b, c) 是 $x^2 + y^2 = z^2$ 的一组基本勾股数,那么

$$(a,b) = (b,c) = (c,a) = (a,b,c) = 1$$

证明 因为 (a,b,c) 是勾股数的基本组,所以 $(a,b)=1$,且

$$a^2 + b^2 = c^2$$

其中 a,b,c 为正整数. 现证 $(a,c)=1$.

若不然,假设 $(a,c)=k>1$,令

$$a = ka', c = kc'$$

则

$$b^2 = c^2 - a^2 = k^2(c'^2 - a'^2)$$

从而 $k^2 \mid b^2, k \mid b$,这与 $(a,b)=1$ 矛盾. 故 $(a,c)=1$.

同理,可证其他情形.

定理2 如果 (a,b,c) 是一组基本勾股数,那么 a 与 b 一定是一奇一偶,c 为奇数.

证明 因为 (a,b,c) 是基本勾股数,所以 $(a,b)=1$. 从而,a 与 b 不可能同偶. 现在证 a 与 b 也不可能同奇. 若不然,假设

$$a = 2x + b, b = 2y + 1$$

其中 x,y 均是非负整数. 此时

$$a^2 + b^2 = 4(x^2 + y^2 + x + y) + 2$$

从而,$2 \mid (a^2 + b^2)$,但 $4 \nmid (a^2 + b^2)$,即 $2 \mid c^2$,而 $4 \nmid c^2$,这与 c 是整数矛盾,故 a 与 b 不可能同奇. 所以,a 与 b 必为一奇一偶.

因为奇数的平方为奇数,偶数的平方为偶数,奇数加偶数仍为奇数,所以 c^2 为奇数.

又因为 c 为整数,所以 c 必为奇数.

定理3 如果 m,n 是一奇一偶的正整数且 $m>n$,$(m,n)=1$,那么方程 $a^2 + b^2 = c^2$ 的所有整数解可表示为

$$a = 2mn, b = m^2 - n^2, c = m^2 + n^2$$

证明 由于 m,n 是正整数,且 $m>n$,知 a,b,c 为正整数.

由

$$(2mn)^2 + (m^2 - n^2)^2 = (m^2 + n^2)^2$$

知 (a,b,c) 为一组勾股数.

由于 m,n 一奇一偶,知 $m^2 - n^2$ 为奇数,$2mn$ 为偶数,$m^2 + n^2$ 为奇数.

由

$$c + b = 2m^2, c - b = 2n^2$$

知 c 与 b 的任何公因数必是 $2m^2$ 与 $2n^2$ 的公因数. 又因为 $(m,n)=1$,所以,c 与 b 至多有公因数 2 与 1;但 c 与 b 均为奇数,故只有 $(b,c)=1$. 从而 $(a,b)=1$,故

(a,b,c)是一组基本勾股数.

反之,设(a,b,c)是一组基本勾股数,则$(a,b)=1$.

由定理 2,知 a,b 是一偶一奇,c 为奇数.不妨设 a 为偶数,b 为奇数,取

$$k=\frac{1}{2}(c+b),t=\frac{1}{2}(c-b)$$

则 k,t 为正整数.

先证$(k,t)=1$.若不然,假设$(k,t)=d>1$,则

$$\frac{c+b}{2}=k_1d,\frac{c-b}{2}=k_2d$$

而$(k_1,k_2)=1$.

由

$$b=\frac{1}{2}(2k-2t)=k-t=(k_1-k_2)d$$

知 $d\mid b$.

又因为

$$a^2=c^2-b^2=(c+b)(c-b)=4k_1k_2d^2$$

所以 $d^2\mid a^2$,即 $d\mid a$.

于是$(a,b)=d$,这与$(a,b)=1$ 矛盾.

故$(k,t)=1$,即 $d=1$.

由

$$a^2=c^2-b^2=(c+b)(c-b)=2k\cdot 2t=4kt$$

及$(k,t)=1$,从而 k 与 t 均为完全平方数.

故可设

$$k=m^2,t=n^2$$

而

$$a^2=4m^2n^2,a=2mn,b=k-t=m^2-n^2,c=k+t=m^2+n^2$$

由$(k,t)=1$,知$(m,n)=1$.

由$(a,b)=1$ 及定理 2 知 m^2-n^2 为奇数,而 m,n 为一奇一偶.

我们还可以利用三角代换来证明定理 3.

设 x,y,z 是①的一个解,合于指出的条件,则有

$$\left(\frac{a}{c}\right)^2+\left(\frac{b}{c}\right)^2=1$$

可设

$$\frac{a}{c}=\sin\theta,\frac{b}{c}=\cos\theta$$

$\sin\theta,\cos\theta$ 均为正有理数,因此 $0<\theta<90°$,即 $0<\dfrac{\theta}{2}<45°$. 利用万能代换,令 $\tan\dfrac{\theta}{2}=t$,便有

$$\frac{a}{c}=\frac{2t}{1+t^2},\frac{b}{c}=\frac{1-t^2}{1+t^2} \qquad \text{②}$$

因

$$\tan\frac{\theta}{2}=\frac{\sin\theta}{1+\cos\theta}$$

为有理数,故可设

$$\tan\frac{\theta}{2}=\frac{m}{n},(m,n)=1$$

容易证明 a 与 b 为一奇一偶. 因为

$$\frac{a}{b}=\frac{2t}{1-t^2}=\frac{2mn}{n^2-m^2}$$

若 a,b 同奇偶,则 a,b 有公因数 2,矛盾. 将

$$\tan\frac{\theta}{2}=t=\frac{m}{n}$$

代入②,化简后即得

$$a=2mn,b=m^2-n^2,c=m^2+n^2$$

二次以上的不定方程一般都比较难解,超出了本书讨论的范围,下面我们仅再举一例介绍所谓"无穷下降法"的应用.

例 1　求基本勾股数组,其中有一个数是 16.

解　设勾股数组为 x,y,z,其中 $x=16$,由

$$x=2\times4\times2=2\times8\times1$$

以及当 $m=4,n=2$ 时,$(m,n)=2\neq1$,所以,只有 $m=8,n=1$. 此时,$(m,n)=1$,且 m 和 n 为一奇一偶. 于是

$$y=m^2-n^2=8^2-1^2=63,z=m^2+n^2=8^2+1^2=65$$

因此,只有一组基本勾股组 16,63,65.

对于本题,若不要求"基本的",则还可以求出两组:

一组是由 $x=2\times4\times2$,设

$$m=4,n=2$$

得

$$y=4^2-2^2=12,z=4^2+2^2=20$$

即 16,12,20 为一组勾股数.

不定方程及其应用(下)

4

另一组由

$$x^2 = 16^2 = 4 \times 32 \times 2$$

设

$$m^2 = 32, n^2 = 2$$

则

$$y = m^2 - n^2 = 32 - 2 = 30, z = m^2 + n^2 = 32 + 2 = 34$$

经验算

$$16^2 + 30^2 = 1\ 156 = 34^2$$

所以,16,30,34 为另一组勾股数.

例 2　设 p, m, n 为一组勾股数,其中 p 为奇质数,且 $n > p, n > m$.

求证:$2n - 1$ 必为完全平方数.

证明　因为 p, m, n 为一组勾股数,且 $n > m, n > p$,所以

$$m^2 + p^2 = n^2, m^2 = n^2 - p^2 = (n + p)(n - p)$$

于是,$m > n - p$. 设

$$m = n - r \quad (1 \leqslant r < p)$$

则有

$$p^2 = n^2 - m^2 = n^2 - (n - r)^2 = r(2n - r)$$

由于 $1 \leqslant r < p$ 及 p 是质数,则 $r = 1$. 否则,若 $1 < r < p$,则 p^2 不能被 r 整除.

由 $r = 1$ 可得 $p^2 = 2n - 1$. 因而,$2n - 1$ 为完全平方数.

在定理 3 中,当 m, n 同为奇数或偶数时,得出 a, b, c 是一组可约勾股数,因为这时有 $2 \mid (a, b, c)$.

若在定理 3 中,令

$$n = q, m = q + 2p - 1$$

p 与 q 为正整数,即可使 m 与 n 具有相反的奇偶性,从而得到

$$\begin{cases} a = (q + 2p - 1)^2 - q^2 \\ b = 2q(q + 2p - 1) \\ c = (q + 2p - 1)^2 + q^2 \end{cases}$$

即

$$\begin{cases} a = (2p - 1)(2p + 2q - 1) \\ b = 2q(2p + q - 1) \\ c = 2q(2p + q - 1) + (2p - 1)^2 \end{cases} \qquad (*)$$

在式(*)所给出的勾股数中一定不含有公约数 2,这是因为公式中 a 被表示为两个奇数之积必为奇数,b 是偶数,c 为偶数与奇数之和必为奇数.

按照公式(*),可以编制出如下的勾股数表:

	q	1	2	3	4	5	6	7	8	9	10
p											
1	a	3	5	7	9	11	13	15	17	19	21
	b	4	12	24	40	60	84	112	144	180	220
	c	5	13	25	41	61	85	113	145	181	221
2	a	15	21	27	33	39	45	51	57	63	69
	b	8	20	36	56	80	108	140	176	216	260
	c	17	29	45	65	89	117	149	185	225	269
3	a	35	45	55	65	75	85	95	105	115	125
	b	12	28	48	72	100	132	168	208	252	300
	c	37	53	73	97	125	157	193	233	277	325
4	a	63	77	91	105	119	133	147	161	175	189
	b	16	36	60	88	120	156	196	240	288	340
	c	65	85	109	137	169	205	245	289	337	389
5	a	99	117	135	153	171	189	207	225	243	261
	b	20	44	72	104	140	180	224	272	324	380
	c	101	125	153	185	221	261	305	353	405	461

在上表中,显然有可约勾股数存在,表中画上圈的一组数即是. 由于公约数必定是奇数,可令

$$q = k(2p - 1) \quad (k \in \mathbf{Z})$$

由公式(*)得到

$$\begin{cases} a = (2p-1)[2k(2p-1) + 2p - 1] \\ b = 2k(2p-1)[k(2p-1) + 2p - 1] \\ c = 2k(2p-1)[2p-1 + k(2p-1)] + (2p-1)^2 \end{cases}$$

即

$$\begin{cases} a = (2k+1)(2p-1)^2 \\ b = 2k(k+1)(2p-1)^2 \\ c = \left[(k+1)^2 + k^2 \right](2p-1)^2 \end{cases}$$

所以,当 q 的值满足 $q = k(2p-1)$ 时,该组勾股数中,便含有公约数 $(2p-1)^2$. 例如,当 $p = 2$ 时,只要

$$q = k(2 \times 2 - 1) = 3k \quad (k = 3,6,9,\cdots)$$

所得的勾股数就均含有公约数

$$(2 \times 2 - 1)^2 = 9$$

当 $p = 3$ 时,只要

$$q = k(2 \times 3 - 1) = 5k \quad (k = 5,10,15,\cdots)$$

所得的勾股数就都含有公约数 $(2 \times 3 - 1)^2 = 25$,等等.

按照上述规律找出表中的可约勾股数并将它们画掉,就可以得到一个只含有基本勾股数的表.

根据公式(*),我们容易推出基本勾股数 (a,b,c) 有如下性质:

推论 1 a 与 b 中必有一个能被 4 整除.

证明 由公式(*)

$$b = 2q(q + 2p - 1)$$

当 q 为偶数时,有 $4 \mid b$.

当 q 为奇数时,$q + 2p - 1$ 为偶数,此时,也有 $4 \mid b$.

推论 2 弦与 1 之差必能被 4 整除.

证明 由公式(*)

$$\begin{aligned} c - 1 &= 2q(q + 2p - 1) + (2p - 1)^2 - 1 \\ &= b + 4p(p - 1) \end{aligned}$$

由推论 1,知 $4 \mid b$,故可得 $4 \mid (c - 1)$.

推论 3 弦与勾(或股)之差必是完全平方数.

证明 由公式(*)

$$c - b = (2p - 1)^2$$

是一个完全平方数.

推论 4 勾与股中必有一个能被 3 整除.

证明 设

$$p = 3p_1 + k, q = 3q_1 + r$$

其中 p_1, q_1 为正整数,k 或 $r = 0,1,2$. 由公式(*),有

$$a = (6p_1 + 2k - 1)\left[6(p_1 + q_1) + 2(k + r) - 1 \right]$$

$$b = (6q_1 + 2r)\left[3(2p_1 + q_1) + 2k + r - 1 \right]$$

对于任意的 p,q 共有下述几种情况：

（1）$r=0$，这时，总有 $3|b$.

（2）$r=1$，若 $k=0$，则 $3|b$；若 $k=1$，则 $3|a$；若 $k=2$，则 $3|a$.

（3）$r=2$，若 $k=0$，则 $3|a$；若 $k=1$，则 $3|b$；若 $k=2$，则 $3|a$.

由此可见，对于任意的正整数 p 与 q，勾与股中必有一个能被 3 整除.

推论 5 勾、股、弦中必有一个能被 5 整除.

证明 设

$$p=5p_1+\alpha,q=5q_1+\beta$$

p_1,q_1 为整数，α 或 $\beta=0,1,2,3,4$.

由公式（＊），有

$$a=(10p_1+2\alpha-1)\big[10(p_1+q_1)+2(\alpha+\beta)-1\big]$$
$$b=(10q_1+2\beta)\big[5(2p_1+q_1)+2\alpha+\beta-1\big]$$
$$c=b+(10p_1+2\alpha-1)^2$$

对于任意的 p 与 q，共有以下几种情形：

（1）当 $\beta=0$ 时，此时有 $5|b$.

（2）当 $\beta=1$ 时，若 $\alpha=0$，则 $5|b$；若 $\alpha=1$，这时

$$c=(10q_1+2)\big[5(2p_1+q_1)+2\big]+(10p_1+1)^2$$
$$=5(2p_1+q_1)(10q_1+2)+20q_1+100p_1^2+20p_1+5$$

则 $5|c$；若 $\alpha=2$，则 $5|a$；若 $\alpha=3$，则 $5|a$；若 $\alpha=4$，这时

$$c=(10q_1+2)\big[5(2p_1+q_1)+8\big]+(10p_1+7)^2$$
$$=5(2p_1+q_1)(10q_1+2)+80q_1+100p_1^2+140p_1+65$$

则 $5|c$.

（3）当 $\beta=2$ 时，若 $\alpha=0$，则 $5|c$；若 $\alpha=1$，则 $5|a$；若 $\alpha=2$，则 $5|b$；若 $\alpha=3$，则 $5|a$；若 $\alpha=4$，则 $5|c$.

（4）当 $\beta=3$ 时，若 $\alpha=0$，则 $5|a$；若 $\alpha=1$，则 $5|c$；若 $\alpha=2$，则 $5|c$；若 $\alpha=3$，则 $5|a$；若 $\alpha=4$，则 $5|b$.

（5）当 $\beta=4$ 时，若 $\alpha=0$，则 $5|c$；若 $\alpha=1$，则 $5|b$；若 $\alpha=2$，则 $5|c$；若 $\alpha=3$，则 $5|a$；若 $\alpha=4$，则 $5|a$.

综上所述，对于任意的 p 与 q，勾、股、弦中必有一个能被 5 整除.

推论 6 勾与股之差为 1 的勾股数有无穷多组.

证明 令 $b\pm1=a$，由公式（＊）得

$$2q(2p-1+q)\pm1=(2p-1+q)^2-q^2$$

变形得

$$q = \sqrt{\frac{(2p-1)^2 \pm 1}{2}}$$

这是方程在正整数集内有无穷多组解

$$\begin{cases} p = 1,2,4,9,21,\cdots \\ q = 1,2,5,12,29,\cdots \end{cases}$$

代入公式(*)中,便得到勾与股相差为1的勾股数

$$(3,4,5),(20,21,29),(119,120,169),$$

$$(696,697,985),(4\ 059,4\ 060,5\ 741),\cdots$$

下面,我们继续来研究勾股数的有关性质.

定理4 三数构成等差数列的勾股数基本组只有(3,4,5).

证明 设$(a-d,a,a+d)$是一个勾股数基本组,则$a-d,a,a+d$成等差数列. 由

$$(a-d)^2 + a^2 = (a+d)^2$$

得

$$a^2 - 4ad = 0$$

$$a(a-4d) = 0$$

因为$a \neq 0$,所以$a = 4d.$

从而三数为

$$a-d = 3d,4d,a+d = 5d$$

又因为

$$(3d,d) = d = 1$$

所以,三数只能是3,4,5,即(3,4,5).

定理5 任何一个勾股数基本组中的三个数不可能成等比数列,也不可能成调和数列.

证明 (1)设(a,b,c)是一个勾股数基本组,且a,b,c成等比数列.

因为a,b,c中c最大,显然,c不是等比中项. 不妨设

$$b = aq,c = aq^2$$

q为大于1的正整数. 由

$$a^2 + (aq)^2 = (aq^2)^2 , q^4 - q^2 - 1 = 0$$

解得$q^2 = \dfrac{1 \pm \sqrt{5}}{2}.$

显然q^2不是整数,故q不是整数,从而a,b,c不可能构成等比数列.

(2)设(a,b,c)是一个勾股数基本组,且a,b,c成调和数列,则

$$\frac{a-b}{b-c}=\frac{a}{c}$$

从而 $b=\dfrac{2ac}{a+c}$，其中 c 为奇数，a 为偶数或奇数.

当 a 为偶数，b 为奇数时，$a+c$ 为奇数，$b(a+c)$ 为奇数，而 $2ac$ 为偶数，从而

$$b=\frac{2ac}{a+c}$$

不可能成立.

当 a 为奇数，b 为偶数时，$a+c$ 为偶数，则 $4\mid b(a+c)$，但 ac 为奇数，故

$$b(a+c)=2ac$$

不可能成立，即 $b=\dfrac{2ac}{a+c}$ 不可能成立.

综上所述，a,b,c 不可能成调和数列.

同样，可证明 a,b,c 的其他排列次序也不可能成调和数列.

定理 6 设 a 为奇数，且 $a=pq,p>q,p,q$ 均为正整数.

（1）当 $(p,q)=k>1$ 时，由

$$m=\frac{1}{2}(p+q),n=\frac{1}{2}(p-q) \tag{③}$$

决定的 $(a,b,c)\notin S$.

（2）当 $(p,q)=1$ 时，由式③决定的 (a,b,c) 是勾股数基本组的充分必要条件是 $p>(1+\sqrt{2})q$.

证明 （1）由 $a=pq$ 为奇数，知 p,q 均为奇数. 由

$$(p,q)=k>1$$

可设

$$p=kp',q=kq'$$

其中 p',q',k 必为奇数，且 $(p',q')=1$.

由 $p>q$，知 $p'>q'$. 而

$$\frac{p'+q'}{2},\frac{p'-q'}{2} \tag{④}$$

均为正整数. 由式④得

$$m=\frac{(p'+q')}{2}k,n=\frac{(p'-q')}{2}k$$

于是 m,n 均是正整数. 但 $(m,n)\geqslant k>1$，所以由 m,n 决定的 $(a,b,c)\notin S$.

（2）由 $a=pq$ 为奇数，知 p,q 均为奇数. 由 $p>q$ 知式③决定的 m,n 为整数

$(m > n)$，且适合

$$m^2 - n^2 = \left[\frac{1}{2}(p+q)\right]^2 - \left[\frac{1}{2}(p-q)\right]^2 = pq = a$$

从而 m, n 必为一奇一偶.

现在证 $(m, n) = 1$. 若不然，假设 $(m, n) = d > 1$，则

$$m = dm', n = dn'$$

由式③得

$$2dm' = p + q, 2dn' = p - q$$

$$p = dm' + dn' = d(m' + n'), q = dm' - dn' = d(m' - n')$$

于是

$$d \mid p, d \mid q$$

这与 $(p, q) = 1$ 矛盾. 所以

$$d = 1, (m, n) = 1$$

故由 m, n 决定的 $(a, b, c) \in S$.

又

$$m^2 - n^2 < 2mn \Leftrightarrow (m - n)^2 < 2n^2$$

$$\Leftrightarrow m - n < \sqrt{2}n \Leftrightarrow m < (1 + \sqrt{2})n$$

$$\Leftrightarrow \frac{1}{2}(p + q) < (1 + \sqrt{2}) \cdot \frac{1}{2}(p - q)$$

$$\Leftrightarrow p > (1 + \sqrt{2})q$$

推论 7　当 $m = n + 1$ 时，由 m, n 决定的 $(a, b, c) \in S$.

证明　由 $m = n + 1$，知 m, n 为一奇一偶，且 $(m, n) = 1$，从而由 m, n 决定的 $(a, b, c) \in S$. 由

$$m^2 - n^2 = (n + 1)^2 - n^2 = 2n + 1$$

为奇数，可设

$$a = 2n + 1 = (2n + 1) \times 1, p = 2n + 1, q = 1$$

从而 $(p, q) = 1$. 又因

$$2n + 1 > (1 + \sqrt{2}) \times 1$$

即

$$p > (1 + \sqrt{2})q$$

根据定理 6 的情形 (2)，由式③有

$$m = \frac{1}{2}(p + q) = \frac{1}{2}(2n + 1 + 1) = n + 1$$

$$n = \frac{1}{2}(p - q) = \frac{1}{2}(2n + 1 - 1) = n$$

决定的,即 $n+1,n$ 决定的 $(a,b,c)\in S_1$.

根据定理 6 的情形 (2),还可以得到下面的推论:

推论 8 若 m,n 决定的 $(a,b,c)\in S$,且 $(m+1,n+1)=1$,则 $m+1,n+1$ 决定的 $(a,b,c)\in S$.

证明 由 m,n 决定的 $(a,b,c)\in S$,知 $(m,n)=1$,且 m,n 为一奇一偶. 由

$$m^2-n^2<2mn$$

得

$$
\begin{aligned}
(m+1)^2-(n+1)^2 &= m^2-n^2+2(m-n)\\
&< 2mn+2m+2n+2\\
&= 2(m+1)(n+1)
\end{aligned}
$$

又因为 $m+1,n+1$ 为一偶一奇

$$(m+1,n+1)=1$$

所以,$m+1,n+1$ 决定的 $(a,b,c)\in S$.

由定理 3 知,在基本组中,$2mn$ 必为 4 的倍数,m^2-n^2 必为奇数,那么是否每个奇数和每个 4 的倍数均在基本组中呢?

定理 7 任何一个大于 1 的奇数必是某个勾股数基本组中的最小正整数.

证明 若 a 是大于 1 的任一奇数,则

$$a=a\times 1,(a,1)=1$$

因为 $a\geqslant 3$,所以适合

$$a>(1+\sqrt{2})\times 1$$

由定理 6 的情形 (2) 可知式③决定的

$$m=\frac{1}{2}(a+1),n=\frac{1}{2}(a-1)$$

而 m,n 决定的 $(a,b,c)\in S_1\subset S$.

即任意一个大于 1 的奇数 a,必是某个勾股数基本组中的最小正整数.

定理 8 若 $m>n,(m,n)=1$,mn 是偶数,则 m,n 决定的 $(a,b,c)\in \bar{S_1}$ 的充分必要条件是 $m>(1+\sqrt{2})n$.

证明 由 $m>n,(m,n)=1$ 知 m 与 n 不可能同偶,又因 mn 是偶数,故 m,n 为一奇一偶,所以,m,n 决定的 $(a,b,c)\in S$. 由

$$2mn<m^2-n^2$$

$$m>(1+\sqrt{2})n$$

推论 9 设 r 是非负整数,则由

$$m=4+2r,n=1$$

$$m = 5 + 2r, n = 2$$

决定的 $(a,b,c) \in \bar{S}.$

证明 对任意非负整数 r, m 与 n 为一奇一偶,显然,有

$$(4 + 2r, 1) = 1, (5 + 2r, 1) = 1$$

且

$$4 + 2r > (1 + \sqrt{2}) \times 1, 5 + 2r > (1 + \sqrt{2}) \times 1$$

由定理 8 知它们决定的 $(a,b,c) \in \bar{S}.$

定理 9 4 的任何一个大于 1 的正整数倍数一定是某个勾股数基本组的最小正整数.

证明 对任一个 4 的大于 1 的正整数倍数 $4t(t > 1)$,令 $2mn = 4t$,且 $m = 2t$, $n = 1$,则 m, n 一偶一奇,$m > n, (m,n) = 1.$

又因为

$$m = 2t \geqslant 4 > (1 + \sqrt{2}) \times 1 = (1 + \sqrt{2})n$$

由定理 8 知,由

$$m = 2t, n = 1$$

决定的 $(a,b,c) \in \bar{S}_1 \subset A.$

即 4 的任何一个大于 1 的正整数倍数,必是某个勾股数基本组中的最小正整数.

根据上面的定理 3、定理 6、定理 7、定理 8、定理 9 及其推论,我们可以按 a 由小到大的顺序,逐个写出勾股数的基本组 $(3 \leqslant a < 50)$ 如下表:

a	a 的分解式		m n	$[a,b,c]$	注
	偶 $2mn$	奇 $p \cdot q$			
3		$3 \cdot 1$	2 1	3 4 5	
4	$2 \cdot 2 \cdot 1$		/	/	$m \leqslant (1 + \sqrt{2})n$
5		$5 \cdot 1$	3 2	5 12 13	
7		$7 \cdot 1$	4 3	7 24 25	
8	$2 \cdot 4 \cdot 1$		4 1	8 15 17	
9		$9 \cdot 1$	5 4	9 40 41	
11		$11 \cdot 1$	6 5	11 60 61	
12	$2 \cdot 6 \cdot 1$		6 1	12 35 37	
13		$13 \cdot 1$	7 6	13 84 85	
15		$15 \cdot 1$	8 7	15 112 113	

a	a 的分解式		m n	$[a,b,c]$	注
	偶 $2mn$	奇 $p \cdot q$			
	$2 \cdot 3 \cdot 2$		/	/	$m \leqslant (1+\sqrt{2})n$
		$5 \cdot 3$	/	/	$p \leqslant (1+\sqrt{2})q$
16	$2 \cdot 8 \cdot 1$		8 1	16 63 65	
	$2 \cdot 4 \cdot 2$		/	/	$(m,n) \neq 1$
17		$17 \cdot 1$	9 8	17 144 145	
19		$19 \cdot 1$	10 9	19 180 181	
20	$2 \cdot 10 \cdot 1$		10 1	20 99 101	
	$2 \cdot 5 \cdot 2$		5 2	20 21 29	
21		$21 \cdot 1$	11 10	21 220 221	
		$7 \cdot 3$	/	/	$p \leqslant (1+\sqrt{2})q$
23		$23 \cdot 1$	12 11	23 264 265	
24	$2 \cdot 12 \cdot 1$		12 1	24 143 145	
	$2 \cdot 6 \cdot 2$		/	/	$(m,n) \neq 1$
	$2 \cdot 4 \cdot 3$		/	/	$m \leqslant (1+\sqrt{2})n$
25		$25 \cdot 1$	13 12	25 312 313	
27		$27 \cdot 1$	14 13	27 364 365	
		$9 \cdot 3$	/	/	$(p,q) \neq 1$
28	$2 \cdot 14 \cdot 1$		14 1	28 195 197	
	$2 \cdot 7 \cdot 2$		7 2	28 45 53	
29		$29 \cdot 1$	15 14	29 420 421	
31		$31 \cdot 1$	16 15	31 480 481	
32	$2 \cdot 16 \cdot 1$		16 1	32 255 257	
	$2 \cdot 8 \cdot 2$		/	/	$(m,n) \neq 1$
33		$33 \cdot 1$	17 16	33 544 545	
		$11 \cdot 3$	7 4	33 56 65	
35		$35 \cdot 1$	18 17	35 612 613	
		$7 \cdot 5$	/	/	$p \leqslant (1+\sqrt{2})q$
36	$2 \cdot 18 \cdot 1$		18 1	36 323 325	
	$2 \cdot 9 \cdot 2$		9 2	36 77 85	

续表

a	a 的分解式		m n	$[a,b,c]$	注
	偶 $2mn$	奇 $p \cdot q$			
	$2 \cdot 6 \cdot 3$		/	/	$(m,n) \neq 1$
37		$37 \cdot 1$	19 18	37 684 685	
39		$39 \cdot 1$	20 19	39 760 761	
40	$2 \cdot 20 \cdot 1$		20 1	40 399 401	
	$2 \cdot 10 \cdot 2$		/	/	$(m,n) \neq 1$
	$2 \cdot 5 \cdot 4$		/	/	$m \leqslant (1+\sqrt{2})n$
41		$41 \cdot 1$	21 20	41 840 841	
43		$43 \cdot 1$	22 21	43 924 925	
44	$2 \cdot 22 \cdot 1$		22 1	44 483 485	
	$2 \cdot 11 \cdot 2$		11 2	44 117 125	
45		$45 \cdot 1$	23 22	45 1 012 1 013	
		$15 \cdot 3$	/	/	$(p,q) \neq 1$
		$9 \cdot 5$	/	/	$p \leqslant (1+\sqrt{2})q$
47		$47 \cdot 1$	24 23	47 1 104 1 105	
48	$2 \cdot 24 \cdot 1$		24 1	48 575 577	
	$2 \cdot 12 \cdot 2$		/	/	$(m,n) \neq 1$
	$2 \cdot 8 \cdot 3$		8 3	48 55 73	
	$2 \cdot 6 \cdot 4$		/	/	$(m,n) \neq 1$
49		$49 \cdot 1$	25 24	49 1 200 1 201	

8.2　利用勾股数定理解不定方程

例 1　是否存在正整数 x,y,使得

$$x^2 + y^2 = 2\,011^2 \qquad ①$$

成立?

解　如果有这样的正整数,那么 x,y 都小于 2 011. 因为 2 011 为素数(这个结论可通过所有不超过 $\sqrt{2\,011}$ 的素数都不能整除 2 011 直接计算得到),所以 x,y 都与 2 011 互素,这表明 $(x,y,2\,011)$ 是①的本原解,从而存在正整数 m,n 使得

$$m^2 + n^2 = 2\ 011$$

但是

$$m^2 + n^2 \equiv 0,1 \text{ 或 } 2 (\bmod 4)$$

而

$$2\ 011 \equiv 3 (\bmod 4)$$

矛盾. 所以, 不存在正整数 x, y 满足条件.

说明 利用本题的结论, 可知圆 $x^2 + y^2 = 2\ 011^2$ 上只有 4 个整点 (即 $(x,y) = (0, \pm 2\ 011)$ 和 $(\pm 2\ 011, 0)$).

例2 (2003 年第 16 届韩国数学奥林匹克) 证明: 不存在整数 x, y, z, 满足 $2x^4 + 2x^2 y^2 + y^4 = z^2 (x \neq 0)$.

证明 因为 $x \neq 0$, 所以, $y \neq 0$.

不失一般性, 假定 x, y 为题设方程的整数解, 且满足 $x > 0, y > 0$, 及 $(x, y) = 1$, 还可进一步假定 x 为满足上述条件的最小的整数解.

由

$$z^2 \equiv 0, 1, 4 (\bmod 8)$$

知 x 为偶数, 而 y 为奇数.

注意到

$$x^4 + (x^2 + y^2)^2 = z^2$$

及

$$(x^2, x^2 + y^2) = 1$$

故存在一个奇整数 p 和偶整数 q, 使得

$$x^2 = 2pq, x^2 + y^2 = p^2 - q^2 \text{ 及 } (p, q) = 1$$

由此易证, 存在一个整数 a 与奇数 b, 使得

$$p = b^2, q = 2a^2$$

故

$$x = 2ab, y^2 = b^4 - 4a^4 - 4a^2 b^2$$

注意到

$$\left(\frac{2a^2 + b^2 + y}{2}\right)^2 + \left(\frac{2a^2 + b^2 - y}{2}\right)^2 = b^4$$

及

$$\left(\frac{2a^2 + b^2 + y}{2}, \frac{2a^2 + b^2 - y}{2}\right) = 1$$

故存在整数 $s, t (s > t, (s, t) = 1)$, 使得

$$\frac{2a^2 + b^2 + y}{2} = 2st, \frac{2a^2 + b^2 - y}{2} = s^2 - t^2$$

或

$$\frac{2a^2 + b^2 + y}{2} = s^2 - t^2, \frac{2a^2 + b^2 - y}{2} = 2st$$

及

$$b^2 = s^2 + t^2$$

易知

$$a^2 = (s - t)t$$

由于

$$(a, b) = 1, (s, t) = 1$$

故存在正整数 $m, n((m, n) = 1)$,使得

$$s - t = m^2, t = n^2$$

因此

$$b^2 = n^4 + (n^2 + m^2)^2$$

而

$$x = 2ab > t = n^2 \geqslant n$$

这与 x 为最小解的假定矛盾.

例3 证明不定方程

$$3^x + 4^y = 5^z \tag{①}$$

的全部正整数解是 $x = y = z = 2$.

证明 我们先来证明 x 及 z 都是偶数.

方程①模 4,得到

$$(-1)^x \equiv 1 \pmod 4$$

从而 x 是偶数. 设 $x = 2x_1$,方程①模 3,得到

$$1 \equiv (-1)^z \pmod 3$$

即 z 也是偶数. 设 $z = 2z_1$,这样①成为

$$(3^{x_1})^2 + (2^y)^2 = (5^{z_1})^2$$

于是 $3^{x_1}, 2^y, 5^{z_1}$ 是一组本原的勾股数. 由定理 3 可知,存在整数 $a > b > 0$, $(a, b) = 1, a, b$ 一奇一偶,使得

$$2^y = 2ab \tag{②}$$
$$3^{x_1} = a^2 - b^2 \tag{③}$$

由②立即推出 $a = 2^{y-1}, b = 1$,代入③,得

$$3^{x_1} + 1 = 2^{2(y-1)} \tag{④}$$

如果 $y > 2$,则④的右边模 8 为 0. 但当 x_1 为偶数时,3^{x_1} 是奇数的平方,模 8 为 1;当 x_1 为奇数时,$3^{x_1} = 3 \times 3^{x_1-1}$,模 8 为 3. 从而

17

$$3^{x_1} + 1 \equiv 2,4 \pmod 8$$

矛盾. 因此必有 $y=2$, 这样 $x_1=1$, 即 $x=2,z=2$.

在不定方程中, 有一个涉及勾股数的著名猜想:

猜想 对于正整数 a,b,c 及 x,y,z, 如果

$$a^2+b^2=c^2, a^x+b^y=c^z$$

则

$$x=y=z=2$$

例 3 表明, 在 $a=3,b=4,c=5$ 时猜想是正确的. 已经有人证明上述猜想对无穷多组勾股数成立, 但问题还远远没有完全解决.

例 4 (2006 年印度国家队选拔考试)求所有的三元整数组 (a,b,c), 使得 $a^2+b^2=c^2$ 且 $(a,b,c)=1,2\,000<a,b,c<3\,000$.

解 由勾股数组 (a,b,c) 可知

$$a=2pq, b=p^2-q^2, c=p^2+q^2$$

其中 $p,q(q<p)$ 是互质的正整数, 且有一数为偶数.

由条件知

$$c^2=a^2+b^2>2\times 2\,000^2$$

所以

$$2\,000\sqrt{2}<c=p^2+q^2<3\,000$$

即

$$2\,828<p^2+q^2<3\,000 \qquad\qquad ①$$

又

$$2\,000<b=p^2-q^2 \qquad\qquad ②$$

①+②, 得 $4\,828<2p^2$. 即 $p^2>2\,414$.

从而

$$p\geqslant 50 \qquad\qquad ③$$

又由

$$2\,000<a=2pq \qquad\qquad ④$$

①－④, 得

$$(p-q)^2<1\,000$$

故

$$p-q\leqslant 31 \qquad\qquad ⑤$$

由式③⑤, 得 $q\geqslant 19$.

从而

$$p^2+19^2\leqslant p^2+q^2<3\,000$$

即 $p^2 < 2\ 639$. 所以 $p \le 51$.

因此

$$2q = \frac{2pq}{p} > \frac{2\ 000}{51}$$

故 $q \ge 20$. 从而

$$p^2 + 20^2 \le p^2 + q^2 < 3\ 000$$

所以 $p^2 < 2\ 600$. 因而 $p \le 50$. 故 $p = 50$.

所以

$$50^2 + q^2 < 3\ 000$$

即 $q^2 < 500, q \le 22$.

又 $p = 50$ 是偶数,则 q 是奇数. 由 $20 \le q \le 22$,知 $q = 21$. 于是

$$p = 50, q = 21$$

从而

$$a = 2pq = 2\ 100, b = p^2 - q^2 = 2\ 059, c = p^2 + q^2 = 2\ 941$$

例 5 (2001 年第 42 届国际数学奥林匹克预选题)考虑方程组

$$\begin{cases} x + y = z + u & ① \\ 2xy = zu & ② \end{cases}$$

求实常数 m 的最大值,使得对于方程组的任意正整数解 (x, y, z, u),当 $x \ge y$ 时,有 $m \le \frac{x}{y}$.

解 由 $①^2 - 4 \times ②$ 得

$$x^2 - 6xy + y^2 = (z - u)^2$$

$$\left(\frac{x}{y}\right)^2 - 6\left(\frac{x}{y}\right) + 1 = \left(\frac{z - u}{y}\right)^2 \qquad ③$$

设

$$\frac{x}{y} = \omega, f(\omega) = \omega^2 - 6\omega + 1$$

当 $\omega = 3 \pm 2\sqrt{2}$ 时, $f(\omega) = 0$;

当 $\omega > 3 + 2\sqrt{2}$ 时, $f(\omega) > 0$.

由于 $\left(\frac{z - u}{y}\right)^2 \ge 0$,则 $f(\omega) \ge 0$,且 $\omega > 0$. 于是

$$\omega \ge 3 + 2\sqrt{2}$$

即

$$\frac{x}{y} \ge 3 + 2\sqrt{2}$$

我们证明$\dfrac{x}{y}$可以无限趋近于$3+2\sqrt{2}$,从而可得$m=3+2\sqrt{2}$.

为此,只需证明$\left(\dfrac{z-u}{y}\right)^2$可以任意地小,即无限趋近于零.

设p是z和u的公共质因数,由①②,p也是x和y的公共质因数,因此,可以假设$(z,u)=1$.

①$^2-2\times$②得

$$(x-y)^2=z^2+u^2$$

不妨假设u是偶数,由$z,u,x-y$是一组勾股数得:

存在互质的正整数a和b,有

$$z=a^2-b^2,u=2ab,x-y=a^2+b^2$$

又

$$x+y=z+u=a^2+2ab-b^2$$

于是

$$x=a^2+ab$$
$$y=ab-b^2$$
$$z-u=a^2-b^2-2ab=(a-b)^2-2b^2$$

当$z-u=1$时,可得佩尔方程

$$(a-b)^2-2b^2=1$$

其中$a-b=3,b=2$即为其一组解,于是这个方程有无穷多组正整数解,且其解$a-b$和b的值可以任意地大.

因此

$$y=ab-b^2=b(a-b)$$

也可以任意地大.

于是式③右端可以任意地小,即无限趋近于零.

从而$\dfrac{x}{y}$无限趋近于$3+2\sqrt{2}$,即$m=3+2\sqrt{2}$.

例6 证明:方程$x(z^2-y^2)=z(x^2+y^2)$无正整数解(x,y,z).

证明 假设原方程有正整数解.将原方程变形为

$$xz^2-(x^2+y^2)z-xy^2=0$$

则判别式

$$\Delta=(x^2+y^2)^2+(2xy)^2$$

为完全平方数.

设

$$a = x^2 + y^2, b = 2xy$$

则

$$a > b, \text{且 } a^2 - b^2 = (x^2 - y^2)^2$$

为完全平方数.

于是, $a^4 - b^4$ 也为完全平方数.

假设 (a, b, c) 是 $a^4 - b^4 = c^2$ 的所有正整数解中满足 a 最小的一组解.

若 $(a, b) = d > 1$, 设

$$a = da_1, b = db_1$$

于是, $d^2 \mid c$.

设 $c = d^2 c_1$, 则 $a_1^4 - b_1^4 = c_1^2$ 也成立, 且 $a_1 < a$, 与 a 的最小性矛盾.

因此, $d = 1$.

若 c 为偶数, 则 a, b 同为奇数, 且有

$$(a^2 + b^2, a^2 - b^2) = 2$$

于是

$$\left(\frac{a^2 + b^2}{2} \right) \left(\frac{a^2 - b^2}{2} \right) = \left(\frac{c}{2} \right)^2$$

而

$$\left(\frac{a^2 + b^2}{2}, \frac{a^2 - b^2}{2} \right) = 1$$

故 $\dfrac{a^2 + b^2}{2}, \dfrac{a^2 - b^2}{2}$ 均为完全平方数.

设

$$e = \sqrt{\frac{a^2 + b^2}{2}}, f = \sqrt{\frac{a^2 - b^2}{2}}$$

于是

$$e^4 - f^4 = (ab)^2$$

又 $a > b$, 则

$$e = \sqrt{\frac{a^2 + b^2}{2}} < a$$

矛盾.

若 c 为奇数, 则

$$c^2 \equiv 1 \pmod 4$$

于是, a 为奇数, b 为偶数.

因为

$$(a^2)^2 = (b^2)^2 + c^2$$

为勾股方程,所以

$$a^2 = r^2 + s^2, b^2 = 2rs, c = r^2 - s^2$$

其中,正整数 r,s 满足 $(r,s)=1$,且不妨设 r 为偶数,s 为奇数.

注意到

$$\left(\frac{r}{2}, s\right) = 1$$

故 $\frac{r}{2}, s$ 均为完全平方数.

设

$$\frac{r}{2} = u^2, s = v^2$$

其中,正整数 u,v 满足 $(u,v)=1$.

又

$$a^2 = (2u^2)^2 + (v^2)^2$$

为勾股方程,则

$$a = m^2 + n^2, 2u^2 = 2mn, v^2 = m^2 - n^2$$

其中,正整数 m,n 满足 $(m,n)=1$.

于是,m,n 均为完全平方数.

设

$$m = p^2, n = q^2$$

则

$$p^4 - q^4 = v^2$$

而

$$p = \sqrt{m} \leqslant m^2 < m^2 + n^2 = a$$

矛盾.

综上,原方程无正整数解.

例7 (2011 年中国北京数学邀请赛)若正整数 a,b,c 满足 $a^2 + b^2 = c^2$,则称 (a,b,c) 为勾股数组. 求含有 30 的所有勾股数组.

解法1 因为 $30 = 2 \times 3 \times 5$,所以,30 有 $2,6,10,30$ 四个偶因子和 $3,5,15$ 三个奇因子.

(1)令 $30 = 2mn$.

则

$$mn = 15 = 1 \times 15 = 3 \times 5$$

由

$$m = 15, n = 1$$

得不到基本组；

由

$$m = 5, n = 3$$

也得不到基本组.

(2)令 $10 = 2mn$.

则

$$mn = 5 = 1 \times 5$$

由 $m = 5, n = 1$,知 m, n 均为奇数,得不到基本组.

(3)令 $6 = 2mn$.

则

$$mn = 3 = 1 \times 3$$

由 $m = 3, n = 1$,知 m, n 均为奇数,得不到基本组.

(4)令 $2 = 2mn$.

则

$$mn = 1 = 1 \times 1$$

由 $m = n = 1$ 得不到基本组.

(5)令 $15 = m^2 + n^2$. 模 4 检验无解.

又令

$$15 = m^2 - n^2$$

则由

$$m^2 - n^2 = 15 = 15 \times 1$$

得出 $m = 8, n = 7$,得 $(15, 112, 113)$.

从而,勾股数组为 $(30, 224, 226)$.

再由

$$m^2 - n^2 = 15 = 5 \times 3$$

得出 $m = 4, n = 1$,得 $(15, 8, 17)$.

从而,勾股数组为 $(30, 16, 34)$.

(6)令 $5 = m^2 + n^2$.

则 $m = 2, n = 1$,得 $(5, 4, 3)$.

从而,勾股数组为 $(30, 24, 18)$.

再由

$$m^2 - n^2 = 5 = 5 \times 1$$

得出 $m=3,n=2$,得 $(5,12,13)$.

从而,勾股数组为 $(30,72,78)$.

(7)令 $3=m^2+n^2$. 模 4 检验无解.

又令 $3=m^2-n^2$,则由

$$m^2-n^2=3=3\times1$$

得出 $m=2,n=1$,得 $(3,4,5)$.

从而,勾股数组为 $(30,40,50)$.

综上,满足要求的所有勾股数组共有 5 组:

$(30,224,226),(30,16,34),(30,24,18),(30,72,78),(30,40,50)$.

解法 2 设勾股三角形的另两边边长为 $a,b(a>b)$,则

(1) $a^2+b^2=30^2$;

(2) $a^2-b^2=30^2$.

易知(1)只有一组解 $(a,b)=(24,18)$.

对于(2)有

$$(a+b)(a-b)=2^2\times3^2\times5^2$$

因为 $a+b$ 与 $a-b$ 同为偶数,且

$$a+b>a-b$$

所以

$$\begin{cases}a+b=2\times3^2\times5^2\\a-b=2\end{cases}$$

$$\begin{cases}a+b=2\times3\times5^2\\a-b=2\times3\end{cases}$$

$$\begin{cases}a+b=2\times3^2\times5\\a-b=2\times5\end{cases}$$

$$\begin{cases}a+b=2\times5^2\\a-b=2\times3^2\end{cases}$$

而它们各有一解,故满足要求的所有勾股数组共有 5 组:

$(30,224,226),(30,72,78),(30,40,50),(30,16,34),(30,24,18)$.

8.3 利用勾股数定理解其他数论方面的问题

例 1 (第 18 届莫斯科数学奥林匹克)已知对任意整数 x,三项式 ax^2+bx+c 均为完全平方数. 证明:必有

$$ax^2 + bx + c = (dx + e)^2$$

此题以往的证法中,大都是利用极限的思想与方法. 若作适当转化,便可利用勾股数给出一个完全初等的证法.

证明 记

$$f(x) = ax^2 + bx + c$$

只需证:a,b,c 为整数,且 $b^2 = 4ac$. 易得 $c = f(0)$ 为平方数,且

$$2b = f(1) - f(-1), 2a = f(1) + f(-1) - 2c$$

均为整数. 若 b 不为整数,则 $2b$ 为奇数. 设 $2b = 2n + 1$. 于是

$$4b \equiv 2(\bmod 4)$$

又

$$c \equiv 0 \text{ 或 } 1(\bmod 4), 16a = 8(2a) \equiv 0(\bmod 4)$$

则

$$f(4) = 16a + 4b + c \equiv 2 \text{ 或 } 3(\bmod 4)$$

即 $f(4)$ 不为平方数,矛盾. 因此,b 为整数. 从而

$$a = f(1) - b - c$$

为整数.

为证 $b^2 = 4ac$,采用结构转换法.

(1)当 $bc \neq 0$ 时,对任意的 $y \in \mathbf{Z}$,有

$$f(cy) = a(cy)^2 + b(cy) + c = c(acy^2 + by + 1)$$

为平方数. 而 c 是非零平方数,因此,对任意的 $y \in \mathbf{Z}$

$$g(y) = acy^2 + by + 1$$

的值为平方数. 对任意的 $k \in \mathbf{N}_+$,分别取 $y = \pm 2^k b$,则有整数 u_k, v_k 使得

$$g(2^k b) = ac(2^k b)^2 + b(2^k b) + 1 = u_k^2$$

$$g(-2^k b) = ac(-2^k b)^2 - b(2^k b) + 1 = v_k^2$$

将以上两式相乘并整理得

$$(2^{2k} acb^2 + 1)^2 = (u_k v_k)^2 + (2^k b^2)^2 \qquad ①$$

由 $2^{2k} acb^2 + 1$ 与 $2^k b^2$ 互素,可知式①中的三项两两互素,且 $2^k b^2$ 为偶数. 于是,由勾股数定理,有互素整数 m_k, n_k,使

$$2^{2k} acb^2 + 1 = m_k^2 + n_k^2 \qquad ②$$

$$2^k b^2 = 2m_k n_k \qquad ③$$

根据式②,知 m_k, n_k 一奇一偶. 根据对称性,不妨总设 m_k 为奇数(对每个 k). 由式③,m_k 是 b^2 的因数,但 b^2 的奇因数个数有限,故当 k 依次取 $1, 2, \cdots$ 时,必有 m_k 的两值相同,设为 $m_s = m_t(s < t)$. 将式②③换为

$$\begin{cases} 2^{2s}acb^2 + 1 = m_s^2 + n_s^2 & \text{④} \\ 2^s b^2 = 2m_s n_s & \text{⑤} \end{cases}$$

$$\begin{cases} 2^{2t}acb^2 + 1 = m_t^2 + n_t^2 & \text{⑥} \\ 2^t b^2 = 2m_t n_t & \text{⑦} \end{cases}$$

⑦ ÷ ⑤ 得 $\dfrac{n_t}{n_s} = 2^{t-s}$，则

$$n_t^2 = 2^{2t-2s} n_s^2$$

从而

$$n_t^2 - n_s^2 = (2^{2t-2s} - 1) n_s^2$$

⑥ - ④ 得

$$n_t^2 - n_s^2 = 2^{2s}acb^2 (2^{2t-2s} - 1)$$

故

$$2^{2s}acb^2 (2^{2t-2s} - 1) = (2^{2t-2s} - 1) n_s^2$$

因为

$$2^{2t-2s} - 1 > 0$$

所以

$$2^{2s}acb^2 = n_s^2 \qquad\qquad \text{⑧}$$

由式④⑧得 $m_s^2 = 1$. 再由式⑤得

$$2^{2s}b^4 = 4m_s^2 n_s^2 = 4n_s^2$$

因此

$$2^{2s}b^4 = 4 \times 2^{2s}acb^2$$

即 $b^2 = 4ac$. 又由 a,b,c 为整数，c 为平方数，$bc \neq 0$，则 a 为平方数.

(2) 当 $bc = 0$ 时，若 $c = 0$，由于对任意的 $x \in \mathbf{Z}$，$f(x) = ax^2 + bx$ 为平方数，则

$$f(2b) = b^2(4a + 2)$$

为平方数. 由 $4a + 2$ 不是平方数，必有 $b = 0$. 此时

$$f(x) = ax^2, a = f(1)$$

为平方数，且

$$b^2 = 4ac$$

若 $c \neq 0$，$b = 0$，则对任意的 $x \in \mathbf{Z}$，$f(x) = ax^2 + c$ 为平方数. 注意到，$c = f(0)$ 为平方数，又

$$4f(\sqrt{c}) = c(4a + 4)，f(2\sqrt{c}) = c(4a + 1)$$

均为平方数，则 $4a + 4$，$4a + 1$ 均为平方数.

令

$$4a + 4 = u^2, 4a + 1 = v^2$$

则

$$3 = u^2 - v^2 = (u+v)(u-v)$$

解得

$$u + v = 3, u - v = 1$$

因此

$$u = 2, v = 1, a = 0$$

所以, a, c 为平方数, 且 $b^2 = 4ac$.

总之, 在每一种情况下均有 a, c 为平方数, b 为整数且 $b^2 = 4ac$. 令 $a = d^2$, $c = e^2$, 则 $b = 2de$. 因此

$$ax^2 + bx + c = (dx + e)^2$$

例2 (1996 年第 27 届 IMO)设正整数 d 不等于 2, 5, 13. 证明:在集合 $\{2, 5, 13, d\}$ 中可以找到两个不同元素 a, b, 使得 $ab - 1$ 不是完全平方数.

此题通常是利用对模 4 的余数进行讨论的方法来论证. 在此, 利用勾股数给出一个新的证法.

证明 只需证 $2d - 1, 5d - 1, 13d - 1$ 中必有一个非完全平方数.

反证法. 假若以上三数均为平方数, 由于三数和

$$(2d - 1) + (5d - 1) + (13d - 1) = 20d - 3$$

为 $4N + 1$ 型的数, 故这三数中必定有两个为偶平方数、一个为奇平方数.

因为 $2d - 1$ 为奇数, 所以, $5d - 1, 13d - 1$ 均为偶平方数.

设

$$5d - 1 = (2a)^2, 13d - 1 = (2b)^2$$

则 d 为奇数.

于是

$$(5d - 1)(13d - 1) = (4ab)^2$$

即

$$(9d - 1)^2 - (4d)^2 = (4ab)^2$$

从而

$$d^2 + (ab)^2 = \left(\frac{9d - 1}{4}\right)^2$$

因为上式左边为整数, 所以, $\dfrac{9d - 1}{4}$ 为整数.

由

$$9d - 4 \cdot \frac{9d - 1}{4} = 1$$

27

可知
$$\left(d, \frac{9d-1}{4}\right)=1$$

从而,三数 $d, ab, \frac{9d-1}{4}$ 两两互素,其中, d 为奇数. 所以,存在互素的正整数 m, n,使得

$$\begin{cases} d=m^2-n^2 & ① \\ \dfrac{9d-1}{4}=m^2+n^2 & ② \end{cases}$$

② - ①得

$$2n^2=\frac{9d-1}{4}-d=\frac{5d-1}{4}=\frac{(2a)^2}{4}=a^2$$

上式右端为平方数而左边不是平方数,矛盾. 故所设不真,即 $2d-1, 5d-1$, $13d-1$ 中必有一个非完全平方数.

例3 (2003 年保加利亚数学奥林匹克)给定一个序列

$$y_1=y_2=1$$
$$y_{n+2}=(4k-5)y_{n+1}-y_n+4-2k \quad (n\geqslant 1)$$

求满足以下条件的所有整数 k:它使序列的每一项都是一个完全平方数.

解 设 k 满足题中的条件.

由已知得

$$y_3=2k-2, \quad y_4=8k^2-20k+13$$

由于 y_3 为偶数,则存在一个整数 $a\geqslant 0$,使得

$$2k-2=4a^2$$

故

$$k=2a^2+1\Rightarrow k\geqslant 1$$

于是

$$y_4=32a^4-8a^2+1$$

当 $a=0$ 时, $k=1$;当 $a>0$ 时,设 $b(b\geqslant 0)$ 为整数,且满足 $y_4=b^2$.

于是

$$16a^4-8a^2+1+16a^4=b^2\Rightarrow (4a^2-1)^2+(4a^2)^2=b^2$$

因为 $4a^2-1$ 与 $4a^2$ 互素,所以, $4a^2-1, 4a^2, b$ 为一组本原勾股数. 因此,存在互素的正整数 m, n 使得

$$\begin{cases} 4a^2-1=n^2-m^2 & ① \\ 4a^2=2mn & ② \\ b=n^2+m^2 & ③ \end{cases}$$

由式①②得

$$n^2 - m^2 + 1 = 2mn \Rightarrow (n+m)^2 - 2n^2 = 1$$

由式②得 $nm = 2a^2$. 又由于 m,n 互素,故 m,n 具有不同的奇偶性. 但 m 不能为偶数,否则,将推出 $n^2 \equiv -1 (\bmod 4)$,这是不可能的.

因此,m 为奇数,n 为偶数.

于是,存在一个整数 $t \geq 0$,使得 $n = 2t^2$.

再利用

$$(n+m)^2 - 2n^2 = 1$$

得

$$2n^2 = 8t^4 = (n+m-1)(n+m+1)$$

所以

$$2t^4 = \frac{n+m-1}{2} \cdot \frac{n+m+1}{2} = u(u+1)$$

其中,$u,u+1$ 为相继的两个整数. 由于它们是互素的,故可以推出,一个为某个整数的 4 次幂 (c^4),另一个为某数的 4 次幂的 2 倍 $(2d^4)$. 于是

$$c^4 - 2d^4 = \pm 1$$

若 $c^4 - 2d^4 = 1$,则

$$d^8 + 2d^4 + 1 = d^8 + c^4 \Rightarrow (d^4 + 1)^2 = (d^2)^4 + c^4$$

上式具有 $x^4 + y^4 = z^2$ 的形式,已经证明它没有满足 $xyz \neq 0$ 的整数解.

故

$$c = \pm 1, d = 0$$

所以,$u = 0$,有 $t = 0$,因此 $n = a = 0$. 矛盾.

若 $c^4 - 2d^4 = -1$,则

$$1 - 2d^4 + d^8 = d^8 - c^4 \Rightarrow (d^2)^4 - c^4 = (d^4 - 1)^2$$

上式具有 $x^4 - y^4 = z^2$ 的形式,它也没有满足 $xyz \neq 0$ 的整数解.

于是

$$d = \pm 1, c = \pm 1$$

对于 u,仅有的新值为 $u = 1$,因此

$$t^4 = 1, n^2 = 4, n = 2, m = 1, a^2 = 1, 以及 k = 3$$

从而,找到了关于 k 的仅有的选择:$k = 1$ 和 3.

当 $k = 1$ 时,得到一个周期数列:$1,1,0,1,1,0,\cdots$,它满足题目中的约束条件.

当 $k = 3$ 时,数列为

$$y_1 = y_2 = 1, y_{n+2} = 7y_{n+1} - y_n - 2$$

由于
$$y_3 = 4 = 2^2, y_4 = 25 = 5^2, y_5 = 169 = 13^2$$
可假设它为斐波那契数列奇数项的平方,若$\{u_n\}$为斐波那契数列,易知
$$u_{n+2} = 3u_n - u_{n-2}$$
以及
$$u_{n+2}u_{n-2} - u_n^2 = 1$$
对奇数 n 成立.

故
$$(u_{n+2} + u_{n-2})^2 = 9u_n^2$$
因此
$$u_{n+2}^2 = 9u_n^2 - u_{n-2}^2 - 2u_{n+2}u_{n-2} = 7u_n^2 - u_{n-2}^2 - 2$$
这就确认了假设.答案:$k = 1$ 或 3.

例 4 求所有的正整数 x, y,使得$\dfrac{x^4 + y^4 + x^2y^2}{(x+y)^2}$是完全平方数.

解 由
$$x^4 + y^4 + x^2y^2$$
$$= (x+y)^4 - 4xy(x+y)^2 + 3x^2y^2$$
$$\Rightarrow \frac{x^4 + y^4 + x^2y^2}{(x+y)^2} = (x+y)^2 - 4xy + \frac{3x^2y^2}{(x+y)^2}$$
$$\Rightarrow (x+y)^2 \mid 3x^2y^2 \Rightarrow (x+y)^2 \mid x^2y^2$$
$$\Rightarrow (x+y) \mid xy$$

设
$$x = da, y = db \quad ((a,b) = 1)$$
则
$$d(a+b) \mid d^2ab \Rightarrow (a+b) \mid dab$$
又
$$(a, a+b) = (a+b, b) = (a,b) = 1$$
$$\Rightarrow (a+b) \mid d$$
设
$$d = k(a+b) \quad (k \in \mathbf{N}_+)$$
则
$$\frac{x^4 + y^4 + x^2y^2}{(x+y)^2} = \frac{a^4 + b^4 + a^2b^2}{(a+b)^2} \cdot d^2$$
$$= (a^4 + b^4 + a^2b^2)k^2$$

于是, $a^4 + b^4 + a^2 b^2$ 是完全平方数.

下面证明:不存在互质的正整数 a, b,使得 $a^4 + b^4 + a^2 b^2$ 是完全平方数.

假设存在,不妨设 (a, b) 是满足上述要求且使得其和 $a + b$ 是最小的一组正整数.

因

$$a^4 + b^4 + a^2 b^2$$
$$= (a^2 + b^2 + ab)(a^2 + b^2 - ab)$$

且 $(a, b) = 1$,知 a, b 不能同为偶数. 所以, $a^2 + b^2 + ab$ 是奇数.

故

$$(a^2 + b^2 + ab, a^2 + b^2 - ab)$$
$$= (a^2 + b^2 + ab, 2ab)$$
$$= (a^2 + b^2 + ab, 2) = 1$$

于是, $a^2 + b^2 + ab$ 与 $a^2 + b^2 - ab$ 都是完全平方数.

由于 $a^2 + b^2 + ab$ 与 $a^2 + b^2 - ab$ 都是奇数,故可设

$$a^2 + b^2 + ab = (u + v)^2$$
$$a^2 + b^2 - ab = (u - v)^2$$

从而

$$a^2 + b^2 = u^2 + v^2$$

且

$$ab = 2uv$$

于是, a, b 一奇一偶(不妨设 b 是偶数).

记

$$a = pq, b = 2rs, u = pr, v = qs$$

(p, q, r, s 为两两互质的正整数,且 p, q 都是奇数)

由对称性不妨设 $p > q$.

则由

$$a^2 + b^2 = u^2 + v^2$$

得

$$p^2 q^2 + 4r^2 s^2 = p^2 r^2 + q^2 s^2$$
$$\Rightarrow (p^2 - s^2)(r^2 - q^2) = 3r^2 s^2$$

又

$$(p^2 - s^2, s^2) = 1, (r^2 - q^2, r^2) = 1$$

整理得

$$\begin{cases} p^2 - s^2 = 3r^2 \\ r^2 - q^2 = s^2 \end{cases}, \begin{cases} p^2 - s^2 = r^2 \\ r^2 - q^2 = 3s^2 \end{cases}, \begin{cases} p^2 - s^2 = -3r^2 \\ r^2 - q^2 = -s^2 \end{cases}, \begin{cases} p^2 - s^2 = -r^2 \\ r^2 - q^2 = -3s^2 \end{cases}$$

（1）若

$$\begin{cases} p^2 - s^2 = 3r^2 \\ r^2 - q^2 = s^2 \end{cases}$$

则

$$\begin{cases} p^2 = s^2 + 3r^2 \\ r^2 = q^2 + s^2 \end{cases}$$

因为 q 是奇数,所以,由

$$r^2 = q^2 + s^2$$

知 s 是偶数, r 是奇数.

于是

$$p^2 = s^2 + 3r^2 \equiv 3 \pmod 4$$

矛盾.

（2）由

$$\begin{cases} p^2 - s^2 = r^2 \\ r^2 - q^2 = 3s^2 \end{cases}$$

则

$$p^2 = s^2 + r^2 = (2s)^2 + q^2$$

又 q 是奇数,可设

$$p = m^2 + n^2, q = m^2 - n^2, 2s = 2mn$$

代入

$$p^2 - s^2 = r^2$$

得

$$m^4 + n^4 + m^2 n^2 = r^2$$

故正整数对 (m,n) 使得 $m^4 + n^4 + m^2 n^2$ 是完全平方数.

由于

$$m + n \leqslant m^2 + n^2 = p \leqslant a < a + b$$

这与 $a + b$ 的最小性矛盾.

（3）由

$$\begin{cases} p^2 - s^2 = -r^2 \\ r^2 - q^2 = -3s^2 \end{cases}$$

得

$$q^2 = 3s^2 + r^2 = 2s^2 + 2r^2 + p^2$$

这与 $p > q$ 矛盾.

(4)由

$$\begin{cases} p^2 - s^2 = -3r^2 \\ r^2 - q^2 = -s^2 \end{cases}$$

得

$$q^2 = s^2 + r^2 = (2r)^2 + p^2$$

这与 $p > q$ 矛盾.

综上,不存在互质的正整数 a, b,使得 $a^4 + b^4 + a^2 b^2$ 是完全平方数.

故不存在正整数 x, y,使得 $\dfrac{x^4 + y^4 + x^2 y^2}{(x+y)^2}$ 是完全平方数.

例 5 求所有正整数 k,使得给定序列

$$a_1 = a_2 = 4, a_{n+2} = (k-2) a_{n+1} - a_n + 10 - 2k \quad (n \in \mathbf{N}_+)$$

中的每一项都是平方数.

解法 1 由已知可得

$$a_3 = 2k - 2 = 4N^2 \quad (N \in \mathbf{N})$$

$$a_4 = 2k^2 - 8k + 10$$

则

$$k = 2N^2 + 1$$

故

$$a_4 = 2(2N^2 + 1)^2 - 8(2N^2 + 1) + 10$$

$$= 4(2N^4 - 2N^2 + 1) = 4b^2 \quad (b \in \mathbf{N}_+)$$

当 $N = 0$ 时,有 $k = 1$.

当 $N = 1$ 时,有 $k = 3$.

当 $N > 1$ 时

$$(N^2 - 1)^2 + (N^2)^2 = b^2$$

由于 $N^2 - 1$ 与 N^2 互质,则 $N^2 - 1$ 与 N^2 是一组本原勾股数.

因此,存在互质的正整数 m, n,且 $n > m$,使得

(1)

$$\begin{cases} N^2 - 1 = n^2 - m^2 & \text{①} \\ N^2 = 2mn & \text{②} \\ b = n^2 + m^2 & \text{③} \end{cases}$$

(2)

$$\begin{cases} N^2 - 1 = 2mn \\ N^2 = n^2 - m^2 \\ b = n^2 + m^2 \end{cases}$$

第(1)种情形中,由式①②得

$$(m+n)^2 - 1 = 2n^2 \tag{④}$$

由上式知 $m+n$ 为奇数,则 n 为偶数,m 为奇数.

于是,由式②及 $(m,n) = 1$,知

$$n = 2t^2 \quad (t \in \mathbf{N}_+) \tag{⑤}$$

再利用式④得

$$2n^2 = 8t^4 = (n+m-1)(n+m+1)$$

则

$$2t^4 = \frac{n+m-1}{2} \cdot \frac{n+m+1}{2} = u(u+1) \tag{⑥}$$

其中,$u,u+1$ 是相邻的两个整数.

由于它们互质,则

$$\{u, u+1\} = \{c^4, 2d^4\} \quad (c,d \in \mathbf{N}_+)$$

于是

$$c^4 - 2d^4 = \pm 1$$

若 $c^4 - 2d^4 = 1$,则

$$(d^4 + 1)^2 = (d^2)^4 + c^4$$

此式具有 $x^4 + y^4 = z^2$ 的形式,已证明它没有满足 $xyz \neq 0$ 的整数解,故 $c = 1, d = 0$,矛盾.

若 $c^4 - 2d^4 = -1$,则

$$(d^4 - 1)^2 = (d^2)^4 - c^4$$

此式具有 $x^4 - y^4 = z^2$ 的形式,也已证明它没有满足 $xyz \neq 0$ 的整数解,故 $d = c = 1$.

于是

$$u = 1, t = 1, n = 2$$

由式④得 $m = 1$.

由式②知 $N^2 = 4$,从而,$k = 9$.

第(2)种情形下,没有满足条件的正整数解.

综上,找到了关于 k 的所有选择

$$k = 1, k = 3, k = 9$$

当 $k = 1$ 时,得到一个各项均为平方数的周期序列:$4,4,0,4,4,0,\cdots$.

当 $k=3$ 时,得到一个各项均为平方数 4 的常数序列:$4,4,4,4,\cdots$.

当 $k=9$ 时

$$a_1 = 4, a_2 = 4$$

$$a_3 = 7a_2 - a_1 - 8 = 16 = 4 \times 2^2$$

$$a_4 = 7a_3 - a_2 - 8 = 100 = 4 \times 5^2$$

$$a_5 = 7a_4 - a_3 - 8 = 676 = 4 \times 13^2$$

$$a_6 = 7a_5 - a_4 + 8 = 4\ 624 = 4 \times 34^2$$

$$\vdots$$

由此可猜测此序列是斐波那契数列中奇数项的平方的 4 倍,即

$$a_{n+2} = 4u_{2n}^2 \quad (n = 0, 1, \cdots)$$

如果 $\{u_n\}$ 是斐波那契数列,易知

$$u_{n+4} = 3u_{n+2} - u_n$$

及

$$u_{2n+4}u_{2n} - u_{2n+2}^2 = 1$$

故

$$u_{2n+4}^2 = 9u_{2n+2}^2 - u_{2n}^2 - 2u_{2n+4}u_{2n}$$

$$= 7u_{2n+2}^2 - u_{2n}^2 - 2$$

为平方数.

因此

$$4u_{2n+4}^2 = 28u_{2n+2}^2 - 4u_{2n}^2 - 8$$

即

$$a_{n+4} = 7a_{n+3} - a_{n+2} - 8 \quad (n = 0, 1, \cdots)$$

为平方数.

这说明 $k=9$ 符合题设要求.

综上,所有 k 的取值为 $1,3,9$.

解法 2 由

$$a_1 = a_2 = 4$$

$$a_{n+2} = (k-2)a_{n+1} - a_n + 10 - 2k$$

得

$$a_3 = 4(k-2) - 4 + 10 - 2k = 2k - 2$$

于是,a_3 是偶数,又是平方数.

故可设

$$a_3 = (2p)^2 = 4p^2 \quad (p \in \mathbf{N})$$

从而
$$k = 2p^2 + 1$$

则
$$a_{n+2} = (2p^2 - 1)a_{n+1} - a_n + 8 - 4p^2 \quad (n \geqslant 1)$$

故
$$a_4 = (2p^2 - 1) \cdot 4p^2 - 4 + 8 - 4p^2 = 8p^4 - 8p^2 + 4$$
$$a_5 = (2p^2 - 1)(8p^4 - 8p^2 + 4) - 4p^2 + 8 - 4p^2$$
$$= 4(4p^6 - 6p^4 + 2p^2 + 1)$$

由 a_5 是平方数,可设
$$4p^6 - 6p^4 + 2p^2 + 1 = t^2 \quad (t \in \mathbf{N}) \qquad ①$$

当 $p = 0$ 时, $k = 1$. 此时
$$a_3 = 4p^2 = 0$$
$$a_4 = 8p^4 - 8p^2 + 4 = 4 = a_1$$
$$a_5 = 4(4p^6 - 6p^4 + 2p^2 + 1) = 4 = a_2$$

从而,数列 $\{a_n\}$ 为周期数列
$$4, 4, 0, 4, 4, 0, \cdots$$

因此, $k = 1$ 满足条件.

当 $p = 1$ 时
$$k = 3, a_3 = 4p^2 = 4 = a_2 = a_1$$

从而,数列 $\{a_n\}$ 为常数数列
$$4, 4, 4, \cdots$$

因此, $k = 3$ 满足条件.

当 $p \geqslant 2$ 时,由式①知
$$t^2 - \left(2p^3 - \frac{3p}{2}\right)^2 = 1 - \frac{p^2}{4} \leqslant 0 \qquad ②$$
$$t^2 - \left(2p^3 - \frac{3p}{2} - \frac{1}{2}\right)^2$$
$$= \left(\frac{1}{4}p^3 - \frac{1}{4}p^2\right) + \left(\frac{3}{2}p^3 - \frac{3}{2}p\right) + \frac{1}{4}p^3 + \frac{3}{4} > 0$$

故
$$(4p^3 - 3p - 1)^2 < (2t)^2 \leqslant (4p^3 - 3p)^2$$

从而
$$2t = 4p^3 - 3p$$

即式②等号成立.

不定方程及其应用(下)

36

于是 $p = 2$. 此时

$$k = 2p^2 + 1 = 9$$

以下解法同解法 1.

8.4 利用勾股数定理解几何方面的问题

例 1 求证:单位圆上有无穷多个有理点.

证明 初看此题感觉无从下手,但细想后,联系到任何有理数都可表示成 $\dfrac{p}{q}(p, q \in \mathbf{Z}, q \neq 0)$ 的形式,可知此题实际上考的是变换了形式的勾股方程

$$\left(\frac{x}{z}\right)^2 + \left(\frac{y}{z}\right)^2 = 1$$

其正整数解为

$$x = a^2 - b^2, y = 2ab, z = a^2 + b^2 \quad (a > b > 0, a, b \in \mathbf{Z})$$

这里只考虑了 $2 \mid y$ 的情况,再结合方程知点 $\left(\dfrac{a^2 - b^2}{a^2 + b^2}, \dfrac{2ab}{a^2 + b^2}\right)$ 是单位圆上的有理点,而 a, b 的取值有无穷多种,故单位圆上有无穷多个有理点.

例 2 (1974 年第五届 IMO)证明:在单位圆上可放置 1 975 个点,使任两点之间的直线距离都是有理数.

证明 我们的方法是利用勾股数把所说的点构造出来(即直接找出来).

取

$$\theta_n = \arctan \frac{n^2 - 1}{2n} \quad (1 \leqslant n \leqslant 1\,975)$$

则

$$\sin \theta_n = \frac{n^2 - 1}{n^2 + 1}, \cos \theta_n = \frac{2n}{n^2 + 1}$$

都是有理数(注意关键之处是利用 $n^2 - 1, 2n, n^2 + 1$ 是一组勾股数).

又 $2\theta_n$ 互不相同,我们在单位圆上找出相应于辐角 $2\theta_1, \cdots, 2\theta_{1\,975}$ 的点 $P_1, \cdots, P_{1\,975}$.

易知

$$|P_i P_j| = 2|\sin \theta_i \cos \theta_j - \cos \theta_i \sin \theta_j| \quad (1 \leqslant i < j \leqslant 1\,975)$$

显然, $|P_i P_j|$ 是有理数. 从而,上面找出的 1 975 个点符合要求.

例 3 (2015 年中国女子数学奥林匹克)有多少个不同的三边长为整数的直角三角形,其面积值为周长值的 999 倍(全等的两个三角形看作相同的)?

解 设直角三角形三边长为 $a,b,c(c$ 为斜边长$)$.

由勾股数公式知

$$a = k \cdot 2uv, b = k(u^2 - v^2), c = k(u^2 + v^2)$$

其中,三边长的最大公因数 k 为正整数,u 与 v 互素,$u > v$,且 u 与 v 一奇一偶.

则

$$\frac{1}{2}ab = 999(a + b + c)$$

$$\Leftrightarrow k^2 uv(u^2 - v^2) = 999 \times 2u(u + v)$$

$$\Leftrightarrow kv(u - v) = 1\,998 = 2 \times 3^3 \times 37$$

注意到,$u - v$ 为奇数,因数 2 只能分给 k 或 v,有两种方式;v 与 $u - v$ 互素,奇素因子 p^α 分给 $k, v, u - v$ 只能是 $(\alpha, 0, 0)$ 或 $(i, \alpha - i, 0), (i, 0, \alpha - i)(1 \leqslant i \leqslant \alpha)$,有 $2\alpha + 1$ 种方式.

由乘法原理,知素因子的分配方式共有

$$2(2 \times 3 + 1)(2 \times 1 + 1) = 42$$

种,且每种分配方式给出唯一的三角形.

因此,共有 42 个所求三角形.

注 一般地,若倍数为 $m = 2^\alpha p_1^{\beta_1} p_2^{\beta_2} \cdots p_n^{\beta_n}(p_1, p_2, \cdots, p_n$ 为不同的奇素数$)$,则所求三角形个数为

$$(\alpha + 2)(2\beta_1 + 1)(2\beta_2 + 1) \cdots (2\beta_n + 1)$$

例4 若直角三角形的两条直角边长都是正整数的平方,则它的斜边不可能是正整数.

证明 设直角三角形的两条直角边长分别是 $x^2, y^2(x, y \in \mathbf{Z}_+)$,斜边长为 z,则由商高定理知

$$x^4 + y^4 = z^2 \qquad\qquad ①$$

以下我们证明 $z \in \mathbf{Z}_+$,此问题实际上是证不定方程①在 $\mathbf{Z}_+$ 中无解. 我们用反证法证之.

假定 $z \in \mathbf{Z}_+$,即不定方程

$$(x^2)^2 + (y^2)^2 = z^2 \qquad\qquad ②$$

有正整数解,这时,我们假定 z 是所有解中的最小值,不失一般性还可假定 $(x, y, z) = 1$,则 $(x, y) = 1$,此时 x, y 一奇一偶,否则

$$x^4 = 4k_1 + 1, y^4 = 4k_2 + 1$$

故

$$x^4 + y^4 = 4(k_1 + k_2) + 2$$

而 $z^2 = 4k$ 或 $4k + 1$,从而 $x^4 + y^4 \neq z^2$ 造成矛盾. 不妨设 y 是偶数,x 是奇数. 那么

②的任一正整数解可表示为(由勾股数组)

$$x^2 = a^2 - b^2, y^2 = 2ab, z = a^2 + b^2 \qquad ③$$

其中$(a,b) = 1, a > b > 0$且a,b一奇一偶.

现考察

$$x^2 = a^2 - b^2 \text{ 或 } x^2 + b^2 = a^2 \qquad ④$$

若a为偶数,则b为奇数,这时

$$4n + 1 = x^2 = a^2 - b^2 = 4m - 1$$

矛盾.故a应为奇数,b为偶数.于是,由勾股数组知,适合④的正整数x, b, a可以表示为

$$x = p^2 - q^2, b = 2pq, a = p^2 + q^2$$

其中$(p,q) = 1, p > q > 0$,且p,q一奇一偶.

由$y^2 = 2ab$得

$$y^2 = 4pq(p^2 + q^2)$$

易知

$$(p, q, p^2 + q^2) = 1$$

所以$p, q, p^2 + q^2$都必是某数的平方,即

$$p = r^2, q = s^2, p^2 + q^2 = t^2$$

于是

$$r^4 + s^4 = t^2$$

此时

$$z = a^2 + b^2 > a = t^2 > t$$

与z是最小值相连,故$z \in \mathbf{Z}_+$,也就是斜边长不可能是正整数.

例5 证明:对任何给定的非负整数k,都存在正整数n,它恰好在k组勾股数中出现.

这里给出的两种证法都是构造性的.

证法1 我们证明,对$k \geq 0, n = 2^{k+1}$恰好在k组勾股数中出现.采用归纳法.当$k = 0$时,$2^1 = 2$不在任何勾股数中出现,结论成立.假定对于非负整数$k - 1$结论成立,即2^k恰好出现在$k - 1$组勾股数中.由此,将每组中的三个数都扩大两倍,产生出$k - 1$组(非本原)勾股数,每一组中都包含2^{k+1}.反过来,如果2^{k+1}出现在一组非本原的勾股数中,则其中各数都是偶数,约去2得出一组出现2^k的勾股数.所以(由归纳假设)2^{k+1}恰在$k - 1$组非本原的勾股数中出现.但2^{k+1}恰好在一组本原的勾股数中出现.这里因为$k \geq 1$,所以$4 | 2^{k+1}$.故2^{k+1}必在一组本原的勾股数中出现.对出现2^{k+1}的本原的勾股数(x, y, z),存在整数

$a > b > 0$，$(a,b) = 1$ 且 a,b 一奇一偶，使得

$$x = a^2 - b^2, y = 2ab, z = a^2 + b^2$$

这仅可能 $y = 2ab = 2^{k+1}$，从而 $a = 2^{k+1}, b = 1$。这样，2^{k+1} 仅能在一组本原的勾股数中出现。连同上面已得到的 $k-1$ 组（非本原）的勾股数，可知 2^{k+1} 恰在 k 组勾股数中出现。证毕。

证法 2 设 p 是 $4m + 3$ 型的素数。下面来证明，p^k 恰好在 k 组勾股数中出现。选择 $p \equiv 3 \pmod{4}$，并不是我们偏爱这种形式的素数，而是因为这种 p 的方幂绝不能是两个正整数的平方和，从而它不会成为一组勾股数中最大的数。因此，假设 p^k 是勾股数中的一个数，则有正整数 $z > y$（勾股数组中的另两个数），使得

$$(z - y)(z + y) = p^{2k}$$

所以对于某个 $m \in \{0, 1, \cdots, k-1\}$，有（注意 p 是素数！）

$$z - y = p^m, z + y = p^{2k-m}$$

反过来，每个这样的 m 对应于一组解，所以，恰好有 k 组勾股数含有 p^k，即取

$$x = p^k, y = \frac{1}{2}(p^{2k-m} - p^m), z = \frac{1}{2}(p^{2k-m} + p^m)$$

其中 $m = 0, 1, \cdots, k-1$。

可以证明形如 $4m + 3$ 的素数有无穷多个。这样，证法 2 表明了具有问题中所说性质的 n 有无穷多个。

不难看出，边长为连续整数的勾股三角形只有一个，即 $(3,4,5)$。但斜边和一条直角边为连续整数的勾股三角形却有无穷多个。我们能把这样的三角形都确定出来。

例 6 求出所有直角边为连续整数的勾股三角形。

解 设这样的三角形三边为 $x, y = x + 1, z$，则问题等价于求出方程

$$x^2 + (x+1)^2 = z^2 \qquad \qquad ①$$

的全部正整数解 (x, z)。

它可以化为佩尔方程

$$(2x + 1)^2 - 2z^2 = -1$$

用 $2x_n + 1$ 代替公式中的 x_n，稍作化简便得

$$\begin{cases} x_{n+1} = 6x_n - x_{n-1} + 2 \\ z_{n+1} = 6z_n - z_{n-1} \end{cases}$$

其中 $x_0 = 0, z_0 = 1, x_1 = 3, z_1 = 5$。用递推公式不难列出前几个这样的三角形为：

n	x	y	z
1	3	4	5
2	20	21	29
3	119	120	169
4	696	697	985
5	4 059	4 060	5 741

由例 6 可知,有无穷多个勾股三角形其面积是三角数. 虽然也有无穷多个三角数是完全平方数,然而,勾股三角形的面积却不能是完全平方数.

此外,现在容易推出,有无穷多个勾股三角形,两条直角边都是三角数. 因为从

$$x^2 + (x+1)^2 = z^2$$

便有

$$(x(2x+1))^2 + ((2x+1)(x+1))^2 = (z(2x+1))^2$$

即

$$\left(\frac{2x(2x+1)}{2}\right)^2 + \left(\frac{(2x+1)(2x+2)}{2}\right)^2 = (z(2x+1))^2$$

甚至有边长全是三角数的勾股三角形,例如

$$\left(\frac{132 \times 133}{2}\right)^2 + \left(\frac{143 \times 144}{2}\right)^2 = \left(\frac{164 \times 165}{2}\right)^2$$

例 7 对每个正整数 n,都有 n 个勾股三角形(互不全等)面积相等.

证明 我们用归纳法来构造 n 个等积的勾股三角形,使它们的斜边互不相同.

作为奠基,任取一个本原的勾股三角形,于是 $n=1$ 时,结论显然. 设对 n 结论成立,即假设 (a_k, b_k, c_k) $(k=1,2,\cdots,n)$ 是斜边互不相等的、等积的勾股三角形,其中 c_1 是奇数.

令

$$a'_k = 2c_1(b_1^2 - a_1^2)a_k,$$
$$b'_k = 2c_1(b_1^2 - a_1^2)b_k,$$
$$c'_k = 2c_1(b_1^2 - a_1^2)c_k \quad (k=1,2,\cdots,n)$$
$$a'_{n+1} = (a_1^2 + b_1^2)^2 - (2a_1b_1)^2$$
$$b'_{n+1} = 2 \times 2a_1b_1(a_1^2 + b_1^2)$$
$$c'_{n+1} = (2a_1b_1)^2 + (a_1^2 + b_1^2)^2$$

显然

$$a'^2_k + b'^2_k = c'^2_k \quad (k=1,2,\cdots,n,n+1)$$

因为

$$a'_{n+1} = (a_1^2 - b_1^2)^2, b'_{n+1} = 4a_1 b_1 c_1^2$$

所以这 $n+1$ 个勾股三角形 (a'_k, b'_k, c'_k) 的面积都等于 $2a_1 b_1 c_1^2 (a_1^2 - b_1^2)^2$.

此外,因 c_1 是奇数,故

$$c'_{n+1} = (2a_1 b_1)^2 + c_1^4$$

是奇数,而 $c'_k(k=1,2,\cdots,n)$ 都是偶数,所以

$$c'_{n+1} \neq c'_k \quad (k=1,2,\cdots,n)$$

至于 $c'_k(k=1,2,\cdots,n)$ 互不相等,则由归纳假设得知. 证毕.

注 由本例得知,如果已有 $n \geq 1$ 个面积都等于 d 的勾股三角形、斜边互不相等且至少有一个是奇数,则我们能由此构造出 $n+1$ 个面积都等于 ds^2 的勾股三角形、斜边互不相等且至少有一个为奇数. 这里 s 是一个正整数. 由此推出,存在任意多个互不全等的勾股三角形,它们的面积都等于给定的本原勾股三角形的面积乘以一个整数的平方.

例8 设 Rt$\triangle ABC$ 的边长均为有理数,其周长为 l,内切圆的半径为 r. 若 $\dfrac{l}{r} \in \mathbf{Z}_+$,求 $\dfrac{l}{r}$ 的值.

解 设 $\angle C = 90°$,注意到,相似变换不改变 $\dfrac{l}{r}$ 的值.

不妨设 $\triangle ABC$ 的三边长 a, b, c 均为正整数,且 $(a, b, c) = 1$. 则由勾股方程 $c^2 = a^2 + b^2$ 的通解公式可设

$$a = m^2 - n^2, b = 2mn, c = m^2 + n^2$$

其中,m, n 为一奇一偶且互素的正整数.

故

$$l = a + b + c = 2m(m+n)$$

$$r = \frac{a+b-c}{2} = n(m-n)$$

因此,设

$$\frac{l}{r} = \frac{2m(m+n)}{n(m-n)} = k \in \mathbf{Z}_+$$

记

$$x = \frac{m}{n} \in \mathbf{Q} \cap (1, +\infty)$$

则

$$2x(x+1) = k(x-1)$$

得

$$2x^2 + (2-k)x + k = 0$$

因为一元二次方程存在有理根,所以,判别式

$$\Delta = (k-2)^2 - 8k$$

为完全平方数.

设

$$\Delta = (k-2)^2 - 8k = (k-6)^2 - 32 = t^2$$

其中, t 为正整数.

故

$$(k-6)^2 - t^2 = (k-6+t)(k-6-t) = 32$$

注意到, $k-6+t, k-6-t$ 奇偶性相同.

因此,只可能

$$(k-6+t, k-6-t)$$
$$= (16,2), (8,4), (-2,-16), (-4,-8)$$

分别对应 $k=15, k=12, k=-3$(舍去), $k=0$(舍去).

当 $k=15$ 时

$$x = \frac{m}{n} = \frac{3}{2}, (a,b,c) = (5,12,13)$$

或

$$x = \frac{m}{n} = \frac{5}{1}(舍去)$$

当 $k=12$ 时

$$x = \frac{m}{n} = \frac{2}{1}, (a,b,c) = (3,4,5)$$

或

$$x = \frac{m}{n} = \frac{3}{1}(舍去)$$

综上, $\dfrac{l}{r}$ 为 12 或 15.

例9 （1986 年第 27 届 IMO 预选题）设 A, B, C 是一个圆形水池边上的三点, B 在 C 的正西方,且 $\triangle ABC$ 构成一个边长为 86 米的正三角形,一游泳者,从 A 径直游向 B. 在游了 x 米后,抵达点 E, 然后他转向,往正西方向游去,游过 y 米后,抵达岸边的点 D. 如果 x, y 都是整数,试求 y.

解 如图 1 所示,由于 $\triangle AEF$ 是正三角形,故 $AF = AE = x$.

由对称性, $FG = DE = y$. 又因

$$AE \cdot EB = DE \cdot EG$$

从而有

$$x(86-x) = y(x+y) \qquad ①$$

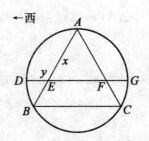

图 1

注意到,如果 x 是奇数,则 $x(86-x)$ 也是奇数,而 $y(x+y)$ 此时总是偶数,导出矛盾(因为,如果 y 是偶数,显然 $y(x+y)$ 为偶,如果 y 是奇数,则 $x+y$ 为偶数,$y(x+y)$ 仍为偶数).

因此,x 一定是偶数. 由①知 $y(x+y)$ 为偶数,从而 y 必是偶数.

上面的方法实际上是对式①取模 2,确定了 x,y 的奇偶性.

下面的步骤是关键的. 把①配方成

$$\left(x+\frac{y}{2}-43\right)^2+y^2=\left(43-\frac{y}{2}\right)^2$$

这表明 $\left|x+\frac{y}{2}-43\right|,y,43-\frac{y}{2}$ 组成一组勾股数.

设 d 为 $\left|x+\frac{y}{2}-43\right|$ 与 y 的最大公约数,则有正整数 $a,b,a>b$,使得

$$y=2abd \quad (因 y 是偶数)$$

$$43-\frac{y}{2}=(a^2+b^2)d$$

由这两式可得

$$(a^2+b^2+ab)d=43 \quad (a>b>0)$$

因 43 是素数,故 $d=1$.

最后,我们用"放缩法"来解方程

$$a^2+ab+b^2=43$$

由 $a>b>0$,可得

$$3b^2<43,b^2<\frac{43}{3},b^2\leqslant14$$

故 $b\leqslant3$. 易见,只有 $b=1$ 及 $a=6$ 为正整数解答.

于是,立刻可知 $y=12$. 进而从

$$\left|x+\frac{y}{2}-43\right|=a^2-b^2$$

求出 $x=2$ 或者 $x=72$.

例 10 (1982 年全国高中数学联赛)如图 2,AB 和 CD 是圆 O 的两条互相

垂直的直径,P 为圆 O 上一点,PM 垂直于 OA,PN 垂直于 OD,M 和 N 为垂足,$OM=u$,$MP=v$,且 $u=p^m$,$v=q^n$,其中 p,q 都是质数,m 和 n 是正整数,$u>v$,圆 O 的半径为 r,r 为奇数. 求证:AM,BM,CN,DN 的长依次为 $1,9,8,2$.

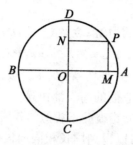

图 2

证明 由勾股定理可得

$$u^2 + v^2 = r^2$$

因为 r 是奇数,所以,u 和 v 必为一奇一偶.

若 u 为偶数,则可设

$$u=2cd,v=c^2-d^2,r=c^2+d^2$$

因为 $u=p^m$ 为偶数,p 为质数,则 $p=2$. 于是,有

$$u=p^m=2^m=2cd$$

从而

$$c=2^\alpha,d=2^\beta,\alpha+\beta=m-1$$
$$v=c^2-d^2=(2^\alpha+2^\beta)(2^\alpha-2^\beta)$$

因为 v 为奇数,所以必有 $2^\beta=1$. 从而,$\beta=0$. 此时得

$$v=(2^\alpha+1)(2^\alpha-1)=q^n$$

因为

$$2^\alpha+1\neq 2^\alpha-1$$

所以又有

$$2^\alpha+1=q^t,2^\alpha-1=q^s \quad (t>s)$$

由此得

$$2\cdot 2^\alpha=q^t+q^s=q^s(q^{t-s}+1)$$

因为 q 为奇数,所以 $q^s=1$,$s=0$,即

$$2-1=q^s=1$$

于是,$\alpha=1$.

由此解得

$$c=2,d=1$$

即

$$u=2\cdot 2\cdot 1=4,v=3,r=5$$

45

亦即
$$OM=4, ON=3$$
$$OA=OB=OC=OD=5$$
于是
$$AM=1, BM=9, CN=8, DN=2$$
若 v 为偶数,同法解得 $v=4, u=3$,与 $u>v$ 矛盾.

例 11 设 n 是一个正整数. 证明:存在 n 个彼此不全等的勾股三角形(边长都为整数的直角三角形),它们的周长都相等.

证明 如果我们能找到 n 个彼此不相似的勾股三角形,那么对每个三角形乘上一个恰当的正整数,就可以得到周长相同而彼此不全等的勾股三角形. 这是解决此题的一个出发点.

为此,先证明任意两个不同的本原勾股数组确定的直角三角形是不相似的.

事实上,设 (a,b,c) 与 (x,y,z) 是两个本原勾股数组,这里 $a<b<c, x<y<z$. 如果它们确定的直角三角形相似,那么
$$\frac{x}{a}=\frac{y}{b}=\frac{z}{c}$$

记这个比值为 k,则 k 为有理数. 设 $k=\dfrac{q}{p}, p, q$ 为正整数,且 $(p,q)=1$,则
$$x=\frac{aq}{p}, y=\frac{bq}{p}$$

由 x, y 为正整数,知
$$p \mid a, p \mid b$$

而 $(a,b)=1$,故 $p=1$,此时
$$(x,y)=(aq, bq)=(a,b)q=q$$

进而 $q=1$,这导致 $x=a, y=b$,进而 $z=c$. 矛盾.

利用上述结论,我们取 n 个本原勾股数组
$$(x_k, y_k, z_k) \quad (k=1,2,\cdots,n)$$
这里 $x_k<y_k<z_k$,且 $(x_k, y_k)=1$,则这 n 个数组确定的 n 个三角形彼此不相似,分别记
$$S_k = x_k + y_k + z_k$$
并设 $S_1, S_2, \cdots, S_n$ 的最小公倍数为 S. 现在令
$$a_k = \frac{S}{S_k} \cdot x_k, \quad b_k = \frac{S}{S_k} \cdot y_k, \quad c_k = \frac{S}{S_k} \cdot z_k$$
则 $(a_k, b_k, c_k)(k=1,2,\cdots,n)$ 确定的 n 个直角三角形彼此不全等,并且它们的周长都等于 S.

所以,命题成立.

说明　许多与勾股数组有关的问题不一定要用到勾股方程解的形式,但会用到勾股方程有无穷多组(本原的)正整数解.费马曾经对此方程作过推广研究,发现 $n \geqslant 3$ 时,方程 $x^n + y^n = z^n$ 没有正整数解.这就是著名的"费马大定理",历时 358 年方才得到证明.

习　题　八

1. 已知 $x^2 + y^2 = z^2$ 中, x 与 y 中有一个数是 1 986,试求方程的正整数解.

解　(1)令

$$y = a^2 - b^2 = (a+b)(a-b) = 1\,986 = 2 \times 3 \times 331$$

求得 a, b 与 $a, b \in \mathbf{N}$ 矛盾,无解.

(2)令

$$x = 2ab = 1\,986 = 2 \times 3 \times 331$$

则

$$\begin{cases} a = 331 \\ b = 3 \end{cases}$$

故

$$y = a^2 - b^2 = 109\,552$$
$$z = a^2 + b^2 = 109\,570$$

从而得

$$\begin{cases} x = 1\,986, 109\,552 \\ y = 109\,552, 1\,986 \\ z = 109\,570, 109\,570 \end{cases}$$

2. 求不定方程 $x^2 + 3y^2 = z^2$, $(x,y) = 1$ 的正整数解的通式.

解　$(x,z) = 1$, x 是奇数, y, z 一奇一偶.

由

$$3y^2 = (z+x)(z-x)$$

可令

$$at = z+x, 3bt = z-x, (a,b) = 1$$

于是

$$y^2 = abt^2, a = u^2, b = v^2$$
$$(u,v) = 1$$

又

$$(x,z) = 1 \text{ 及 } x = \frac{t(a-3b)}{2}, z = \frac{t(a+3b)}{2}$$

知只能是 $t=1$ 或 2.

若 $t=2$,则

$$x = u^2 - 3v^2, y = 2uv, z = u^2 + 3v^2$$

若 $t=1$,则必须 $a \pm 3b$ 是偶数,即 u, v 同为奇数.

对于

$$3bt = z + x, \quad at = z - x$$

的情况可作类似讨论.

解有两类:(1) $x = |u^2 - 3v^2|, y = 2uv, z = u^2 + 3v^2, u, v$ 一奇一偶,$(u,v) = 1$;

(2) $x = \frac{1}{2}|u^2 - 3v^2|, y = uv, z = \frac{1}{2}(u^2 + 3v^2), u, v$ 均为奇数,$(u,v) = 1$.

3. 在直角坐标平面上,以 $(199,0)$ 为圆心,以 199 为半径的圆周上整点的个数为多少?

解 设 $A(x,y)$ 为圆 O 上的任一整点,则其方程为

$$(x - 199)^2 + y^2 = 199^2$$

显然

$$(0,0), (199,199), (199,-199), (398,0)$$

为方程的 4 组解,但当 $y \neq 0, \pm 199$ 时,$(y,199) = 1$(因 199 是质数),此时,199,$y, |199 - x|$ 是一组勾股数,故 199 可表示为两个正整数的平方和,即

$$199 = m^2 + n^2$$

因

$$199 = 4 \times 49 + 3$$

可设

$$m = 2k, n = 2l + 1$$

则

$$199 = 4k^2 + 4l^2 + 4l + 1 = 4(k^2 + l^2 + l) + 1$$

但这与 199 为 $4d + 3$ 型质数矛盾. 因而圆 O 上只有 4 个整点 $(0,0)$,$(199,199), (398,0), (199,-199)$.

4. 设直角三角形的三边长 a, b, c 都是正整数,且斜边长 c 满足 $87 \leqslant c \leqslant 91$. 求这样的直角三角形的三边长.

解 因为勾股数组具有形式 $(m^2 - n^2, 2mn, m^2 + n^2)$,所以,设斜边长为

$$k(m^2 + n^2) \quad ((m,n) = 1, m > n)$$

(1) 若

$$k(m^2 + n^2) = 87 = 3 \times 29$$

则当 $k = 1, 29, 87$ 时,无解;当 $k = 3$ 时,$m = 5, n = 2$,对应的勾股数组为 $(63, 60,$

87）.

（2）若

$$k(m^2 + n^2) = 88 = 2^3 \times 11$$

逐一验证知没有整数解.

（3）若

$$k(m^2 + n^2) = 89$$

是质数,则当 $k = 89$ 时,无解;当 $k = 1$ 时,$m = 8$,$n = 5$,对应的勾股数组为（39,80,89）.

（4）若

$$k(m^2 + n^2) = 90$$

则验证知,当 $k = 9$ 时,$m = 3$,$n = 1$,对应的勾股数组为（72,54,90）;当 $k = 18$ 时,$m = 2$,$n = 1$,对应的勾股数组为（54,72,90）;其余无解.

（5）若

$$k(m^2 + n^2) = 91 = 7 \times 13$$

则验证知,当 $k = 7$ 时,$m = 3$,$n = 2$,对应的勾股数组为（35,84,91）;其余情况无解.

所以,这样的直角三角形三边长为

$$(63,60,87),(39,80,89),(54,72,90),(35,84,91)$$

5. 确定所有的斜边与一条直角边为连续整数的勾股三角形.

解 问题等价于求出方程

$$x^2 + y^2 = z^2$$

的满足 $z = y + 1$ 或者 $z = x + 1$ 的全部正整数解 (x,y,z).

由于 x 和 y 的位置是对称的,我们不妨设 $z = y + 1$. 由

$$x^2 = z^2 - y^2 = (y+1)^2 - y^2 = 2y + 1$$

得出 x 为奇数. 设 $x = 2b + 1$,则

$$y = 2b(b+1),z = 2b^2 + 2b + 1$$

这里 b 为任意正整数.

两直角边是连续整数的勾股三角形也有无穷多个,它们的全部解和佩尔方程紧密相关.

6. 设 n 为大于 2 的正整数. 证明:存在一个边长都是整数的直角三角形,它的一条直角边长恰为 n.

证明 只需证明不定方程 $x^2 + n^2 = z^2$ 有正整数解.

利用

$$(z - x)(z + x) = n^2$$

结合 $z - x$ 与 $z + x$ 具有相同的奇偶性,故当 n 为奇数时,由

$$(z-x,z+x)=(1,n^2)$$

可得一组正整数解

$$(x,z)=\left(\frac{n^2-1}{2},\frac{n^2+1}{2}\right)$$

而当 n 为偶数时,由条件,知 $n\geqslant 4$. 利用

$$(z-x,z+x)=\left(2,\frac{n^2}{2}\right)$$

可得一组正整数解

$$(x,z)=\left(\frac{n^2-4}{4},\frac{n^2+4}{4}\right)$$

综上,可知命题成立.

7. 证明:存在无穷多个三元正整数数组 (a,b,c),使得 a^2+b^2,b^2+c^2,c^2+a^2 都是完全平方数.

证明 我们利用勾股数来构造. 任取一组勾股数 (x,y,z)(不必是本原的),令

$$a=x|4y^2-z^2|,b=y|4x^2-z^2|,c=4xyz$$

则有

$$
\begin{aligned}
a^2+b^2 &= x^2(3y^2-x^2)^2+y^2(3x^2-y^2)^2 \\
&= x^6+3x^2y^4+3x^4y^2+y^6 \\
&= (x^2+y^2)^3=(z^3)^2 \\
a^2+c^2 &= x^2(4y^2+z^2)^2 \\
b^2+c^2 &= y^2(4x^2+z^2)^2
\end{aligned}
$$

由于勾股数有无穷多组,从而符合条件的三元正整数数组有无穷多组.

例如:当 $x=3,y=4,z=5$ 时,得出

$$a=117,b=44,c=240$$

并且

$$117^2+44^2=125^2,117^2+240^2=267^2,44^2+240^2=244^2$$

8. 设 (x,y,z) 是一组勾股数 $(x^2+y^2=z^2)$. 证明: z^2+xy 与 z^2-xy 都可以表示为两个正整数的平方和.

证明 注意到

$$z^2\pm xy=\frac{2z^2\pm 2xy}{2}=\frac{z^2+(x\pm y)^2}{2}$$

而

$$2a^2+2b^2=(a+b)^2+(a-b)^2$$

因此

$$z^2\pm xy=\frac{(z+x\pm y)^2+(-z+x\pm y)^2}{4}$$

$$= \left(\frac{x \pm y + z}{2}\right)^2 + \left(\frac{x \pm y - z}{2}\right)^2$$

由

$$x^2 + y^2 = z^2$$

可知 $x \pm y$ 与 z 同奇偶,故 $\frac{x \pm y \pm z}{2}$ 都是整数. 进一步,由 $x < z, y < z$, 及

$$z^2 = x^2 + y^2 < (x + y)^2$$

得 $z < x + y$,可知 $\frac{x \pm y \pm z}{2}$ 都是非零整数.

所以, $z^2 \pm xy$ 都可以表示为两个正整数的平方和.

9. 对每个正整数 $n > 1$,都有勾股三角形,使其每条边的长度都是不小于 n 次的方幂.

证明 我们的方法是构造性的. 任取一组勾股数 (a, b, c),令

$$k = a^{4n^2 - 1} b^{2n(n-1)(2n+1)} c^{2n^2(2n-1)}$$

则勾股数 ak, bk, ck 都是不小于 n 的方幂.

关于勾股三角形的面积与周长,也有一系列问题.

10. 对每个正整数 $n > 1$,都有一个本原的勾股三角形,其周长是 n 次方幂.

证明 我们仍采用构造性的方法. 设 $t \geqslant n > 1$,取

$$a = 2^{n-1} t^n, b = (2t - 1)^n - a$$

则 b 必是正整数(这是一个不等式的练习,请读者自己证明). 又明显 a 为偶数, b 是奇数.

设 p 为 a 的奇素因子,则 $p \mid t$,从而

$$b \equiv (-1)^n (\bmod p)$$

于是 $p \nmid b$,故 $(a, b) = 1$.

边长为 $a^2 - b^2, 2ab, a^2 + b^2$ 的三角形是本原的勾股三角形,它的周长

$$(a^2 - b^2) + 2ab + (a^2 + b^2)$$
$$= 2a(a + b) = (2t(2t - 1))^n$$

是整数的 n 次方幂. 证毕.

如果不要求三角形是本原的,问题很容易解决. 这只要将任意勾股三角形的各边乘上其周长的 $n - 1$ 次幂就行了.

11. 求出所有边长为有理数,且面积(数值)等于周长的直角三角形.

解 对边长为有理数(将分母化为相同)

$$\frac{x}{t} < \frac{y}{t} < \frac{z}{t}$$

的直角三角形作相似比为 t(即将边长扩大 t 倍)的相似变换,便得到边长为整数 x, y, z 的直角三角形;再作相似比为 $\frac{1}{d}$ 的相似变换可使它变为本原的勾股三

51

角形. 这里 $d = (x, y, z)$.

本原三角形的边长为

$$a^2 - b^2, 2ab, a^2 + b^2 \quad (a > b > 0)$$

它的面积与周长的比

$$\frac{ab(a^2 - b^2)}{(a^2 - b^2) + 2ab + (a^2 + b^2)} = \frac{b(a - b)}{2}$$

因此,原来的面积与周长相等的直角三角形应由本原三角形按此比例缩小,即它的三边之长分别为

$$\frac{2(a + b)}{b}, \frac{4a}{a - b}, \frac{2(a^2 + b^2)}{b(a - b)}$$

其中 $a > b$ 为任意正整数.

12. 设 n 为大于 12 的正整数. 证明:存在一个边长都是整数的直角三角形,使得其面积介于 n 与 $2n$ 之间.

证明 这是一个存在性问题,尝试从特殊的勾股数组出发来构造例子.

考虑边长为 $(3k, 4k, 5k)$ 的直角三角形,这里 k 为正整数,若找得到正整数 k,使得

$$n < \frac{1}{2} \times (3k) \times (4k) < 2n$$

则对这样的 n,我们就找到了合适的直角三角形.

注意到,当 $n \geq 35$ 时,有

$$\left(\sqrt{\frac{n}{3}} - \sqrt{\frac{n}{6}} \right)^2 = \left(\frac{1}{2} - \frac{\sqrt{2}}{3} \right) n = \frac{n}{6(3 + 2\sqrt{2})} = \frac{n}{18 + \sqrt{288}}$$

$$\geq \frac{35}{18 + \sqrt{288}} > \frac{35}{18 + 17} = 1$$

故

$$\sqrt{\frac{n}{3}} - \sqrt{\frac{n}{6}} > 1$$

从而在 $\sqrt{\frac{n}{6}}$ 与 $\sqrt{\frac{n}{3}}$ 之间存在正整数 k,对这个 k 有

$$\frac{n}{6} < k^2 < \frac{n}{3}$$

即

$$n < \frac{1}{2} \times (3k) \times (4k) < 2n$$

所以,当 $n \geq 35$ 时,命题成立.

对 $13 \leq n \leq 34$,我们给出具体的满足条件的例子.

当 $13 \leqslant n \leqslant 23$ 时，$(6,8,10)$ 符合要求；当 $24 \leqslant n \leqslant 29$ 时，$(5,12,13)$ 符合要求；当 $30 \leqslant n \leqslant 34$ 时，$(9,12,15)$ 符合要求．

综上可知，当 $n > 12$ 时，都存在满足条件的直角三角形．

13. 设正整数 a,b,c，且 $a^2 + b^2 = c^2$，求证：$60 \mid abc$．

证明　（1）证明 a,b,c 中必有一个数是 3 的倍数．

（ⅰ）设 m,n 中至少有一个为 3 的倍数，则 $3 \mid b$；

（ⅱ）设 m,n 皆非 3 的倍数，则可令

$$m = 3m_1 + p, n = 3n_1 + q$$

其中 $p = 1,2; q = 1,2$．

由于

$$a = (m+n)(m-n) = [3(m_1 + n_1) + (p+q)][3(m_1 - n_1) + (p-q)]$$

当 $p \neq q$ 时，$p + q = 3$；当 $p = q$ 时 $p - q = 0$，所以可以由上式看出 a 是 3 的倍数．

(2)证明 a,b,c 中必有一个数是 4 的倍数．

（ⅰ）设 m,n 中至少有一个为偶数，显然有 $4 \mid b$；

（ⅱ）设 m,n 皆为奇数，则可令

$$m = 2m_1 + 1, n = 2n_1 + 1$$

则可以从

$$a = (m+n)(m-n) = (2m_1 + 2n_1 + 2)(2m_1 - 2n_1)$$

看出 $4 \mid a$．

(3)证明 a,b,c 中必有一个数是 5 的倍数．

（ⅰ）设 m,n 中至少有一个为 5 的倍数，显然 $5 \mid b$；

（ⅱ）设 m,n 皆非 5 的倍数，则可设

$$m = 5m_1 + p, n = 5n_1 + q$$

其中 $p = 1,2,3,4; q = 1,2,3,4$．

若 $p = q$，则

$$m - n = 5(m_1 - n_1)$$

又因

$$a = (m+n)(m-n)$$

所以 $5 \mid a$．

若 $p + q = 3$，这时只有 $p = 1, q = 2$ 或 $p = 2, q = 1$ 两种可能，则

$$p^2 + q^2 = 5$$

因为

$$c = m^2 + n^2 = 5(5m_1^2 + 5n_1^2 + 2m_1 p + 2n_1 q) + p^2 + q^2 \qquad ①$$

故 $5 \mid c$．

若 $p+q=4$，且 $p\neq q$，这时只有 $p=1,q=3$ 或 $p=3,q=1$ 两种可能，则
$$p^2+q^2=10$$
由式①可得 $5\mid c$.

若 $p+q=5$，这时只有 $p=1,q=4$；$p=2,q=3$；$p=3,q=2$ 或 $p=4,q=1$ 四种可能，则
$$m+n=5(m_1+n_1+1)$$
所以 $5\mid a$.

若 $p+q=6$ 且 $p\neq q$，这时只有 $p=2,q=4$ 或 $p=4,q=2$ 两种可能，则
$$p^2+q^2=20$$
由式①可知 $5\mid c$.

若 $p+q=7$，这时只有 $p=3,q=4$ 或 $p=4,q=3$ 两种可能，则
$$p^2+q^2=25$$
由式①可知 $5\mid c$.

综合上述各种情况，可知命题为真.

14. 已知数列 $\{a_n\}$ 满足
$$a_1=a_2=1,\ a_{n+2}=(4p-5)a_{n+1}-a_n+4-2p=0 \quad (n\in \mathbf{N}_+)$$
求所有的正整数 p，使得数列 $\{a_n\}$ 的各项都是完全平方数.

解 由题设得
$$a_3=2p-2,\ a_4=8p^2-20p+13$$
由于 a_3 是偶数，则存在自然数 q，使得
$$2p-2=4q^2$$
$$\Rightarrow p=2q^2+1$$
$$\Rightarrow a_4=32q^4-8q^2+1$$
当 $q=0$ 时，$a_4=1$ 是完全平方数，此时，$p=1$.

当 $q\geqslant 1$ 时，存在正整数 r，使得
$$32q^4-8q^2+1=r^2$$
$$\Rightarrow (4q^2-1)^2+(4q^2)^2=r^2$$
由
$$(4q^2-1,4q^2)=1$$
知 $4q^2-1,4q^2,r$ 是一组本原勾股数. 因此，存在 $(a,b)=1$，使得
$$\begin{cases} 4q^2-1=a^2-b^2 & ① \\ 4q^2=2ab & ② \\ r=a^2+b^2 & ③ \end{cases}$$
由式①②消去 q 得
$$(a+b)^2-2a^2=1 \qquad ④$$

由式①知 a,b 具有不同的奇偶性.

显然，b 不可能是偶数，否则，式①得

$$a^2 \equiv -1 \pmod 4$$

这是不可能的.

因此，a 为偶数，b 为奇数.

再由式②知存在正整数 c，使得 $a = 2c^2$.

由式④得

$$8c^4 = 2a^2 = (a+b-1)(a+b+1)$$

即

$$2c^4 = \frac{a+b-1}{2} \cdot \frac{a+b+1}{2} = d(d+1)$$

其中，d 和 $d+1$ 是连续的整数，且它们是互质的.

因此，一个是某整数的 4 次幂（u^4），另一个是某整数的 4 次幂的 2 倍（$2v^4$）. 于是

$$u^4 - 2v^4 = \pm 1$$

若 $u^4 - 2v^4 = 1$，则

$$u^4 + (v^2)^4 = (v^4 + 1)^2$$

上式具有 $x^4 + y^4 = z^2$ 的形式，它没有满足 $xyz \neq 0$ 的整数解.

故

$$u = \pm 1, v = 0$$

从而

$$d = 0, c = 0$$

因此，$a = 0$，矛盾.

若 $u^4 - 2v^4 = -1$，则

$$(v^2)^4 - u^4 = (v^4 - 1)^2$$

上式具有 $x^4 - y^4 = z^2$ 的形式，它也没有满足 $xyz \neq 0$ 的整数解.

故

$$u = \pm 1, v = \pm 1$$

从而，$d = 1$.

因此

$$c^4 = 1, a = 2, b = 1, q^2 = 1$$

故 $p = 3$.

当 $p = 1$ 时，$\{a_n\}$ 为周期数列：$1,1,0,1,1,0,\cdots$，满足条件.

当 $p = 3$ 时，$\{a_n\}$ 为

$$a_1 = a_2 = 1, a_{n+2} = 7a_{n+1} - a_n - 2$$

故

$$a_3 = 4 = 2^2, a_4 = 25 = 5^2, a_5 = 169 = 13^2$$

猜想:它是奇数项的斐波那契数的平方.

如果 $\{b_n\}$ 是斐波那契数列,易知

$$b_{n+2} = 3b_n - b_{n-2} \text{ 及 } b_{n+2}b_{n-2} - b_n^2 = 1$$

对奇数 n 成立.

因此

$$(b_{n+2} + b_{n-2})^2 = 9b_n^2$$

故

$$b_{n+2}^2 = 9b_n^2 - b_{n-2}^2 - 2b_{n+2}b_{n-2}$$
$$= 7b_n^2 - b_{n-2}^2 - 2$$

这就证明了猜想.

综上,当 $p = 1$ 或 $p = 3$ 时,数列 $\{a_n\}$ 的各项都是完全平方数.

佩尔方程及其应用

9.1 佩尔方程及其性质

在前面我们已经讨论了二元二次不定方程的一些求解方法,在本章里,我们来讨论一种特殊的二次不定方程.

通常把形如

$$x^2 - dy^2 = 1 \qquad\qquad ①$$

的二元二次不定方程(其中 $d \in \mathbf{Z}$),叫作佩尔方程.

若 (x_0, y_0) 是方程①的一组解,且 $x_0 \neq 0, y_0 \neq 0$,则显然 $(x_0, -y_0), (-x_0, y_0), (-x_0, -y_0)$ 这三组数也都是式①的解. 因此,我们将只讨论式①的非负整数解.

显然,式①恒有一组解 $x = 1, y = 0$.

若 $d = -1$,则式①变为 $x^2 + y^2 = 1$,这时,不定方程显然只有 $(x, y) = (1, 0)$ 或 $(0, 1)$ 这两组非负数解.

若 $d < -1$,则式①只有 $(x, y) = (1, 0)$ 这一组解.

若 $d = 0$,则式①变为 $x^2 = 1$,这样就得到 $x = 1, y$ 是任意整数,故此时方程有无限多组解.

若 d 是一个完全平方数,$d = a^2 > 0$,则

$$x^2 - dy^2 = x^2 - a^2 y^2 = x^2 - (ay)^2 = 1$$

这就需要两个完全平方数的差等于 1. 故只有 $x = 1, ay = 0$,即 $x = 1, y = 0$ 这一组解.

综上所述,当 $d < 0$,或 $d > 0$ 但 d 是一个完全平方数时,方程 $x^2 - dy^2 = 1$ 只有解 $(x, y) = (1, 0), (-1, 0)$,通常叫作方程的平凡解.

下面,我们只研究在 $d > 0$ 且 d 不是完全平方数时,方程①的正整数解的情形.

定理1 如果 d 不是完全平方数,那么佩尔方程①至少有一组正整数解.

要证这个定理,我们先来研究几个预备定理.

预备定理1 如果 α 是任意实数,$m \in \mathbf{Z}_+$,那么必有适当的整数 x,y,使下式成立

$$|x - \alpha y| < \frac{1}{m} \quad (0 < y \leq m)$$

证明 在式子 $u - \alpha v$ 中,令 $v = 0,1,2,\cdots,m$,并且令 $u = [\alpha v] + 1$,则恒有

$$0 < u - \alpha v \leq 1$$

现把 0 到 1 的全体实数分成 m 个区间

$$\frac{h}{m} \leq \lambda \leq \frac{h+1}{m} \quad (h = 0,1,2,\cdots,m-1)$$

那么,在形如 $u - \alpha v$ 的 $m+1$ 个数中,最少必存在两个数都落在同一区间内,不妨设这两个数为

$$u_1 - \alpha v_1, u_2 - \alpha v_2 \quad (0 \leq v_1 < v_2 \leq m)$$

所以

$$|(u_2 - u_1) - \alpha(v_2 - v_1)| = |(u_2 - \alpha v_2) - (u_1 - \alpha v_1)| < \frac{1}{m}$$

如果用 x 代替 $u_2 - u_1$,y 代替 $v_2 - v_1$,那么就能得到

$$|x - \alpha y| < \frac{1}{m} \quad (0 < y \leq m)$$

预备定理2 如果 $d > 0$,且 d 不是完全平方数,那么

$$|x - y\sqrt{d}| < \frac{1}{y} \qquad \qquad ②$$

有无限多组正整数解.

证明 由式②知,$y > 0$. 又因为 $\sqrt{d} > 1$,所以

$$x > y\sqrt{d} - \frac{1}{y} > \sqrt{d} - 1 > 0$$

由预备定理 1 可知,无论 $m > 0$ 取任何数,一定有两个正数 x,y,使

$$|x - y\sqrt{d}| < \frac{1}{m} \quad (0 < y \leq m)$$

成立.

因为 $0 < y \leq m$,所以 $\frac{1}{m} \leq \frac{1}{y}$.

所以,一定能得到一组数 x,y,能使

$$|x - y\sqrt{d}| < \frac{1}{y}$$

成立.

现在只要证明,能够从式②的一组解 x_k, y_k 得出另一组解 x_{k+1}, y_{k+1},它们的关系是

$$|x_{k+1} - y_{k+1}\sqrt{d}| < |x_k - y_k\sqrt{d}|$$

那么问题就解决了. 因为这将由

$$|x_1 - y_1\sqrt{d}| > |x_2 - y_2\sqrt{d}| > \cdots > |x_n - y_n\sqrt{d}| > \cdots$$

得出式②的无限多组解,且显然 x_k, y_k 不等于 $x_\lambda, y_\lambda (k \neq \lambda)$.

设 x_k, y_k 是一组解,那么必有一正整数 m,能使

$$\frac{1}{m} < |x_k - y_k\sqrt{d}|$$

成立. 因为 $\sqrt{d}$ 是无理数,所以

$$|x_k - y_k\sqrt{d}| \neq 0$$

那么,根据预备定理 1 知,一定有两个正整数 x_{k+1}, y_{k+1},能使

$$|x_{k+1} - y_{k+1}\sqrt{d}| < \frac{1}{m} \leqslant \frac{1}{y_{k+1}}$$

从而

$$|x_{k+1} - y_{k+1}\sqrt{d}| < |x_k - y_k\sqrt{d}|$$

预备定理 3 对于任意一个不是完全平方数的 d,一定存在一个整数 $k > 0$ 或 $k < 0$,它能使

$$x^2 - dy^2 = k \qquad\qquad ③$$

有无限多组正整数解.

证明 对于式②中的任何正整数解

$$|x + y\sqrt{d}| = |x - y\sqrt{d} + 2y\sqrt{d}| < \frac{1}{y} + 2y\sqrt{d}$$

$$\leqslant y + 2y\sqrt{d} = (1 + 2\sqrt{d})y$$

所以

$$0 < |x^2 - dy^2| = |(x + y\sqrt{d})(x - y\sqrt{d})|$$

$$< (1 + 2\sqrt{d})y \cdot \frac{1}{y} = 1 + 2\sqrt{d}$$

$$x^2 - dy^2 = k \quad (0 < |k| < 1 + 2\sqrt{d})$$

因为 k 的取值有无数个,而可能有的正整数组 (x, y) 有无数多个,所以,一定有一个固定的 k,它使式③有无数多组正整数解.

下面证明定理 1.

由预备定理 1，设式③对于一个固定的 k 有无数多组正整数解. 若用

$$\begin{cases} x \equiv 0 \text{ 或 } 1 \text{ 或 } 2 \text{ 或} \cdots\cdots \text{ 或 } |k|-1 (\bmod k) \\ y \equiv 0 \text{ 或 } 1 \text{ 或 } 2 \text{ 或} \cdots\cdots \text{ 或 } |k|-1 (\bmod k) \end{cases}$$

来考察这无数多组正整数解，则它们可以被分成 k^2 个类，也有可能在某一类内一组数也没有. 可是因为类别是有限多的. 正整数组是无限多的，故至少必有一类，其中一定含有无数多的正整数组.

设 x_1, y_1 和 x_2, y_2 是这一类内的两组数

$$x_1 \neq x_2, y_1 \neq y_2$$

所以，有

$$x_1^2 - dy_1^2 = k, x_2^2 - dy_2^2 = k$$
$$x_2 \equiv x_2 (\bmod |k|), y_2 \equiv y_2 (\bmod |k|)$$

令

$$x = \frac{x_1 x_2 - dy_1 y_2}{k}, y = \frac{x_1 y_2 - x_2 y_1}{k}$$

那么，若能证明：$(1) x, y \in \mathbf{Z}$；$(2) x^2 - dy^2 = 1$；$(3) y \neq 0$，问题就全部解决了.

关于式①，因为

$$\begin{aligned} k^2 (x^2 - dy^2) &= (x_1 x_2 - dy_1 y_2)^2 - d(x_1 y_2 - x_2 y_1)^2 \\ &= x_1^2 x_2^2 + d^2 y_1^2 y_2^2 - dx_1^2 y_2^2 - dx_2^2 y_1^2 \\ &= (x_1^2 - dy_1^2)(x_2^2 - dy_2^2) = k^2 \end{aligned}$$

所以

$$x^2 - dy^2 = 1$$

关于式③，若 $y = 0$，则有

$$x_1 y_2 - x_2 y_1 = 0$$

即

$$\frac{x_1}{x_2} = \frac{y_1}{y_2}$$

设 $\dfrac{x_1}{x_2} = \dfrac{y_1}{y_2} = r$，则

$$x_1 = rx_2, y_1 = ry_2$$

从而

$$x_1^2 - dy_1^2 = r^2 (x_2^2 - dy_2^2) = k$$

所以，$r = \pm 1$. 由于 $x_1, x_2, y_1, y_2 > 0$，所以 $r = 1$.

故

$$x_1 = x_2, y_1 = y_2$$

这与前面的

$$x_1 \neq x_2 , y_1 \neq y_2$$

矛盾.

所以 $y \neq 0$. 从而 $x \neq 0$.

既然

$$x \neq 0 , y \neq 0$$

是一组解,当然 $|x|$, $|y|$ 也是,故式①的至少有一组正整数解.

下面来研究方程①的所有正整数解的求法.

设 $x_1 > 0 , y_1 > 0$ 是方程①的所有正整数解中,使 $x_1 + y_1 \sqrt{d}$ 最小的一组解,则 (x_1 , y_1) 叫作方程的最小解,通常也称为基本解. 这时,对式①的任一组正整数解 (x , y) ,必有

$$x_1 \leqslant x , y_1 \leqslant y$$

先证明 $x_1 \leqslant x$. 否则,从 $x_1 > x$ 以及

$$x_1^2 = dy_1^2 + 1 , x^2 = dy^2 + 1$$

可得

$$dy_1^2 + 1 > dy^2 + 1$$

即 $y_1 > y$.

所以

$$x + y\sqrt{d} < x_1 + y_1 \sqrt{d}$$

这和 (x_1 , y_1) 的选取矛盾.

同理,$y_1 \leqslant y$.

所以,最小解就是式①的一组正整数解 (x , y) ,其中 x 与 y 均为最小.

定理 2 若 x_0 , y_0 是式①的一组正整数解,y_0 是所有正整数解中 y 的最小值,则由下列式子确定的 x , y 是式①的所有整数解

$$x + y\sqrt{d} = \pm (x_0 + y_0 \sqrt{d})^n$$

类似于定理 1,我们要先介绍如下引理.

引理 1 设 (x_1 , y_1) 或 (x_2 , y_2) 是方程①的两组解,则有

$$(x_1 + y_1 \sqrt{d})(x_2 + y_2 \sqrt{d}) = (x_1 x_2 + dy_1 y_2) + (x_1 y_2 + x_2 y_1)\sqrt{d}$$

若令

$$x_3 = x_1 x_2 + dy_1 y_2 , y_3 = x_1 y_2 + x_2 y_1$$

则 (x_3 , y_3) 也是方程①的一组解.

证明 由题设,得

$$(x_1 + y_1 \sqrt{d})(x_2 + y_2 \sqrt{d}) = x_3 + y_3 \sqrt{d}$$

所以

$$(x_1 - y_1\sqrt{d})(x_2 - y_2\sqrt{d}) = x_3 - y_3\sqrt{d}$$

故得

$$x_3^2 - y_3^2 d = (x_1^2 - dy_1^2)(x_2^2 - dy_2^2) = |x| = 1$$

证毕.

引理 2　设 (x,y) 是方程①的一组解，$y \neq 0$. 令 $x + y\sqrt{d} = h$.

(1) 若 $x > 0, y > 0$，则 $h > 1$；

(2) 若 $x < 0, y < 0$，则 $h < -1$；

(3) 若 $x > 0, y < 0$，则 $0 < h < 1$；

(4) 若 $x < 0, y > 0$，则 $-1 < h < 0$.

证明　(1) 若 $x > 0, y > 0$，则

$$h > y\sqrt{d} > 1$$

(2) 若 $x < 0, y < 0$，则

$$h < y\sqrt{d} < -1$$

(3) 若 $x > 0, y < 0$，则因为

$$1 = (x + y\sqrt{d})(x - y\sqrt{d}), x - y\sqrt{d} > 1$$

所以 $0 < h < 1$.

(4) 若 $x < 0, y > 0$，则因为

$$x - y\sqrt{d} < -1$$

所以 $-1 < h < 0$.

下面来证明定理 2：

若 $n = 0$，则

$$x + y\sqrt{d} = \pm(x_0 + y_0\sqrt{d})^0 = \pm 1$$

即

$$x = \pm 1, y = 0$$

为两组解.

若 $n > 0$，设

$$(x_0 + y_0\sqrt{d})^n = x_n + y_n\sqrt{d}$$

则由引理 1，可知 (x_n, y_n) 也是方程①的一组解，且此时 $x_n > 0, y_n > 0$.

所以

$$(x_0 + y_0\sqrt{d})^n = x_n + y_n\sqrt{d}$$

$$-(x_0 + y_0\sqrt{d})^n = -x_n - y_n\sqrt{d}$$

$$(x_0 + y_0\sqrt{d})^{-n} = (x_0 - y_0\sqrt{d})^n = x_n - y_n\sqrt{d}$$

$$-(x_0 + y_0\sqrt{d})^{-n} = -(x_0 - y_0\sqrt{d})^n = -x_n + y_n\sqrt{d}$$

所以,无论 n 是正数还是负数,$\pm(x_0 + y_0\sqrt{d})^n$ 恒可化成形如 $x + y\sqrt{d}$ 的数,其中 (x,y) 恒是方程①的一组解. 由以上几式可以看出,只讨论由正整数 n 标明的 $(x + y\sqrt{d})^n$ 即可.

现设 $x > 0, y > 0$ 是方程①的任意一组解. 只要证明,一定存在一个正整数 n,能使

$$(x_0 + y_0\sqrt{d})^n = x + y\sqrt{d}$$

成立,那么问题就解决了.

由引理 2,可得 $x_0 + y_0\sqrt{d} > 1$,且因为 y_0 是正整数解中 y 的最小值,x_0 也是正整数解中 x 的最小值,所以必有一正数 n,能使

$$(x_0 + y_0\sqrt{d})^n \leqslant x + y\sqrt{d} < (x_0 + y_0\sqrt{d})^{n+1}$$

从而

$$1 \leqslant (x + y\sqrt{d})(x_0 - y_0\sqrt{d}) < x_0 + y_0\sqrt{d}$$

由引理 1,有

$$(x + y\sqrt{d})(x_0 - y_0\sqrt{d})^n = x' + y'\sqrt{d}$$

若 $x' + y'\sqrt{d} > 1$,则由引理 2,必须 $x' > 0, y' > 0$. 又因为 x_0, y_0 分别是 x 的值、y 的值的最小正数,所以不能得到

$$1 < x' + y'\sqrt{d} < x_0 + y_0\sqrt{d}$$

从而

$$x' + y'\sqrt{d} = 1, x + y\sqrt{d} = (x_0 + y_0\sqrt{d})^n$$

定理 2 给出的方程①的正整数解 (x_n, y_n) 满足

$$x_n + y_n\sqrt{d} = (x_0 + y_0\sqrt{d})^n \quad (n \in \mathbf{N}) \qquad ④$$

在实际求解时,并不是很简单,下面我们来研究求方程①的正整数解的递推公式.

由式④可得

$$x_{n+1} + y_{n+1}\sqrt{d} = (x_0 + y_0\sqrt{d})^n (x_0 + y_0\sqrt{d})$$

$$= (x_n + y_n\sqrt{d})(x_0 + y_0\sqrt{d}) \qquad ⑤$$

将式⑤的右端展开,并与左边进行比较,得

$$\begin{cases} x_{n+1} = x_0 x_n + d y_0 y_n & ⑥ \\ y_{n+1} = x_0 y_n + y_0 x_n & ⑦ \end{cases}$$

进一步还可以推出数列 $\{x_n\}$，$\{y_n\}$ 各自的递推公式. 这只需在式⑥中用 $n-1$ 代替 n，得

$$x_n = x_0 x_{n-1} + d y_0 y_{n-1} \qquad\qquad ⑧$$

⑤$-$⑧$\times x_0$，并注意到

$$x_0^2 - d y_0^2 = 1$$

有

$$\begin{aligned} x_{n+1} &= 2 x_0 x_n - x_0^2 x_{n-1} + d y_0 (y_n - x_0 y_{n-1}) \\ &= 2 x_0 x_n - x_0^2 x_{n-1} + d y_0^2 x_{n-1} = 2 x_0 x_n - x_{n-1} \end{aligned} \qquad ⑨$$

同样，可以得到

$$y_{n+1} = 2 x_0 y_n - y_{n-1} \qquad\qquad ⑩$$

前面讨论了形如 $x^2 - d y^2 = 1$ 的佩尔方程的相关理论及其应用. 一般地，形如 $x^2 - d y^2 = -1$（$d > 0$ 且 d 不是完全平方数）的方程也叫作佩尔方程. 它与方程①在形式上看似相近，但解的情况要复杂得多.

例如，当 $d = 3 (\bmod 4)$ 时，不难用同余的方法证明方程 $x^2 - d y^2 = -1$ 无整数解.

一般地，有：

定理 3 设 $d > 0$，且 d 不是完全平方数，如果方程

$$x^2 - d y^2 = -1 \qquad\qquad ⑪$$

有整数解，那么一定有无穷多组解. 设

$$a^2 - d b^2 = -1 \quad (a > 0)$$

是所有 $x > 0$，$y > 0$ 的解中，使 $x + y \sqrt{d}$ 最小的那组解（(a, b) 也叫作⑪的基本解），则方程⑪的无数多组解 (x, y)，由

$$x + y \sqrt{d} = \pm (a + b \sqrt{d})^{2n+1} \qquad\qquad ⑫$$

表出，其中 n 是任意整数，且

$$\varepsilon = x_0 + y_0 \sqrt{d} = (a + b \sqrt{d})^2 \qquad\qquad ⑬$$

其中 x_0，y_0 是方程 $x^2 - d y^2 = 1$ 的基本解.

证明 设

$$(a + b \sqrt{d})^2 = u + v \sqrt{d}$$

由

$$(a - b \sqrt{d})^2 = u - v \sqrt{d}$$

得

$$u^2 - d v^2 = (a^2 - d b^2)^2 = (-1)^2 = 1$$

即 (u, v) 是方程

$$x^2 - dy^2 = 1$$

的一组解.

下面证明式⑬给出了 $x^2 - dy^2 = 1$ 的基本解.

如果式⑬不成立,则另有基本解

$$1 < x_0 + y_0\sqrt{d} < (a + b\sqrt{d})^2 \qquad ⑭$$

由

$$\frac{1}{a + b\sqrt{d}} = -a + b\sqrt{d} > 0$$

及式⑭,得

$$-a + b\sqrt{d} < (x_0 + y_0\sqrt{d})(-a + b\sqrt{d}) < a + b\sqrt{d} \qquad ⑮$$

令

$$(x_0 + y_0\sqrt{d})(-a + b\sqrt{d}) = a' + b'\sqrt{d}$$

其中

$$a' = -x_0 a + y_0 bd, b' = x_0 b - y_0 a$$

而

$$\begin{aligned}
a'^2 - db'^2 &= x_0^2 a^2 - 2x_0 y_0 abd + y_0^2 b^2 d^2 - \\
&\quad x_0^2 b^2 d + 2x_0 y_0 abd - y_0^2 a^2 d \\
&= x_0^2 (a^2 - db^2) + y_0^2 d(db^2 - a^2) \\
&= (x_0^2 - dy_0^2)(a^2 - db^2) = -1
\end{aligned}$$

于是式⑮可写成

$$0 < -a + b\sqrt{d} < a' + b'\sqrt{d} < a + b\sqrt{d} \quad (b' \neq 0) \qquad ⑯$$

显然,$a' + b'\sqrt{d} \neq 1$(由于 $a'^2 - db'^2 = -1$).

如果 $1 < a' + b'\sqrt{d}$,那么

$$1 < a' + b'\sqrt{d} < a + b\sqrt{d} \qquad ⑰$$

取 $a' + b'\sqrt{d}$ 的倒数,有

$$0 < -a' + b'\sqrt{d} < 1 \qquad ⑱$$

由式⑰和⑱可得

$$b' > 0 \text{ 和 } 2a' = a' + b'\sqrt{d} - (-a' + b'\sqrt{d}) > 1 - 1 = 0$$

即 $a' > 0$,此与 $a + b\sqrt{d}$ 的定义矛盾.

如果 $a' + b'\sqrt{d} < 1$,则由式⑯,有

$$1 < -a' + b'\sqrt{d} < a + b\sqrt{d} \text{ 和 } 0 < a' + b'\sqrt{d} < 1$$

得

$$b' > 0, \ -a' > 0$$

而

$$(-a')^2 - db'^2 = -1$$

这仍与 $a + b\sqrt{d}$ 的选择矛盾. 这就证明了式⑬.

对任意的式⑫给出的 x, y, 显然是方程⑪的一组解. 反之, 设 (x, y) 是方程⑪的任一组解, 设

$$(x + y\sqrt{d})(-a + b\sqrt{d}) = x' + y'\sqrt{d} \qquad ⑲$$

其中

$$x' = -ax + byd, \ y' = -ay + bx$$

从而

$$(x - y\sqrt{d})(-a - b\sqrt{d}) = x' - y'\sqrt{d} \qquad ⑳$$

将⑲×⑳, 知 (x', y') 是 $x^2 - dy^2 = 1$ 的一组解, 从而由定理 2 知, x', y' 可表为

$$x' + y'\sqrt{d} = \pm(x_0 + y_0\sqrt{d})^n \qquad (n \in \mathbf{Z})$$

由⑲和⑬, 可得

$$x + y\sqrt{d} = \pm(a + b\sqrt{d})^{2n+1} \qquad (n \in \mathbf{Z})$$

这就证明了方程⑪的所有解可表示为⑫的形式. 证毕.

定理 4 如果 $p \equiv 1 \pmod{4}$ 是素数, 那么

$$x^2 - py^2 = -1 \qquad ㉑$$

有整数解 (x, y).

证明 设 (x_0, y_0) 是方程 $x^2 - py^2 = 1$ 的基本解. 显然, x_0, y_0 是一奇一偶.
如果

$$x_0 \equiv 0 \pmod{2}, \ y_0 \equiv 1 \pmod{2}$$

那么, 由

$$x_0^2 - py_0^2 = 1$$

得矛盾结果

$$-1 \equiv 1 \pmod{4}$$

因此, 只能

$$x_0 \equiv 1 \pmod{2}, \ y_0 \equiv 0 \pmod{2}$$

再由 $\dfrac{x_0 + 1}{2}$ 与 $\dfrac{y_0 - 1}{2}$ 相差 1 知

$$\left(\frac{x_0 + 1}{2}, \frac{y_0 + 1}{2}\right) = 1$$

又

$$\frac{x_0-1}{2}\cdot\frac{x_0+1}{2}=\frac{x_0^2-1}{4}=\frac{py_0^2}{4}=p\left(\frac{y_0}{2}\right)^2$$

得

$$\frac{x_0-1}{2}=pu^2,\frac{x_0+1}{2}=v^2$$

从而

$$y_0=2uv\quad(u>0,v>0)\qquad\qquad ㉒$$

或

$$\frac{x_0-1}{2}=u^2,\frac{x_0+1}{2}=pv^2$$

从而

$$y_0=2uv\quad(u>0,v>0)\qquad\qquad ㉓$$

式㉒给出

$$v^2-pu^2=1$$

而

$$u=\frac{y_0}{2v}<y_0$$

这与 y_0 是最小解的选择相矛盾.

由式㉓得出

$$u^2-pv^2=-1$$

故式㉑有整数解 $x=u,y=v$. 证毕.

推论 方程㉑

$$x^2-py^2=-1$$

的全部解 (x,y) 由

$$x+y\sqrt{p}=\pm\left(u+v\sqrt{p}\right)^{2n+1}$$

表出,其中 n 是任意整数,u,v 由式㉓给出.

证明 设 $x=a,y=b$ 是式㉑的基本解,由定理3知

$$x^2-py^2=1$$

的基本解满足

$$x_0+y_0\sqrt{p}=(a+b\sqrt{p})^2=a^2+b^2p+2ab\sqrt{p}$$

故 $y_0=2ab$,由式㉓知 $y_0=2uv$,推出

$$a=u,b=v$$

证毕.

定理5 设 p 是一个素数

$$2p = r^2 + s^2, r \equiv \pm 3 \,(\bmod\, 8), s \equiv \pm 3 \,(\bmod\, 8)$$

则

$$x^2 - 2py^2 = -1$$

无整数解 (x, y).

证明 略.

定理 6 设 x_1, y_1 和 x_2, y_2 是方程

$$x^2 - dy^2 = 4$$

的两组解. 若令

$$\frac{x_1 + y_1\sqrt{d}}{2} \cdot \frac{x_2 + y_2\sqrt{d}}{2} = \frac{x + y\sqrt{d}}{2}$$

则 x, y 都是整数并且是方程 $x^2 - dy^2 = 4$ 的一组解.

证明 一方面, 显然有

$$x = \frac{x_1 x_2 + dy_1 y_2}{2}, y = \frac{x_1 y_2 + x_2 y_1}{2}$$

因为

$$\begin{cases} x_1 \equiv x_1^2 = dy_1^2 + 4 \equiv dy_1^2 \equiv dy_1 \,(\bmod\, 2) \\ x_2 \equiv x_2^2 = dy_2^2 + 4 \equiv dy_2^2 \equiv dy_2 \,(\bmod\, 2) \end{cases}$$

故

$$\begin{cases} x_1 x_2 + dy_1 y_2 \equiv dy_1 dy_2 + dy_1 y_2 \equiv dy_1 y_2 + dy_1 y_2 \equiv 2dy_1 y_2 \equiv 0 \,(\bmod\, 2) \\ x_1 y_2 + x_2 y_1 \equiv dy_1 y_2 + dy_1 y_2 \equiv 2dy_1 y_2 \equiv 0 \,(\bmod\, 2) \end{cases}$$

所以, x, y 都是整数.

另一方面, 显然有

$$\frac{x_1 - y_1\sqrt{d}}{2} \cdot \frac{x_2 - y_2\sqrt{d}}{2} = \frac{x - y\sqrt{d}}{2}$$

故

$$\frac{x^2 - dy^2}{4} = \frac{x_1^2 - dy_1^2}{4} \cdot \frac{x_2^2 - dy_2^2}{4} = 1 \times 1 = 1$$

故 x, y 是方程 $x^2 - dy^2 = 4$ 的一组解.

定理 7 设 $x = u_1, y = v_1$ 是佩尔方程 $x^2 - my^2 = 4$ 的 y 值最小的正整数解, 如果 u_n 和 v_n 由

$$\frac{u_n + \sqrt{m}v_n}{2} = \left(\frac{u_1 + \sqrt{m}v_1}{2}\right)^n \quad (n = 1, 2, \cdots)$$

确定, 则佩尔方程

$$x^2 - my^2 = 4$$

的一切正整数解为

$$x = u_n, y = v_n \quad (n = 1, 2, \cdots)$$

证明

$$x = u_n, y = v_n \quad (n = 1, 2, \cdots)$$

是佩尔方程 $x^2 - my^2 = 4$ 的正整数解,这已由定理 5 指明. 现在只需证明,除 $x = u_n, y = v_n (n = 1, 2, \cdots)$ 外,该方程无其他正整数解. 也就是说,如果设

$$x = a, y = b$$

是 $x^2 - my^2 = 4$ 的任一正整数解,则必存在正整数 n,使

$$a = u_n, b = v_n$$

由于 $b \geqslant v_1$,故

$$a^2 - u_1^2 = (4 + mb^2) - (4 + mv_1^2)$$
$$= m(b^2 - v_1^2) \geqslant 0$$

所以 $a \geqslant u_1$,从而

$$\frac{a + \sqrt{m}b}{2} \geqslant \frac{u_1 + \sqrt{m}v_1}{2} > 1$$

上面第二个不等式(即大于 1)成立是因为 u_1, v_1 是佩尔方程 $x^2 - my^2 = 4$ 的一组正整数解. 由于

$$\frac{u_1 + \sqrt{m}v_1}{2} < \frac{u_2 + \sqrt{m}v_2}{2} < \frac{u_3 + \sqrt{m}v_3}{2} < \cdots < \frac{u_n + \sqrt{m}v_n}{2} < \cdots$$

从而存在正整数 n,使得

$$\left(\frac{u_1 + \sqrt{m}v_1}{2}\right)^{n+1} > \frac{a + \sqrt{m}b}{2} \geqslant \left(\frac{u_1 + \sqrt{m}v_1}{2}\right)^n = \frac{u_n + \sqrt{m}v_n}{2}$$

可以证明,上式第二个关系中等号必成立,即必有

$$\frac{a + \sqrt{m}b}{2} = \left(\frac{u_1 + \sqrt{m}v_1}{2}\right)^n = \frac{u_n + \sqrt{m}v_n}{2}$$

从而有

$$a = u_n, b = v_n$$

事实上,如果等号不成立,则

$$\frac{u_1 + \sqrt{m}v_1}{2} = \frac{u_n^2 - mv_n^2}{4} \cdot \frac{u_1 + \sqrt{m}v_1}{2}$$

$$= \frac{u_n + \sqrt{m}v_n}{2} \cdot \frac{u_n - \sqrt{m}v_n}{2} \cdot \frac{u_1 + \sqrt{m}v_1}{2}$$

$$= \left(\frac{u_1 + \sqrt{m}v_1}{2} \right)^n \frac{u_2 - \sqrt{m}v_n}{2} \cdot \frac{u_1 + \sqrt{m}v_1}{2}$$

$$= \left(\frac{u_1 + \sqrt{m}v_1}{2} \right)^{n+1} \frac{u_n - \sqrt{m}v_n}{2}$$

$$> \frac{a + \sqrt{m}b}{2} \cdot \frac{u_n - \sqrt{m}v_n}{2}$$

$$> \left(\frac{u_1 + \sqrt{m}v_1}{2} \right)^n \frac{u_n - \sqrt{m}v_n}{2}$$

$$= \frac{u_n + \sqrt{m}v_n}{2} \cdot \frac{u_n - \sqrt{m}v_n}{2} = 1$$

另一方面, 设

$$\frac{a + \sqrt{m}b}{2} \cdot \frac{u_n - \sqrt{m}v_n}{2} = \frac{s + \sqrt{m}t}{2}$$

由于 $x = a, y = b$ 和 $x = u_n, y = -v_n$ 均为 $x^2 - my^2 = 4$ 的整数解, 故由定理 5 知 $x = s, y = t$ 也是该方程的整数解. 再由上述不等式知

$$\frac{s + \sqrt{m}t}{2} = \frac{a + \sqrt{m}b}{2} \cdot \frac{u_n - \sqrt{m}v_n}{2} > 1$$

因此由定理 4 知, $x = s, y = t$ 是正整数解. 从而 $t \geqslant v_1$, 于是

$$s^2 - u_1^2 = (4 + mt^2) - (4 + mv_1^2)$$
$$= m(t^2 - v_1^2) \geqslant 0$$

故 $s \geqslant u_1$. 从而有

$$\frac{s + \sqrt{m}t}{2} \geqslant \frac{u_1 + \sqrt{m}v_1}{2}$$

这与上述不等式矛盾.

注 与方程 $x^2 - my^2 = 1$ 一样, 先用试验法求出 $x^2 - my^2 = 4$ 的 y 值最小的正整数解 $x = u_1, y = v_1$ 来, 那么该方程的一切正整数解 $x = u_n, y = v_n$ 便由

$$\frac{u_n + \sqrt{m}v_n}{2} = \left(\frac{u_1 + \sqrt{m}v_1}{2} \right)^n \quad (n = 1, 2, \cdots)$$

确定, 再冠以正、负号, 即得一切整数解.

一般形式的佩尔方程

$$x^2 - dy^2 = c \qquad\qquad ㉔$$

这里 $d > 0$ 不是完全平方数, $c \neq 0$ 是整数. 它比 $x^2 - dy^2 = 1$ 和 $x^2 - dy^2 = -1$ 要复杂得多. 下面的定理 8 反映了佩尔方程的共性.

定理 8　如果方程㉔有一组正整数解(a,b),则它有无穷多组正整数解. 设(u,v)是$x^2 - dy^2 = 1$的一组正整数解,则由

$$x + y\sqrt{d} = (a + b\sqrt{d})(u + v\sqrt{d}) \qquad ㉕$$

确定的(x,y)都是㉔的正整数解.

证明　由㉕取共轭得

$$x - y\sqrt{d} = (a - b\sqrt{d})(u - v\sqrt{d}) \qquad ㉖$$

㉕㉖两式相乘即得

$$x^2 - dy^2 = (a^2 - db^2)(u^2 - dv^2) = a^2 - db^2 = c$$

一般说来,㉕或者等价的公式

$$x_n + y_n\sqrt{d} = (a + b\sqrt{d})(u_1 + v_1\sqrt{d})^n \qquad ㉗$$

$((u_1,v_1)$为$x^2 - dy^2 = 1$的最小解)并不能给出㉔的全部正整数解.

一般的二元二次不定方程

$$ax^2 + bxy + cz^2 + dx + ey + f = 0 \qquad ㉘$$

$(a,b,c,d,e,f$为整数)的求解可以归结为佩尔方程①的求解.

9.2　佩尔方程及其性质在不定方程中的应用

先看两道简单问题.

例 1　求出方程$x^2 - 7y^2 = 1$的所有正整数解.

解　先求最小正整数解(x_1,y_1).

令$y = 1,2,3,\cdots$,则:

当$y = 1$时,$1 + 7y^2 = 8$;当$y = 2$时,$1 + 7y^2 = 29$;当$y = 3$时,$1 + 7y^2 = 64 = 8^2$,……

所以,$x^2 - 7y^2 = 1$的最小正整数解为$(x,y) = (8,3)$.

由佩尔方程定理,知方程$x^2 - 7y^2 = 1$的所有正整数解为

$$x_n = \frac{1}{2}\left[(x_1 + \sqrt{d}y_1)^n + (x_1 - \sqrt{d}y_1)^n\right]$$

$$= \frac{1}{2}\left[(8 + 3\sqrt{7})^n + (8 - 3\sqrt{7})^n\right]$$

$$y_n = \frac{1}{2\sqrt{7}}\left[(8 + 3\sqrt{7})^n - (8 - 3\sqrt{7})^n\right] \quad (n \in \mathbf{N}_+)$$

例 2　(2007 年我爱数学初中夏令营数学竞赛)若x为整数,$3 < x < 200$,且$x^2 + (x+1)^2$是一个完全平方数,求整数x的值.

解 设
$$x^2 + (x+1)^2 = v^2$$
则
$$4x^2 + 4x + 2 = 2v^2$$
即
$$(2x+1)^2 = 2v^2 - 1$$

设 $u = 2x + 1$，则
$$u^2 - 2v^2 = -1$$

这是一个佩尔方程. 注意到 $(u_0, v_0) = (1,1)$ 是它的一组基本解. 由此得
$$u_n + v_n\sqrt{2} = (u_0 + v_0\sqrt{2})^{2n+1}$$

于是可得 $(u_1, v_1) = (7,5), (u_2, v_2) = (41, 29), (u_3, v_3) = (239, 169), u_4 > 400.$

所以，对应的 x 的值为 $3, 20, 119.$ 由于 $3 < x < 200$，因此，所求的 x 的值为 20 和 119.

例 3 试证方程 $x^2 - 2y^2 = 1$ 有无穷多组正整数解.

证明 此题是佩尔方程，这里用递推方法证明.

首先 $(3,2)$ 是方程的一组正整数解，代入方程得 $3^2 - 2 \times 2^2 = 1$，即
$$(3 + 2\sqrt{2})(3 - 2\sqrt{2}) = 1 \qquad ①$$

上式两边平方得
$$(17 + 12\sqrt{2})(17 - 12\sqrt{2}) = 1 \qquad ②$$

即 $17^2 - 2 \times 12^2 = 1.$

故 $(17, 12)$ 为方程的另一组正整数解.

对式②再平方又可得一组正整数解.

一般地，对式①通过 $n-1$ 次平方可得方程的第 n 组正整数解 (x_n, y_n)，满足
$$(x_n + \sqrt{2}y_n)(x_n - \sqrt{2}y_n) = 1$$

上式两边平方得
$$\left[(x_n^2 + 2y_n^2) + 2\sqrt{2}x_ny_n\right]\left[(x_n^2 + 2y_n^2) - 2\sqrt{2}x_ny_n\right] = 1$$

从而
$$\begin{cases} x_{n+1} = x_n^2 + 2y_n^2 \\ y_{n+1} = 2x_ny_n \end{cases} \qquad ③$$

也是方程的一组正整数解，且 $\{x_n\}, \{y_n\}$ 都是递增的.

故方程的每一组解都能通过"平方"的方式产生递增的后继解，即方程有无穷多组正整数解.

本题通过递推关系③无限传递下去,是证明无穷解的一个关键.

例 4 求方程 $x^2 - 15y^2 = 61$ 的整数解.

解 显然,本题的方程不是一个标准的佩尔方程,我们可以对其进行转化.

首先,求适合

$$l^2 \equiv 15 \pmod{61} \quad (0 \leqslant l \leqslant \frac{61}{2})$$

的整数解,即在方程

$$l^2 = 15 + 61h \quad (l^2 \leqslant 900)$$

中,由于

$$0 \leqslant h \leqslant \left[\frac{900}{61}\right] = 14$$

对 $h = 0, 1, 2, \cdots, 14$ 逐一检验,可得当 $h = 10$ 时

$$15 + 61 \times 10 = 625 = 25^2$$

此时, $l = 25$.

下面再求方程

$$x_1^2 - 15y_1^2 = 10$$

的整数解,即求方程

$$l^2 = 15 + 10h \quad (l \leqslant \frac{10}{2} = 5)$$

的整数解.

经检验知 $l = 5, h = 1$. 于是 $x_1 = 5, y_1 = 1$.

接着求方程 $x_2^2 - 15y_2^2 = 1$ 的解.

显然,这是一个佩尔方程,其最小解为 $x_2 = 4, y_2 = 1$.

于是

$$x_2 + \sqrt{15}\,y_2 = \pm(4 + \sqrt{15})^n$$

$$x_1 + \sqrt{15}\,y_1 = \pm(4 + \sqrt{15})^n(5 \pm \sqrt{15})$$

$$x + \sqrt{15}\,y = \pm(4 + \sqrt{15})^n(5 \pm \sqrt{15})\left(\frac{25 \pm \sqrt{15}}{10}\right)$$

由于三个"±"号互相独立,则原方程的解为

$$x + \sqrt{15}\,y = \pm(4 + \sqrt{15})^n(14 \pm 3\sqrt{15})$$

和

$$x + \sqrt{15}\,y = \pm(4 + \sqrt{15})^n(11 \pm 2\sqrt{15})$$

例 5 求出 $x^2 - 5y^2 = 4$ 的三组正整数解.

解 先求出最小解.

当 $y = 1$ 时
$$4 + 5y^2 = 3^2$$
所以
$$3^2 - 5 \times 1^2 = 4$$
即
$$x_0 = 3, y_0 = 1$$
方程 $x^2 - 5y^2 = 4$ 的解由下式给出
$$\frac{x + \sqrt{5}y}{2} = \pm \left(\frac{x_0 + \sqrt{5}y_0}{2} \right)^n = \pm \left(\frac{3 + \sqrt{5}}{2} \right)^n$$

当 $n = 2$ 时, 有
$$\frac{x + \sqrt{5}y}{2} = \left(\frac{3 + \sqrt{5}}{2} \right)^2 = \frac{7 + 3\sqrt{5}}{2}$$

所以 $x_1 = 7, y_1 = 3$.

当 $n = 3$ 时, 有
$$\frac{x + \sqrt{5}y}{2} = \left(\frac{3 + \sqrt{5}}{2} \right)^3 = \frac{18 + 8\sqrt{5}}{2}$$

所以 $x_2 = 18, y_2 = 8$.

所以不定方程 $x^2 - 5y^2 = 4$ 有下列三组解
$$\begin{cases} x_0 = 3 \\ y_0 = 1 \end{cases}, \begin{cases} x_1 = 7 \\ y_1 = 3 \end{cases}, \begin{cases} x_2 = 18 \\ y_2 = 8 \end{cases}$$

例 6 (1985 年第 26 届国际数学奥林匹克候选题) 证明: 存在无穷多对正整数 (k, n), 使得
$$1 + 2 + \cdots + k = (k+1) + (k+2) + \cdots + n$$

证明 已知等式可化为
$$\frac{1}{2} k(k+1) = \frac{1}{2} (n-k)(n+k+1)$$
$$2k(k+1) = n(n+1)$$
$$2(2k+1)^2 = (2n+1)^2 + 1 \qquad ①$$

令 $x = 2n + 1, y = 2k + 1$, 则式①化为
$$x^2 - 2y^2 = -1 \qquad ②$$

本题等价于证明方程②有无穷多组正整数解.

方程②是佩尔方程.

首先 $x = y = 1$ 是②的一组解, 且

$$x_n = \frac{(1+\sqrt{2})^{2n+1} + (1-\sqrt{2})^{2n+1}}{2}$$

$$y_n = \frac{(1+\sqrt{2})^{2n+1} - (1-\sqrt{2})^{2n+1}}{2\sqrt{2}}$$

也是方程②的一组解. 这是因为

$$x_n^2 - 2y_n^2$$

$$= (x_n + \sqrt{2}y_n)(x_n - \sqrt{2}y_n)$$

$$= (1+\sqrt{2})^{2n+1}(1-\sqrt{2})^{2n+1}$$

$$= -1$$

于是方程②有无穷多组解(x,y),从而方程①有无穷多组解(k,n).

例7 证明:不定方程 $x^2 + (x+1)^2 = y^2$ 的解为

$$x = \frac{1}{4}\big[(1+\sqrt{2})^{2n+1} + (1-\sqrt{2})^{2n+1} - 2\big]$$

$$y = \frac{1}{2\sqrt{2}}\big[(1+\sqrt{2})^{2n+1} - (1-\sqrt{2})^{2n+1}\big]$$

且无其他解.

证明 设 x,y 是

$$x^2 + (x+1)^2 = y^2$$

的任意一组解,原方程可变形为

$$(2x+1)^2 - 2y^2 = -1 \tag{①}$$

由定理 3 知

$$X_0 + Y_0\sqrt{2} = 1 + \sqrt{2}$$

是

$$X^2 - 2Y^2 = -1$$

的基本解,那么

$$X + Y\sqrt{2} = \pm(1+\sqrt{2})^{2n+1} \tag{②}$$

就是它的全部解,因此

$$(2x+1)^2 - 2y^2 = -1 \tag{③}$$

的所有解由下面两式所确定

$$(2x+1) + y\sqrt{2} = (1+\sqrt{2})^{2n+1} \tag{④}$$

$$(2x+1) + y\sqrt{2} = -(1+\sqrt{2})^{2n+1} \tag{⑤}$$

由方程④得

$$(2x+1) - y\sqrt{2} = (1-\sqrt{2})^{2n+1} \tag{⑥}$$

将方程④⑥联立求解得

$$\begin{cases} x = \dfrac{1}{4}\big[(1+\sqrt{2})^{2n+1} + (1-\sqrt{2})^{2n+1} - 2\big] \\[2mm] y = \dfrac{1}{2\sqrt{2}}\big[(1+\sqrt{2})^{2n+1} - (1-\sqrt{2})^{2n+1}\big] \end{cases}$$ ⑦

由方程⑤得

$$(2x+1) - y\sqrt{2} = -(1-\sqrt{2})^{2n+1}$$ ⑧

将方程⑤⑧联立求解得

$$\begin{cases} x = -\dfrac{1}{4}\big[(1+\sqrt{2})^{2n+1} + (1-\sqrt{2})^{2n+1} + 2\big] \\[2mm] y = \dfrac{1}{2\sqrt{2}}\big[-(1+\sqrt{2})^{2n+1} + (1-\sqrt{2})^{2n+1}\big] \end{cases}$$ ⑨

将式⑦代入原方程的左右两端得

$$\begin{aligned}
x^2 + (x+1)^2 &= 2x^2 + 2x + 1 \\
&= 2\Big\{\frac{1}{4}\big[(1+\sqrt{2})^{2n+1} + (1-\sqrt{2})^{2n+1} - 2\big]\Big\}^2 + \\
&\quad 2 \times \frac{1}{4}\big[(1+\sqrt{2})^{2n+1} + (1-\sqrt{2})^{2n+1} - 2\big] + 1 \\
&= \frac{1}{8}\big[(1+\sqrt{2})^{4n+2} + (1-\sqrt{2})^{4n+2} + 4 - \\
&\quad 2 - 4(1+\sqrt{2})^{2n+1} - 4(1-\sqrt{2})^{2n+1}\big] + \\
&\quad \frac{1}{2}\big[(1+\sqrt{2})^{2n+1} + (1-\sqrt{2})^{2n+1} - 2\big] + 1 \\
&= \frac{1}{8}\big[(1+\sqrt{2})^{4n+2} + (1-\sqrt{2})^{4n+2} + 2\big]
\end{aligned}$$

$$\begin{aligned}
y^2 &= \Big\{\frac{1}{2\sqrt{2}}\big[(1+\sqrt{2})^{2n+1} - (1-\sqrt{2})^{2n+1}\big]\Big\}^2 \\
&= \frac{1}{8}\big[(1+\sqrt{2})^{4n+2} + (1-\sqrt{2})^{4n+2} + 2\big]
\end{aligned}$$

故有

$$x^2 + (x+1)^2 = y^2$$

将式⑨代入原方程,左右两端不等,所以

$$x^2 + (x+1) = y^2$$

的解为

$$\begin{cases} x = \dfrac{1}{4}\left[\,(1+\sqrt{2}\,)^{2n+1} + (1-\sqrt{2}\,)^{2n+1} - 2\,\right] \\ y = \dfrac{1}{2\sqrt{2}}\left[\,(1+\sqrt{2}\,)^{2n+1} - (1-\sqrt{2}\,)^{2n+1}\,\right] \end{cases}$$

且无其他解.

例 8 (1999 年保加利亚数学奥林匹克)证明:方程 $x^3 + y^3 + z^3 + t^3 = 1\,999$ 有无穷多组正整数解.

解 注意到

$$10^3 + 10^3 + 0^3 + (-1)^3 = 1\,999$$

下面寻求有如下形式的解

$$x = 10 - k, y = 10 + k, z = m, t = -1 - m \quad (k, m \in \mathbf{Z})$$

代入原方程中,有

$$(10 - k)^3 + (10 + k)^3 + m^3 + (-1 - m)^3 = 1\,999$$

即

$$m(m+1) = 20k^2, (2m+1)^2 - 80k^2 = 1$$

易知 $m = 4, k = 1$ 是方程的一组解,由佩尔方程的定理,知该方程的所有正整数解 (m_n, k_n) 满足

$$2m_n + 1 + k_n\sqrt{80} = (9 + \sqrt{80})^n$$

这样的 (m_n, k_n) 有无穷多组,因而,原方程有无穷多组解.

例 9 (2001 年第 42 届 IMO 预选题)考虑方程组

$$\begin{cases} x + y = z + u \\ 2xy = zu \end{cases}$$

求实常数 m 的最大值,使得对于方程组的任意正整数解 (x, y, z, u),当 $x \geqslant y$ 时,有 $m \leqslant \dfrac{x}{y}$.

解 把方程组的第一个方程平方减去第二个方程的 4 倍,得

$$x^2 - 6xy + y^2 = (z - u)^2$$

即

$$\left(\frac{x}{y}\right)^2 - 6\left(\frac{x}{y}\right) + 1 = \left(\frac{z - u}{y}\right)^2 \qquad\qquad ①$$

设

$$\frac{x}{y} = w, f(w) = w^2 - 6w + 1$$

当 $w = 3 \pm 2\sqrt{2}$ 时,$f(w) = 0$.

由于

$$\left(\frac{z-u}{y}\right)^2 \geqslant 0$$

则 $f(u) \geqslant 0$，且 $w > 0$.

于是 $w \geqslant 3 + 2\sqrt{2}$，即

$$\frac{x}{y} \geqslant 3 + 2\sqrt{2}$$

接下来证明 $\frac{x}{y}$ 可以无限趋近于 $3 + 2\sqrt{2}$. 从而得到 $m = 3 + 2\sqrt{2}$. 为此，只需

证明 $\left(\frac{z-u}{y}\right)^2$ 可以任意地小，即无限趋近于零. 设 p 是 z 和 u 的公共素因数，由

已知方程组，知 p 也是 x 和 y 的公共素因数，所以，可以假设 $(z,u) = 1$. 由已知

方程组得

$$(x-y)^2 = z^2 + u^2$$

不妨假设 u 是偶数，由 z,u 和 $x-y$ 是一组勾股数，知存在互素的正整数 a，

b，有

$$z = a^2 - b^2, u = 2ab, x - y = a^2 + b^2$$

又

$$x + y = z + u = a^2 + ab - b^2$$

于是

$$x = a^2 + ab, y = ab - b^2, z - u = a^2 - b^2 - 2ab = (a-b)^2 - 2b^2$$

当 $z - u = 1$ 时，可得佩尔方程

$$(a-b)^2 - 2b^2 = 1$$

其中 $a - b = 3, b = 2$ 是方程的最小解.

于是，这个方程有无穷多组解，且其解 $a - b$ 与 b 的值可以任意地大.

因此，式①的右边 $\left(\frac{z-u}{y}\right)^2$ 可以任意地小，即无限趋近于零.

从而，$\frac{x}{y}$ 可以无限趋近于 $3 + 2\sqrt{2}$. 于是，得到 $m = 3 + 2\sqrt{2}$.

例 10 证明不定方程

$$5^a - 3^b = 2 \tag{①}$$

仅有的正整数解是 $a = b = 1$.

证明 显然，当 a,b 中有一个为 1 时，另一个也为 1. 设 $a > 1, b > 1$. ①模 4，

得

$$1^a - (-1)^b \equiv 2 \pmod 4$$

即

$$(-1)^b \equiv -1(\bmod 4)$$

从而 b 是奇数. 进一步模 3, 有

$$(-1)^a \equiv 2(\bmod 3)$$

表明 a 也是奇数.

设

$$u = 3^b + 1, v = 3^{\frac{b-1}{2}} \cdot 5^{\frac{a-1}{2}}$$

则有

$$15v^2 = 3^b \cdot 5^a = 3^b(3^b + 2)$$
$$= (3^b + 1)^2 - 1$$
$$= u^2 - 1$$

因此

$$x = u, y = v$$

是佩尔方程

$$x^2 - 15y^2 = 1 \qquad \qquad ②$$

的一组正整数解.

②的最小解是

$$x_1 = 4, y_1 = 1$$

设其全部解为 (x_n, y_n), 则 $\{y_n\}$ 满足

$$y_n = 8y_{n-1} - y_{n-2} \quad (n \geqslant 3) \qquad \qquad ③$$
$$y_1 = 1, y_2 = 8$$

我们证明 $\{y_n\}$ 中不可能有形如 $3^\alpha \cdot 5^\beta (\alpha, \beta$ 为正整数) 的项, 从而导致矛盾. 为此, 先将数列 $\{y_n\}$ 模 3 成为

$$1, 2, 0, 1, 2, 0, 1, 2, 0, \cdots$$

即当且仅当 $3 \mid n$ 时, 有 $3 \mid y_n$.

再将 $\{y_n\}$ 模 7 成为

$$1, 1, 0, -1, -1, 0, 1, 1, 0, -1, -1, 0, \cdots$$

即当且仅当 $3 \mid n$ 时有 $7 \mid y_n$, 这样便推出 "$3 \mid y_n \Leftrightarrow 7 \mid y_n$". 于是, 含有因数 3 而不含因数 7 的数 $3^\alpha \cdot 5^\beta$ 不在数列 $\{y_n\}$ 中出现. ①仅有一组整数解 $a = b = 1$.

例 11 证明方程

$$x^2 + y^3 = z^4 \qquad \qquad ①$$

有无穷多组正整数解.

证明 注意恒等式

$$\left(\frac{n(n-1)}{2}\right)^2 + n^3 = \left(\frac{n(n+1)}{2}\right)^2$$

(这恒等式不难验证.熟悉自然数立方和的读者一定能看出它就相当于 $1^3 + 2^3 + \cdots + n^3 = \left(\frac{n(n+1)}{2}\right)^2$).它给出方程 $x^3 + y^3 = u^2$ 的无穷多组正整数解 $\left(\frac{n(n-1)}{2}, n, \frac{n(n+1)}{2}\right)$.对于方程①,我们只要选择 n,使得 $\frac{n(n+1)}{2}$ 为完全平方.考察方程

$$n(n+1) = 2k^2 \qquad\qquad ②$$

它可以变形为

$$(2n+1)^2 - 2 \cdot (2k)^2 = 1 \qquad\qquad ③$$

我们知道佩尔方程

$$x^2 - 2y^2 = 1 \qquad\qquad ④$$

有无穷多组正整数解 (x, y),并且由于④的特点,x 一定是奇数.模 4 可知,y 一定是偶数.于是,令

$$n = \frac{x-1}{2}, k = \frac{y}{2}$$

就由④的一组解得到②的一组解.从而①②都有无穷多组正整数解.

不难算出④的最小解为 $(3, 2)$.利用递推公式

$$x_{m+1} = 6x_m - x_{m-1}, y_{m+1} = 6y_m - y_{m-1} \qquad\qquad ⑤$$

及初始条件

$$(x_0, y_0) = (1, 0), (x_1, y_1) = (3, 2)$$

可算出解

$$(17, 12), (99, 70), (577, 408), \cdots$$

相应的 $n = 8, 49, 288, \cdots$,从而有

$$28^2 + 8^3 = 6^4$$
$$1\ 176^2 + 49^3 = 35^4$$
$$41\ 328^2 + 288^3 = 204^4$$
$$\vdots$$

这类"数的奇观"的背后,往往隐藏着佩尔方程.

利用上面的式②可求出所有为完全平方数的三角数.

问题等价于确定满足方程

$$n(n+1) = 2k^2 \quad (k\text{ 是正整数})$$

的全部正整数 n.这已在上例中解决.由递推公式⑤立即导出 n, k 的递推公式为

$$\begin{cases} n_m = 6n_{m-1} - n_{m-2} + 2 \\ k_m = 6k_{m-1} - k_{m-2} \end{cases}$$

$$n_1 = 1, k_1 = 1; n_2 = 8, k_2 = 6$$

不难算出前几对 (k, n) 是

$$(1,1), (6,8), (35,49), (204,288), (1\ 189,1\ 681), \cdots$$

例 12 (2012 年第 25 届韩国数学奥林匹克决赛) 设 n 为正整数. 证明:存在无穷多个三元整数组 (x, y, z), 使得

$$nx^2 + y^3 = z^4, 且 (x, y) = (y, z) = (z, x) = 1$$

证明 将原方程改写为

$$y^3 = z^4 - nx^2 = (z^2 - \sqrt{n}x)(z^2 + \sqrt{n}x) \qquad ①$$

设

$$y = s^2 - nt^2, (n, t) = 1$$

则

$$\begin{aligned} y^3 &= (s^3 - 3\sqrt{n}s^2t + 3nst^2 - n\sqrt{n}t^3) \cdot \\ &\quad (s^3 + 3\sqrt{n}s^2t + 3nst^2 + n\sqrt{n}t^3) \\ &= (z^2 - \sqrt{n}x)(z^2 + \sqrt{n}x) \end{aligned}$$

于是,对于任意的 x, z 有

$$z^2 = s^3 + 3nst^2 \qquad ②$$

$$x = 3s^2t + nt^3 \qquad ③$$

且满足方程①.

若 $3n$ 不为完全平方数, 设 $s = 1$, 则方程②为佩尔方程

$$z^2 - 3nt^2 = 1 \qquad ④$$

由于佩尔方程有无穷多组解, 且若设 (z_1, t_1) 为一组最小的正整数解, 则第 k 组正整数解 (z_k, t_k) 满足

$$z_k + \sqrt{3n}t_k = (z_1 + \sqrt{3n}t_1)^k \qquad ⑤$$

接下来证明:有无穷多组 (z_k, t_k) 满足

$$x_k = 3t_k + nt_k^3, y_k = 1 - nt_k^2, z_k = \sqrt{1 + 3nt_k^2}$$

且 x_k, y_k, z_k 两两互素.

事实上

$$\begin{aligned} (x_k, z_k) \mid (x_k, z_k^2) &= (t_k(3 + nt_k^2), 1 + 3nt_k^2) \\ &= (3 + nt_k^2, 1 + 3nt_k^2) = (3 + nt_k^2, -8) \end{aligned}$$

其中,第二个等号用到了

$$(t_k, 1 + 3nt_k^2) = 1$$

$$(y_k, z_k) \mid (y_k, z_k^2) = (1 - nt_k^2, 1 + 3nt_k^2) = (1 - nt_k^2, 4)$$

$$(x_k, y_k) = (3t_k + nt_k^3, 1 - nt_k^2) = (4t_k, 1 - nt_k^2) = (4, 1 - nt_k^2)$$

其中,第三个等号用到了

$$(t_k, 1 - nt_k^2) = 1$$

若 n 为偶数,或 t_k 为偶数,则

$$(x_k, y_k) = (y_k, z_k) = (z_k, x_k) = 1$$

在方程⑤中,易知当 k 为偶数时, t_k 为偶数,且这样的 z_k, t_k 有无穷多个.

若 $3n = m^2 (m \in \mathbf{Z}_+)$,设 $s = u^2, z = uv$. 则方程②化为

$$u^4 = v^2 - 3nt^2 = (v - mt)(v + mt) \qquad ⑥$$

于是,对于每个正整数 k,知

$$u_k = 2mk + 1, v_k = \frac{u_k^4 + 1}{2}, t_k = \frac{u_k^4 - 1}{2m}$$

满足方程⑥,且 u_k 为奇数, t_k 为偶数.

由

$$(u_k, nt_k) \mid (u_k, 2 \times 3nt_k) = (u_k, 2m^2 t_k) = (u_k, mu_k^4 - m) = (u_k, m) = 1$$

得

$$(u_k, nt_k) = 1$$

且

$$(t_k, v_k) = (t_k, mt_k + 1) = 1$$

因为

$$x_k = 3u_k^4 t_k + nt_k^3, y_k = u_k^4 - nt_k^2, z_k = u_k v_k = u_k(mt_k + 1)$$

满足方程①,所以,只需证明

$$(x_k, y_k) = (y_k, z_k) = (z_k, x_k) = 1$$

事实上,由于 u_k 为奇数, t_k 为偶数,则

$$(x_k, y_k) = (3u_k^4 t_k + nt_k^3, u_k^4 - nt_k^2) = (4u_k^4 t_k, u_k^4 - nt_k^2) = (4, u_k^4 - nt_k^2) = 1$$

其中,第三个等号用到了

$$(u_k^4, u_k^4 - nt_k^2) = (t_k, u_k^4 - nt_k^2) = 1$$

$$(y_k, z_k) = (u_k^4 - nt_k^2, u_k v_k) = (u_k^4 - nt_k^2, v_k) \mid (u_k^4 - nt_k^2, v_k^2)$$
$$= (u_k^4 - nt_k^2, u_k^4 + 3nt_k^2)$$
$$= (u_k^4 - nt_k^2, 4nt_k^2) = (u_k^4 - nt_k^2, 4) = 1$$

其中,倒数第二个等号用到了

$$(u_k^4 - nt_k^2, nt_k^2) = 1$$

$$(x_k, z_k) = (3u_k^4 t_k + nt_k^3, u_k v_k) = (3u_k^4 + nt^2 m_k, u_k v_k)$$
$$= (3u_k^4 + nt_k^2, v_k) \mid (3u_k^4 + nt_k^2, v_k^2)$$
$$= (3u_k^4 + nt_k^2, u_k^4 + 3nt_k^2) = (-8nt_k^2, u_k^4 + 3nt_k^2)$$
$$= (8, u_k^4 + 3nt_k^2) = 1$$

其中,倒数第二个等号用到了

$$(nt_k^2, u_k^4 + 3nt_k^2) = 1$$

于是

$$(x_k, y_k) = (y_k, z_k) = (z_k, x_k) = 1$$

综上,有无穷多个三元整数组 (x_k, y_k, z_k) 满足方程①,且

$$(x_k, y_k) = (y_k, z_k) = (z_k, x_k) = 1$$

例 13 (2003 年中国国家集训队测试题)设 $x_0 + \sqrt{2\,003} y_0$ 为方程 $x^2 - 2\,003 y^2 = 1$ 的基本解. 求该方程的解 (x, y),使得 $x, y > 0$ 且 x 的所有素因数整除 x_0.

解 首先证明除基本解外,已知方程没有其他符合题目条件的整数解. 因而, (x_0, y_0) 是方程的唯一符合条件的解.

因为 2 003 不是完全平方数,所以

$$x^2 - 2\,003 y^2 = 1 \qquad ①$$

是佩尔方程. 设 $x, y > 0$ 是方程①的解,则存在 $n \in \mathbf{N}_+$,使得

$$x + \sqrt{2\,003} y = (x_0 + \sqrt{2\,003} y_0)^n \qquad ②$$

(1)若 n 为偶数,则由式②,利用二项式定理得

$$x = \sum_{m=1}^{\frac{n}{2}} x_0^{2m} \cdot 2\,003^{\frac{n-2m}{2}} y_0^{n-2m} C_n^{2m} + 2\,003^{\frac{n}{2}} y_0^n \qquad ③$$

设 p 是 x 的素因数,则由题意(x 的所有素因数整除 x_0)得 $p \mid x_0$.

由

$$x_0^2 - 2\,003 y_0^2 = 1$$

知

$$(x_0, 2\,003) = (x_0, y_0) = 1$$

而由式③

$$(p, x) = (p, x_0 A + 2\,003^{\frac{n}{2}} y_0^n) = (p, 2\,003^{\frac{n}{2}} y_0^n) = 1$$

与 p 是 x 的素因数矛盾. 因而,当 n 为偶数时,无其他解.

(2)若 n 为奇数,设 $n = 2k + 1$. 当 $k = 0$ 时,由式②知

$$x = x_0, y = y_0$$

即方程的基本解;当 $k \geqslant 1$ 时,若方程有解,即 x 的所有素因数整除 x_0,且

$$x + \sqrt{2\ 003}\,y = (x_0 + \sqrt{2\ 003}\,y_0)^{2k+1}$$

由二项式定理得

$$x = \sum_{m=1}^{k} x_0^{2m+1} \cdot 2\ 003^{k-m} y_0^{2k-2m} C_{2k+1}^{2m+1} + C_{2k+1}^{1} x_0 \cdot 2\ 003^{k} y_0^{2k} \qquad \text{④}$$

设

$$x_0 = p_1^{\alpha_1} p_2^{\alpha_2} \cdots p_t^{\alpha_t}$$

由

$$x_0^2 - 2\ 003 y_0^2 = 1$$

知

$$(p_j, 2\ 003) = (p_j, y_0) = 1 \quad (j = 1, 2, \cdots, t)$$

下面估计 x 中含有每个素数 p_j 的最高方幂. 若 $p_j = 2$, 则式④右边和式中的每一项 $x_0^{2m+1} \cdot 2\ 003^{k-m} y_0^{2k-2m} C_{2k+1}^{2m+1}$ $(m \geq 1)$ 中含 2 的方幂 $\geq (2m+1)\alpha_j > \alpha_j =$ 最后一项含 2 的方幂. 故 x 中含 2 的方幂等于 $C_{2k+1}^{1} x_0 \cdot 2\ 003^{k} y_0^{2k}$ 中含 2 的方幂. 若 $p_j \geq 3$, 设 $2k+1$ 中含 p_j 的方幂为 β_j, 则最后一项 $C_{2k+1}^{1} x_0 \cdot 2\ 003^{k} y_0^{2k}$ 中含 p_j 的方幂为 $\alpha_j + \beta_j$. 而对于式④右边和式中的每一项 $x_0^{2m+1} \cdot 2\ 003^{k-m} y_0^{2k-2m} C_{2k+1}^{2m+1}$ $(m \geq 1)$, 注意到

$$C_{2k+1}^{2m+1} = \frac{(2k+1) \cdot 2k \cdot \cdots \cdot (2k-2m+1)}{(2m+1)!}$$

而 $(2m+1)!$ 中含 p_j 的方幂为

$$\left[\frac{2m+1}{p_j}\right] + \left[\frac{2m+1}{p_j^2}\right] + \cdots \leq \frac{2m+1}{p_j} + \frac{2m+1}{p_j^2} + \cdots = \frac{2m+1}{p_j-1} \leq \frac{2m+1}{2}$$

所以, 和式中的每一项 $x_0^{2m+1} \cdot 2\ 003^{k-m} y_0^{2k-2m} C_{2k+1}^{2m+1}$ 中含 p_j 的方幂 $\geq (2m+1)\alpha_j + \beta_j - \frac{2m+1}{2} \geq (2m+1)\alpha_j + \beta_j - \frac{2m+1}{2}\alpha_j = \frac{2m+1}{2}\alpha_j + \beta_j \geq \frac{3}{2}\alpha_j + \beta_j > \alpha_j + \beta_j$, 即和式中的每一项含 p_j 的方幂均严格大于最后一项中含 p_j 的方幂.

综合以上两种情形, 对于 $p_j = 2$ 和 $p_j \geq 3 (1 \leq j \leq t)$, 均有 x 中含有每个素数 p_j 的最高方幂 $= C_{2k+1}^{1} x_0 \cdot 2\ 003^{k} y_0^{2k}$ 中含 p_j 的方幂. 而由题设, x 的所有素因数整除 x_0, 即 x 仅有 $p_1, p_2, \cdots, p_t$ 这 t 个素因数, 所含的每个素因数的方幂又与 $C_{2k+1}^{1} x_0 \cdot 2\ 003^{k} y_0^{2k}$ 中含 p_j 的方幂相同. 这表明

$$x \mid C_{2k+1}^{1} x_0 \cdot 2\ 003^{k} y_0^{2k}$$

但是, 由式④及 $k \geq 1$, 知

$$x > C_{2k+1}^{1} x_0 \cdot 2\ 003^{k} y_0^{2k} > 0$$

引出矛盾. 因而, 当 n 为奇数时, 也无其他解.

综合(1)(2), 只有 (x_0, y_0) 是方程的唯一符合条件的解.

9.3　佩尔方程及其性质在解其他问题中的应用

例 1　设 $k > 1$ 是给定的整数,证明有无穷多个整数 n,使得 $kn + 1$ 及 $(k+1)n + 1$ 都是完全平方.

证明　考虑方程组

$$\begin{cases} kn + 1 = u^2 & ① \\ (k+1)n + 1 = v^2 & ② \end{cases}$$

消去 n,①$\times(k+1)$ – ②$\times k$,得

$$(k+1)u^2 - kv^2 = 1 \qquad ③$$

注意对③的任一组正整数解 (u,v),取 $n = v^2 - u^2$,则易知 n 适合①,②. 因此我们证明方程③有无穷多组正整数解即可. 由③,作代换

$$\begin{cases} x = (k+1)u - kv \\ y = v - u \end{cases} \qquad ④$$

则得出有无穷多组正整数解的佩尔方程

$$x^2 - k(k+1)y^2 = 1 \qquad ⑤$$

由④解得

$$\begin{cases} u = x + ky \\ v = x + (k+1)y \end{cases} \qquad ⑥$$

因此方程③有无穷多组正整数解,从而方程组①,②均有无穷多组正整数解.

例 2　确定 $m^2 + n^2$ 的最大值,其中 $m,n \in \{1,2,\cdots,2\,005\}$ 满足 $(n^2 + 2mn - 2m^2)^2 = 1$.

解　因为

$$(n^2 + 2mn - 2m^2)^2 = \left[(n+m)^2 - 3m^2\right]^2 = 1$$

所以

$$(n+m)^2 - 3m^2 = \pm 1$$

设

$$x = m + n, y = n$$

则

$$x^2 - 3y^2 = \pm 1$$

而

$$x^2 - 3y^2 = -1$$

两边模 3,得方程无整数解. 所以

$$x^2 - 3y^2 = 1$$

它的最小正整数解为

$$x_1 = 2, y_1 = 1$$

由佩尔方程定理得

$$x_2 = 7, y_2 = 4$$

若它的所有解 $\{x_n, y_n\}(n \in \mathbf{N}_+)$，则 $\{x_n\}$ 的二阶线性递归关系是

$$x_{n+1} = 4x_n - x_{n-1}$$

$\{y_n\}$ 的二阶线性递归关系是

$$y_{n+1} = 4y_n - y_{n-1}$$

要使 $m^2 + n^2$ 最大，只要 m, n 分别取最大值，由

$$x = m + n, y = n$$

得

$$m = x - y, n = y$$

易知当 x, y 分别取得最大值时，m, n 有最大值.

由递推关系计算

$$y_6 = 780, y_7 = 2\,911 > 2\,005$$

所以

$$y_6 = 780, x_6 = 1\,086$$

时，m, n 有最大值

$$m = 306, n = 780$$

综上所述，$m = 306, n = 780$ 时

$$m^2 + n^2 = 702\,036$$

为满足条件的最大值.

例3 （2002 年伊朗数学奥林匹克）考虑 $\{1, 2, \cdots, n\}$ 的一个排列 $\{a_1, a_2, \cdots, a_n\}$. 若

$$a_1, a_1 + a_2, a_1 + a_2 + a_3, \cdots, a_1 + a_2 + \cdots + a_n$$

之中至少有一个是完全平方数，则称之为"二次排列".

求所有正整数 n，对于 $\{1, 2, \cdots, n\}$ 的每一个排列都是"二次排列".

解 设

$$a_i = i(1 \leqslant i \leqslant n), b_k = \sum_{i=1}^{k} a_i$$

若 $b_k = m^2$，即

$$\frac{k(k+1)}{2} = m^2$$

则 $\frac{k}{2} < m$,且

$$\frac{(k+1)(k+2)}{2} = m^2 + k + 1 < (m+1)^2$$

所以 b_{k+1} 不是完全平方数.

将 a_k 与 a_{k+1} 互换,这时,由前所证,前 $k+1$ 项之和不是完全平方数,而前 k 项之和为 $m^2 + 1$ 也不是完全平方数.

因此,重复上述过程,即对数列

$$b_1, b_2, \cdots, b_n$$

若某一项为平方数,则将该项与它相邻的后一项对换,这时就可以得到一个非二次排列,除非 $k = n$.

若

$$\frac{n(n+1)}{2} = \sum_{i=1}^{n} i = m^2$$

则

$$(2n+1)^2 - 2(2m)^2 = 1$$

设

$$x = 2n+1, y = 2m$$

得到佩尔方程

$$x^2 - 2y^2 = 1$$

由观察

$$x_0 = 3, y_0 = 2$$

是佩尔方程的一组解.

若佩尔方程的解为 (x, y) ,则

$$x + \sqrt{2}y = (3 + 2\sqrt{2})^k$$

$$x - \sqrt{2}y = (3 - 2\sqrt{2})^k \quad (k = 1, 2, \cdots)$$

于是

$$x = 2n+1 = \frac{1}{2} \left[(3 + 2\sqrt{2})^k + (3 - 2\sqrt{2})^k \right]$$

解得

$$n = \frac{1}{4} \left[(3 + 2\sqrt{2})^k + (3 - 2\sqrt{2})^k - 2 \right] \quad (k = 1, 2, \cdots, n)$$

例 4 (2010 年印度国家队选拔考试)证明:存在无穷多个 $m(m \in \mathbf{N}_+)$,使得连续的正奇数 $p_m, q_m(= p_m + 2)$,满足

$$p_m^2 + p_m q_m + q_m^2 \text{ 与 } p_m^2 + m p_m q_m + q_m^2$$

为完全平方数.

证明 设

$$p^2 + pq + q^2 = u^2, p^2 + mpq + q^2 = v^2$$

则

$$(m-1)pq = (v+u)(v-u)$$

令

$$m - 1 = r^2 \quad (r \in \mathbf{N}_+)$$

则

$$v - u = rp, v + u = rq$$

从而

$$u = \frac{rq - rp}{2}$$

有

$$4(p^2 + pq + q^2) = (rq - rp)^2$$

即

$$(r^2 - 4)p^2 - (2r^2 + 4)pq + (r^2 - 4)q^2 = 0$$

解得

$$\frac{p}{q} = \frac{2r^2 + 4 \pm \sqrt{4(r^2+2)^2 - 4(r^2-4)^2}}{2(r^2-4)}$$

又 $\dfrac{p}{q}$ 为有理数,故 $3(r^2-1)$ 为完全平方数,设为 $9t^2(t \in \mathbf{N}_+)$.

则

$$\frac{p}{q} = \frac{(t \pm 1)^2}{t^2 - 1} = \frac{t+1}{t-1} \text{ 或 } \frac{t-1}{t+1}$$

由佩尔方程

$$r^2 - 3t^2 = 1$$

的无穷多组解 (r_n, t_n) 满足

$$r_n + \sqrt{3}\, t_n = (2 + \sqrt{3})^n$$

知,有递推关系

$$r_{n+1} = 2r_n + 3t_n$$

$$t_{n+1} = r_n + 2t_n \quad (r_1 = 2, t_1 = 1)$$

由归纳法易知,对于任意的 $s(s \geqslant 1)$, t_{2s} 为偶数.

取

$$m = r_{2s}^2 + 1, p_m = t_{2s} - 1, q_m = t_{2s} + 1$$

则 p_s, q_s 为连续的正奇数,且

$$p_m^2 + p_m q_m + q_m^2 = r_{2s}^2$$

$$p_m^2 + m p_m q_m + q_m^2 = (t_{2s} r_{2s})^2$$

例5 设 $x, y \in \mathbf{N}_+$. 求 $\sqrt{512^x - 7^{2y-1}}$ 的最小值.

解 记

$$z = 512^x - 7^{2y-1}$$

显然, $z \geq 0$, 且

$$z \equiv 1 (\bmod 7), z \equiv 1 (\bmod 8)$$

(1) $x = 2x_1 - 1$ 为奇数.

则

$$z \equiv (-1)^x - 1 \equiv -2 \equiv 1 (\bmod 3)$$

于是

$$z \equiv 1 (\bmod 3 \times 7 \times 8)$$

令 $z = 1$, 即

$$512^{2x_1 - 1} - 7^{2y-1} = 1$$

则

$$7^{2y-1} = 512^{2x_1 - 1} - 1$$

故

$$511 \mid 7^{2y-1} \Rightarrow 73 \mid 7^{2y-2}$$

矛盾.

于是

$$z \geq 3 \times 7 \times 8 + 1 = 169$$

令 $z = 169$, 即

$$512^{2x_1 - 1} - 7^{2y-1} = 169$$

解得

$$(x, y) = (1, 2)$$

于是, z 的最小非负值是 169.

(2) $x = 2x_1$ 为偶数.

则

$$z \equiv (-1)^x - 1 \equiv 0 (\bmod 3)$$

于是

$$z \equiv 57 (\bmod 3 \times 7 \times 8)$$

令 $z = 57$，即

$$512^{2x_1} - 7^{2y-1} = 57$$

再令

$$512^{x_1} = s, 7^{y-1} = t$$

则

$$s^2 - 7t^2 = 57$$

方程

$$s^2 - 7t^2 = 1$$

的基本解是 $8 + 3\sqrt{7}$.

设 $s_1 + t_1\sqrt{7}$ 是 $s^2 - 7t^2 = 57$ 的基本解，则该方程的全部解为

$$s_{n+1} + t_{n+1}\sqrt{7} = (s_n + t_n\sqrt{7})(8 + 3\sqrt{7})$$

即

$$s_{n+1} = 8s_n + 21t_n, t_{n+1} = 3s_n + 8t_n \qquad ①$$

由式①中第一式解出 $t_n = \dfrac{s_{n+1} - 8s_n}{21}$，代入式①中第二式整理得

$$s_{n+2} = 16s_{n+1} - s_n$$

$$s_{n+2} \equiv -s_n \pmod{16}$$

又基本解 $s_1 + t_1\sqrt{7}$ 应满足

$$0 \leqslant s_1 \leqslant \sqrt{\frac{1}{2}(8+1) \times 57}$$

$$0 \leqslant t_1 \leqslant \frac{3\sqrt{27}}{\sqrt{2(8+1)}}$$

即

$$0 \leqslant s_1 \leqslant 16, 0 \leqslant t_1 \leqslant 5$$

逐一试出仅有

$$(s_1, t_1) = (8, 1), (13, 4)$$

当

$$(s_1, t_1) = (8, 1)$$

时，由结论①得

$$s_2 = 85 \equiv 5 \pmod{16}$$

当

$$(s_1, t_1) = (13, 4)$$

时，由结论①得

$$s_2 = 188 \equiv 12 (\bmod\ 16)$$

于是

$$s_n \not\equiv 0 (\bmod\ 16)$$

矛盾.

由此,证明了

$$512^{2x_1} - 7^{2y-1} = 57$$

无正整数解.

从而

$$512^{2x_1} - 7^{2y-1} \geqslant 168 + 57$$

综上,$\sqrt{512^x - 7^{2y-1}}$ 的最小值为 13.

例 6 (2013 年越南国家队选拔考试)证明:

(1)存在无穷多个正整数 t,满足 $2\,012t+1$,$2\,013t+1$ 均为完全平方数;

(2)若正整数 m,n 满足 $(m+1)n+1$,$mn+1$ 均为完全平方数,则

$$8(2m+1) \mid n$$

证明 (1)易知

$$d = (2\,012t+1, 2\,013t+1) = 1$$

故 $2\,012t+1$,$2\,013t+1$ 均为完全平方数当且仅当存在正整数 y 满足

$$(2\,012t+1)(2\,013t+1) = y^2$$

则

$$4 \times 2\,012^2 \times 2\,013^2 t^2 + 4 \times 2\,012 \times 2\,013 \times 4\,025t +$$
$$4 \times 2\,012 \times 2\,013$$
$$= 4 \times 2\,012 \times 2\,013 y^2$$

所以

$$(2 \times 2\,012 \times 2\,013t + 4\,025)^2 - 1$$
$$= 4 \times 2\,012 \times 2\,013 y^2$$

令

$$x = 2 \times 2\,012 \times 2\,013t + 4\,025$$

得

$$x^2 - 4 \times 2\,012 \times 2\,013 y^2 = 1 \qquad \textcircled{1}$$

且 $4 \times 2\,012 \times 2\,013$ 不为完全平方数. 故其为佩尔方程.

又方程①存在无穷多组解,其中最小解为

$$(x,y) = (4\,025, 1)$$

故其全部解 (x_i, y_i) 可表示为

$$\begin{cases} x_0 = 1 \\ y_0 = 0 \end{cases}, \begin{cases} x_1 = 4\ 025 \\ y_1 = 1 \end{cases}, \begin{cases} x_{n+2} = 8\ 050 x_{n+1} - x_n \\ y_{n+2} = 8\ 050 y_{n+1} - y_n \end{cases} \quad (n \in \mathbf{N})$$

由数学归纳法得

$$x_{2i+1} \equiv 4\ 025 (\bmod\ 2 \times 2\ 012 \times 2\ 013)$$

因此, $\dfrac{x_{2i+1} - 4\ 025}{2 \times 2\ 012 \times 2\ 013} (i \in \mathbf{Z}_+)$ 的每个值, 均给出一个符合题意的正整数 t.

所以, 存在无穷多个正整数 t, 满足 $2\ 012t + 1, 2\ 013t + 1$ 均为完全平方数.

(2) 易知

$$d = (mn + 1, (m+1)n + 1) = 1$$

故 $mn + 1, (m+1)n + 1$ 均为完全平方数当且仅当存在正整数 y 满足

$$(mn + 1)[(m+1)n + 1] = y^2$$
$$\Leftrightarrow m(m+1)n^2 + (2m+1)n + 1 = y^2$$
$$\Leftrightarrow [2m(m+1)n + (2m+1)]^2 - 1$$
$$= 4m(m+1)y^2$$

令

$$x = 2m(m+1)n + (2m+1)$$

得

$$x^2 - 4m(m+1)y^2 = 1 \qquad\qquad ②$$

且 $4m(m+1)$ 不为完全平方数. 故其为佩尔方程.

又方程②存在无穷多组解, 其中最小解为

$$(x, y) = (2m+1, 1)$$

故其全部解 (x_i, y_i) 可表示为

$$\begin{cases} x_0 = 1 \\ y_0 = 0 \end{cases}, \begin{cases} x_1 = 2m+1 \\ y_1 = 1 \end{cases}, \begin{cases} x_{n+2} = 2(2m+1)x_{n+1} - x_n \\ y_{n+2} = 2(2m+1)y_{n+1} - y_n \end{cases} \quad (n \in \mathbf{N})$$

用数学归纳法证明:

对任意的 $i \in \mathbf{N}$, 均有

$$\begin{cases} x_{2i} \equiv 1 (\bmod\ 2m(m+1)) \\ x_{2i+1} \equiv 2m + 1 (\bmod\ 2m(m+1)) \end{cases} \qquad ③$$

事实上, 当 $i = 0$ 时, 同余方程组③显然成立.

假设同余方程组③对某个 i 成立, 则

$$x_{2i+2} = 2(2m+1)x_{2i+1} - x_{2i}$$
$$\equiv 2(2m+1)(2m+1) - 1$$
$$\equiv 8m(m+1) + 1$$

$$\equiv 1(\bmod 2m(m+1))$$

$$x_{2i+3}=2(2m+1)x_{2i+2}-x_{2i+1}$$

$$\equiv 2(2m+1)-(2m+1)$$

$$\equiv 2m+1(\bmod 2m(m+1))$$

故同余方程组③对 $i+1$ 也成立.

于是,对 $i\in\mathbf{N}$,同余方程组③均成立.

记 $r_i=x_{2i+1}$,则

$$\begin{aligned}r_{i+2}&=x_{2i+5}=2(2m+1)x_{2i+4}-x_{2i+3}\\&=2(2m+1)\left[2(2m+1)x_{2i+3}-x_{2i+2}\right]=x_{2i+3}\\&=\left[4(2m+1)^2-1\right]x_{2i+3}-2(2m+1)x_{2i+2}\\&=\left[4(2m+1)^2-1\right]x_{2i+3}-(x_{2i+3}+x_{2i+1})\\&=\left[4(2m+1)^2-2\right]x_{2i+3}-x_{2i+1}\\&=\left[4(2m+1)^2-2\right]r_{i+1}-r_i\end{aligned}$$

令

$$r_i=2m(m+1)s_i+(2m+1)$$

由同余方程组③,知 $\{s_i\}$ 为一个确定的正整数数列.

将上式代入 r_i 的递推公式得

$$2m(m+1)s_{i+2}+(2m+1)$$
$$=\left[4(2m+1)^2-2\right]\left[2m(m+1)s_{i+1}+(2m+1)\right]-$$
$$\left[2m(m+1)s_i+(2m+1)\right]$$
$$\Leftrightarrow 2m(m+1)s_{i+2}$$
$$=2m(m+1)\left[4(2m+1)^2-2\right]s_{i+1}-2m(m+1)s_i+$$
$$4(2m+1)\cdot\left[(2m+1)^2-1\right]$$
$$\Leftrightarrow s_{i+2}=\left[4(2m+1)^2-2\right]s_{i+1}-s_i+8(2m+1)$$

经计算

$$r_0=x_1=2m+1,s_0=0$$
$$r_1=x_3$$
$$=2(2m+1)\left[2(2m+1)^2-1\right]-(2m+1)$$
$$=16m(m+1)(2m+1)+2m+1$$
$$s_1=8(2m+1)$$

于是,得数列 $\{s_i\}$ 的递推公式

$$s_0=0,s_1=8(2m+1)$$
$$s_{i+2}=\left[4(2m+1)^2-2\right]s_{i+1}-s_i+8(2m+1)$$

其中, $i \in \mathbf{N}$.

易知

$$8(2m+1) \mid s_i$$

进而,由

$$x = 2m(m+1)n + (2m+1)$$

不难发现满足题意的 n 即是 $s_i (i \in \mathbf{Z}_+)$.

故

$$8(2m+1) \mid n$$

例7 (1990 年第 3 届 IMO 预选题)设

$$a_n = \left[\sqrt{n^2 + (n+1)^2} \right] \quad (n \geqslant 1)$$

这里 $[x]$ 表示 x 的整数部分,证明:

(1)有无穷多个 n,使得

$$a_{n+1} - a_n > 1$$

(2)有无穷多个 n,使得

$$a_{n+1} - a_n = 1$$

证明 不难看出(1)和(2)至少有一个是正确的,但要证明两者都对无穷多个 n 成立就不那么容易了.

考虑佩尔方程

$$x^2 - 2y^2 = -1 \qquad\qquad ①$$

$(1,1)$ 显然是它的最小解. 因此,①有无穷多组正整数解 (x,y). 又 x 必为奇数,设 $x = 2n+1$,代入①,化简得

$$n^2 + (n+1)^2 = y^2 \qquad\qquad ②$$

因此有无穷多个正整数 n,使②成立.

为了证明(1),取 n 满足②,则 $a_n = y$,而

$$a_{n-1} = \left[\sqrt{(n-1)^2 + n^2} \right] = \left[\sqrt{y^2 - 4n} \right]$$

由②显然有 $y \leqslant 2n$,所以

$$\sqrt{y^2 - 4n} < y - 1$$

于是

$$a_{n-1} < y - 1$$

即

$$a_n - a_{n-1} > 1$$

这就证明了(1).

对于(2),仍取 n 满足②, $a_n = y$,这时

$$a_{n+1} = \sqrt{(n+1)^2 + (n+2)^2} = \left[\sqrt{y^2 + 4n + 4}\right]$$

从式②不难推出

$$n < y \leqslant 2n + 1$$

即

$$2y + 1 < 4n + 4 < 4y + 4$$

所以

$$y + 1 < \sqrt{y^2 + 4n + 4} < y + 2$$

于是

$$a_{n+1} = \left[\sqrt{y^2 + 4n + 4}\right] = y + 1$$

即

$$a_{n+1} - a_n = 1$$

这就证明了(2).

例8 (1990 年第 31 届国际数学奥林匹克候选题)证明有无穷多个自然数 n,使平均数 $\dfrac{1^2 + 2^2 + \cdots + n^2}{n}$ 为完全平方数,第一个这样的数当然是 1,请写出紧接在 1 后面的两个这样的自然数.

证明 由于

$$1^2 + 2^2 + \cdots + n^2 = \frac{n(n+1)(2n+1)}{6}$$

即

$$\frac{1^2 + 2^2 + \cdots + n^2}{n} = \frac{2n^2 + 3n + 1}{6}$$

设

$$\frac{1^2 + 2^2 + \cdots + n^2}{n} = m^2 \quad (m \in \mathbf{N})$$

则

$$m^2 = \frac{2n^2 + 3n + 1}{6}$$

因此,本题等价于求出一切自然数对 (n, m) 使方程

$$2n^2 + 3n + 1 = 6m^2$$

成立. 将上式两边乘 8,并配方得

$$(4n+3)^2 - 3(4m)^2 = 1$$

这个方程可以看作是佩尔方程

$$x^2 - 3y^2 = 1$$

满足

$$x \equiv 3 \pmod 4$$

和

$$y \equiv 0 \pmod 4$$

的解.

佩尔方程的解可以通过将 $(2+\sqrt3)^k$ ($k \geq 1$ 的整数) 写成 $x + y\sqrt3$ 的形式来得到.

设正整数 x_k, y_k 满足

$$x_k + y_k\sqrt3 = (2+\sqrt3)^k \quad (k \geq 1)$$

则 (x_k, y_k) 是佩尔方程 $x^2 - 3y^2 = 1$ 的所有正整数解.

下面证明,存在无穷多个 k,使

$$x_k \equiv 3 \pmod 4 \text{ 且 } y_k \equiv 0 \pmod 4$$

显然

$$x_{k+1} + y_{k+1}\sqrt3 = (x_k + y_k\sqrt3)(2+\sqrt3)$$

于是

$$\begin{cases} x_{k+1} = 2x_k + 3y_k \\ y_{k+1} = x_k + 2y_k \end{cases}$$

进而有

$$\begin{cases} x_{k+2} = 4x_{k+1} - x_k \\ y_{k+2} = 4y_{k+1} - y_k \end{cases}$$

注意到 x_k, y_k 的前 4 项分别为

$$x_k : 2, 7, 26, 97$$

$$y_k : 1, 4, 15, 56$$

从而有 $\{x_k \pmod 4\}$ 和 $\{y_k \pmod 4\}$ 都是以 4 为周期的周期数列,且

$$x_k \equiv 3 \pmod 4 \Leftrightarrow k \equiv 2 \pmod 4$$

$$y_k \equiv 0 \pmod 4 \Leftrightarrow k \equiv 0 \pmod 4$$

于是,当且仅当 $k \equiv 2 \pmod 4$ 时,有

$$x_k \equiv 3 \pmod 4 \text{ 且 } y_k \equiv 0 \pmod 4$$

这就证明了存在无穷多个 n 满足题设要求.

由以上,符合要求的前 3 个 n 所对应的 k 分别为 2,6,10. 此时易得 n 分别为 1,337,65 521,所以紧接着 1 后面的符合要求的数为 337,65 521.

例 9 (2007 年中国国家队集训测试题) 证明对任意正整数 n,存在唯一的 n 次多项式 $f(x)$,满足 $f(0) = 1$,且 $(x+1)(f(x))^2 - 1$ 是奇函数.

证明 先证存在性.

令

$$f(x) = u(x^2) + xv(x^2)$$

则

$$(x+1)[f(x)]^2 - 1$$
$$= (x+1)\{[u(x^2)]^2 + x^2[v(x^2)]^2 + 2xu(x^2)v(x^2)\} - 1$$
$$= x\{[u(x^2)]^2 + x^2[v(x^2)]^2 + 2xu(x^2)v(x^2)\} +$$
$$[u(x^2)]^2 + x^2[v(x^2)]^2 + 2xu(x^2)v(x^2) - 1$$

为奇函数,则

$$[u(x^2)]^2 + x^2[v(x^2)]^2 + 2x^2u(x^2)v(x^2) \equiv 1$$
$$\Leftrightarrow [u(x)]^2 + x[v(x)]^2 + 2xu(x)v(x) \equiv 1$$

注意到

$$u(0) = f(0) = 1$$

由上式解得

$$u(x) = -xv(x) + \sqrt{x^2v^2 - xv^2 + 1}$$

由于 u 为多项式,故 $x^2v^2 - xv^2 + 1$ 必是一多项式的平方. 令 $d = x^2 - x$. 考虑如下佩尔方程

$$p^2 - dq^2 = 1$$

记

$$p_0 = 1, q_0 = 0$$
$$p_1 = -2x + 1, q_1 = 2$$
$$p_{n+1} = p_1 p_n + dq_1 q_n, q_{n+1} = p_1 q_n + q_1 p_n$$

则

$$p_n^2 - dq_n^2 = 1 \quad (n \geqslant 0)$$
$$\deg p_n = \deg q_n + 1 = n \quad (n \geqslant 1)$$

记

$$u_n^+(x) = -xq_n + p_n, v_n^+(x) = q_n$$
$$u_n^-(x) = xq_n + p_n, v_n^-(x) = -q_n$$

当 n 为偶数时,取

$$f(x) = u_{\frac{n}{2}}^+(x^2) + xv_{\frac{n}{2}}^+(x^2)$$

当 n 为奇数时,取

$$f(x) = u_{\frac{n+1}{2}}^-(x^2) + xv_{\frac{n+1}{2}}^-(x^2)$$

都满足

$$f(0) = 1, \deg f = n$$

且 $(x+1)f^2 - 1$ 为奇函数.

下证唯一性.

用反证法. 设存在两个 n 次多项式满足条件.

因为存在两个 n 次多项式满足条件, 故佩尔方程

$$p^2 - dq^2 = 1$$

存在两个多项式解 $p_m^i, q_m^i, i = 1, 2$ 有

$$\deg p_m = \deg q_m + 1 = m$$

这里若 n 为偶数, 则 $m = \dfrac{n}{2}$; 若 n 为奇数, 则 $m = \dfrac{n+1}{2}$, 其中 q_m^1 不恒等于 $-q_m^2$.

利用公式

$$(p_{m-1}, q_{m-1}) = (p_1 p_m \pm d q_1 q_m, p_1 q_m \pm q_1 p_m)$$

这里 "$+$" 或 "$-$" 取决于 p_m 与 q_m 的最高项系数符号是相反还是相同, 可知

$$\deg p_{m-1} = \deg q_{m-1} + 1 = m - 1$$

也满足佩尔方程. 由此可得, 存在两个多项式解 $p_1^i, q_1^i, i = 1, 2$, 有

$$\deg p_1^i = \deg q_1^i + 1 = 1$$

$$p_1^i(0) = 1, q_1^1 \neq -q_1^2$$

但直接计算表明, 佩尔方程只有唯一解满足上面条件. 矛盾. 证毕.

例 10　试判断, 是否存在无穷多个 $\triangle ABC$, 满足 $AB, BC, CA \, (AB < BC < CA)$ 的长是成等差数列的互质的正整数, 且边 BC 上的高及 $\triangle ABC$ 的面积均为正整数? 并给出证明.

解　存在无穷多个满足条件的 $\triangle ABC$.

设

$$AB = a - d, BC = a, CA = a + d \quad (a, d \in \mathbf{N}_+, a > d)$$

$\triangle ABC$ 的面积为 S, 边 BC 上的高为 h_a.

根据海伦公式得

$$S = \sqrt{\frac{3a}{2}\left(\frac{a}{2} + d\right)\frac{a}{2}\left(\frac{a}{2} - d\right)}$$

$$= \frac{a}{2}\sqrt{3\left[\left(\frac{a}{2}\right)^2 - d^2\right]}$$

若 S 为正整数, 则 a 必为偶数.

令

$$a = 2x \quad (x \in \mathbf{N}_+)$$

则

$$S = x\sqrt{3(x^2 - d^2)}$$

$$\Rightarrow h_a = \frac{2S}{a} = \sqrt{3(x^2 - d^2)}$$

$$\Rightarrow h_a^2 = 3(x^2 - d^2)$$

$$\Rightarrow h_a \text{ 必为 3 的倍数}$$

设

$$h_a = 3y \quad (y \in \mathbf{N}_+)$$

则

$$x^2 - 3y^2 = d^2$$

不妨取 $d = 1$，则

$$x^2 - 3y^2 = 1 \qquad\qquad ①$$

故

$$(x, y) = (2, 1)$$

是方程①的一个解.

令

$$(2 + \sqrt{3})^n = x_n + y_n\sqrt{3} \quad (x_n, y_n, n \in \mathbf{N}_+)$$

则

$$(2 - \sqrt{3})^n = x_n - y_n\sqrt{3}$$

$$\Rightarrow x_n^2 - 3y_n^2 = 1$$

$$\Rightarrow (x, y) = (x_n, y_n) \quad (n \in \mathbf{N}_+)$$

都是方程①的正整数解.

由

$$x_{n+1} + y_{n+1}\sqrt{3} = (2 + \sqrt{3})^{n+1}$$

$$= (2 + \sqrt{3})(x_n + y_n\sqrt{3})$$

$$= (2x_n + 3y_n) + (x_n + 2y_n)\sqrt{3}$$

得

$$\begin{cases} x_{n+1} = 2x_n + 3y_n \\ y_{n+1} = x_n + 2y_n \end{cases}$$

且

$$x_1 = 2, y_1 = 1.$$

消去 y_n 得

$$x_{n+2} = 4x_{n+1} - x_n, x_1 = 2, x_2 = 7$$

于是，可取

$$AB = 2x_n - 1, BC = 2x_n, CA = 2x_n + 1 \quad (n = 1, 2, \cdots)$$

则 $AB, BC, CA(AB < BC < CA)$ 是成等差数列的互质的正整数, 且

$$S = x_n \sqrt{3(x_n^2 - 1)} = 3x_n y_n, h_a = 3y_n$$

均为正整数.

故存在无穷多个满足条件的 $\triangle ABC$.

例11 (2011 年罗马尼亚大师杯数学竞赛) 对正整数 $n = \prod_{i=1}^{s} p_i^{\alpha_i}$, 设

$\Omega(n) = \sum_{i=1}^{s} \alpha_i$ 是 n 所有质因数的个数, 其中, 质因数依重数求和. 定义

$$\lambda(n) = (-1)^{\Omega(n)}$$

(如 $\lambda(12) = \lambda(2^2 \times 3) = (-1)^{2+1} = -1$). 证明:

(1)存在无穷多个正整数 n, 使得

$$\lambda(n) = \lambda(n+1) = 1$$

(2)存在无穷多个正整数 n, 使得

$$\lambda(n) = \lambda(n+1) = -1$$

解析 注意到, 对任意正整数 m, n, 有

$$\Omega(mn) = \Omega(m) + \Omega(n)$$

即 Ω 是一个完全可加函数.

因此

$$\lambda(mn) = \lambda(m)\lambda(n)$$

即 λ 是一个完全可乘函数.

故对任意质数 p 及正整数 k, 有

$$\lambda(p) = -1$$
$$\lambda(k^2) = (\lambda(k))^2 = 1$$

证法1 (1)佩尔方程

$$x^2 - 6y^2 = 1$$

有无穷多个正整数解 (x_m, y_m), 其可由

$$x_m + y_m \sqrt{6} = (5 + 2\sqrt{6})^m$$

定义.

由于

$$\lambda(6y^2) = \lambda(y^2) = 1$$

且

$$\lambda(6y^2 + 1) = \lambda(x^2) = 1$$

于是, 该方程的每一组解都对应所求的一个 $n(= 6y^2)$.

（2）佩尔方程

$$3x^2 - 2y^2 = 1$$

有无穷多组正整数解(x_m, y_m)，其可由

$$x_m \sqrt{3} + y_m \sqrt{2} = (\sqrt{3} + \sqrt{2})^{2m+1}$$

定义.

而

$$\lambda(2y^2) = \lambda(2)\lambda(y^2) = -1$$
$$= \lambda(3)\lambda(x^2) = \lambda(3x^2) = \lambda(2y^2 + 1)$$

同（1）可知结论成立.

证法 2 （1）若正整数 n 满足

$$\lambda(n) = \lambda(n+1)$$

则

$$\lambda((2n+1)^2 - 1) = \lambda(4n(n+1))$$
$$= \lambda(4)\lambda(n)\lambda(n+1) = 1$$

而

$$\lambda((2n+1)^2) = 1$$

于是,从 $n = 1$ 出发可递推构造出无穷多个满足（1）的 n.

（2）注意到 $n = 2$ 满足条件. 若结论不成立,则存在最大的正整数 n,使得

$$\lambda(n-1) = \lambda(n) = -1$$

而当 $m \geq n$ 时,$\lambda(m)$ 与 $\lambda(m+1)$ 不同时为 -1,于是

$$\lambda(n+1) = 1$$

故

$$\lambda(n(n+1)) = \lambda(n)\lambda(n+1) = -1$$

进而

$$\lambda(n^2 + n + 1) = 1$$

得

$$\lambda(n^3 - 1) = \lambda(n-1)\lambda(n^2 + n + 1) = -1$$

而

$$\lambda(n^3) = (\lambda(n))^3 = -1$$

与 n 最大矛盾（因 $n \geq 2$,故 $n^3 - 1 > n - 1$）.

例 12 （1994 年中国台北数学奥林匹克）求证:有无限多个正整数 n 具有下述性质,对每个具有 n 项的整数等差数列 $a_1, a_2, \cdots, a_n$,集合 $\{a_1, a_2, \cdots, a_n\}$ 的算术平均值与标准方差都是整数.

注 对任何实数集合 $\{x_1, x_2, \cdots, x_n\}$ 的算术平均值定义为

$$\bar{x} = \frac{1}{n}(x_1 + x_2 + \cdots + x_n)$$

集合的标准方差定义为

$$x^* = \sqrt{\frac{1}{n}\sum_{j=1}^{n}(x_j - \bar{x})^2}$$

证明 设正整数 n 满足题目条件,对于任意一个整数等差数列 $\{a_1, a_2, \cdots, a_n\}$,记公差为 d,d 为整数,有

$$
\begin{aligned}
a_1 + a_2 + \cdots + a_n &= \frac{1}{2}n(a_1 + a_n) \\
&= \frac{n}{2}[a_1 + a_1 + (n-1)d] \\
&= na_1 + \frac{1}{2}n(n-1)d \qquad\qquad ①
\end{aligned}
$$

于是记

$$\bar{a} = \frac{1}{n}(a_1 + a_2 + \cdots + a_n) \qquad\qquad ②$$

由式①和②有

$$\bar{a} = a_1 + \frac{1}{2}(n-1)d \quad (d \text{ 是任意整数}) \qquad ③$$

由式③立即有 $\bar{a}$ 为整数,当且仅当 n 为奇数,现在来分析标准方差的情况

$$\sum_{j=1}^{n}(a_j - \bar{a})^2 = \sum_{j=1}^{n}\left[a_j - a_1 - \frac{1}{2}(n-1)d\right]^2 \qquad ④$$

由于

$$a_j - a_1 = (j-1)d \qquad\qquad ⑤$$

将式⑤代入④,当 n 为奇数时,有

$$
\begin{aligned}
\sum_{j=1}^{n}(a_j - \bar{a}) &= \sum_{j=1}^{n}\left[j - \frac{1}{2}(n+1)\right]^2 d^2 \\
&= 2d^2\left\{1^2 + 2^2 + 3^2 + \cdots + \left[\frac{1}{2}(n-1)\right]^2\right\} \\
&= 2d^2 \cdot \frac{1}{6} \cdot \frac{1}{2}(n-1) \cdot \frac{1}{2}(n+1)n \\
&= \frac{1}{12}d^2(n^2-1)n \qquad\qquad ⑥
\end{aligned}
$$

于是,相应的方差为

$$a^* = \sqrt{\frac{1}{n}\sum_{j=1}^{n}(a_j - \bar{a})^2} = \sqrt{\frac{1}{12}(n^2-1)}d \qquad ⑦$$

要满足题目条件,应当存在非负整数 m,使得

$$\frac{1}{12}(n^2 - 1) = m^2 \tag{⑧}$$

$$n^2 - 12m^2 = 1 \tag{⑨}$$

从方程⑧或⑨可以知道

$$m = 0, n = 1$$

$$m = 2, n = 7$$

是两组非负整数组解,下面证明

$$\begin{cases} m_k = \dfrac{1}{4\sqrt{3}} \left[(7 + 4\sqrt{3})^k - (7 - 4\sqrt{3})^k \right] \\ n_k = \dfrac{1}{2} \left[(7 + 4\sqrt{3})^k + (7 - 4\sqrt{3})^k \right] \quad (k \in \mathbf{N}) \end{cases} \tag{⑩}$$

是满足方程⑨的全部正整数组解.

首先,对于任意正整数 k,有

$$n_k^2 - 12m_k^2 = \frac{1}{4} \left[(7 + 4\sqrt{3})^k + (7 - 4\sqrt{3})^k \right]^2 -$$

$$\frac{1}{4} \left[(7 + 4\sqrt{3})^k - (7 - 4\sqrt{3})^k \right]^2$$

$$= \left[(7 + 4\sqrt{3})(7 - 4\sqrt{3}) \right]^k = 1 \tag{⑪}$$

方程⑪表明式⑩的确满足方程⑨. 由式⑩,利用二项式展开公式,有

$$m_k = \frac{1}{2\sqrt{3}} \left[C_k^1 (4\sqrt{3}) 7^{k-1} + C_k^3 (4\sqrt{3})^3 7^{k-3} + \cdots + \begin{cases} (4\sqrt{3})^{k-1}, k \text{ 为奇数} \\ C_k^{k-1} 7 (4\sqrt{3})^{k-1}, k \text{ 为偶数} \end{cases} \right.$$

$$= 2 \left[C_k^1 7^{k-1} + C_k^3 (4\sqrt{3})^2 7^{k-3} + \cdots + \begin{cases} (4\sqrt{3})^{k-1}, k \text{ 为奇数} \\ C_k^{k-1} 7 (4\sqrt{3})^{k-2}, k \text{ 为偶数} \end{cases} \right. \tag{⑫}$$

显然 m_k 是正整数,而

$$n_k = 7^k + C_k^2 7^{k-2} (4\sqrt{3})^2 + \cdots + \begin{cases} C_k^{k-1} 7 (4\sqrt{3})^{k-1}, k \text{ 为奇数} \\ (4\sqrt{3})^k, k \text{ 为偶数} \end{cases} \tag{⑬}$$

显然也是正整数.

由于 m_k, n_k 满足方程⑨,则 n_k 必为奇数. 证毕.

下面说明式⑩中 $n_k(k \in \mathbf{N})$ 及 $n = 1$(即式⑩中 n_0)给出了满足本题的全部的正整数 n,显然这是有意义的工作.

设正整数 m^*, n^* 满足

$$n^{*2} - 12m^{*2} = 1 \tag{⑭}$$

因为

$$(1, +\infty) = \bigcup_{k-1}^{+\infty} \left[(7+4\sqrt{3})^{k-1}, (7+4\sqrt{3})^k\right] \qquad ⑮$$

由于

$$n^* + 2\sqrt{3}m^* > 4$$

则存在正整数 k,使得

$$(7+4\sqrt{3})^{k-1} < n^* + 2\sqrt{3}m^* \leqslant (7+4\sqrt{3})^k \qquad ⑯$$

由于

$$(7+4\sqrt{3})(7-4\sqrt{3}) = 1 \qquad ⑰$$

及

$$7 - 4\sqrt{3} > 0$$

式⑯两端乘以 $(7-4\sqrt{3})^{k-1}$,有

$$1 < (n^* + 2\sqrt{3}m^*)(7-4\sqrt{3})^{k-1} \leqslant 7 + 4\sqrt{3} \qquad ⑱$$

利用式⑩,有

$$(n^* + 2\sqrt{3}m^*)(7-4\sqrt{3})^{k-1}$$
$$= (n^* + 2\sqrt{3}m^*)(n_{k-1} - 2\sqrt{3}m_{k-1})(令\ m_0 = 0, n_0 = 1)$$
$$= (n^* n_{k-1} - 12m^* m_{k-1}) + 2\sqrt{3}(m^* n_{k-1} - n^* m_{k-1}) \qquad ⑲$$

利用式⑩,有

$$(n^* - 2\sqrt{3}m^*)(7+4\sqrt{3})^{k-1}$$
$$= (n^* - 2\sqrt{3}m^*)(n_{k-1} + 2\sqrt{3}m_{k-1})$$
$$= (n^* n_{k-1} - 12m^* m_{k-1}) - 2\sqrt{3}(m^* n_{k-1} - n^* m_{k-1}) \qquad ⑳$$

令

$$\overline{m} = m^* n_{k-1} - n^* m_{k-1}, \overline{n} = n^* n_{k-1} - 12m^* m_{k-1} \qquad ㉑$$

由式⑰,⑲,⑳和㉑,有

$$(\overline{n} + 2\sqrt{3}\,\overline{m})(\overline{n} - 2\sqrt{3}\,\overline{m})$$
$$= (n^* + 2\sqrt{3}m^*)(7-4\sqrt{3})^{k-1} \cdot$$
$$(n^* - 2\sqrt{3}m^*)(7+4\sqrt{3})^{k-1}$$
$$= n^{*2} - 12m^{*2} = 1(利用⑭) \qquad ㉒$$

于是,有

$$\overline{n}^2 - 12\overline{m}^2 = 1 \qquad ㉓$$

这表明式㉑也是满足式⑩的一组整数解.

由式⑱⑲和㉑,有

$$1 < \overline{n} + 2\sqrt{3}\,\overline{m} \leqslant 7 + 4\sqrt{3} \qquad\qquad ㉔$$

由式㉔和㉒,可以看到

$$\overline{n} + 2\sqrt{3}\,\overline{m} > 1 > \overline{n} - 2\sqrt{3}\,\overline{m} > 0 \qquad\qquad ㉕$$

于是

$$\overline{m} > 0, \overline{n} > 0 \qquad\qquad ㉖$$

即 $\overline{m}, \overline{n}$ 都是正整数. 由于

$$m = 2, n = 7$$

是满足方程⑨的最小的正整数组解,那么,满足方程⑨的所有正整数解 (m,n) 中,对应的所有 $n + 2\sqrt{3}\,m$ 中,$7 + 4\sqrt{3}$ 为最小. 利用式㉔,应当有

$$\overline{m} = 2, \overline{n} = 7 \qquad\qquad ㉗$$

由式⑲㉑和㉗,有

$$(n^* + 2\sqrt{3}\,m^*)(7 - 4\sqrt{3})^{k-1} = 7 + 4\sqrt{3} \qquad\qquad ㉘$$

上式两端乘以 $(7 + 4\sqrt{3})^{k-1}$,利用方程⑧,有

$$n^* + 2\sqrt{3}\,m^* = (7 + 4\sqrt{3})^k \qquad\qquad ㉙$$

由式⑫⑬和⑳,兼顾 m^*, n^* 是正整数,有

$$m^* = m_k, n^* = n_k \qquad\qquad ㉚$$

所以满足本题的全部正整数 n 为 $n = 1$ 及满足式⑩的 $n_k (k \in \mathbf{N})$. 当然这样的 n 有无限多个.

习 题 九

1. 试找出方程 $x^2 - 51y^2 = 1$ 的一组正整数解.

提示

$$x^2 = 51y^2 + 1 = 49y^2 + 14y + 1 + 2y^2 - 14y = (7y + 1)^2 + 2y(y - 7)$$

令 $y = 7$,得 $x = 50$.

2. 求 $x^2 - 6y^2 = 1$ 的整数解.

解

$$x^2 = 1 + 6y^2$$

以 $y = 1, 2, 3, \cdots$ 代入使 $1 + 6y^2$ 为平方数的最小正值为 $y = 2$,得特解

$$\begin{cases} x = 5 \\ y = 2 \end{cases}$$

则其余整数解可由

$$x + y\sqrt{6} = \pm(5 + 2\sqrt{6})^n$$

给出. 如

$$n = 2, x + y\sqrt{6} = \pm(49 + 20\sqrt{6})$$

得

$$\begin{cases} x = 49, -49 \\ y = 20, -20 \end{cases}$$

其他可依此类推.

3. 设不定方程

$$ax^2 + bxy + cy^2 = k$$

的判别式

$$D = b^2 - 4ac$$

是正的非平方数, $k \neq 0$, 证明该方程如果有整数解, 则必有无穷多个整数解

证明 由于

$$D = b^2 - 4ac$$

是正的平方数, 故 $a \neq 0$, 如果所给方程有一个解

$$x = x_0, y = y_0$$

那么有

$$ax_0^2 + bx_0y_0 + cy_0^2 = k$$

于是有

$$(2ax_0 + by_0 + y_0\sqrt{D})(2ax_0 + by_0 - y_0\sqrt{D}) = 4ak$$

再令

$$x = u, y = v$$

是佩尔方程

$$x^2 - Dy^2 = 1$$

的任意整数解, 于是

$$u^2 - Dv^2 = (u + v\sqrt{D})(u - v\sqrt{D}) = 1$$

将上两个等式两边相乘, 就有

$$(2ax_0 + by_0 + y_0\sqrt{D})(u + v\sqrt{D})(2ax_0 + by_0 - y_0\sqrt{D})(u - v\sqrt{D}) = 4ak$$

如果记

$$X = x_0u - bx_0v - 2cy_0v, Y = 2ax_0v + y_0u + by_0v$$

就有

$$(2aX + bY + Y\sqrt{D})(2aX + bY - Y\sqrt{D}) = 4ak$$

即

$$aX^2 + bXY + cY^2 = k$$

这表示

$$x = X, y = Y$$

也是所给方程的解. 由于 $k \neq 0$, 故

$$2ax_0 + by_0 + y_0\sqrt{D} \neq 0, 2ax_0 + by_0 - y_0\sqrt{D} \neq 0$$

由此可知, 当 u, v 改变时, $x = X, y = Y$ 也随之改变, 又佩尔方程有无穷个整数解, 因而所给方程也有无穷多个整数解.

4. 证明方程

$$(x-1)^2 + x^2 + (x+1)^2 = y^2 + (y+1)^2$$

有无穷多组正整数解 (x, y).

证明 原方程即

$$6x^2 + 3 = (2y+1)^2$$

所以

$$3 \mid (2y+1)$$

令

$$2y + 1 = 3u$$

则有

$$3u^2 - 2x^2 = 1$$

令

$$a = 3u - 2x, b = x - u$$

则方程成为

$$a^2 - 6b^2 = 1$$

我们求出了全部的解 (x, y).

5. 证明数列 $[n\sqrt{2}](n \geq 1)$ 中有无穷多个完全平方数. 这里 $[x]$ 表示实数 x 的整数部分.

证明 方程

$$x^2 - 2y^2 = -1$$

有正整数解

$$x = 1, y = 1$$

因而有无穷多组正整数解. 对方程 $x^2 - 2y^2 = -1$ 的任一组正整数解为

$$2x^2y^2 = x^4 + x^2$$

所以

$$x^2 < \sqrt{2}xy < x^2 + 1$$

令 $xy = n$,则

$$[\sqrt{2}n] = x^2$$

6. (2009~2010 年匈牙利数学奥林匹克)若一个正整数的质因数分解中每个质数的幂次都大于或等于 2,则称此数为"多方的",证明:存在无穷多对相邻的正整数,使这两者是多方的.

证明 注意到完全平方数显然是多方的,而形如

$$8y^2 = 2^3 \times y^2 \quad (y \in \mathbf{N}_+)$$

的正整数也是多方的.

可考虑佩尔方程

$$x^2 - 8y^2 = 1$$

其存在一组解

$$(x,y) = (3,1)$$

故知存在无穷多组解 (x,y),对每一组解 (x_0, y_0),$(8y_0^2, x_0^2)$ 即为两相邻的多方正整数.

于是,存在无穷多组相邻的多方正整数.

7. (2009 年第 8 届丝绸之路数学竞赛)证明:对于每个素数 p,存在无穷多个四元数组 $(x,y,z,t)(x,y,z,t$ 互不相同),且满足 $(x^2 + pt^2)(y^2 + pt^2)(z^2 + pt^2)$ 为完全平方数.

证明 由佩尔方程,知

$$x^2 - py^2 = 1$$

有无穷多组正整数解.

则对于任意的素数 p,存在无穷多个正整数 s, t,使得

$$s^2 - 1 = pt^2 (s > 3)$$

令

$$x = s^2 - 1, y = s + 1, z = s - 1$$

则 x, y, z 两两不同,且

$$x = s^2 - 1 = pt^2 \neq t$$

若

$$y = s + 1 = t$$

则

$$(s-1)(s+1) = pt^2 = p(s+1)^2 \Rightarrow s - 1 = p(s+1) > s + 1 > s - 1$$

矛盾.

若

$$z = s - 1 = t$$

则

$$(s-1)(s+1) = pt^2 = p(s-1)^2 \Rightarrow s+1 = p(s-1) \geq 2(s-1) \Rightarrow s \leq 3$$

矛盾.

所以, $x, y, z \neq t$.

故

$$(x^2 + s^2 - 1)(y^2 + s^2 - 1)(z^2 + s^2 - 1)$$
$$= (s^2 - 1)s^2(s+1) \cdot 2s \times 2s(s-1) = [2s^2(s^2-1)]^2$$

因而,命题得证.

8. 设 $p \equiv 1 \pmod 4$ 为素数,则方程 $x^2 - py^2 = -1$ 有正整数解 (x, y). 而当 $p \equiv 3 \pmod 4$ 时方程无解.

证明 显然,方程 $x^2 - py^2 = 1$ 有正整数解,模 4 可知 $2 \nmid x, 2 \mid y$. 设 (x_1, y_1) 为其最小解. 我们有

$$\frac{x_1-1}{2} \cdot \frac{x_1+1}{2} = \frac{x_1^2-1}{4} = \frac{py_1^2}{4} = p\left(\frac{y_1}{2}\right)^2$$

于是存在正整数 u, v 使得

$$\frac{x_1-1}{2} = pu^2, \frac{x_1+1}{2} = v^2, y_1 = 2uv \qquad \text{①}$$

或者

$$\frac{x_1-1}{2} = u^2, \frac{x_1+1}{2} = pv^2, y_1 = 2uv \qquad \text{②}$$

如果①成立,则

$$v^2 - pu^2 = 1$$

但

$$u = \frac{y_1}{2v} < y_1$$

与 (x_1, y_1) 是最小解矛盾.

因此②必须成立,即得出

$$u^2 - pv^2 = -1$$

所以方程

$$x^2 - py^2 = -1$$

有解

$$x = u, y = v$$

当
$$p \equiv 3 \pmod 4$$
时,模 4 即知 $x^2 - py^2 = -1$ 无解.

9.一所学校运动会的团体操表演,有这样一个场面,运动员站成了:第 1 排 1 人,第 2 排 2 人,第 3 排 3 人,……,第 n 排 n 人的正三角形队形.忽然,又变成了每排 m 人的正方形队形.

问题:是不是每一个正三角形队形都能变成正方形队形呢?

证明 显然不行,例如,第 1 排 1 人,第 2 排 2 人,……,第 10 排 10 人的正三角形队形,就变不成正方形队形,因为此时的总人数为
$$1 + 2 + \cdots + 10 = 55 (\text{人})$$
而若站成 8 排的正三角形队形,由于
$$1 + 2 + \cdots + 8 = 36 = 6^2$$
就可以变成每排 6 人的正方形队形.于是,问题转化为求方程
$$\frac{n(n+1)}{2} = m^2$$

的正整数解组 (m, n).

下面就研究这个问题.

方程化为
$$8m^2 = 4n^2 + 4n = (2n+1)^2 - 1$$
设
$$x = 2n + 1, \quad y = 2m$$
则方程化为
$$x^2 - 2y^2 = 1 \qquad\qquad ①$$

方程①显然有一组解
$$(x, y) = (3, 2)$$
设 $(x, y) = (3, 2)$ 是方程①的最小正整数解,则方程①的所有正整数解 (x_k, y_k) 应满足
$$x_k + \sqrt{2}\, y_k = (3 + 2\sqrt{2})^k$$
其前几组解也可以这样得到:

由
$$1 = 3^2 - 2 \times 2^2 = (3 + 2\sqrt{2})(3 - 2\sqrt{2}) \qquad\qquad ②$$
$$1 = 1^2 = (3 + 2\sqrt{2})^2 (3 - 2\sqrt{2})^2 = (17 + 12\sqrt{2})(17 - 12\sqrt{2}) = 17^2 - 2 \times 12^2$$
所以,$(17, 12)$ 是方程①的一组解.

对式②两边立方得

$$1 = 1^3 = (3 + 2\sqrt{2})^3(3 - 2\sqrt{2})^3 = (99 + 70\sqrt{2})(99 - 70\sqrt{2}) = 99^2 - 2 \times 70^2$$

所以,$(99,70)$ 是方程①的一组解.

对式②两边 4 次方得

$$1 = 1^4 = (3 + 2\sqrt{2})^4(3 - 2\sqrt{2})^4$$
$$= (577 + 408\sqrt{2})(577 - 408\sqrt{2}) = 577^2 - 2 \times 408^2$$

所以,$(577,408)$ 是方程①的一组解.

因而,式①的前几组解是

$$(x,y) = (3,2),(17,12),(99,70),(577,408)$$

10. (2004 年白俄罗斯数学奥林匹克试题)正整数 a,b,c 满足等式

$$c(ac + 1)^2 = (5c + 2b)(2c + b) \qquad ①$$

(1)证明:若 c 为奇数,则 c 为完全平方数;

(2)对某个 a,b 是否存在偶数 c 满足①;

(3)证明:式①有无穷多组正整数解 (a,b,c).

证明　先解(2).

(2)假设 c 为偶数,记 $\qquad c = 2c_1$

则已知等式可写为

$$c_1(2ac_1 + 1)^2 = (5c_1 + b)(4c_1 + b)$$

设 $d = (c_1,b)$,则

$$c_1 = dc_0, b = db_0$$

其中 $(c_0,b_0) = 1$.

于是,有

$$c_0(2adc_0 + 1)^2 = d(5c_0 + b_0)(4c_0 + b_0)$$

显然

$$(c_0,5c_0 + b_0) = (c_0,4c_0 + b_0) = (d,(2adc_0 + 1)^2) = 1$$

因此,$c_0 = d$. 从而

$$(2ad^2 + 1)^2 = (5d + b_0)(4d + b_0)$$

注意到

$$(5c_0 + b_0,4c_0 + b_0) = (5c_0 + b - 4c_0 - b_0,4c_0 + b_0)$$
$$= (c_0,4c_0 + b_0) = (c_0,4c_0 + b_0 - 4c_0)$$
$$= (c_0,b_0) = 1$$

所以

$$5d + b_0 = m^2,4d + b_0 = n^2,2ad^2 + 1 = mn,m \quad (n \in \mathbf{N}_+)$$

于是，$d = m^2 - n^2$（显然 $m > n$），则

$$mn = 1 + 2ad^2 = 1 + 2a(m-n)^2(m+n)^2$$
$$\geq 1 + 2a(m+n)^2 \geq 1 + 2a \cdot 4mn \geq 1 + 8mn$$

矛盾.

因此 c 是奇数，即对某个 a, b 不存在偶数 c 满足式①.

（1）类似（2），设

$$(c, b) = d, c = dc_0, b = db_0$$

且

$$(c_0, b_0) = 1$$

则已知等式改写为

$$c_0(adc_0 + 1)^2 = d(5c_0 + 2b_0)(2c_0 + b_0)$$

注意到

$$(c_0, 5c_0 + 2b_0) = (c_0, 2c_0 + b_0) = (d, (adc_0 + 1)^2) = 1$$

因此，$c_0 = d$，从而

$$c = dc_0 = d^2$$

（3）令 $c = 1$，只需证明方程

$$(a + 1)^2 = (5 + 2b)(2 + b)$$

有无穷多组整数解 (a, b).

事实上，设

$$5 + 2b = m^2, 2 + b = n^2$$

则

$$a = mn - 1$$

从而只需证明：存在无穷多组 $m, n \in \mathbf{N}_+$ 满足

$$5 + 2b = m^2, 2 + b = n^2$$

即

$$m^2 - 2n^2 = 1$$

这是一个佩尔方程，它有无穷多组解，从而原命题成立.

11. （2003 年保加利亚 IMO 团队选拔赛）证明：不存在正整数 m 和 n，满足

$$m(m+1)(m+2)(m+3) = n(n+1)^2(n+2)^3(n+3)^4$$

证明 我们使用这样一个结论：如果

$$(\sqrt{a^2 - 1} + 1)^k = \sqrt{a^2 - 1}\, x_k + y_k$$

则佩尔方程

$$(a^2 - 1)x^2 + 1 = y^2$$

的所有解是(x_k,y_k). 这就意味着$(a^2-1)x^2+1$是完全平方式,当且仅当x是下列序列的项

$$x_0=0,x_1=1$$
$$x_{k+2}=2ax_{k+1}-x_k \quad (k\geqslant 0)$$

因为

$$m(m+1)(m+2)(m+3)+1=(m^2+3m+1)^2$$

则

$$n(n+1)^2(n+2)^3(n+3)^4+1=[(n+1)^2-1][(n+1)(n+2)(n+3)^2]^2+1$$

是完全平方式. 对$a=n+1$,应用上面提到的性质,可以得到$(n+1)(n+2)\cdot(n+3)^2$是下列序列中的一项

$$x_0=0,x_1=1,x_{k+2}=(2n+2)x_{k+1}-x_k \quad (k\geqslant 0)$$

对k应用数学归纳法,可知任意的x_k模$2n+1,2n+3$的余数都是$0,1$或-1. 所以

$$(n+1)(n+2)(n+3)^2\equiv 0,\pm 1(\mathrm{mod}(2n+1))$$
$$(2n+2)(2n+4)(2n+6)^2\equiv 0,\pm 16(\mathrm{mod}(2n+1))$$

利用

$$2n+2\equiv 1(\mathrm{mod}(2n+1))$$
$$2n+4\equiv 3(\mathrm{mod}(2n+1))$$
$$2n+6\equiv 5(\mathrm{mod}(2n+1))$$

可知$2n+1$整除$75,59$或91. 重复使用同样的结论,我们得到$2n+3$整除$7,9$或25. 满足两个条件的数只有$n=1,2,3$. 直接验证,完成我们的解答.

12. (1)证明:存在无穷多个正整数a,使$a+1$和$3a+1$都是平方数;

(2)若$a_1<a_2<\cdots<a_n<\cdots$是(1)的全部正整数解组成的数列,证明:$a_na_{n+1}+1$也是平方数.

证明 依条件(1),设

$$a+1=y^2$$

再命

$$3a+1=3y^2-2=x^2$$

则有不定方程

$$x^2-3y^2=-2 \qquad\qquad ①$$

其全部正整数解为

$$a_n=y_n^2-1$$

其中(x_n,y_n)为①的解,且满足

$$x_n+\sqrt{3}y_n=(2+\sqrt{3})^n(1+\sqrt{3}) \qquad\qquad ②$$

如

$$a_1 = y_1^2 - 1 = 3^2 - 1 = 8, a_2 = y_2^2 - 1 = 11^2 - 1 = 120$$

等.

下面讨论(2). 有

$$a_n a_{n+1} + 1 = (y_n^2 - 1)(y_{n+1}^2 - 1) + 1$$
$$= y_n^2 y_{n+1}^2 - y_n^2 - y_{n+1}^2 + 2$$

为证它是平方数,需建立 y_{n+1} 与 y_n 间的递推关系. 为此,由②有

$$x_{n+1} + \sqrt{3} y_{n+1} = (2x_n + 3y_n) + \sqrt{3}(x_n + 2y_n)$$

即

$$\begin{cases} x_{n+1} = 2x_n + 3y_n \\ y_{n+1} = x_n + 2y_n \end{cases}$$

于是

$$a_n a_n + 1$$
$$= y_n^2 y_{n+1}^2 - y_n^2 - x_n^2 - 4x_n y_n - 4y_n^2 + 2$$
$$= (y_n y_{n+1} - 2)^2 + 4y_n y_{n+1} - 4 - y_n^2 - x_n^2 - 4x_n y_n - 4y_n^2 + 2$$
$$= (y_n y_{n+1} - 2)^2 - (x_n^2 - 3y_n^2 + 2)$$

但 (x_n, y_n) 是方程

$$x^2 - 3y^2 = -2$$

的解,故

$$x_n^2 - 3y_n^2 + 2 = 0$$

则 $a_n a_{n+1} + 1$ 为平方数.

13. (1991 年加拿大数学奥林匹克训练题)(1)证明:有无穷多个整数 n,使 $2n+1$ 与 $3n+1$ 为完全平方,并证明这样的 n 是 40 的倍数.

(2)更一般地,证明:若 m 为正整数,则有无穷多个整数 n 使 $mn+1$ 与 $(m+1)n+1$ 为完全平方.

证明 (1)若有

$$2n + 1 = a^2, 2(2n^2 + 2n) + 1 = a^2 \tag{①}$$
$$3n + 1 = b^2, 3(3n^2 + 2n) + 1 = b^2 \tag{②}$$

则由式①看出 a 为奇数 $2k+1$,因此

$$2n = a^2 - 1 = (2k+1)^2 - 1 = 4k(k+1)$$

从而 n 是偶数, b 是奇数 $2h+1$,因此由式②可知

$$3n = b^2 - 1 = (2h+1)^2 - 1 = 4h(h+1)$$

因为 $h(h+1)$ 是偶数,所以 $8 \mid n$.

如果
$$n \equiv 1 \text{ 或 } 3 (\text{mod } 5)$$
则
$$2n + 1 \equiv 3 \text{ 或 } 2 (\text{mod } 5)$$

如果
$$n \equiv 2 \text{ 或 } 4 (\text{mod } 5)$$
则
$$3n + 1 \equiv 2 \text{ 或 } 3 (\text{mod } 5)$$

但易知
$$\text{平方数} \equiv 0 \text{ 或 } 1 \text{ 或 } 4 (\text{mod } 5)$$

所以必须 $5 \mid n$,从而 $40 \mid n$.

(2)由题意,有
$$mn + 1 = a^2 \qquad \text{③}$$
$$(m + 1)n + 1 = b^2 \qquad \text{④}$$

等价于
$$n = b^2 - a^2 \qquad \text{⑤}$$
$$m(b^2 - a^2) + 1 = a^2 \qquad \text{⑥}$$

由式⑤⑥得
$$(m + 1)a^2 - mb^2 = 1 \qquad \text{⑦}$$

令
$$x = (m + 1)a, y = b \qquad \text{⑧}$$

得
$$x^2 - m(m + 1)y^2 = m + 1 \qquad \text{⑨}$$

式⑨有解
$$x = m + 1, y = 1 \qquad \text{⑩}$$

而佩尔方程
$$x^2 - m(m + 1)y^2 = 1 \qquad \text{⑪}$$

有解
$$x = 2m + 1, y = 2$$

于是式⑨有无穷多组正整数解 x, y,它们可由
$$x + \sqrt{m(m+1)}y = (m + 1 + \sqrt{m(m+1)}) \cdot (2m + 1 + 2\sqrt{m(m+1)}^k) \qquad \text{⑫}$$
(其中 k 为非负整数)定出. 由⑫可看出 x 为 $m + 1$ 的倍数. 因此,由式⑧可得正整数 a, b 适合式⑦. 由式⑤定出整数 $n. m, n$ 适合式⑤⑦,因而适合式⑤⑥,即

有无数多个整数 n 满足式③④.

14. 是否有无穷多个有理数 a,使得 $\sqrt{2+a\sqrt{2}}$ 能写成 $b+c\sqrt{2}$(b,c 均是有理数)的形式?

证明 答案是肯定的.

令

$$\sqrt{2+a\sqrt{2}})=b+c\sqrt{2} \quad (a,b,c \text{ 都是有理数})$$

两边平方得

$$2+a\sqrt{2}=b^2+2c^2+2bc\sqrt{2}$$

由于 $\sqrt{2}$ 是无理数,所以有

$$b^2+2c^2=2 \qquad\qquad ①$$
$$2bc=a \qquad\qquad ②$$

由式①和②得

$$|c|\leqslant 1,c\neq 0$$

由式②得

$$b=\frac{a}{2c}$$

代入方程①得

$$\frac{a^2}{4c^2}+2c^2=2,a^2=2(1-c^2)(2c)^2$$

所以

$$a=\pm 2|c|\sqrt{2(1-c^2)}$$

令

$$c=\frac{n}{m} \quad (m,n \text{ 都是整数},\text{且 } m>0,m\geqslant n)$$

则

$$\sqrt{2(1-c^2)}=\frac{1}{m}\sqrt{2(m^2-n^2)}$$

令

$$2(m^2-n^2)=l^2 \quad (l \text{ 为正整数})$$

显然 l 是偶数,令 $l=2h$(h 为正整数),则得

$$m^2-n^2=2h^2$$

所以

$$m^2-2h^2=n^2$$

再令 $n=1$,得佩尔方程

$$m^2 - 2h^2 = 1 \qquad\qquad ③$$

方程③的最小解为

$$m = 3, h = 2$$

所以它的全部解由

$$m + h\sqrt{2} = (3 + 2\sqrt{2})^k \quad (k = 1,2,3,\cdots)$$

给出. 所以

$$\begin{cases} m_k = \dfrac{1}{2}[(3 + 2\sqrt{2})^k + (3 - 2\sqrt{2})^k] \\ h_k = \dfrac{1}{2\sqrt{2}}[(3 + 2\sqrt{2})^k - (3 - 2\sqrt{2})^k] \end{cases} \quad (k = 1,2,3,\cdots)$$

所以满足题设要求的有理数 a 有无穷多个.

15. 证明:数列

$$a_n = \frac{1}{2\sqrt{3}}[(2 + \sqrt{3})^n - (2 - \sqrt{3})^n]$$

的每一项都是整数,其中 $n \in \mathbf{Z}$,并求使 a_n 被 3 整除的所有的 n .

证明 注意到

$$(2 - \sqrt{3})^n (2 + \sqrt{3})^n = 1$$

所以

$$a_{-n} = \frac{1}{2\sqrt{3}}[(2 + \sqrt{3})^{-n} - (2 - \sqrt{3})^{-n}] = \frac{1}{2\sqrt{3}}[(2 - \sqrt{3})^n - (2 + \sqrt{3})^n] = -a_n$$

故只需考虑 $n \geq 0$ 时 a_n 的取值情况. 由于 $a_0 = 0, n \geq 1$ 时, a_n 是方程

$$x^2 - 3y^2 = 1$$

的正整数解 (x_n, y_n) 中的 y_n . 其中

$$x_1 = 2, y_1 = 1$$

从而

$$a_n \in \mathbf{N} \quad (n \geq 1)$$

另一方面

$$3 \mid a_n \Longleftrightarrow 3 \mid y_n$$

可得

$$x_{n+1} = 2x_n + 3y_n, \ y_{n+1} = 2y_n + x_n$$

所以

$$y_{n+3} = 2y_{n+2} + x_{n+2} = 7y_{n+1} + 4x_{n+1} = 26y_n + 15x_n$$

这表明

$$y_{n+3} \equiv -y_n \pmod 3$$

由

$$y_1 = 1, y_2 = 4, y_3 = 15$$

可得 $n \geq 1$ 时,当且仅当 $3 \mid n$ 时,$3 \mid y_n$. 结合 $a_n(n \in \mathbf{Z})$ 的性质及它与 y_n 的关系可知当且仅当 $3 \mid n$ 时,$3 \mid a_n$,其中 $a \in \mathbf{Z}_+$.

16. 三角形的边长分别是 $a-1, a, a+1$,h 表示 a 边上的高,三角形面积记为 S,其中 a, h, S 是正整数. 证明:满足这些条件的全部三数组

$$(a, h, S) = (a_n, h_n, S_n)$$

由下面的递推公式确定($n \geq 1$)

$$
\begin{cases}
a_{n+2} = 4a_{n+1} - a_n \\
h_{n+2} = 4h_{n+1} - h_n \\
S_{n+2} = 14S_{n+1} - S_n
\end{cases}
$$

而

$$(a_1, h_1, S_1) = (4, 3, 6)$$
$$(a_2, h_2, S_2) = (14, 12, 84)$$

证明 用两种方法计算面积 S. 首先

$$S = \frac{1}{2}ah$$

又由海伦公式

$$S = \sqrt{\frac{1}{2}(3a) \cdot \frac{1}{2}(a+2) \cdot \frac{1}{2}a \cdot \frac{1}{2}(a-2)}$$
$$= \frac{1}{4}a\sqrt{3a^2 - 12}$$

由于 S 是整数,所以 $3a^2 - 12$ 是完全平方,并且 a 是偶数(否则的话,$3a^2 - 12$ 是奇数的平方,从而 $a\sqrt{3a^2 - 12}$ 是奇数).

设 $a = 2x$,则

$$S = hx, \quad h^2 = 3(x^2 - 1)$$

于是有,$3 \mid h^2$,但 3 是素数,故 $3 \mid h$.

设 $h = 3y$,便有 $S = 3xy$,及

$$x^2 - 3y^2 = 1 \qquad\qquad ①$$

我们的问题化为求佩尔方程①的所有正整数解 (x_n, y_n). 可知

$$
\begin{cases}
x_{n+2} = 4x_{n+1} - x_n \\
y_{n+2} = 4y_{n+1} - y_n
\end{cases}
$$

这里

$$x_0 = 1, y_0 = 0; x_1 = 2, y_1 = 1$$

从而

$$x_2 = 7, y_2 = 4$$

又

$$a_n = 2x_n, h_n = 3y_n$$

所以

$$\begin{cases} a_{n+2} = 4a_{n+1} - a_n \\ h_{n+2} = 4h_{n+1} - h_n \end{cases}$$

其中

$$(a_1, h_1) = (4, 3), (a_2, h_2) = (14, 12)$$

剩下的是证明

$$S_{n+2} = 14S_{n+1} - S_n \qquad ②$$

首先注意

$$x_{2n} + y_{2n}\sqrt{3} = (2 + \sqrt{3})^{2n}$$
$$= ((2 + \sqrt{3})^n)^2 = (x_n + y_n\sqrt{3})^2$$

将上式右边展开,并与左边比较得

$$y_{2n} = 2x_n y_n = \frac{2}{3}S_n \qquad ③$$

因此问题就是求 $\{y_{2n}\}$ 的递推公式. 由于

$$x_{2n} + y_{2n}\sqrt{3} = (2 + \sqrt{3})^{2n} = (7 + 4\sqrt{3})^n$$

所以得

$$y_{2n+2} = 14y_{2n} - y_{2n-2}$$

从而由③得出②,并且

$$S_1 = \frac{3y_2}{2} = \frac{3 \times 4}{2} = 6, S_2 = 84 \quad (S_0 = y_0 = 0)$$

17. 已知数列 $\{a_n\}$ 满足

$$a = \left[\sum_{k=n}^{9n-1} \sqrt{k^2 + 1} \right] \cdot$$

证明:数列 $\{a_n\}$ 中有无穷多个完全平方数.

证明 首先证明两个引理.

引理 1

$$\frac{x}{1+x} < \ln(1 + x) < x \quad (x > 0)$$

引理 1 的证明 设

$$f(x) = x - \ln(1 + x)$$

由

$$f'(x) = 1 - \frac{1}{1+x} = \frac{x'}{1+x}$$

则函数 $f(x)$ 在 $(-1,0)$ 单调递减,在 $(0, +\infty)$ 单调递增.

从而

$$f(x) \geqslant f(0) = 0$$

故

$$\ln(1 + x) < x \quad (x > -1, x \neq 0) \qquad ①$$

而

$$\frac{x}{1+x} < \ln(1 + x)$$

$$\Leftrightarrow 1 - \frac{1}{1+x} < -\ln\frac{1}{1+x}$$

$$\Leftrightarrow \ln\frac{1}{1+x} < \frac{1}{1+x} - 1 \qquad ②$$

由式①知

$$\ln\frac{1}{1+x} < \frac{1}{1+x} - 1 \quad (x > 0)$$

因此,式②成立.

引理 2 设

$$b_n = \sum_{k=n}^{9n-1} \frac{1}{\sqrt{k^2 + 1} + k}$$

则

$$\lim_{n \to \infty} b_n = \ln 3$$

引理 2 的证明 由引理 1 可令

$$x = \frac{1}{n} \quad (n \in \mathbf{Z}_+)$$

则

$$\frac{1}{n+1} < \ln(n+1) - \ln n < \frac{1}{n}$$

而

$$\frac{1}{\sqrt{n^2 + 1} + n} < \frac{1}{2n} < \frac{1}{2}\left[\ln n - \ln(n-1)\right]$$

故

$$b_n < \frac{1}{2} \sum_{k=n}^{9n-1} \left[\ln k - \ln(k-1) \right] = \frac{1}{2} \ln \frac{9n-1}{n-1}$$

又

$$\frac{1}{\sqrt{n^2+1}+n} = \frac{1}{2n} - \frac{1}{2n(n+\sqrt{n^2+1})^2}$$

$$> \frac{1}{2n} - \frac{1}{8(n-1)n(n+1)}$$

$$= \frac{1}{2n} - \frac{1}{16} \left[\frac{1}{(n-1)n} - \frac{1}{n(n+1)} \right]$$

则

$$b_n > \frac{1}{2}(\ln 9n - \ln n) - \frac{1}{16(n-1)n}$$

$$= \ln 3 - \frac{1}{16(n-1)n}$$

而

$$\lim_{n \to +\infty} \left[\ln 3 - \frac{1}{16(n-1)n} \right] = \ln 3$$

$$\lim_{n \to +\infty} \frac{1}{2} \ln \frac{9n-1}{n-1} = \ln 3$$

故

$$\lim_{n \to +\infty} b_n = \ln 3$$

回到原题.

由于

$$\sqrt{n^2+1} = n + \frac{1}{n+\sqrt{n^2+1}}$$

从而

$$a_n = [b_n] + n + (n+1) + \cdots + (9n-1)$$

$$= [b_n] + 40n^2 - 4n$$

取足够大的 n, 则 $1 < b_n < 2$. 故

$$a_n = 1 + 40n^2 - 4n = (6n)^2 + (2n-1)^2$$

要证 a_n 中存在无穷多个完全平方数, 只需证明方程

$$\begin{cases} 6n = 2 \times 3pq \\ 2n-1 = (3p)^2 - q^2 \end{cases}$$

有无穷多个正整数解 (p,q), 即

$$(p+q)^2 - 10p^2 = 1$$

有无穷多个正整数解.

而由佩尔方程

$$x^2 - 10y^2 = 1$$

有无穷多个正整数解(x_0, y_0),得

$$\begin{cases} p = y_0 \\ q = x_0 - y_0 \end{cases}$$

故取足够大的(x_0, y_0),即足够大的p, q, a_n 为完全平方数.

综上,原命题成立.

18.(1)求证:存在无限多组正整数x, y,使得

$$x^2 - 101y^2 = -1$$

(2)已知

$$0.301\,02 < \lg 2 < 0.301\,03, 0.322\,20 < \lg 3 < 0.322\,21$$

试求出数$(10 + \sqrt{101})^{101}$的小数点前面的6位数字及小数点后面的131位数字(不得使用计算器等工具).

证明 (1)记

$$A_{2n-1} = (\sqrt{101} - 10)^{2n-1}$$
$$B_{2n-1} = (\sqrt{101} + 10)^{2n-1} \quad (n = 1, 2, \cdots)$$

则

$$A_{2n-1} B_{2n-1} = 1$$

又记

$$B_{2n-1} = x_{2n-1} + y_{2n-1}\sqrt{101}$$

其中$x_{2n-1}, y_{2n-1} \in \mathbf{N}_+$. 由二项式定理知

$$A_{2n-1} = -x_{2n-1} + y_{2n-1}\sqrt{101}$$

把A_{2n-1}与B_{2n-1}代入式①得

$$x_{2n-1}^2 - 101y_{2n-1}^2 = -1$$

因此,有无限多组正整数

$$X = x_{2n-1}, Y = y_{2n-1} \quad (n = 1, 2, \cdots)$$

使得

$$X^2 - 101Y^2 = -1$$

(2)由(1)得

$$B_{2n-1} - A_{2n-1} = 2x_{2n-1}$$

即

$$B_{2n-1} = 2x_n + A_{2n-1}$$

而 $2x_n \in \mathbf{Z}$,所以,A_{2n-1} 是 B_{2n-1} 的小数部分,$2x_{2n-1}$ 是 B_{2n-1} 的整数部分. 故

$$\frac{1}{21} < \sqrt{101} - 10 = \frac{1}{\sqrt{101}+10} < \frac{1}{10+10} = \frac{1}{20}$$

所以

$$21^{-101} = \left(\frac{1}{21}\right)^{101} < A_{101} = (\sqrt{101}-10)^{101}$$

$$< \left(\frac{1}{20}\right)^{101} = 20^{-101}$$

则

$$-101(1+\lg 2.1) = -101\lg 21$$

$$< \lg A_{101} < 101\lg 20 = -101(1+\lg 2)$$

所以

$$-133.543\ 21 = -101 \times 1.322\ 21$$

$$< \lg A_{101} < -101 \times 1.301\ 02$$

$$= -131.403\ 02$$

所以

$$10^{-134} \times 10^{0.456\ 79} < A_{101} < 10^{-132} \times 10^{0.596\ 98}$$

因此,A_{101} 的小数点后面的 131 位连续数字全为 0. 从而

$$B_{101} = (\sqrt{101}+10)^{101}$$

的小数点后面的 131 位连续数字全是 0.

下面求 $2x_{101}$ 被 10^6 除所得的余数.

由二项式定理得

$$2x_{101}$$

$$= 2(10^{101} + C_{101}^2 \times 101 \times 10^{99} + \cdots +$$

$$C_{101}^{96} \times 101^{48} \times 10^5 + C_{101}^{98} \times 101^{49} \times 10^3 + C_{101}^{100} \times 101^{50} \times 10)$$

$$\equiv 2\left[\frac{101 \times 100 \times 99 \times 98 \times 97}{5 \times 4 \times 3 \times 2} \times 101^{48} \times 10^5 +\right.$$

$$\left.\frac{101 \times 100 \times 99}{3 \times 2}(100+1)^{49} \times 10^3 + 101^{51} \times 10\right] (\bmod 10^6)$$

$$\equiv 101 \times 33 \times 49 \times 97 \times 101^{48} \times 10^6 +$$

$$33 \times (100+1)^{50} \times 10^5 + 2 \times 101^{51} \times 10 (\bmod 10^6)$$

$$\equiv 33 \times 10^5 + 2 \times (100+1)^{51} \times 10 (\bmod 10^6)$$

$$\equiv 3 \times 10^5 + 2(1 + 100 \times 51 + 100^2 C_{51}^2) \times 10 (\bmod 10^6)$$

$$\equiv 3 \times 10^5 + 20 + 2\ 000 \times 51 + 2 \times 10^5 \times \frac{51 \times 50}{2} (\bmod 10^6)$$

$$\equiv 3 \times 10^5 + 20 + 102\ 000 (\bmod 10^6)$$

$$\equiv 300\ 000 + 20 + 102\ 000 (\bmod 10^6)$$

$$\equiv 402\ 020 (\bmod 10^6)$$

所以

$$B_{101} = (\sqrt{101} + 10)^{101}$$

的小数点前面的 6 位数字是 402 020.

综上所述,数$(\sqrt{101} + 10)^{101}$的小数点前面的 6 位数字是 402 020,而小数点后面的 131 个数字都是 0.

19.(2009 年越南国家队选拔考试)设 a, b 为正整数,且不为完全平方数. 证明:方程

$$ax^2 - by^2 = 1$$

和

$$ax^2 - by^2 = -1$$

中最多有一个方程有正整数解.

证明 先证明一个引理.

引理 若方程

$$Ax^2 - By^2 = 1 \qquad\qquad ①$$

存在正整数解(A, AB 均不为完全平方数),设其最小的一组正整数解为(x_0, y_0),则佩尔方程

$$x^2 - ABy^2 = 1$$

有正整数解. 设其最小的一组解为(a_0, b_0),则(a_0, b_0)满足如下方程

$$\begin{cases} a_0 = Ax_0^2 + By_0^2 \\ b_0 = 2x_0 y_0 \end{cases}$$

证明 因为(x_0, y_0)为

$$Ax^2 - By^2 = 1$$

的一组解,所以

$$Ax_0^2 - By_0^2 = 1$$

令

$$u = Ax_0^2 + By_0^2, v = 2x_0 y_0$$

则

$$u^2 - ABv^2 = (Ax_0^2 + By_0^2)^2 - AB(2x_0 y_0)^2 = (Ax_0^2 - By_0^2)^2 = 1$$

故 (u,v) 为

$$x^2 - ABy^2 = 1$$

的根.

又 (a_0,b_0) 为 $x^2 - ABy^2 = 1$ 的最小解,若

$$(u,v) \neq (a_0,b_0)$$

则

$$u > a_0, v > b_0$$

一方面

$$a_0 - \sqrt{AB}b_0 < (a_0 - \sqrt{AB}b_0)(a_0 + \sqrt{AB}b_0) = a_0^2 - ABb_0^2 = 1$$

则

$$(a_0 - \sqrt{AB}b_0)(\sqrt{A}x_0 + \sqrt{B}y_0) < \sqrt{A}x_0 + \sqrt{B}y_0$$

所以

$$(a_0x_0 - Bb_0y_0)\sqrt{A} + (a_0y_0 - Ab_0x_0)\sqrt{B} < \sqrt{A}x_0 + \sqrt{B}y_0$$

另一方面

$$a_0 + \sqrt{AB}b_0 < u + \sqrt{AB}v = (\sqrt{A}x_0 + \sqrt{B}y_0)^2$$

所以

$$(a_0x_0 - Bb_0y_0)\sqrt{A} - (a_0y_0 - Ab_0x_0)\sqrt{B}$$
$$= (a_0 + \sqrt{AB}b_0)(\sqrt{A}x_0 - \sqrt{B}y_0)$$
$$< (\sqrt{A}x_0 + \sqrt{B}y_0)^2(\sqrt{A}x_0 - \sqrt{B}y_0) = \sqrt{A}x_0 + \sqrt{B}y_0$$

令

$$s = a_0x_0 - Bb_0y_0, t = a_0y_0 - Ab_0x_0$$

则上述两不等式可改写为

$$\sqrt{A}s + \sqrt{B}t < \sqrt{A}x_0 + \sqrt{B}y_0 \qquad ②$$
$$\sqrt{A}s - \sqrt{B}t < \sqrt{A}x_0 + \sqrt{B}y_0 \qquad ③$$

故

$$As^2 - Bt^2 = A(a_0x_0 - Bb_0y_0)^2 - B(a_0y_0 - Ab_0x_0)^2$$
$$= (a_0^2 - ABb_0^2)(Ax_0^2 - By_0^2) = 1$$

注意到

$$s > 0 \Leftrightarrow a_0x_0 > Bb_0y_0$$
$$\Leftrightarrow a_0^2x_0^2 > B^2b_0^2y_0^2$$
$$\Leftrightarrow a_0^2x_0^2 > Bb_0^2(Ax_0^2 - 1)$$
$$\Leftrightarrow (a_0^2 - ABb_0^2)x_0^2 > -Bb_0^2$$

$$\Leftrightarrow x_0^2 > -Bb_0^2$$

最后一式显然成立,故 $s > 0$.

由

$$t = 0 \Leftrightarrow a_0 y_0 = Ab_0 x_0$$
$$\Leftrightarrow a_0^2 y_0^2 = A^2 b_0^2 x_0^2$$
$$\Leftrightarrow (ABb_0^2 + 1) y_0^2 = Ab_0^2 (By_0^2 + 1)$$
$$\Leftrightarrow y_0^2 = Ab_0^2$$

因为 A 为非完全平方数,所以, $t \neq 0$.

若 $t > 0$,则 (s, t) 为

$$Ax^2 - By^2 = 1$$

的解. 而由于 (x_0, y_0) 为最小解,有

$$s \geqslant x_0, t \geqslant y_0$$

与不等式②矛盾.

若 $t < 0$, $(s, -t)$ 为 $Ax^2 - By^2 = 1$ 的解.

而

$$s \geqslant x_0, -t \geqslant y_0$$

与不等式③矛盾.

综上

$$u = a_0, v = b_0$$

回到原题.

假设题设方程

$$ax^2 - by^2 = 1$$

和

$$by^2 - ax^2 = 1$$

同时有解.

设 (m, n) 为方程

$$x^2 - aby^2 = 1$$

的最小解, (x_1, y_1) 为方程

$$ax^2 - by^2 = 1$$

的最小解, (x_2, y_2) 为方程

$$bx^2 - ay^2 = 1$$

的最小解.

则应用引理,有

$$\begin{cases} m = ax_1^2 + by_1^2 \\ n = 2x_1y_1 \end{cases}$$

或

$$\begin{cases} m = bx_2^2 + ay_2^2 \\ n = 2x_2y_2 \end{cases}$$

又由

$$ax_1^2 = by_1^2 + 1 , ay_2^2 = bx_2^2 - 1$$

即得

$$ax_1^2 + by_1^2 = bx_2^2 + ay_2^2$$
$$\Leftrightarrow 2by_1^2 + 1 = 2bx_2^2 - 1$$
$$\Leftrightarrow b(x_2^2 - y_1^2) = 1$$

由于 $b > 1$,显然矛盾.

无穷递降法

10.1　什么是无穷递降法

　　法国数学家费马(Fermat)大约在 1637 年左右提出一个猜想:

　　当整数 $n>2$ 时,不定方程

$$x^n + y^n = z^n \qquad ①$$

没有正整数解.

　　历史上,常称为费马大定理,或费马猜想,或费马问题. 这一问题,直到 20 世纪 80 年代,由德国数学家法尔廷斯经过十八个月的艰苦探索,才给出了证明. 他证明了 $x^n + y^n = z^n$,当 $n \geqslant 4$ 时,至多只有有限类整数解.

　　下面,我们对费马大定理的初等成果做一些简介.

　　当 $4 \mid n$ 时,式①可以写成下列形式

$$\left(x^{\frac{n}{4}}\right)^4 + \left(y^{\frac{n}{4}}\right)^4 = \left(z^{\frac{n}{4}}\right)^4$$

所以,若能证明:$n=4$ 时,式①没有正整数解,则对于能被 4 整除的任何正整数 n 求说,式①都没有正整数解.

　　因为,若 $n=4k$ 时,式①有正整数解 (a,b,c),则

$$(a^k)^4 + (b^k)^4 = (c^k)^4$$

即 (a^k, b^k, c^k) 是

$$x^4 + y^4 = z^4$$

的一个正整数解,这与 $n=4$ 时,方程无正整数的假设相矛盾.

　　为此,费马先证明了下面的定理:

　　定理　方程

$$x^4 + y^4 = z^2 \qquad ②$$

没有正整数解.

第 十 章

证明 假设 (x_0, y_0, z_0) 是方程②的一组正整数解,且是所有正整数解中 z_0 最小的一组解. 接下来证明: x_0, y_0, z_0 两两互素.

假设 x_0, y_0 不互素,且 x_0, y_0 有公约数 $p(p > 1)$,此时

$$p^4 \mid (x_0^4 + y_0^4)$$

从而, $p^2 \mid z_0$. 于是, $\left(\dfrac{x_0}{p}, \dfrac{y_0}{p}, \dfrac{z_0}{p}\right)$ 也是方程②的一组正整数解. 但此时 $\dfrac{z_0}{p} < z_0$,与 z_0 最小矛盾. 因而, x_0 与 y_0 互素. 同理, x_0 与 z_0 互素, y_0 与 z_0 互素. 所以, (x_0, y_0, z_0) 是方程②的一组两两互素的正整数解. 从而, (x_0^2, y_0^2, z_0) 是方程

$$x^2 + y^2 = z^2 \qquad\qquad ③$$

的一组两两互素的正整数解. 对于方程③, x 和 y 至少有一个是偶数. 否则,若 x 和 y 都是奇数,则

$$x^2 + y^2 \equiv 2(\bmod 4)$$

于是, $x^2 + y^2$ 不是完全平方数. 因而,方程③不可能成立. 不妨设 y 为偶数,即 y_0 为偶数. 则由方程③的解的公式得

$$\begin{cases} x_0^2 = u^2 - v^2 \\ y_0^2 = 2uv \\ z_0 = u^2 + v^2 \end{cases}$$

其中, u 和 $v(u > v > 0)$ 互素,并且一个为奇数,一个为偶数. 若 u 为偶数, v 为奇数,则 u^2 能被4整除, v^2 被4除余1,此时, $u^2 - v^2$ 被4除余3,不为完全平方数,与

$$x_0^2 = u^2 - v^2$$

矛盾. 故 v 为偶数, u 为奇数.

因为

$$\left(\frac{y_0}{2}\right)^2 = u \cdot \frac{v}{2}$$

且 u 和 $\dfrac{v}{2}$ 互素,所以

$$u = r^2, \frac{v}{2} = s^2$$

其中, r 和 s 是互素的正整数,并且 r 是奇数. 故

$$x_0^2 = u^2 - v^2 = r^4 - 4s^4, x_0^2 + 4s^4 = r^4$$

其中, $2s^2$ 与 x_0 互素. 从而, $(x_0, 2s^2, r^2)$ 是方程③的一组正整数解. 故

$$\begin{cases} x_0 = a^2 - b^2 \\ 2s^2 = 2ab \qquad (a \text{ 和 } b \text{ 互素,且 } a > b > 0) \\ r^2 = a^2 + b^2 \end{cases}$$

又
$$s^2 = ab$$
则
$$a = f^2, b = g^2 \quad (f, g \text{ 是互素的正整数})$$
因而
$$f^4 + g^4 = r^2$$
故 (f, g, r) 是方程②的一组正整数解. 而
$$r \leqslant r^4 < r^4 + 4s^4 = u^2 + v^2 = z_0$$
与 z_0 的最小性矛盾. 所以, 方程
$$x^4 + y^4 = z^2$$
没有不全为零的整数解.

上面定理的证明方法就是费马创造的, 通常称为无穷递降法.

推论 方程 $x^4 + y^4 = z^4$ 没有正整数解.

利用上面的讨论方法, 如果能够再说明, 对于任一奇素数 p, 式②都没有正整数解, 那么 p 的任一倍数 $kp = n$, 式②也没有正整数解, 这样费马大定理就被证明了.

从上面的证法可以看出, 无穷递降法就是一种用反证法表现的特殊形式的数学归纳法, 其主要步骤如下:

(1) 若一个命题 $p(n)$ 对若干个正整数 n 正确, 则在这几个数中, 必有一个最小者;

(2) 若 $p(n)$ 对某个 n 正确, 则有一个整数 $n' < n$, 使 $p(n')$ 也正确.

若以上两步都得到证明, 则命题 $p(n)$ 不成立.

无穷递降法的理论依据是 "最小数原理". 下面再来看如下问题:

例 1 设 $p \equiv -1 \pmod 4$ 是一个素数, 证明对任意正整数 n, 方程
$$p^n = x^2 + y^2 \qquad \qquad ①$$
没有正整数解 (x, y).

证明 我们用反证法. 假设对某个自然数 n, 方程①有正整数解 (x_0, y_0). 不妨设 $(x_0, y_0) = 1$. 否则的话, 设
$$(x_0, y_0) = d > 1$$
则由①知, $d^2 \mid p^n$. 因 p 是素数, 所以 d 也是 p 的方幂. 设
$$d = p^l \quad (1 \leqslant 2l \leqslant n)$$
由①得
$$p^{n-2l} = \left(\frac{x_0}{d}\right)^2 + \left(\frac{y_0}{d}\right)^2$$

这样我们可以考虑代替①的方程

$$p^{n-2l} = x^2 + y^2$$

它有一组互素的正整数解 $\left(\dfrac{x_0}{d}, \dfrac{y_0}{d}\right)$.

x_0, y_0 显然一奇一偶,模 4 得

$$p^n \equiv (-1)^n \equiv x_0^2 + y_0^2 \equiv 1 (\bmod 4)$$

所以 n 是偶数. 设

$$n = 2n_1 \quad (n_1 \geqslant 1)$$

则有

$$(p^{n_1})^2 = x_0^2 + y_0^2$$

即 (x_0, y_0, p^{n_1}) 是一组基本的勾股数(因为 x_0 和 y_0 互素).

由前面的勾股数定理,可知存在整数 $a_1 > b_1, a_1, b_1$ 一奇一偶,$(a_1, b_1) = 1$,使得

$$p^{n_1} = a_1^2 + b_1^2$$

同样的论证表明 n_1 必须是偶数,并且设

$$n_1 = 2n_2 \quad (n_2 \geqslant 1, n_1 > n_2)$$

则有正整数 $a_2, b_2, (a_2, b_2) = 1$,使得

$$p^{n_2} = a_2^2 + b_2^2$$

反复进行下去,便得到无穷多个正偶数

$$n_1 > n_2 > n_3 > \cdots$$

这当然是不可能的.

无穷递降法,不只是用于否定方面,如果方程有解,那么必有一组(或几组)最小的(正整数)解. 采取无穷递降法,经过有限多步,必然达到最小解. 因而,递降法也给出了解的递推关系. 无穷递降法,不仅限于解不定方程. 许多问题,只要能从一种状态产生另一种状态,而且一个与状态有关的. 取正整数值的量严格减少,就能运用递降法.

例 2 (1990 年第 5 届中国数学奥林匹克)设 a 是给定的正整数,A, B 是两个实数. 试确定方程组

$$\begin{cases} x^2 + y^2 + z^2 = (13a)^2 & ① \\ x^2(Ax^2 + By^2) + y^2(Ay^2 + Bz^2) + z^2(Az^2 + Bx^2) = \dfrac{1}{4}(2A + B)(13a)^4 & ② \end{cases}$$

解 由 ② $- \dfrac{B}{2} \times ①^2$ 得

$$\left(A - \dfrac{1}{2}B\right)(x^4 + y^4 + z^4) = \dfrac{1}{2}\left(A - \dfrac{1}{2}B\right)(13a)^4$$

$(1) A \neq \dfrac{1}{2}B.$

上式化为

$$2(x^4 + y^4 + z^4) = (13a)^4 \qquad ③$$

假设 x, y, z 是方程③的一组正整数解,显然,a 是偶数.则可设 $a = 2a_1$.方程③化为

$$x^4 + y^4 + z^4 = 8(13a_1)^4 \qquad ④$$

由方程④知 x, y, z 均是偶数.设

$$x = 2x_1, y = 2y_1, z = 2z_1$$

则方程④化为

$$2(x_1^4 + y_1^4 + z_1^4) = (13a_1)^4 \qquad ⑤$$

显然,a_1 是偶数.则可设 $a_1 = 2a_2$.方程⑤化为

$$x_1^4 + y_1^4 + z_1^4 = 8(13a_2)^4 \qquad ⑥$$

又可得 x_1, y_1, z_1 均是偶数.设

$$x_1 = 2x_2, y_1 = 2y_2, z_1 = 2z_2$$

则方程⑥化为

$$2(x_2^4 + y_2^4 + z_2^4) = (13a_2)^4$$

又可得 a_2 是偶数.设 $a_2 = 2a_3$.显然

$$a_3 < a_2 < a_1 < a$$

所以,上述推理过程经过有限次之后,可以得到正整数 x_k, y_k, z_k 满足

$$2(x_k^4 + y_k^4 + z_k^4) = 13^4$$

而这是不可能的.于是,当 $A \neq \dfrac{1}{2}B$ 时,原方程组没有正整数解.

$(2) A = \dfrac{1}{2}B.$

若 $A = B = 0$,则方程②为恒等式,只需解方程①.若 $B \neq 0$,把 $B = 2A$ 代入方程②得

$$(x^2 + y^2 + z^2)^2 = (13a)^4$$

即

$$x^2 + y^2 + z^2 = (13a)^2$$

这就是方程①.因此,无论 $B \neq 0$ 还是 $B = 0$,只要 x, y, z 满足方程①,就必定满足方程②.从而,方程①显然有解

$$(x, y, z) = (3a, 4a, 12a)$$

于是,方程组有正整数解的充分必要条件是 $A = \dfrac{1}{2}B$.

由以上例题可以看出,无穷递降法解题的核心是设法构造出新的(严格减少的)解. 在处理有关平方数的问题时,前面的勾股数定理是一个有力的工具,不能忽视这一技巧的作用.

例 3 巴赫特(Bachet)问题:证明:勾股三角形的面积不可能是完全平方数.

证明 用反证法. 假设结论不对,我们在所有面积为平方数的勾股三角形中选取一个面积最小的(如果这样的三角形不止一个,则任取其中一个),设它的三边分别为 $x,y,z(x<y<z)$,$\frac{1}{2}xy$ 是平方数. 我们的方法是使面积递降,即由此作出一个新的、面积也是平方数的勾股三角形,它的面积小于所取三角形的面积. 这就导出了矛盾. 现在

$$x^2+y^2=z^2$$

并且与例 1 相同,可以假定 $(x,y)=1$. (否则从方程可知 z 也被 $(x,y)=d>1$ 整除,边长为 $\frac{x}{d},\frac{y}{d},\frac{z}{d}$ 的三角形是勾股三角形,面积的 4 倍 $2\cdot\frac{x}{d}\cdot\frac{y}{d}$ 是偶数,又是平方数,因而是 4 的倍数. 从而面积 $\frac{1}{2}\cdot\frac{x}{d}\cdot\frac{y}{d}$ 是平方数,小于 $\frac{1}{2}xy$,矛盾.)因此,存在整数 $a>b>0$,a,b 一奇一偶,$(a,b)=1$,使得(不妨设 y 为偶数)

$$x=a^2-b^2,y=2ab,z=a^2+b^2$$

由于

$$\frac{1}{2}xy=(a-b)(a+b)ab$$

是完全平方数,而从 $(a,b)=1$ 及 $a-b,a+b$ 都是奇数,不难证明 $a-b,a+b,a,b$ 这四个数两两互素,故它们都是平方数. 即有整数 u,v,p,q 使

$$a=p^2,b=q^2,a+b=u^2,a-b=v^2 \qquad ①$$

所以

$$u^2-v^2=2q^2$$

即

$$(u-v)(u+v)=2q^2 \qquad ②$$

注意 u,v 都是奇数,故

$$(u-v,u+v)=2$$

从式②可知,$u-v$ 和 $u+v$ 中有一个是 $2r^2$,另一个是 $(2s)^2$,r,s 都是整数,$q^2=4r^2s^2$. 另一方面,由①有

$$p^2=a=\frac{1}{2}\big[(a+b)+(a-b)\big]$$

$$= \frac{1}{2}(u^2 + v^2) = \frac{1}{4}\left[(u+v)^2 + (u-v)^2\right]$$

$$= \frac{1}{4}\left[(2r^2)^2 + (2s)^4\right] = r^4 + 4s^4$$

所以,以 $r^2, 2s^2, p$ 为边的三角形是勾股三角形,其面积等于

$$\frac{1}{2}r^2 \times 2s^2 = (rs)^2$$

为平方数,而由①②有

$$(rs)^2 = \frac{q^2}{4} = \frac{b}{4} < (a^2 - b^2)ab = \frac{1}{2}xy$$

矛盾.

例 4 实际上是用无穷递降法证明了方程组

$$\begin{cases} x^2 + y^2 = z^2 \\ \dfrac{1}{2}xy = t^2 \end{cases}$$

无整数解 (x, y, z, t).

从上例结果,本节中的定理可以推出,勾股三角形的两条直角边不可能都是完全平方数,因而,勾股三角形的面积也不可能是平方数的两倍.

10.2 利用无穷递降法解不定方程

采用无穷递降法证明不定方程无正整数解(非平凡解、满足某些限制的解)的主要步骤是从相反的结论出发,假设存在一组正整数解,设法构造出这个方程(或另一个同类的方程)的另一组正整数解.这新的解严格地比原来的解"小".这里所说的"严格地小",是指某一个与解有关的、取正整数值的量(函数)严格递减.

如果上述过程可以无限地进行下去,那么由于严格递减的正整数数列只可能有有限多项(即必有最小数),两者产生矛盾.

例 1 求方程 $x^3 - 2y^3 - 4z^3 = 0$ 的整数解.

分析 若方程有整数解,由于各项均为奇次方,故由解中各数的相反数构成的数组也是解.因而若有非零整数解,则必有使 x 值为最小的正整数的解.经变形后,若能找出一个解,其 x 值为正整数,但比最小正整数解还要小,这就导致了矛盾,说明方程无非零整数解.

解 显然

$$x = y = z = 0$$

为解. 若 $x = 0$ 时,可知

$$2y^3 + 4z^3 = 0, y^3 + 2z^3 = 0$$

则必有 $2 \mid y$.

设 $y = 2y_0$,则

$$(2y_0)^3 + 2z^3 = 0$$

即

$$4y_0^3 + z^3 = 0$$

则必有 $2 \mid z$. 设 $z = 2z_0$,则

$$(2y_0)^3 + 2(2z_0)^3 = 0$$

化简得

$$y_0^3 + 2z_0^3 = 0$$

重复上述过程,可得

$$y_1^3 + 2z_1^3 = 0$$

其中

$$y_0 = 2y_1, z_0 = 2z$$

这样下去有

$$y_2^3 + 2z_2^3 = 0, y_3^3 + 2z_3^3 = 0, \cdots$$

y, z 不为零时,有

$$|y| > |y_0| > |y_1| > |y_2| > \cdots$$

$$|z| > |z_0| > |z_1| > |z_2| > \cdots$$

这是不可能的,故只有某个 $y_i = 0$,此时 $z_i = 0$.

同理若 $y = 0$ 时,没有 x, z 非零的整数解.

若 $z = 0$ 时,没有 x, y 非零的整数解.

若有非零整数解,设 (x_0, y_0, z_0) 是解且 x_0 是所有正整数解中的最小者.

因为

$$x_0^3 = 2y_0^3 + 4z_0^3$$

所以 x_0 必为偶数. 设 $x_0 = 2x_1$,可得

$$8x_1^3 = 2y_0^3 + 4z_0^3$$

化简得

$$4x_1^3 = y_0^3 + 2z_0^3$$

所以 y_0 必为偶数. 设 $y_0 = 2y_1$,可得

$$4x_1^3 = 8y_1^3 + 2z_0^3$$

化简得

$$2x_1^3 = 4y_1^3 + z_0^3$$

所以 z_0 必为偶数. 设 $z_0 = 2z_1$, 可得

$$2x_1^3 = 4y_1^3 + 8z_1^3$$

化简得

$$x_1^3 = 2y_1^3 + 4z_1^3$$

这样 (x_1, y_1, z_1) 也是

$$x^3 - 2y^3 - 4z^3 = 0$$

的整数解, 且 $0 < x_1 < x_0$. 这与 (x_0, y_0, z_0) 为整数解且 x_0 为最小正整数矛盾.

故方程

$$x^3 - 2y^3 - 4z^3 = 0$$

无非平凡的整数解, 即只有唯一零解, 即

$$x = y = z = 0$$

例 2 (1962 年基辅市数学竞赛试题) 证明: 不存在不同时为 0 的整数 x, y, z 满足等式

$$x^2 + y^2 = 3z^2$$

证 假定方程有整数解

$$(x, y, z) \neq (0, 0, 0)$$

那么一定有解 (x_0, y_0, z_0), 其中 $(x_0, y_0) = 1$. 事实上, 设 (x_1, y_1, z_1) 为一个解

$$x_1 = dx_0, y_1 = dy_0, d = (x_1, y_1)$$

即得

$$d^2 (x_0^2 + y_0^2) = 3z_1^2$$

从而

$$d^2 | 3z_1^2, d^2 | z_1^2, z_1 = dz_0$$

即 (x_0, y_0, z_0) 也是方程的一解

$$x_0^2 + y_0^2 = 3z_0^2, (x_0, y_0) = 1 \qquad ①$$

但当 $(x_0, y_0) = 1$ 时

$$x_0^2 + y_0^2 \equiv 0 (\bmod 3)$$

恒不成立. 事实上, 因

$$(x_0, y_0) = 1, x_0 \equiv 0 (\bmod 3), y_0 \equiv 0 (\bmod 3)$$

不能同时成立. 故

$$x_0 \equiv \pm 1 (\bmod 3), y_0 \equiv \pm 1 (\bmod 3)$$

至少有一个成立. 从而

$$x_0^2 + y_0^2 \equiv 2 \pmod 3$$

或者

$$x_0^2 + y_0^2 \equiv 1 \pmod 3$$

与式①矛盾,故方程无非平凡解(即 x, y, z 不全为 0 的解).

例3 求方程

$$x^3 + 2y^3 + 4z^3 - 6xyz = 0$$

的整数解.

解 首先注意,$(0,0,0)$ 显然是方程的解. 若方程有非平凡解 (x_0, y_0, z_0),则 (kx_0, ky_0, kz_0) 也是解. 反之亦然. 故只要证明方程无 $(x_0, y_0, z_0) = 1$ 的解就可断言方程没有非平凡的解.

反设 (x_0, y_0, z_0) 是一个非平凡的解. 若 $z_0 = 0$,则方程变为

$$x_0^3 + 2y_0^3 = 0$$

则

$$x_0 | y_0, (x_0, y_0, z_0) = x_0$$

推出

$$x_0 = 1, 1 + 2y_0^3 = 0$$

这个方程显然无整数解. 所以 $z_0 \neq 0$,故可设 $z_0 > 0$,假设 z_0 是方程的非平凡解中 (x, y, z) 中 z 的值最小者. 因为

$$x_0^3 + 2y_0^3 + 4z_0^3 - 6x_0y_0z_0 = 0$$

推出 x_0 是偶数,设 $x_0 = 2x_1$,代入上式

$$4x_1^3 + y_0^3 + 2z_0^3 - 6x_1y_0z_0 = 0$$

推出 y_0 是偶数,设 $y_0 = 2y_1$,代入上式

$$2x_1^3 + 4y_1^3 + z_0^3 - 6x_1y_1z_0 = 0$$

推出 z_0 是偶数,设 $z_0 = 2z_1$(与 $(x_0, y_0, z_0) = 1$ 矛盾!)

$$x_1^3 + 2y_1^3 + 4z_1^3 - 6x_1y_1z_1 = 0$$

推出 (x_1, y_1, z_1) 也是方程的解,而 $z_1 < z_0$,与 z_0 的定义矛盾.

故方程没有非平凡解.

例4 证明:不定方程

$$x^4 - y^4 = z^2 \quad ((x, y) = 1) \tag{①}$$

没有正整数解 (x, y, z).

证明 假设方程①有正整数解,且设 x, y, z 是所有正整数解中 x 最小. 若 x 是偶数,由 $(x, y) = 1$,知 y 是奇数. 此时

$$x^4 - y^4 \equiv 3 \pmod 4$$

$x^4 - y^4$ 不可能是完全平方数. 所以, x 是奇数. 若 y 是奇数, 则由方程①有

$$x^2 = a^2 + b^2, y^2 = a^2 - b^2, z = 2ab$$

其中

$$(a,b) = 1 \quad (a,b \in \mathbf{N}_+)$$

于是

$$a^4 - b^4 = (xy)^2$$

从而, (a,b,xy) 是方程①的正整数解. 然而, $0 < a < x$, 与 x 的最小性矛盾. 若 y 是偶数, 则

$$x^2 = a^2 + b^2, y^2 = 2ab$$

其中

$$(a,b) = 1 \quad (a,b \in \mathbf{N}_+)$$

此时, a 与 b 一为奇数, 一为偶数. 不失一般性, 设 a 为偶数, b 为奇数, 则

$$a = 2p^2, b = q^2$$

其中

$$(p,q) = 1 \quad (p,q \in \mathbf{N}_+)$$

且 q 为奇数. 于是

$$x^2 = 4p^4 + q^4, y = 2pq$$

故

$$p^2 = rs, q^2 = r^2 - s^2 \quad ((r,s) = 1, r,s \in \mathbf{N}_+)$$

又

$$r = u^2, s = v^2 \quad ((u,v) = 1, u,v \in \mathbf{N}_+)$$

则

$$u^4 - v^4 = q^2$$

因此, (u,v,q) 是方程①的正整数解, 且

$$u = \sqrt{r} \leqslant p < x$$

仍与 x 的最小性矛盾. 综上, 不定方程①没有正整数解 (x,y,z).

由上例可以推出下面的问题:

证明不存在两个正整数, 它们的平方和与平方差都是平方数.

问题等价于方程组

$$\begin{cases} x^2 + y^2 = z^2 \\ x^2 - y^2 = t^2 \end{cases}$$

没有正整数解.

将上面方程组中的两个方程相乘得

$$x^4 - y^4 = (zt)^2$$

由上例知,此方程没有正整数解.因此,方程组也没有正整数解.

例5 (2003 年韩国数学奥林匹克)证明:不存在整数 x,y,z 满足

$$2x^4 + 2x^2y^2 + y^4 = z^2 \ (x \neq 0) \qquad ①$$

证明 设 x,y,z 是方程①的整数解.显然,由 $x \neq 0$,可得 $y \neq 0$.不妨设

$$x > 0, y > 0 \quad ((x,y) = 1)$$

进一步假设 x 是满足上述条件的最小解.由

$$z^2 \equiv 0,1,4(\bmod 8)$$

可知 x 是偶数,y 是奇数.方程①可化为

$$x^4 + (x^2 + y^2)^2 = z^2 \qquad ②$$

显然

$$(x^2, x^2 + y^2) = 1$$

于是,$x^2, x^2 + y^2, z$ 是一组勾股数.故存在一个奇数 p 和一个偶数 q,使

$$x^2 = 2pq, x^2 + y^2 = p^2 - q^2, z = p^2 + q^2 \quad ((p,q) = 1)$$

因此,存在一个整数 a 和一个奇数 b,使

$$p = b^2, q = 2a^2$$

于是

$$x = 2ab, y^2 = b^4 - 4a^4 - 4a^2b^2$$

因为

$$\left(\frac{2a^2 + b^2 - y}{2}\right)^2 + \left(\frac{2a^2 + b^2 + y}{2}\right)^2 = b^4$$

及

$$\left(\frac{2a^2 + b^2 + y}{2}, \frac{2a^2 + b^2 - y}{2}\right) = 1$$

所以,存在整数 $s,t(s > t,(s,t) = 1)$,使得

$$\begin{cases} \dfrac{2a^2 + b^2 + y}{2} = 2st \\[2mm] \dfrac{2a^2 + b^2 - y}{2} = s^2 - t^2 \\[2mm] b^2 = s^2 + t^2 \end{cases}$$

或

$$\begin{cases} \dfrac{2a^2 + b^2 + y}{2} = s^2 - t^2 \\[2mm] \dfrac{2a^2 + b^2 - y}{2} = 2st \\[2mm] b^2 = s^2 + t^2 \end{cases}$$

从而
$$a^2 = t(s - t)$$

由于
$$(s, t) = 1$$

于是, 存在正整数 $m, n((m, n) = 1)$, 使得
$$s - t = m^2, t = n^2$$

因此
$$n^4 + (n^2 + m^2)^2 = b^2$$

这就回到了式②. 设
$$x_1 = n, x_1^2 + y_1^2 = n^2 + m^2$$

则
$$x_1^4 + (x_1^2 + y_1^2)^2 = z_1^2$$

于是, x_1, y_1, z_1 是方程①的解. 但是
$$x = 2ab > t = n^2 \geqslant n = x_1$$

与 x 的最小性矛盾. 所以, 方程①没有整数解.

例 6 求不定方程
$$(x^2 - 4)(y^2 - 4) = t^2 + 12$$

的所有整数解.

解 若 $x = 0$, 则
$$t^2 + 4y^2 = 4 \Rightarrow t = 0, y = \pm 1 \text{ 或 } t = \pm 2, y = 0$$

若 $y = 0$, 类似地
$$t = 0, x = \pm 1 \text{ 或 } t = \pm 2, x = 0$$

若 $t = 0$, 则
$$x = \pm 1, y = 0 \text{ 或 } x = 0, y = \pm 1$$

考虑方程的非零整数解. 易知, 若方程有非零整数解, 则一定存在一组正整数解.

只要证明原方程没有正整数解.

若方程存在一组正整数解 (x_0, y_0, t_0), 则
$$x_0^2 y_0^2 - 4(x_0^2 + y_0^2 - 1) = t_0^2$$

这表明, 不定方程
$$x^2 + y^2 + z^2 = xyz + 1$$

存在正整数解.

设
$$0 < x_0 \leqslant y_0 \leqslant z_0$$

为上述方程的一组最小的正整数解,即知和 $x_0 + y_0 + z_0$ 最小,则由韦达定理得

$$z_1 = x_0 y_0 - z_0 = \frac{x_0^2 + y_0^2 - 1}{z_0}$$

也为满足方程的整数.

又 x_0, y_0 为正整数,则 $z_1 > 0$,即 (x_0, y_0, z_1) 也为方程的正整数解.

由最小性条件,知

$$z_1 = x_0 y_0 - z_0 \geqslant z_0$$

即

$$\frac{z_0}{x_0 y_0} \leqslant \frac{1}{2}$$

若 $x_0 = 1$,则

$$y_0^2 + z_0^2 = y_0 z_0$$

无解;

若 $x_0 = 2$,则

$$y_0^2 + z_0^2 + 4 = 2 y_0 z_0 + 1$$

即

$$(y_0 - z_0)^2 = -3$$

也无解.

于是, $x_0 \geqslant 3$.

故

$$z_0 = \frac{x_0}{y_0} + \frac{y_0}{x_0} + \frac{z_0^2}{x_0 y_0} - \frac{1}{x_0 y_0} < 1 + \frac{z_0}{3} + \frac{z_0}{2}$$

$$\Rightarrow z_0 < 6$$

将 $z_0 = 3, 4, 5$ 依次代入原方程均无解,从而,原方程无正整数解.

例7 设 p 是一个奇素数. 证明:方程

$$x^2 + 2y^2 = p \qquad\qquad ①$$

有解当且仅当 p 除以 8 的余数是 1 或 3.

证明 首先,若式①有解,则

$$\left(\frac{-2}{p}\right) = 1$$

也就是说,存在整数 a,满足

$$a^2 \equiv -2 \pmod{p}$$

其次, $\left(\frac{-2}{p}\right) = 1$ 当且仅当

$$p \equiv 1,3 \pmod 8$$

事实上,考虑 $1,2,\cdots,\dfrac{p-1}{2}$.

将以上各数乘以 -2 再除以 p,在区间 $\left(-\dfrac{p}{2},\dfrac{p}{2}\right)$ 取余数. 由此得到 $\left[\dfrac{p}{4}\right]$ 个取负数,于是

$$(-2)^{\frac{p-1}{2}}\left(\frac{p-1}{2}\right)! \equiv (-1)^{\left[\frac{p}{4}\right]}\left(\frac{p-1}{2}\right)! \pmod p$$

$$\Rightarrow (-2)^{\frac{p-1}{2}} \equiv (-1)^{\left[\frac{p}{4}\right]} \pmod p$$

假设 t 是模 p 的一个原根,且

$$-2 \equiv t^m \pmod p$$

则 a 存在当且仅当 m 是一个偶数.

故

$$\frac{p-1}{2}m \equiv \frac{p-1}{2}\left[\frac{p}{4}\right] (\mathrm{mod}(p-1))$$

则

$$m \equiv \left[\frac{p}{4}\right] \pmod 2$$

这表明

$$p \equiv 5,7 \pmod 8$$

时方程无解.

接下来利用无穷递降法证明

$$p \equiv 1,3 \pmod 8$$

时方程有解.

由于存在整数 a,满足

$$a^2 \equiv -2 \pmod p$$

故可找到 $|x|,|y| \leqslant \dfrac{p}{2}$,满足

$$x^2 + 2y^2 \equiv m_0 p$$

若 $m = 1$,则得证.

否则,可找到 $|u|,|v| \leqslant \dfrac{m_0}{2}$,满足

$$u^2 + 2v^2 \equiv m_0 m_1$$

$$u \equiv x(\mathrm{mod}\ m_0), v \equiv y(\mathrm{mod}\ m_0)$$

于是

$$\left(\frac{ux - 2vy}{m_0}\right)^2 + 2\left(\frac{uy + vx}{m_0}\right)^2 = m_1 p$$

但 $m_0 > m_1$.

例 8 证明:如果方程

$$x^2 + y^2 + 1 = xyz \qquad ①$$

有正整数解(x,y,z),则必有 $z = 3$.

证明 用反证法.假设有正整数$z \neq 3$ 使方程①有正整数解(x,y),则 $x \neq y$. 否则得出

$$2x^2 + 1 = x^2 z$$

即

$$x^2(z - 2) = 1$$

推出 $x = 1$ 和 $z = 3$. 矛盾.

由于 x 与 y 是对称的,不妨设 $x > y$. 在这种解中取第一坐标最小的设为(x_0, y_0). 考虑 x 的一元二次方程

$$x^2 + y_0 z x + y_0^2 + 1 = 0 \qquad ②$$

由韦达定理,②的另一个根为

$$x_1 = y_0 z - x_0$$

这根是整数,而且

$$0 < x_1 = \frac{y_0^2 + 1}{x_0} \leqslant \frac{y_0^2 + 1}{y_0 + 1} \leqslant y_0$$

于是①又有一组正整数解(y_0, x_1),满足 $y_0 > x_1$(根据上面所说,$y_0 \neq x_1$)及 $y_0 < x_0$. 这与 x_0 的最小性矛盾

在 $z = 3$ 时,①有正整数解,而且有无穷多组.

例 9 求出不定方程

$$x^2 + y^2 + 1 = 3xy$$

的全部正整数解(x,y).

解 由于对称性,不妨只考虑 $x \geqslant y$ 的解(x,y). 当 $x = y$ 时,方程只有一组解 $x = y = 1$. 以下考虑 $x > y$ 的情形.

例 8 中的

$$x_1 = y_0 z - x_0$$

现在成为

$$x_1 = 3y_0 - x_0 \qquad ①$$

它可以作为从一组解(x_0, y_0)到另一组解(y_0, x_1)的递推公式. 这个递推过程可以继续下去,直至两个坐标相等,即(x_0, y_0)是$(1,1)$,有趣的是,如果再使用①,

则逐一产生出与前面相同的解,只不过两个坐标恰好交换. 即

$$\cdots \to (233,89) \to (89,34) \to (34,13) \to (13,5)$$
$$\to (5,2) \to (2,1) \to (1,1) \to (1,2) \to (2,5)$$
$$\to (5,13) \to (13,34) \to (34,89) \to (89,233) \to \cdots$$

将①改写成

$$x_0 = 3y_0 - x_1$$

然后自 $(1,1)$ 起,依逆推顺序重新编号,则上式就是解 (u_n, u_{n-1}) 的递推公式

$$u_{n+1} = 3u_n - u_{n-1} \qquad \text{②}$$

用这个公式不难算出上面列出的那些解.

我们不难看出,在上面的解答中,实现递降的第一步,即

$$x_1 = 3y_0 - x_0$$

相当于带余除法,而整个递降过程则类似于欧氏算法. 当递降停止后,我们倒回去求得了任一组解. 这种方法类似于第二章中使用过的方法. 在那里,我们从求 (a,b) 的欧氏算法倒推回去,求出了方程

$$ax + by = (a,b)$$

的一组整数解 x,y.

形如

$$x^2 + y^2 + z^2 = 3xyz$$

的方程称为马尔科夫(Markov)方程(取 $z=1$ 便是例9中考虑过的方程). 马尔科夫方程有无穷多组正整数解.

例 10 求出不定方程

$$x^2 + y^2 + z^2 = 3xyz \qquad \text{①}$$

的全部正整数解 (x,y,z).

解 由 x,y,z 的对称性,我们只需求出满足 $x \geq y \geq z > 0$ 的正整数解 (x,y,z).

首先我们考虑 x,y,z 中至少有两个相等的情形. 如果 $x=y=z$,则显然

$$x = y = z = 1$$

如果 $x = y > z$,则有

$$2x^2 + z^2 = 3x^2 z$$

所以 $x^2 \mid z^2$,即 $z \geq x$,矛盾. 此时无解.

假如 $x > y = z$,则有

$$x^2 + 2y^2 = 3xy^2$$

显然 $y^2 \mid x^2$ 即 $y \mid x$,设 $x = ay, a > 0$,则得

$$2 + a^2 = 3ax$$

所以 $a|2$, 故 $a = 1$ 或者 2, 但 $x > y$ 故 $a \neq 1$. 若 $a = 2$ 便有 $y = z = 1$ 以及 $x = 2$, 而得解 $(2,1,1)$.

下面考虑满足 $x > y > z$ 的正整数解 (x,y,z). x 是一元二次方程

$$f(t) = t^2 - 3tyz + y^2 + z^2 = 0$$

的一个根. 设其另一个根为 x', 则

$$x' + x = 3yz, \quad xx' = y^2 + z^2$$

于是

$$x' = 3yz - x$$

也是正整数. 此外

$$
\begin{aligned}
(y - x)(y - x') = f(y) &= 2y^2 - 3y^2z + z^2 \\
&= (2 - 2z)y^2 + (z^2 - zy^2) < 0
\end{aligned}
$$

由于 $y < x$, 所以 $y > x'$ (x' 与 z 的大小不能确定是无关紧要的).

这样, 我们得到一组新的解 (y,x',z), 其中最大的坐标 y 小于解 (x,y,z) 中最大的坐标 x.

如果 $x' \neq z$, 则又可以按照上面的方法造出新解. 这样继续下去, 经过有限多步必然出现后面两个坐标相同的情况, 即达到解 $(2,1,1)$.

反过来, 由 $(2,1,1)$ 可以推出①的所有解. 但在将上述过程逆回去的时候, 需要注意有两种可能. 即 (y,x',z) 可以逆推出解 $(3yz - x', y, z)$ 或 $(3yx' - z, y, x')$.

下面, 我们来考虑一般形式的方程

$$x^2 + y^2 + z^2 = nxyz \quad (n \in \mathbf{N})$$

的正整数解的情形. 当 $n = 3$ 时, 即为上例. 于是有下面的问题:

例 11 (2014 年爱沙尼亚国家队选拔考试) 求所有的自然数 n, 使方程

$$x^2 + y^2 + z^2 = nxyz$$

有正整数解.

解 $n = 1$ 或 3.

首先, 对于 $n = 1$ 有解

$$x = y = z = 3$$

对于 $n = 3$ 有解

$$x = y = z = 1$$

若 n 为偶数, 假设存在一组整数解 (x,y,z), 则等号右边为偶数. 故得到 x, y, z 中至少有一数为偶数. 从而, 等号右边为 4 的倍数. 由于平方数模 4 的余数只能为 0 或 1, 从而, x, y, z 均为偶数.

记

$$x = 2a, y = 2b, z = 2c$$

则

$$a^2 + b^2 + c^2 = 2nabc$$

于是, a, b, c 均为偶数.

按此方法进行下去, 可得到 x, y, z 能被任意 2 的幂整除, 这是不可能的.

从而, 证明了该方程对于偶数 n 无解.

若 $n(n > 3)$ 为奇数, 且该方程有正整数解 (x, y, z), 不妨设

$$z = \max\{x, y, z\}$$

则该方程等价于

$$z^2 - nxy \cdot z + (x^2 + y^2) = 0$$

由韦达定理知

$$z' = nxy - z = \frac{x^2 + y^2}{z}$$

也为该方程的解, 显然, z' 为正整数.

由于

$$x^2 \leqslant xz \leqslant xyz \text{ 和 } y^2 \leqslant yz \leqslant xyz$$

得

$$z^2 \geqslant (n-2)xyz \Rightarrow z \geqslant (n-2)xy$$

从而

$$z' \leqslant 2xy < (n-2)xy \leqslant z$$

于是

$$x + y + z' < x + y + z$$

因此, 可用无穷递降法得到矛盾.

例 12 (2002 年罗马尼亚数学奥林匹克(决赛))设 $k, n(n > 2)$ 是正整数. 证明: 方程 $x^n - y^n = 2^k$ 无整数解.

证明 假设结论不成立, 即已知方程有整数解. 由于 n 是正整数, 必有一个最小的 n, 设 $n_0 > 2$ 是满足

$$x^{n_0} - y^{n_0} = 2^m \quad (m > 0)$$

中最小的一个 n. 若 n_0 是偶数, 设

$$n_0 = 2l \quad (l \in \mathbf{N}_+)$$

则

$$x^{n_0} - y^{n_0} = x^{2l} - y^{2l} = (x^l - y^l)(x^l + y^l)$$

于是, $x^l - y^l$ 是 2 的正整数次幂. 而 $l < n_0$, 与 n_0 的最小性矛盾. 若 n_0 是奇数, 定义集合

$$A = \{ p \mid x^{n_0} - y^{n_0} = 2^p, p, x, y \in \mathbf{N}_+ \}$$

由于 p 是正整数,由极端原理,知必有一个最小的(设 p_0 是集合 A 中最小的一个元素),则

$$x^{n_0} - y^{n_0} = 2^{p_0}$$

所以,x 和 y 的奇偶性相同. 又

$$x^{n_0} - y^{n_0} = (x - y)(x^{n_0-1} + x^{n_0-2}y + \cdots + xy^{n_0-2} + y^{n_0-1}) = 2^{p_0}$$

则 x 和 y 均为偶数. 设

$$x = 2x_1, y = 2y_1$$

则

$$x_1^{n_0} - y_1^{n_0} = 2^{p_0 - n_0}$$

若 $p_0 - n_0 \geqslant 1$,则与 p_0 的最小性矛盾. 若 $p_0 - n_0 = 0$,则

$$x_1^{n_0} - y_1^{n_0} = 1$$

而对于 $n_0 > 2$,此方程无整数解. 综上,对于 $n > 2k \in \mathbf{N}_+$,方程

$$x^n - y^n = 2^k$$

无整数解.

例 13 证明:方程

$$2a^2 + b^2 + 3c^2 = 10n^2 \qquad ①$$

没有正整数解 (a, b, c, n).

证明 假设方程①有一组正整数解 (a_0, b_0, c_0, n_0),且是所有正整数解中 n_0 最小. 由方程①知 $b_0^2 + 3c_0^2$ 是偶数,则 b_0 和 c_0 同奇偶. 当 b_0 和 c_0 同为奇数时

$$2a_0^2 + b_0^2 + 3c_0^2 \equiv 4, 6 \pmod 8$$

$$10n_0^2 \equiv 0, 2 \pmod 8$$

此时,方程①无正整数解. 当 b_0 和 c_0 同为偶数时,令

$$b_0 = 2b_1, c_0 = 2c_1$$

代入方程①得

$$a_0^2 + 2b_1^2 + 6c_1^2 = 5n_0^2 \qquad ②$$

此时,a_0 和 n_0 同奇偶. 当 a_0 和 n_0 同为奇数时

$$a_0^2 + 2b_1^2 + 6c_1^2 \equiv 1, 3, 7 \pmod 8$$

$$5n_0^2 \equiv 5 \pmod 8$$

此时,方程②无正整数解. 当 a_0 和 n_0 同为偶数时,令

$$a_0 = 2a_1, n_0 = 2n_1$$

代入方程②得

$$2a_1^2 + b_1^2 + 3c_1^2 = 10n_1^2 \qquad ③$$

由方程③,知(a_1,b_1,c_1,n_1)满足方程①. 但$n_1 < n_0$,与n_0的最小性矛盾. 所以,方程①没有正整数解(a,b,c,n).

例14 证明:方程

$$x^2 + y^2 = 3(z^2 + u^2)$$ ①

没有正整数解(x,y,z,u).

证明 假设方程①有正整数解,且(x_0,y_0,z_0,u_0)是使$x^2 + y^2$最小的一组正整数解,即

$$x_0^2 + y_0^2 = 3(z_0^2 + u_0^2)$$ ②

由式②知$x_0^2 + y_0^2$是3的倍数. 此时,x_0和y_0均是3的倍数. 因此,可设

$$x_0 = 3m, y_0 = 3n \quad (m,n \in \mathbf{N}_+)$$

代入式②得

$$9m^2 + 9n^2 = 3z_0^2 + 3u_0^2$$

即

$$z_0^2 + u_0^2 = 3(m^2 + n^2)$$

由上式知(z_0,u_0,m,n)也是方程①的解. 然而,由式②知

$$z_0^2 + u_0^2 < x_0^2 + y_0^2$$

这与$x_0^2 + y_0^2$的最小性矛盾.

所以,方程$x^2 + y^2 = 3(z^2 + u^2)$没有正整数解(x,y,z,u).

例15 证明不定方程

$$x^4 - x^2y^2 + y^4 = z^2$$ ①

的正整数解由

$$x = y, z = x^2$$

给出.

证明 采用无穷递降法. 假设方程有$x \neq y$的正整数解. 我们在其中选择一组使xy最小的解. 此时必有$(x,y) = 1$. 由对称性不妨设$x > y$,将①配方成为

$$(x^2 - y^2)^2 + (xy)^2 = z^2$$ ②

如果x,y一奇一偶,可设$y = 2y_0$为偶数. 易知

$$(x^2 - y^2, xy) = 1$$

由②及勾股定理可知,存在整数$m > n > 0, m,n$一奇一偶,$(m,n) = 1$,使得

$$xy = 2mn, x^2 - y^2 = m^2 - n^2$$ ③

以$y = 2y_0$代入,得到

$$y_0 x = mn$$ ④

设

$$(x,m) = a, (y_0,n) = b$$

将④化为

$$\frac{y_0}{b} \cdot \frac{x}{a} = \frac{m}{a} \cdot \frac{n}{b}$$

由于

$$\left(\frac{x}{a}, \frac{m}{a}\right) = \left(\frac{y_0}{b}, \frac{n}{b}\right) = 1$$

故存在正整数 c,d 使得

$$\frac{x}{a} = \frac{n}{b} = c, \frac{y_0}{b} = \frac{m}{a} = d$$

即

$$x = ac, y_0 = bd, m = ad, n = bc$$

因

$$(x,y_0) = 1, (m,n) = 1$$

故 $a,,b,c,d$ 两两互素. 将上式代入③中的

$$x^2 - y^2 = m^2 - n^2$$

得出

$$(a^2 + b^2)c^2 = (a^2 + 4b^2)d^2 \qquad ⑤$$

由于 $(a,b) = 1$, 所以

$$a^2 + b^2 \equiv 1 \ 或 \ 2(\bmod 3)$$

从而

$$(a^2 + b^2, a^2 + 4b^2) = (a^2 + b^2, 3b^2) = (a^2 + b^2, b^2) = (a^2, b^2) = 1$$

又 $(c,d) = 1$, 由⑤及唯一分解定理可知

$$a^2 + b^2 = d^2, a^2 + 4b^2 = c^2$$

从

$$a^2 + 4b^2 = c^2$$

推出, 存在整数 $x_1 > y_1 > 0$, 使得

$$a = x_1^2 - y_1^2, 2b = 2x_1 y_1$$

代入

$$a^2 + b^2 = d^2$$

就有

$$x_1^4 - x_1^2 y_1^2 + y_1^4 = d^2$$

这样, 我们就得到方程①的另一组正整数解 (x_1, y_1, d), $x_1 \neq y_1$, 但是

$$x_1 y_1 = b \leqslant n < 2mn = xy$$

149

与 xy 的最小性矛盾.

如果 x,y 都是奇数,由②知有整数 $m > n > 0$,$(m,n) = 1$,m,n 一奇一偶,使得
$$x^2 - y^2 = 2mn, xy = m^2 - n^2$$

从而
$$m^4 - m^2 n^2 + n^4$$
$$= (m^2 - n^2)^2 + m^2 n^2$$
$$= \left(\frac{x^2 - y^2}{2}\right)^2 + (xy)^2 = \left(\frac{x^2 + y^2}{2}\right)^2$$

化成了上面讨论过的情况.

于是①的正整数解必须满足 $x = y$,从而 $z = x^2$.证毕.

从例 15 就容易推出下述结论:

例 16 四个完全平方数不能组成公差不为 0 的等差数列.

证明 反证法.设有四个完全平方数 $x^2,y^2,z^2,w^2(0 < x < y < z < w)$,使得
$$x^2 + z^2 = 2y^2, y^2 + w^2 = 2z^2 \qquad ①$$

则有
$$x^2(2z^2 - y^2) = w^2(2y^2 - z^2)$$

即
$$2(x^2 z^2 - y^2 w^2) = x^2 y^2 - w^2 z^2 \qquad ②$$

将①模 4 可知 x,y,z,w 同奇同偶,故
$$c = \frac{1}{2}(xy + wz), d = \frac{1}{2}(xy - wz)$$

都是整数.

设
$$xz = a, yw = b$$

由②得出
$$a^2 - b^2 = 2cd \text{ 及 } ab = c^2 - d^2$$

从而
$$a^4 - a^2 b^2 + b^4 = (c^2 + d^2)^2$$

由上例得知,必须 $a = b$,即
$$xz = yw$$

这和 $0 < x < y < z < w$ 矛盾,证毕.

数论中还有一个著名的华林问题(由英国数学家爱德华·华林(Edward Waring)提出):若 k 是一个正整数,则是否存在整数 $g(k)$,使得每一个正整数

都可以写为 $g(k)$ 个非负整数的 k 次幂之和,且是否有比 $g(k)$ 小的整数满足这个条件. 拉格朗日在 1770 年证明了"每一个正整数都可以写成四个非负整数的平方和",即 $g(2)=4$. 后来,在 19 世纪数学家证明了 $3 \leqslant k \leqslant 8$ 和 $k=10$ 的情形,直到 1906 年才由大卫·希尔伯特证明:对于每一个正整数 k,都存在一个常数 $g(k)$,使得每一个正整数都可以表示成 $g(k)$ 个非负整数的 k 次幂之和. 但是,他没有给出计算 $g(k)$ 的公式. 关于 $g(2)=4$,即拉格朗日在 1770 年证明的"每一个正整数都可以写成四个非负整数的平方和"的问题.

例 17 设 p 是一个素数,则 p 能表示成四个非负整数的平方和,即方程

$$x^2 + y^2 + z^2 + w^2 = p$$

存在整数解 (x,y,z,w).

证明 当 $p=2$ 时,因为

$$2 = 1^2 + 1^2 + 0^2 + 0^2$$

所以,结论正确.

下面考虑 p 是一个奇素数的情形. 首先证明:若 p 是一个奇素数,则存在一个整数 $k(k<p)$,使得

$$x^2 + y^2 + z^2 + w^2 = kp$$

注意到,若 p 是一个奇素数,则存在整数 x,y,使得

$$x^2 + y^2 + 1 \equiv 0 (\bmod\ p) \quad \left(0 \leqslant x,y < \frac{p}{2}\right)$$

考虑两个集合

$$S = \left\{0^2, 1^2, \cdots, \left(\frac{p-1}{2}\right)^2\right\}$$

和

$$T = \left\{\left(-1-0^2, -1-1^2, \cdots, -1-\frac{p-1}{2}\right)^2\right\}$$

S 中的任意两个元素都对模 p 不同余(若 $x^2 \equiv y^2(\bmod\ p)$),则

$$x \equiv \pm y(\bmod\ p)$$

这是不可能的). 同理,T 中的任意两个元素都对模 p 也不同余. 由于 $S \cup T$ 共有 $p+1$ 个不同的元素,因此,由抽屉原理,知一定有两个元素(整数)对模 p 同余,即存在整数 x,y,使得

$$x^2 \equiv -1-y^2(\bmod\ p)$$

故

$$x^2 + y^2 + 1 \equiv 0(\bmod\ p) \quad \left(0 \leqslant x,y < \frac{p}{2}\right)$$

这样,就存在某个整数 k 使得

$$x^2 + y^2 + 1^2 + 0^2 = kp$$

由

$$x^2 + y^2 + 1 < 2\left(\frac{p-1}{2}\right)^2 + 1 < p^2$$

则 $k < p$. 由上证明,可令 m 是使

$$x^2 + y^2 + z^2 + w^2 = mp \qquad \text{①}$$

有整数解的最小正整数. 为证明 p 能表示成四个非负整数的平方和,即方程

$$x^2 + y^2 + z^2 + w^2 = p$$

存在整数解 (x,y,z,w). 只需证明 $m = 1$. 若 m 是一个偶数,则 x,y,z,w 同为奇数,或同为偶数,或两个为奇数、两个为偶数. 由此,可以重排这四个整数,使得

$$x \equiv y \pmod{2}, z \equiv w \pmod{2}$$

故 $\dfrac{x-y}{2}, \dfrac{x+y}{2}, \dfrac{z-w}{2}, \dfrac{z+w}{2}$ 都是整数,且

$$\left(\frac{x-y}{2}\right)^2 + \left(\frac{x+y}{2}\right)^2 + \left(\frac{z-w}{2}\right)^2 + \left(\frac{z+w}{2}\right)^2 = \frac{x^2+y^2+z^2+w^2}{2} = \frac{m}{2}p$$

这与 m 是使得 mp 表示成四个非负整数的平方和的最小正整数矛盾. 所以,m 不能是偶数. 若 $m(m>1)$ 是一个奇数,则令整数 a,b,c,d 满足下面条件

$$a \equiv x \pmod{m}, b \equiv y \pmod{m}, c \equiv z \pmod{m}, d \equiv w \pmod{m}$$

且 $-\dfrac{m}{2} < a,b,c,d < \dfrac{m}{2}$. 故

$$a^2 + b^2 + c^2 + d^2 \equiv x^2 + y^2 + z^2 + w^2 \pmod{m}$$

因此,存在某个整数 k 使得

$$a^2 + b^2 + c^2 + d^2 = km \qquad \text{②}$$

且

$$0 \leqslant a^2 + b^2 + c^2 + d^2 < 4\left(\frac{m}{2}\right)^2 = m^2$$

所以,$0 \leqslant k < m$. 若 $k = 0$,则

$$a = b = c = d = 0$$

进而

$$x \equiv y \equiv z \equiv w \equiv 0 \pmod{m}$$

于是,$m^2 \mid mp$. 而因为 $1 < m < p$,所以,这是不可能的. 从而 $k > 0$. 由 ① × ② 得

$$(x^2 + y^2 + z^2 + w^2)(a^2 + b^2 + c^2 + d^2) = m^2 pk \qquad \text{③}$$

由恒等式

$$(x^2 + y^2 + z^2 + w^2)(a^2 + b^2 + c^2 + d^2)$$
$$= (ax + by + cz + dw)^2 + (bx - ay + dz - cw)^2 +$$

$$(cx - dy - az + bw)^2 + (dx + cy - bz - aw)^2 \qquad ④$$

易知,式④的右边四项都可以被 m 整除. 设

$$X = \frac{ax + by + cz + dw}{m}$$

$$Y = \frac{bx - ay + dz - cw}{m}$$

$$Z = \frac{cx - dy - az + bw}{m}$$

$$W = \frac{dx + cy - bz - aw}{m}$$

则

$$X^2 + Y^2 + Z^2 + W^2 = \frac{m^2 kp}{m^2} = kp$$

但是 $k < m$,这与 m 是使得 mp 表示成四个非负整数的平方和的最小正整数矛盾. 综上,$m = 1$,即素数 p 能表示成四个非负整数的平方和.

例 18 (2003 年中国国家队测试题)设 $x_0 + \sqrt{2\,003}y_0$ 是方程

$$x^2 - 2\,003y^2 = 1$$

的基本解. 求该方程的解 (x, y),使得 $x, y > 0$,且 x 的所有质因数整除 x_0.

解 先证明一个引理.

引理 佩尔方程的最小正解(基本解)的方幂产生的所有解. 即方程

$$x^2 - 2\,003y^2 = 1$$

的任意解 $\overline{x}$,均可表示为

$$\overline{x} + \sqrt{2\,003}\,\overline{y} = (x_0 + \sqrt{2\,003}\,y_0)^n \quad (n \geqslant 1)$$

引理的证明 假设解 $x + \sqrt{2\,003}\,y(x, y > 0)$ 不能表示成 $(x_0 + \sqrt{2\,003}\,y_0)^n$ $(n \geqslant 1)$ 的形式.

由基本解 $x_0 + \sqrt{2\,003}\,y_0$ 的最小性可知

$$x + \sqrt{2\,003}\,y \geqslant x_0 + \sqrt{2\,003}\,y_0$$

故存在正整数 n,使得

$$(x_0 + \sqrt{2\,003}\,y_0)^n < x + \sqrt{2\,003}\,y < (x_0 + \sqrt{2\,003}\,y_0)^{n+1}$$

于是

$$(x_0^2 - 2\,003y_0^2)^n < (x + \sqrt{2\,003}\,y)(x_0 - \sqrt{2\,003}\,y_0)^n$$

$$< (x_0 + \sqrt{2\,003}\,y_0)(x_0^2 - 2\,003y_0^2)^n$$

即

$$1 < (x + \sqrt{2\,003}\,y)(x_0 - \sqrt{2\,003}\,y_0)^n < x_0 + \sqrt{2\,003}\,y_0$$

不妨设

$$(x + \sqrt{2\,003}\,y)(x_0 - \sqrt{2\,003}\,y_0)^n = x' + y'\sqrt{2\,003} \qquad ①$$

其中 $x',y' \in \mathbf{Z}$,则

$$1 < x' + y'\sqrt{2\,003} < x_0 + \sqrt{2\,003}\,y_0 \qquad ②$$

①的对偶式为

$$(x - \sqrt{2\,003}\,y)(x_0 + \sqrt{2\,003}\,y_0)^n = x' - y'\sqrt{2\,003} \qquad ③$$

①×③得

$$(x')^2 - (y')^2 2\,003 = (x^2 - 2\,003 y^2)(x_0^2 - 2\,003 y_0^2)^n = 1$$

因而 (x',y') 也是

$$x^2 - 2\,003 y^2 = 1$$

的整数解.

又由

$$x' + y'\sqrt{2\,003} > 1$$

和

$$(x' + y'\sqrt{2\,003})(x' - y'\sqrt{2\,003}) = 1$$

知

$$x' + y'\sqrt{2\,003} > 1 > x' - y'\sqrt{2\,003} > 0 \qquad ④$$

从而

$$x' > 0, y' > 0$$

故 (x',y') 是 $x^2 - 2\,003 y^2 = 1$ 的正整数解.

但由②知

$$x' + y'\sqrt{2\,003} < x_0 + \sqrt{2\,003}\,y_0$$

这与基本解 $x_0 + \sqrt{2\,003}\,y_0$ 的最小性矛盾. 因而引理得证.

下面证明原题.

原题的解答是:正整数对

$$(x,y) = (x_0,y_0)$$

是满足要求的解.

我们证明无其他解.

设 $x,y > 0$ 是 $x^2 - 2\,003 y^2 = 1$ 的解,那么由引理,存在 $n \in \mathbf{N}^*$,使得

$$x + \sqrt{2\,003}\,y = (x_0 + \sqrt{2\,003}\,y_0)^n \qquad ⑤$$

(1)若 n 为偶数,则由式⑤,利用二项式定理得

$$x = \sum_{m=1}^{\frac{n}{2}} x_0^{2m} 2\ 003^{\frac{n-2m}{2}} y_0^{n-2m} \cdot C_n^{2m} + 2\ 003^{\frac{n}{2}} y_0^n \qquad ⑥$$

设 p 是 x 大于 1 的质因数,则 $p \mid x_0$(这是由题意, x 的所有质因数都整除 x_0).

由

$$x_0^2 - 2\ 003 y_0^2 = 1$$

知

$$(x_0, 2\ 003) = (x_0, y_0) = 1$$

从而由式⑥有

$$(p, x) = (p, x_0 \cdot A + 2\ 003^{\frac{n}{2}} y_0^n) = (p, 2\ 003^{\frac{n}{2}} y_0^n) = 1$$

与 $p > 1$ 是 x 的质因数矛盾.

(2)若 n 为奇数,设 $n = 2k+1$.

当 $k = 0$ 时,由式⑤知

$$x = x_0, y = y_0$$

即方程的基本解.

当 $k \geqslant 1$ 时,若方程有解,即 x 的所有质因数整除 x_0,且

$$x + \sqrt{2\ 003}\, y = (x_0 + \sqrt{2\ 003}\, y_0)^{2k+1}$$

由二项式定理

$$x = \sum_{0 \leqslant m \leqslant h} x_0^{2m+1} \cdot 2\ 003^{k-m} \cdot y_0^{2k-2m} C_{2k+1}^{2m+1}$$

$$= \sum_{m=1}^{n} x_0^{2m+1} \cdot 2\ 003^{k-m} y_0^{2k-2m} C_{2k+1}^{2m+1} + x_0 \cdot 2\ 003^k \cdot y_0^{2k}(2k+1) \qquad ⑦$$

设 $x_0 = p_1^{\alpha_1} p_2^{\alpha_2} \cdots p_t^{\alpha_t}$,由

$$x_0^2 - 2\ 003 y_0^2 = 1$$

知

$$(p_j, y_0) = (p_j, 2\ 003) = 1 \quad (1 \leqslant j \leqslant t)$$

下面估计 x 中含有每个质数 p_j 的最高方幂.

若 $p_j = 2$,则式⑦右端和式中的每一项 $x_0^{2m+1} \cdot 2\ 003^{k-m} y_0^{2n-2m} C_{2k+1}^{2m+1}$($m \geqslant 1$)中含 2 的方幂 $\geqslant (2m+1)\alpha_j > \alpha_j =$ 最后一项含 2 的方幂.

所以 x 中含 2 的方幂 $= x_0 \cdot 2\ 003^k y_0^{2k}(2k+1)$ 中含 2 的方幂.

若 $p_j \geqslant 3$. 设 $2k+1$ 中含 p_j 的方幂为 β_j,则最后一项

$$x_0 \cdot 2\ 003^k \cdot y_0^{2k}(2k+1)$$

中含 p_j 的方幂为 $\alpha_j + \beta_j$.

而对于和式的每一项

$$x_0^{2m+1} \cdot 2\,000^{k-m} \cdot y_0^{2k-2m} C_{2k+1}^{2m+1} \quad (m \geqslant 1)$$

注意到

$$C_{2n+1}^{2m+1} = \frac{(2k+1) \cdot 2k \cdot \cdots \cdot (2k-2m+1)}{(2m+1)!}$$

而 $(2m+1)!$ 中含 p_j 的方幂为

$$\left[\frac{2m+1}{p_j}\right] + \left[\frac{2m+1}{p_j^2}\right] + \cdots \leqslant \frac{2m+1}{p_j} + \frac{2m+1}{p_j^2} + \cdots = \frac{2m+1}{p_j-1} \leqslant \frac{2m+1}{2}$$

所以

$$x_0^{2m+1} \cdot 2\,003^{k-m} \cdot y_0^{2k-2m} \cdot C_{2k+1}^{2m+1} \text{中含} p_j \text{方幂}$$

$$\geqslant (2m+1)\alpha_j + \beta_j - \frac{2m+1}{2}$$

$$\geqslant (2m+1)\alpha_j + \beta_j - \frac{2m+1}{2}\alpha_j$$

$$= \frac{2m+1}{2}\alpha_j + \beta_j$$

$$\geqslant \frac{3}{2}\alpha_j + \beta_j > \alpha_i + \beta_j \quad (m \geqslant 1)$$

即和式中的每一项含 p_j 的方幂都严格大于最后一项,所以 x 中含 p_j 的方幂 = $x_0 \cdot 2\,003^k \cdot y_0^{2k}(2k+1)$ 中含 p_j 的方幂.

综合以上两种情况($p_j = 2$ 和 $p_j \geqslant 3$)的讨论,我们知道,对于 $1 \leqslant j \leqslant t, x$ 中含 p_j 的方幂 = $n_0 \cdot 2\,003^k \cdot y_0^{2k}(2k+1)$ 中含 p_j 的方幂. 而 x 的每个质因数均整除 x_0,即 x 仅有 $p_1, p_2, \cdots, p_t$ 这 t 个质因子,所含每个质因数的方幂又与 $x_0 \cdot 2\,003^k \cdot y_0^{2k}(2k+1)$ 相同. 这表明 $x \mid x_0 \cdot 2\,003^k \cdot y_0^{2k}(2k+1)$.

但由式⑦及 $k \geqslant 1$ 知

$$n > x_0 \cdot 2\,003^k \cdot y_0^{2k}(2k+1) > 0$$

矛盾. 因而 n 为奇数时,也无其他解.

综合(1)(2),题目的解仅有

$$(x, y) = (x_0, y_0)$$

10.3 利用无穷递降法解数论方面的问题

下面还是通过举例加以说明.

例1 (2007 年第 48 届 IMO)设 a 与 b 为正整数,已知 $4ab - 1$ 整除 $(4a^2 - 1)^2$,证明:$a = b$.

解 我们把

$$4ab - 1 \mid (4a^2 - 1)^2$$

但 $a \neq b$ 的正整数对 (a,b) 叫作"坏对",我们只需证明坏对不存在,我们用无穷递降法来证明这个结论.

性质(Ⅰ) 如果 (a,b) 是坏对且 $a < b$,则存在一个正整数 $c < a$ 使得 (a,c) 也是坏对.

事实上,设

$$r = \frac{(4a^2 - 1)^2}{4ab - 1}$$

则

$$
\begin{aligned}
r &= -r \cdot (-1) \equiv -r(4ab - 1) \\
&= -(4a^2 - 1)^2 \equiv -1 \pmod{4a}
\end{aligned}
$$

因此存在某个正整数 c 使得

$$r = 4ac - 1$$

从 $a < b$,我们有

$$4ac - 1 = \frac{(4a^2 - 1)^2}{4ab - 1} < 4a^2 - 1$$

因此 $c < a$,由构造知

$$4ac - 1 \mid (4a^2 - 1)^2$$

所以 (a,c) 也是"坏对",性质(Ⅰ)得证.

性质(Ⅱ) 如果 (a,b) 是"坏对",则 (b,a) 也是"坏对".

事实上,由

$$1 = 1^2 \equiv (4ab)^2 \pmod{(4ab - 1)}$$

我们有

$$
\begin{aligned}
(4b^2 - 1)^2 &\equiv (4b^2 - (4ab)^2)^2 = 16b^4(4a^2 - 1)^2 \\
&\equiv 0 \pmod{(4ab - 1)}
\end{aligned}
$$

因此

$$4ab - 1 \mid (4b^2 - 1)^2$$

性质(Ⅱ)得证.

下面证明"坏对"不存在.

用反证法,假设存在一个"坏对",取使得 $2a + b$ 取得最小值的"坏对".

如果 $a < b$,由性质(Ⅰ)知存在"坏对" (a,c) 满足 $c < b$ 使得

$$2a + c < 2a + b$$

矛盾.

如果 $b < a$，由性质（Ⅱ）知 (b,a) 也是"坏对"，这时也有

$$2b + a < 2a + b$$

矛盾.

这说明坏对不存在，故 $a = b$.

例 2 （2010 年中国西部数学奥林匹克）设 m,k 为给定的非负整数，$p = 2^{2^m} + 1$ 为质数. 求证:

(1) $2^{m+1}p^k \equiv 1 \pmod{p^{k+1}}$;

(2) 满足同余方程 $2^n \equiv 1 \pmod{p^{k+1}}$ 的最小正整数 n 为 $2^{m+1}p^k$.

证明 （1）用数学归纳法证明: 对任意非负整数 k，有

$$2^{2^{m+1}p^k} = p^{k+1}t_k + 1 \quad (p \nmid t_k) \qquad ①$$

当 $k = 0$ 时，由

$$2^{2^m} = p - 1$$

得

$$2^{2^{m+1}} = (p-1)^2 = p(p-2) + 1$$

取 $t_0 = p - 2$ 即可.

假设已有

$$2^{2^{m+1}p^k} = p^{k+1}t_k + 1 \quad (p \nmid t_k)$$

则

$$2^{2^{m+1}p^{k+1}} = (p^{k+1}t_k + 1)^p = \sum_{s=0}^{p} C_p^s (p^{k+1}t_k)^s$$

$$= 1 + p \cdot p^{k+1}t_k + \sum_{s=2}^{p} C_p^s (p^{k+1}t_k)^s$$

所以

$$2^{2^{m+1}p^{k+1}} = p^{k+2}t_{k+1} + 1 \quad (p \nmid t_{k+1})$$

综上，对任意非负整数 k，有

$$2^{2^{m+1}p^k} = p^{k+1}t_k + 1 \quad (p \nmid t_k)$$

（2）设

$$2^{m+1}p^k = nl + r \quad (0 \leqslant r < n)$$

则

$$1 \equiv 2^{2^{m+1}p^k} \equiv 2^{nl+r} \equiv 2^r (2^n)^l$$

$$\equiv 2^r \pmod{p^{k+1}}$$

由 $0 \leqslant r < n$，及 n 的最小性，知 $r = 0$，即

$$n \mid 2^{m+1}p^k$$

设 $n = 2^t p^s$. 若 $t \leqslant m$，则

$$2^{2^m p^k} = (2^{2^t p^k})^{2^{m-t}} \equiv 1 \pmod{p}$$

而同时又有

$$2^{2^m p^k} = (2^{2^m})^{p^k} \equiv (-1)^{p^k} \equiv -1 \pmod{p}$$

矛盾. 所以, $t = m + 1$.

由结论(1)知

$$p^{s+1} t_s + 1 = 2^n \equiv 1 \pmod{p^{k+1}} \quad (p \nmid t_s)$$

所以, $s \geq k$. 从而, $n = 2^{m+1} p^k$.

例 3 (2005 年第 18 届爱尔兰数学奥林匹克)已知奇数 m, n 满足

$$(m^2 - n^2 + 1) \mid (n^2 - 1)$$

证明: $|m^2 - n^2 + 1|$ 是一个完全平方数.

证明 先用无穷递降法证明两个引理.

引理 1 设 $p, k (p \geq k)$ 是给定的正整数, k 不是一个完全平方数. 则关于 a, b 的不定方程

$$a^2 - pab + b^2 - k = 0 \qquad ①$$

无正整数解.

引理 1 的证明 假设方程①有正整数解. 设 $(a_0, b_0)(a_0 \geq b_0)$ 是使 $a + b$ 最小的一组正整数解. 又设

$$a'_0 = pb_0 - a_0$$

则 a_0, a'_0 是关于 t 的二次方程

$$t^2 - pb_0 t + b_0^2 - k = 0 \qquad ②$$

的两个根. 所以

$$a'^2_0 - pa'_0 b_0 + b_0^2 - k = 0$$

若 $0 < a'_0 < a_0$, 则 (b_0, a'_0) 也是方程①的一组正整数解, 且有

$$b_0 + a'_0 < b_0 + a_0$$

与 (a_0, b_0) 是使 $a + b$ 最小的一组正整数解的假设矛盾. 所以

$$a'_0 \leq 0 \ \text{或} \ a'_0 \geq a_0$$

(1)若 $a'_0 = 0$, 则 $pb_0 = a_0$. 代入方程①得 $b_0^2 - k = 0$, 但 k 不是一个完全平方数, 矛盾.

(2)若 $a'_0 < 0$, 则 $pb_0 < a_0$. 从而, $a_0 \geq pb_0 + 1$. 故

$$
\begin{aligned}
a_0^2 - pa_0 b_0 + b_0^2 - k &= a_0(a - pb_0) + b_0^2 - k \\
&\geq a_0 + b_0^2 - k \\
&\geq pb_0 + 1 + b_0^2 - k \\
&> p - k \geq 0
\end{aligned}
$$

159

与方程①矛盾.

(3)若 $a'_0 \geq a_0$，因为 a_0, a'_0 是方程②的两个根，所以，由韦达定理得

$$a_0 a'_0 = b_0^2 - k$$

但

$$a_0 a'_0 \geq a_0^2 \geq b_0^2 > b_0^2 - k$$

矛盾. 综上，方程①无正整数解.

引理 2 设 $p, k(p \geq 4k)$ 是给定的正整数. 则关于 a, b 的不定方程

$$a^2 - pab + b^2 + k = 0 \qquad \text{③}$$

无正整数解.

引理 2 的证明 假设方程③有正整数解. 设 $(a_0, b_0)(a_0 \geq b_0)$ 是使 $a + b$ 最小的一组正整数解. 又设

$$a'_0 = pb_0 - a_0$$

则 a_0, a'_0 是关于 t 的二次方程

$$t^2 - pb_0 t + b_0^2 + k = 0 \qquad \text{④}$$

的两个根. 所以

$$a'^2_0 - pa'_0 b_0 + b_0^2 + k = 0$$

若 $0 < a'_0 < a_0$，则 (b_0, a'_0) 也是方程③的一组正整数解，且有

$$b_0 + a'_0 < b_0 + a_0$$

与 (a_0, b_0) 是使 $a + b$ 最小的一组正整数解的假设矛盾. 所以

$$a'_0 \leq 0, \text{ 或 } a'_0 \geq a_0$$

(1)若 $a'_0 \leq 0$，则 $pb_0 \leq a_0$. 故

$$a_0^2 - pa_0 b_0 + b_0^2 + k = a_0(a - pb_0) + b_0^2 + k \geq b_0^2 + k > 0$$

与方程③矛盾.

(2)若 $a'_0 \geq a_0$，则 $a_0 \leq \dfrac{pb_0}{2}$. 因为方程④的两个根是 $\dfrac{pb_0 \pm \sqrt{(pb_0)^2 - 4(b_0^2 + k)}}{2}$，

所以

$$a_0 = \frac{pb_0 - \sqrt{(pb_0)^2 - 4(b_0^2 + k)}}{2}$$

又 $a_0 \geq b_0$，则

$$b_0 \leq \frac{pb_0 - \sqrt{(pb_0)^2 - 4(b_0^2 + k)}}{2}$$

所以

$$(p - 2)b_0 \geq \sqrt{(pb_0)^2 - 4(b_0^2 + k)}$$

所以

$$(p-2)^2 b_0^2 \geqslant (pb_0)^2 - 4b_0^2 - 4k \Rightarrow (4p-8)b_0^2 \leqslant 4k$$

而 $p \geqslant 4k \geqslant 4$,则

$$(4p-8)b_0^2 \geqslant 4p-8 \geqslant 2p > 4k$$

与上式矛盾.

综上,方程③无正整数解. 回到原题.

不妨设 $m, n > 0$. 由

$$(m^2 - n^2 + 1) \mid (n^2 - 1)$$

则

$$(m^2 - n^2 + 1) \mid [(n^2 - 1) + (m^2 - n^2 + 1)] = m^2$$

(1)若 $m = n$,则 $m^2 - n^2 + 1 = 1$ 是完全平方数.

(2)若 $m > n$,由 m, n 都是奇数,则可设

$$m + n = 2a, m - n = 2b \quad (a, b \in \mathbf{N}_+)$$

因为

$$m^2 - n^2 + 1 = 4ab + 1, m^2 = (a+b)^2$$

所以

$$(4ab + 1) \mid (a+b)^2$$

设

$$(a+b)^2 = k(4ab + 1) \quad (k \in \mathbf{N}_+)$$

则

$$a^2 - (4k-2)ab + b^2 - k = 0$$

若 k 不是一个完全平方数,由引理 1,矛盾. 因此, k 是一个完全平方数. 故

$$m^2 - n^2 + 1 = 4ab + 1 = \frac{(a+b)^2}{k} = \left(\frac{a+b}{\sqrt{k}}\right)^2$$

也是一个完全平方数.

(3)若 $m < n$,由 m, n 都是奇数,则可设

$$m + n = 2a, n - m = 2b \quad (a, b \in \mathbf{N}_+)$$

因为

$$m^2 - n^2 + 1 = -4ab + 1, m^2 = (a-b)^2$$

所以

$$(4ab - 1) \mid (a-b)^2$$

设

$$(a-b)^2 = k(4ab - 1) \quad (k \in \mathbf{N}_+)$$

则

$$a^2 - (4k+2)ab + b^2 + k = 0$$

若 k 不是一个完全平方数,由引理 2,矛盾. 因此,k 是一个完全平方数. 故

$$|m^2 - n^2 + 1| = 4ab - 1 = \frac{(a-b)^2}{k} = \left(\frac{a-b}{\sqrt{k}}\right)^2$$

也是一个完全平方数. 综上,$|m^2 - n^2 + 1|$ 是一个完全平方数.

我们再来讨论一道 1988 年第 29 届 IMO 中的一道试题:

例 4 已知正整数 a, b,使得

$$(ab+1) \mid (a^2 + b^2)$$

证明:$\dfrac{a^2 + b^2}{ab + 1}$ 是某个正整数的平方.

证明 当 $a = b$ 时,存在整数 q 使

$$\frac{2a^2}{a^2 + 1} = q \Rightarrow (2-q)a^2 = q$$

由 $2 - q > 0$,可得 $q = 1 = 1^2$,结论显然成立. 当 $a \neq b$ 时,由对称性,不妨设 $a > b$. 思路是:若

$$\frac{a^2 + b^2}{ab + 1} = \frac{b^2 + t^2}{bt + 1} \quad (a > b > t) \tag{①}$$

只要 $t \neq 0$,就可以将式①递推下去,直到 $t = 0$. 此时

$$\frac{a^2 + b^2}{ab + 1} = \frac{b^2 + 0^2}{b \times 0 + 1} = b^2$$

就是一个完全平方数.

如何实现式①呢? 设

$$\frac{a^2 + b^2}{ab + 1} = \frac{b^2 + t^2}{bt + 1} = s$$

则

$$\begin{cases} a^2 + b^2 = abs + s \\ b^2 + t^2 = bts + s \end{cases}$$

两式相减得

$$a^2 - t^2 = bs(a-t)$$

由 $a \neq t$,得

$$\alpha + t = bs$$

经上分析,对于 $a \neq b$,可得下面的证明:设 s, t 是满足下列条件的整数

$$a = bs - t \quad (s \geq 2, 0 \leq t < b)$$

代入 $\dfrac{a^2 + b^2}{ab + 1}$ 得

$$\frac{a^2+b^2}{ab+1}=\frac{b^2s^2-2bst+t^2+b^2}{b^2s-bt+1} \qquad ②$$

接下来比较式②与 $s-1,s+1$ 的大小

$$\frac{b^2s^2-2bst+t^2+b^2}{b^2s-bt+1}-(s-1)=\frac{s(b^2-bt-1)+b(b-t)+t^2+1}{b(bs-t)+1}>0$$

即

$$\frac{b^2s^2-2bst+t^2+b^2}{b^2s-bt+1}>s-1$$

同理

$$\frac{b^2s^2-2bst+t^2+b^2}{b^2s-bt+1}<s+1$$

因为 $\dfrac{b^2s^2-2bst+t^2+b^2}{b^2s-bt+1}$ 是整数,所以

$$\frac{b^2s^2-2bst+t^2+b^2}{b^2s-bt+1}=s$$

故

$$b^2s^2-2bst+t^2+b^2=b^2s^2-bst+s$$

于是

$$b^2+t^2=bts+s$$

$$\frac{a^2+b^2}{ab+1}=\frac{b^2+t^2}{bt+1}=s$$

因为 $a>b>t$,所以,当 $t=0$ 时, $s=b^2$ 为完全平方数. 若 $t\neq0$,可以将此过程继续下去(因为 t 是一个有限数),则一定会经过有限步之后,可以使最小的 t 变为 0,而使 s 为完全平方数.

此题的另一个证法也用到了无穷递降法.

另证 设

$$\frac{a^2+b^2}{ab+1}=s$$

则

$$a^2+b^2=s(ab+1)$$

于是, (a,b) 是不定方程

$$x^2+y^2=s(xy+1) \qquad ③$$

的一组整数解. 假定 s 不是一个完全平方数,此时, x,y 均不为 0. 故

$$s(xy+1)=x^2+y^2>0\Rightarrow xy>-1$$

由于 x,y 是整数,则 $xy\geqslant0$. 又 x,y 均不为 0,则 $xy>0$. 故 x 和 y 同号. 从而,只需

研究方程③的正整数解即可. 设 $(a_0, b_0)(a_0 \geqslant b_0)$ 是方程③的所有正整数解中使 $x+y$ 为最小的一组解. 于是, 方程③可以看作是关于 x 的方程

$$x^2 - syx + y^2 - s = 0 \qquad ④$$

所以, a_0 是方程

$$x^2 - sb_0 x + b_0^2 - s = 0 \qquad ⑤$$

的一个整数解. 设 a_1 是方程⑤的另一个解, 则由韦达定理得

$$a_1 = sb_0 - a_0$$

且

$$a_1 a_0 = b_0^2 - s$$

可知 $a_1 \neq 0$. 否则, $b_0^2 = s$ 是一个完全平方数. 因此, (a_1, b_0) 也是方程③的正整数解. 但

$$a_1 = \frac{b_0^2 - s}{a_0} \leqslant \frac{b_0^2 - 1}{a_0} \leqslant \frac{a_0^2 - 1}{a_0} < \frac{a_0^2}{a_0} = a_0$$

则

$$a_1 + b_0 < a_0 + b_0$$

这与 $a_0 + b_0$ 的最小性矛盾. 因此, s 是一个完全平方数.

注 两个证法都归功于无穷递降法. 关于此题还有一段轶闻. 自从举办第一届 IMO 以来, 负责命题的主试委员会都没能命制一道试题难倒参赛的每一名中学生. 而此题却难倒了由各参赛国领队组成的主试委员会. 后来, 此题又给澳大利亚的四位数论专家去解, 每一位都花了一整天时间, 可是谁也没有解出来. 然而, 参赛的选手中却有 11 名学生在指定的时间给出了正确解答.

例 5 设

$$f(x) = x^2 + x + p \quad (p \in \mathbf{N})$$

求证: 如果 $f(0), f(1), f(2), \cdots, f\left(\left[\sqrt{\dfrac{p}{3}}\right]\right)$ 是素数, 那么数 $f(0), f(1), \cdots, f(p-2)$ 都是素数.

分析 如果存在某个

$$m \in \{0, 1, 2, \cdots, p-2\}$$

使 $m^2 + m + p$ 为合数, 而我们又能通过某种方式使 m 下降, 即找到一个比 m 更小的数 $m'(m' \in \{0, 1, 2, \cdots, p-2\})$, 使 $f(m')$ 为合数, 则由无穷递降法就可以导出矛盾.

证明 当 $0 \leqslant x \leqslant p-2$ 时

$$p \leqslant x^2 + x + p \leqslant (p-2)^2 + (p-2) + p = (p-1)^2 + 1$$

设 x_0 是使

$$f(x) = x^2 + x + p$$

为合数的最小的自然数 x 的值.

若 $0 \leqslant x_0 \leqslant p - 2$，则

$$x_0^2 + x_0 + p \leqslant (p-1)^2 + 1$$

从而 $x_0^2 + x_0 + p$ 的最小素因子 $d_0 \leqslant p - 1$.

设

$$x_0^2 + x_0 + p = d_0 m \quad (m \in \mathbf{N}_+)$$

（1）如果 $x_0 \geqslant d_0$，令 $x' = x_0 - d_0$，则有

$$\begin{aligned}
x'^2 + x' + p &= (x_0 - d_0)^2 + (x_0 - d_0) + p \\
&= x_0^2 + x_0 + p - d_0(2x_0 - d_0 + 1) \\
&= d_0(m - 2x_0 + d_0 - 1)
\end{aligned}$$

由于

$$x'^2 + x' + p \geqslant p > p - 1 \geqslant d_0$$

所以

$$m - 2x_0 + d_0 - 1 > 1$$

从而可以得知 $d_0(m - 2x_0 + d_0 - 1)$ 为合数，即 $f(x')$ 为合数，且

$$0 \leqslant x' = x_0 - d < x_0$$

这就与 x_0 的定义相矛盾.

（2）如果 $x_0 < d_0$，令 $x' = d_0 - 1 - x_0$，则有

$$\begin{aligned}
x'^2 + x' + p &= (d_0 - 1 - x_0)^2 + (d_0 - 1 - x_0) + p \\
&= x_0^2 + x_0 + p - d_0(2x_0 - d_0 + 1) \\
&= d_0(m - 2x_0 + d_0 - 1)
\end{aligned}$$

与（1）中的方法相同，我们可以证明 $f(x')$ 为合数，则由 x_0 的定义知 $x' \geqslant x_0$，即

$$d_0 - 1 - x_0 \geqslant x_0$$

从而

$$d_0 \geqslant 2x_0 + 1$$

又

$$d_0 \leqslant \sqrt{f(x_0)} \quad （d_0 \text{ 为合数 } f(x_0) \text{ 的最小素因子}）$$

所以

$$2x_0 + 1 \leqslant d_0 \leqslant \sqrt{f(x_0)}$$

即

$$4x_0^2 + 4x_0 + 1 \leqslant x_0^2 + x_0 + p$$

解之得
$$\frac{-3-\sqrt{12p-3}}{6}\leqslant x_0\leqslant\frac{-3+\sqrt{12p-3}}{6}$$

因
$$\frac{-3+\sqrt{12p-3}}{6}=-\frac{1}{2}+\sqrt{\frac{p}{3}-\frac{1}{12}}<\sqrt{\frac{p}{3}}$$

所以
$$0\leqslant x_0\leqslant\left[\sqrt{\frac{p}{3}}\right]$$

而由题中条件知 $f(0),f(1),\cdots,f\left(\left[\sqrt{\frac{p}{3}}\right]\right)$ 均为素数,但 $f(x_0)$ 为合数,矛盾!

所以必有 $x_0>p-2$,则由 x_0 的定义可知 $f(1),f(2),\cdots,f(p-2)$ 都是素数.

原命题得证.

注 在上述证明过程中,我们似乎并未用到无穷递降法,这是因为在开始我们采用了"走极端"的方法.通常为便于叙述,我们都会采取这种方法(但这种方法并不总是可行的),将无穷递降的过程压缩到一步递降,从而达到简化证明的目的.

例6 试求出所有的正整数组 (m,n,p) $(p\geqslant2)$,使得
$$(pmn-1)\mid(m^2+n^2)$$

解 由题意设
$$m^2+n^2=k(pmn-1)\quad(k\in\mathbf{N}_+)\qquad①$$

下面分两种情况讨论.

(1)若 $m=n$,则
$$k=\frac{2m^2}{pm^2-1}\geqslant1$$

因此
$$(p-2)m^2\leqslant1$$

显然,$p\leqslant3$.

若 $p=3$,则 $m^2\leqslant1$,故只能有
$$m=n=1$$

若 $p=2$,则
$$k=\frac{2m^2}{2m^2-1}=1+\frac{1}{2m^2-1}$$

是正整数,故只可能有

$$m = n = 1$$

（2）若 $m \neq n$，由对称性不妨假设 $m > n$，即

$$m \geqslant n + 1$$

考虑二次方程

$$x^2 - pknx + (n^2 + k) = 0 \qquad ②$$

其中，m 是方程②的一个根.

设方程的另一根为 y. 由韦达定理有

$$m + y = pkn, my = n^2 + k > 0$$

所以，y 为正整数且 $y = pkn - m$

下面证明：当 $n \geqslant 2$ 时，$y > n$.

事实上

$$
\begin{aligned}
n - y &= m + n - pkn \\
&= m + n - pn \cdot \frac{m^2 + n^2}{pmn - 1} \\
&= \frac{(pmn - 1)(m + n) - pn(m^2 + n^2)}{pmn - 1} \\
&= \frac{pmn^2 - pn^3 - m - n}{pmn - 1}
\end{aligned}
$$

又

$$p \geqslant 2, m \geqslant n + 1$$

则

$$
\begin{aligned}
&pmn^2 - pn^3 - m - n \\
&\geqslant 2mn^2 - 2n^3 - m - n \\
&= m(2n^2 - 1) - (2n^3 + n) \\
&\geqslant (n + 1)(2n^2 - 1) - (2n^3 + n) \\
&= 2n(n - 1) - 1 \geqslant 3 > 0
\end{aligned}
$$

所以

$$n - y > 0, y < n$$

成立.

由于 m 和 $y = pkn - m$ 是方程②的两个根，因此，对某个 p，如果一组

$$(m, n) = (m_0, n_0) \quad (m_0 > n_0 > 1)$$

是方程①的解，那么

$$(m', n') = (n_0, pkn_0 - m_0)$$

也是方程①的解.

而

$$m_0 > n_0 = m' > n'$$

因此,对方程①的任意一个解$(m,n)(m > n > 1)$,用$(n,pkn-m)$来替换原来的(m,n),式①仍然成立. 只要这里的$n > 1$,这样的替换便可以继续下去. 而每经过一次这样的替换,n的值将会减少. 因此,经过有限步之后,必有$n = 1$.

下面讨论$n = 1$时,方程①的解.

（ⅰ）若$k = 1$,则方程①即为

$$m^2 - pm + 2 = 0$$

而$m > 1$,故仅有解

$$(m,n,p) = (2,1,3)$$

此时,$k = 1$.

（ⅱ）若$k \geqslant 2$,则有

$$m^2 + 1 \geqslant 2(pm - 1) \qquad\qquad ③$$

因为

$$k = \frac{m^2 + 1}{pm - 1}$$

是正整数,所以

$$p^2 k = \frac{p^2 m^2 + p^2}{pm - 1} = pm + 1 + \frac{p^2 + 1}{pm - 1}$$

是正整数.

故

$$(pm - 1) \mid (p^2 + 1)$$

如果$m \geqslant p + 1$,则

$$p^2 + 1 \geqslant pm - 1 \geqslant p^2 + (p - 1)$$

解得$p \leqslant 2$.

于是

$$p = 2, m = p + 1 = 3$$

即

$$(m,n,p) = (3,1,2)$$

此时,$k = 2$.

如果$m \leqslant p$,代入式③可得

$$m^2 + 1 \geqslant 2(m^2 - 1)$$

即$m \leqslant \sqrt{3}$,与$m \geqslant 2$矛盾.

因此,p只能取$2,3$.

当 $p = 2$ 时,方程①的任意一个解 (m, n) $(m > n > 1)$ 经过有限次替换以后必将变为 $(3, 1)$. 反过来,对 $(3, 1)$ 作上述替换的逆变换

$$(m, n) \rightarrow (4m - n, m)$$

将生成方程的全部解. 这些解可表示为 (a_{i+1}, a_i) $(i = 1, 2, \cdots)$,在这里,数列 $\{a_n\}$ 满足

$$a_1 = 1, a_2 = 3$$

以及递推关系

$$a_{i+1} = 4a_i - a_{i-1}$$

同理,当 $p = 3$ 时,方程的全部解为 (b_{i+1}, b_i) $(i = 1, 2, \cdots)$,在这里,数列 $\{b_n\}$ 满足

$$b_1 = 1, b_2 = 2$$

以及递推关系

$$b_{i+1} = 3b_i - b_{i-1}$$

当 $m < n$ 时,由对称性可知,方程的全部解为

$$(m, n, p) = (a_i, a_{i+1}, 2)$$

以及

$$(m, n, p) = (b_i, b_{i+1}, 3) \quad (i = 1, 2, \cdots).$$

因此,全部解为

$$(m, n, p)$$
$$= (a_{i+1}, a_i, 2), (a_i, a_{i+1}, 2), (b_{i+1}, b_i, 3), (b_i, b_{i+1}, 3) \quad (i = 1, 2, \cdots)$$

其中,数列 $\{a_n\}$ 满足

$$a_1 = a_2 = 1$$
$$a_{i+1} = 4a_i - a_{i-1}$$

数列 $\{b_n\}$ 满足

$$b_1 = b_2 = 1$$
$$b_{i+1} = 3b_i - b_{i-1}.$$

10.4 利用无穷递降法解其他问题

例 1 (第 18 届北欧数学竞赛)设整数数列 $x_{11}, x_{21}, \cdots, x_{n1}$ (n 为大于 2 的奇数),且 x_{i1} $(i = 1, 2, \cdots, n)$ 不全相等. 令

$$x_{i(k+1)} = \frac{1}{2}(x_{ik} + x_{(i+1)k}) \quad (i = 1, 2, \cdots, n-1)$$

$$x_{n(k+1)} = \frac{1}{2}(x_{nk} + x_{1k})$$

证明:存在正整数 j, k,使得 x_{jk} 不是整数.

证明 将 $x_{11}, x_{21}, \cdots, x_{n1}$ 依次放在一个圆周上,记为圆 Γ_1. 将圆 $\Gamma_k (k=1, 2, \cdots)$ 上相邻两数的平均值依次写在另一圆周上,记为圆 Γ_{k+1}. 则由题设知圆 Γ_k 上的数即为数列 $x_{1k}, x_{2k}, \cdots, x_{nk}$.

设圆 Γ_k 上所有相邻两数之差的绝对值之和为 $f(k)$. 若不存在正整数 j, k,使得 x_{jk} 不是整数,即对任意的正整数 j, k, x_{jk} 均为整数,则 $f(k)$ 始终为非负整数.

注意到

$$|x_{i(k+1)} - x_{(i+1)(k+1)}|$$

$$= \left| \frac{x_{ik} + x_{(i+1)k}}{2} - \frac{x_{(i+1)k} + x_{(i+2)k}}{2} \right|$$

$$= \left| \frac{x_{ik} - x_{(i+1)k}}{2} + \frac{x_{(i+1)k} - x_{(i+2)k}}{2} \right|$$

$$\leqslant \frac{1}{2}(|x_{ik} - x_{(i+1)k}| + |x_{(i+1)k} - x_{(i+2)k}|)$$

且对 $i = 1, 2, \cdots, n$,上述等号不能同时成立.

因此,$\{f(k) | k = 1, 2, \cdots\}$ 是一个无穷递降的正整数数列,这是不可能的.

从而,存在正整数 j, k,使得 x_{jk} 不是整数.

说明 上述操作称为"磨光变换",采用此操作,可使圆周上的各数之间的差距逐渐减少,而总和不变.

例2 (第33届俄罗斯数学奥林匹克)在无穷数列 $\{x_n\}$ 中,首项 x_1 是大于1的有理数,且对任何正整数 n,均有

$$x_{n+1} = x_n + \frac{1}{[x_n]}$$

其中,$[x]$ 表示不超过实数 x 的最大整数.

证明:该数列中有整数项.

证明 显然,$\{x_n\}$ 是严格递增的有理数数列.

若结论不成立,将 $\{x_n\}$ 放在数轴上,则整数 $1, 2, \cdots$ 将 $\{x_n\}$ 分成若干段. 将整数 $k, k+1$ 中间所含的一段 $\{x_n\}$ 记为第 $k(k = 1, 2, \cdots)$ 段. 故第 k 段中相邻两数的距离为 $\frac{1}{k}(k > 1)$.

将整数 k 后的第一个 x_n 记为 x_{n_k}. 考虑 $x_{n_k}(k = 1, 2, \cdots)$ 的小数部分

$$t_k = \frac{p_k}{q_k} \quad (p_k, q_k \in \mathbf{N}_+, (p_k, q_k) = 1)$$

若

$$t_k = x_{n_k} - k < \frac{1}{k}$$

则

$$x_{n_k + (k-1)} = x_{n_k} + \frac{k-1}{k} < k+1 < x_{n_k + k} = x_{n_k} + 1$$

故

取

$$t_{k+1} = t_k$$

即

$$u = \left[\frac{1}{t_k} \right] + 1$$

则

$$\frac{1}{u} < t_k \leqslant \frac{1}{u-1}$$

故

$$t_{u-1} = t_k < \frac{1}{u-1}, t_u = t_k > \frac{1}{u}$$

则

$$x_{n_u} \in \left(u + \frac{1}{u}, u + \frac{1}{u-1} \right)$$

所以

$$x_{n_u + (u-1)} = x_{n_u} + \frac{u-1}{u} = u + 1 + \left(t_u - \frac{1}{u} \right)$$

由

$$t_{u+1} = t_u - \frac{1}{u} = \frac{p_u}{q_u} - \frac{1}{u} = \frac{up_u - q_u}{uq_u}$$

所以

$$t_u < \frac{1}{u-1} \Rightarrow \frac{p_u}{q_u} < \frac{1}{u-1}$$

所以

$$up_u - p_u < q_u \Rightarrow up_u - q_u < p_u$$

继续上述操作,得到无穷递降的正整数数列 $\{p_n \mid n \geqslant u\}$,这是不可能的.

故数列 $\{x_n\}$ 中有整数项.

说明 为了直观易懂,可将数列$\{x_n\}$放入分段的数轴(即 $\bigcup\limits_{k=1}^{\infty}[k,k+1]$)中,易见,每段中的相邻两数距离相同. 随着$x_n$的严格递增,$t_k$是阶梯状递减的,故只需证明每次$t_k$减少时,其既约分数中的分子随之变小.

例3 (第二届罗马尼亚大师杯数学竞赛)对由正整数组成的有限集X,定义

$$\sum(X) = \sum_{x \in X} \arctan \frac{1}{x}$$

设由正整数组成的有限集S,满足

$$\sum(S) < \frac{\pi}{2}$$

证明:至少存在一个由正整数组成的有限集T,使得

$$S \subset T, \text{且} \sum(T) = \frac{\pi}{2}$$

证明 由

$$\tan(\alpha + \beta) = \frac{\tan \alpha + \tan \beta}{1 - \tan \alpha \cdot \tan \beta}$$

得以下两个结论:

(i)若$\tan \alpha, \tan \beta \in \mathbf{Q}$,则

$$\tan(\alpha + \beta) \in \mathbf{Q}$$

(ii)当$\alpha, \beta(\alpha > \beta)$为锐角时

$$\tan(\alpha - \beta) = \frac{\tan \alpha - \tan \beta}{1 + \tan \alpha \cdot \tan \beta}$$

$$< \tan \alpha - \tan \beta$$

下面构造满足题意的集合T.

(1)取$T = S$.

(2)取T中最大元x.

若

$$\frac{\pi}{2} - \sum(T) \geqslant \arctan \frac{1}{x+1}$$

即

$$\tan\left(\frac{\pi}{2} - \sum(T)\right) \geqslant \frac{1}{x+1} \qquad ①$$

则将$\{x+1\}$并入集合T中,仍记为集合T.

重复上述步骤,直至式①不成立,即

$$\tan\left(\frac{\pi}{2} - \sum (T)\right) < \frac{1}{x+1} \qquad ②$$

（3）若

$$\sum (T) < \frac{\pi}{2}$$

令

$$\alpha = \frac{\pi}{2} - \sum (T)$$

设

$$\tan \alpha = \frac{p}{q} \quad (p,q \in \mathbf{N}_+, (p,q)=1)$$

存在正整数 t 使得

$$\frac{1}{t} \leqslant \frac{p}{q} < \frac{1}{t-1} \Rightarrow 0 \leqslant pt - q < p$$

由式②知

$$\frac{1}{t-1} \leqslant \frac{1}{x+1} \Rightarrow t \geqslant x+2 \Rightarrow t \notin T$$

令 $T' = T \cup \{t\}$. 则

$$\tan\left(\frac{\pi}{2} - \sum (T')\right) = \tan\left(\alpha - \arctan\frac{1}{t}\right)$$

$$= \frac{\dfrac{p}{q} - \dfrac{1}{t}}{1 + \dfrac{p}{qt}} = \frac{pt-q}{p+qt}$$

若

$$pt - q = 0$$

则集合 T' 即为所求.

若

$$pt - q > 0$$

则将集合 T' 仍记为 T,重复上述步骤,每次在集合 T 中增加一个元素后,所得到的 $\tan \alpha$ 的分子严格递减,故在有限次后操作停止,得到满足题意的集合 T.

说明 以上两例虽然出发点不同,所涉及的知识及方法也有所不同,但却有异曲同工之妙.

例 4 证明:数列

$$a_n = \frac{1}{4}\left[(1+\sqrt{2})^{2n+1} + (1-\sqrt{2})^{2n+1} + 2\right] \quad (n>1)$$

中没有完全平方数.

证明 反证法.

假设

$$\frac{1}{4}\big[(1+\sqrt{2})^{2n+1}+(1-\sqrt{2})^{2n+1}+2\big]$$
$$=M^2 \quad (M\in \mathbf{N}_+, n>1)$$

则

$$2M^2-1=\frac{1}{2}\big[(1+\sqrt{2})^{2n+1}+(1-\sqrt{2})^{2n+1}\big]$$

所以

$$(2M^2-1)^2+1$$
$$=\frac{1}{4}\big[(1+\sqrt{2})^{4n+2}+(1-\sqrt{2})^{4n+2}+2\big]$$
$$=\frac{1}{4}\big[(1+\sqrt{2})^{2n+1}+(\sqrt{2}-1)^{2n+1}\big]^2$$
$$=2\left\{\frac{1}{2\sqrt{2}}\big[(\sqrt{2}+1)^{2n+1}+(\sqrt{2}-1)^{2n+1}\big]\right\}^2$$
$$\triangleq 2D^2 \quad (D\in \mathbf{N}_+)$$

因此

$$2M^4-2M^2+1=D^2$$

所以

$$(M^2)^2+(M^2-1)^2=D^2$$

由 $(M^2, M^2-1)=1$，知 (M^2, M^2-1, D) 为一组本原勾股数.

易知,本原勾股数可表示为 $(u^2-v^2, 2uv, u^2+v^2)$,其中, $(u,v)=1, u>v>0$. 于是,有以下两种情形:

(1)

$$\begin{cases} M^2=u^2-v^2 & ① \\ M^2-1=2uv & ② \end{cases}$$

由式②知 M 为奇数,由式①知 u 奇 v 偶.

由式①及

$$(u+v, u-v)=1$$

知

$$\begin{cases} u+v=m_1^2 \\ u-v=m_2^2 \Rightarrow \\ M=m_1 m_2 \end{cases} \begin{cases} u=\dfrac{m_1^2+m_2^2}{2} \\ v=\dfrac{m_1^2-m_2^2}{2} \end{cases}$$

其中, $(m_1, m_2) = 1, m_1, m_2$ 均为奇数, $m_1 > m_2 > 0$.

代入式②得

$$m_1^2 m_2^2 - 1 = \frac{m_1^4 - m_2^4}{2}$$

所以

$$(m_1^2 - m_2^2)^2 = 2(m_2^4 - 1)$$
$$= 2(m_2^2 + 1)(m_2^2 - 1)$$

因此

$$\begin{cases} m_2^2 + 1 = 2s^2 \\ m_2^2 - 1 = 4t^2 \end{cases} \text{或} \begin{cases} m_2^2 + 1 = 4s^2 \\ m_2^2 - 1 = 2t^2 \end{cases} \quad (s, t \in \mathbf{N}_+)$$

以上两个方程组均有两个非零的完全平方数之差为1,矛盾.

（2）

$$\begin{cases} M^2 = 2uv & ③ \\ M^2 - 1 = u^2 - v^2 & ④ \end{cases}$$

由式③知 M 为偶数,由式④知 u 偶 v 奇.

从而,由式③知

$$u = 2s^2, v = t^2, M = 2st, (2s, t) = 1$$

代入式④得

$$4s^2 t^2 - 1 = 4s^4 - t^4$$

所以

$$8s^4 = (2s^2 + t^2)^2 - 1$$
$$= (2s^2 + t^2 + 1)(2s^2 + t^2 - 1)$$
$$= 4m_1^4 \times 2m_2^4 \quad (m_1, m_2 \in \mathbf{N}_+)$$

所以

$$|2m_1^4 - m_2^4| = 1$$

（ⅰ）

$$2m_1^4 = m_2^4 - 1 = (m_2^2 + 1)(m_2^2 - 1)$$
$$= 2c^4 \times (2d)^4 \quad (c, d \in \mathbf{N}_+)$$

出现两个非零的完全平方数之差为1,矛盾.

（ⅱ）

$$2m_1^4 = m_2^4 + 1$$

所以

$$m_1^8 = m_2^4 + (m_1^4 - 1)^2$$

所以

$$(m_1^4 - 1)^4 + 4(m_1^2 m_2)^4 = (m_1^8 + m_2^4)^2$$

下证

$$x^4 + 4y^4 = z^2$$

没有正整数解组.

否则,设 (x_0, y_0, z_0) 是所有正整数解组中 z 值最小的解,则 $(x_0^2, 2y_0^2, z_0)$ 是一组本原勾股数,即

$$\begin{cases} x_0^2 = c^2 - d^2 & ⑤ \\ 2y_0^2 = 2cd & ⑥ \\ z_0 = c^2 + d^2 & \end{cases}$$

其中,$(c, d) = 1, c > d > 0$.

由 x_0 为奇数知 c 奇 d 偶,再由式⑤知

$$\begin{cases} x_0 = e^2 - f^2 & ⑦ \\ d = 2ef & \\ c = e^2 + f^2 & ⑧ \end{cases}$$

其中,$(e, f) = 1, e > f > 0$.

由式⑥得

$$y_0^2 = cd$$

所以

$$c = g^2, d = h^2 \quad (g, h \in \mathbf{N}_+)$$

由式⑦得

$$h^2 = 2ef$$

所以

$$\{e, f\} = \{2k^2, l^2\}$$

代入式⑧得

$$g^2 = 4k^4 + l^4$$

但 $g < c < z_0$,与 z_0 的最小性矛盾.

例5 设

$$a_1 = 2, a_2 = 34$$
$$a_n = 34a_{n-1} - 225a_{n-2} \quad (n \geq 3).$$

问是否存在正整数 k,使 $2\ 011 \mid a_k$?如果存在,试求出最小的正整数 k,如果不存在,请说明理由.

解 这样的正整数 k 不存在.

易知

$$a_n = 9^{n-1} + 25^{n-1} = (3^{n-1})^2 + (5^{n-1})^2$$

假设存在正整数 k，使 $2\,011 \mid a_k$，即

$$2\,011 \mid [(3^{k-1})^2 + (5^{k-1})^2]$$

注意到

$$(3^{n-1}, 5^{n-1}) = 1$$

且 $2\,011$ 是 $4k+3$ 型的质数. 故存在整数 a, b，使 $(a, b) = 1$，且 $a^2 + b^2$ 含有 $4k+3$ 型的质因子(设为 p). 取使 p 达到最小的一个数对为 (a, b). 若这样的数对 (a, b) 有多个，再设其中使 $a^2 + b^2$ 达到最小的一个数对为 (a, b)，则

$$|a| < \frac{p}{2}, |b| < \frac{p}{2}$$

否则，不妨设 $|a| \geqslant \frac{p}{2}$.

因为 p 是奇数，可令

$$a \equiv a_0 (\bmod p), b \equiv b_0 (\bmod p)$$

其中

$$|a_0| < \frac{p}{2}, |b_0| < \frac{p}{2}$$

所以

$$a_0^2 + b_0^2 \equiv a^2 + b^2 \equiv 0 (\bmod p)$$

但由

$$|a_0| < \frac{p}{2} \leqslant |a|, |b_0| \leqslant |b|$$

有

$$a_0^2 + b_0^2 < a^2 + b^2$$

与 $a^2 + b^2$ 最小矛盾.

令

$$a^2 + b^2 = mp$$

则

$$mp = a^2 + b^2 < \left(\frac{p}{2}\right)^2 + \left(\frac{p}{2}\right)^2 = \frac{p^2}{2}$$

所以，$m < \frac{p}{2}$.

(1)若 a, b 为一奇一偶，则

$$mp = a^2 + b^2 \equiv 1 (\bmod 4)$$

又

$$p \equiv 3 \pmod 4$$

则

$$m \not\equiv 0,1,2 \pmod 4 \Rightarrow m \equiv 3 \pmod 4$$

于是，m 有 $4k+3$ 型的质因子 p'.

由 $p' \mid m$，有

$$p' \mid (a^2 + b^2)$$

但

$$p' \leqslant m < \frac{p}{2} < p$$

与 p 的最小性矛盾.

（2）若 a,b 同为奇数，则

$$\frac{mp}{2} = \frac{a^2 + b^2}{2} = \left(\frac{a+b}{2}\right)^2 + \left(\frac{a-b}{2}\right)^2$$

因为

$$\frac{a+b}{2} + \frac{a-b}{2} = a$$

为奇数，所以，$\dfrac{a+b}{2}, \dfrac{a-b}{2}$ 为一奇一偶.

同（1），$\dfrac{m}{2}$ 有模 4 余 3 的质因子 p'，即 $p' \left| \dfrac{m}{2} \right.$，进而 $p' \mid (a^2 + b^2)$. 但

$$p' \leqslant \frac{m}{2} < \frac{p}{2} < p$$

与 p 的最小性矛盾.

例 6 （第三届罗马尼亚大师杯数学竞赛）给定一个有理系数多项式 f，其次数 $d \geqslant 2$.

如下定义集合列 $f^0(\mathbf{Q}), f^{-1}(\mathbf{Q}), \cdots$，有

$$f^0(\mathbf{Q}) = \mathbf{Q}, f^{n+1} = f(f^n(\mathbf{Q})) \quad (n \geqslant 0)$$

其中，对给定的集合 S，有

$$f(S) = \{f(x) \mid x \in S\}$$

设

$$f^\omega(\mathbf{Q}) = \bigcap_{n=0}^{\infty} f^n(\mathbf{Q})$$

是由属于所有集合 $f^n(\mathbf{Q})(n = 1, 2, \cdots)$ 的元素组成的集合. 证明：$f^\omega(\mathbf{Q})$ 是一个有限集.

证明 首先证明：存在正整数 N_0，当

$$q > N_0 \text{ 或 } \left| \frac{q}{p} \right| > N_0 \quad (q \in \mathbf{N}_+, p \in \mathbf{Z}, (p,q) = 1)$$

时

$$f\left(\frac{p}{q} \right) \neq 0$$

且当 $\left| \dfrac{p}{q} \right| > N_0$ 时

$$\left| f\left(\frac{p}{q} \right) \right| > \left| \frac{p}{q} \right|$$

事实上, $f(x)$ 至多有 d 个有理根, 故当 q 或 $\left| \dfrac{p}{q} \right|$ 充分大时

$$f\left(\frac{p}{q} \right) \neq 0$$

而由 $d \geqslant 2$, 知当 $|x|$ 充分大时

$$|f(x)| > |x|$$

其次证明: 当

$$q > N_1 = \max\left\{ N_0, |a_d|^{\frac{d}{d-1}} \right\}$$

时, 有

$$f\left(\frac{p}{q} \right) = \frac{r}{s} \neq 0, \text{且 } s > q$$

其中

$$p, r \in \mathbf{Z}\{0\}, q, s \in \mathbf{N}_+, (p,q) = (r,s) = 1$$

且

$$f(x) = \frac{1}{M} \sum_{k=0}^{d} a_k x^k \quad (M \in \mathbf{N}_+, a_i \in \mathbf{Z}, a_d \neq 0)$$

事实上

$$\frac{r}{s} = f\left(\frac{p}{q} \right) = \frac{1}{Mq^d} \sum_{k=0}^{d} a_k p^k q^{d-k}$$

而

$$\left(Mq^d, \sum_{k=0}^{d} a_k p^k q^{d-k} \right)$$

$$\leqslant M\left(q^d, \left(\sum_{k=0}^{d} a_k p^k q^{d-k} \right)^d \right)$$

$$= M\left(q, \sum_{k=0}^{d} a_k p^k q^{d-k} \right)^d = M(q, a_d p^d)^d$$

$$\leqslant M|a_d|^d$$

故
$$s \geqslant \frac{Mq^d}{M|a_d|^d} > q$$

（由 $q > |a_d|^{\frac{d}{d-1}}$）．

最后证明：$f^\omega(\mathbf{Q})$ 是一个有限集. 否则，存在 $\frac{p_0}{q_0} \in f^\omega(\mathbf{Q})$，使得

$$q_0 > N_1 \text{ 或 } \left|\frac{p_0}{q_0}\right| > N_0$$

由定义，设

$$\frac{p_0}{q_0} = f^1\left(\frac{p_1}{q_1}\right) = f^2\left(\frac{p_2}{q_2}\right) = \cdots = f^n\left(\frac{p_n}{q_n}\right) = \cdots$$

若存在 $n_0 \in \mathbf{N}_+$，使得

$$q_n > N_1 \quad (n = n_0, n_0 + 1, \cdots)$$

则 $\{q_n \mid n \geqslant n_0\}$ 为无穷递降的正整数数列，这是不可能的.

从而，存在无穷多个 n_0，使得 $q_{n_0} \leqslant N_1$.

记上述 n_0 的集合为 A.

若

$$\left|\frac{p_k}{q_k}\right| > N_0 \quad (k \in A)$$

则

$$\left|\frac{p_k}{q_k}\right| < \left|f^1\left(\frac{p_k}{q_k}\right)\right| < \left|f^2\left(\frac{p_k}{q_k}\right)\right| < \cdots$$
$$< \left|f^k\left(\frac{p_k}{q_k}\right)\right| = \left|\frac{p_0}{q_0}\right|$$

所以

$$|p_k| < |q_k|\left|\frac{p_0}{q_0}\right| \leqslant N_1\left|\frac{p_0}{q_0}\right|$$

故 $\left\{\frac{p_k}{q_k} \mid k \in A\right\}$ 只有有限个值.

于是，存在 $1 \leqslant k < l$，使得

$$\frac{p_k}{q_k} = \frac{p_l}{q_l}$$

所以

$$\frac{p_0}{q_0} = f^1\left(\frac{p_1}{q_1}\right) = f^2\left(\frac{p_2}{q_2}\right) = \cdots = f^l\left(\frac{p_l}{q_l}\right)$$

$$= f^{l-k}\left(f^{k}\left(\frac{p_l}{q_l}\right)\right) = f^{l-k}\left(f^{k}\left(\frac{p_k}{q_k}\right)\right)$$

$$= f^{l-k}\left(\frac{p_0}{q_0}\right)$$

所以

$$f^{l-k}\left(\frac{p_0}{q_0}\right) = f^{l-k-1}\left(\frac{p'_{l-k-1}}{q'_{l-k-1}}\right) = \cdots$$

$$= f^{1}\left(\frac{p'_1}{q'_1}\right) = \frac{p_0}{q_0}$$

若 $q_0 > N_1$, 则

$$q_0 > q'_1 > \cdots > q'_{l-k-1} > q_0$$

若 $\left|\dfrac{p_0}{q_0}\right| > N_0$, 则

$$\left|\frac{p_0}{q_0}\right| > \left|\frac{p'_1}{q'_1}\right| > \cdots > \left|\frac{p_0}{q_0}\right|$$

均导出矛盾.

故对任意 $\dfrac{p_n}{q_n} \in f^{\omega}(\mathbf{Q})$, 均有

$$\left|\frac{p_n}{q_n}\right| \leqslant N_0 \text{ 且 } |q_n| \leqslant N_1$$

这样的数对 (p_n, q_n) 是有限的.

从而 $f^{\omega}(\mathbf{Q})$ 是有限集.

说明 由 f 的不确定性, 直接证明 $f^{\omega}(\mathbf{Q})$ 是有限集不太可能, 自然而然想到用反证法.

例 7 对哪些正整数 n, 存在正整数 m 及正整数 $a_1, a_2, \cdots, a_{m-1}$, 使得

$$n = \sum_{k=1}^{m-1} a_k(m - a_k)$$

其中, $a_1, a_2, \cdots, a_{m-1}$ 可以相同, 且 $1 \leqslant a_i \leqslant m-1(i = 1, 2, \cdots, m-1)$.

解 先设 $n \geqslant 12$ 且 n 不满足要求. 设 m 为偶数

$$m = 2l, b_i = |l - a_i| \quad (i = 1, 2, \cdots, m-1)$$

则

$$0 \leqslant b_i \leqslant l-1 \quad (1 \leqslant i \leqslant m-1)$$

且

$$\sum_{k=1}^{m-1} a_k(m - a_k) = l^2(2l - 1) - \sum_{t=1}^{2l-1} b_t^2$$

设 l 为最小的正整数,使得

$$l^2(2l-1) \geqslant n$$

令

$$r = l^2(2l-1) - n = (l-1)^2 t + s$$

其中,t,s 为非负整数

$$0 \leqslant s < (l-1)^2$$

由于 n 不满足要求,故 r 不可表示为不超过 $2l-1$ 个平方和,且其中每一个不超过 $(l-1)^2$.从而,s 不可表为不超过 $2l-1-t$ 个平方和.

当 $l \geqslant 6$ 时,由

$$n > (l-1)^2(2l-3)$$

知

$$r < 7(l-1)^2$$

因此,$t \leqslant 6$.

设 k_1 为非负整数

$$k_1^2 \leqslant s < (k_1+1)^2$$

由

$$k_1^2 \leqslant s < (l-1)^2$$

知

$$k_1 \leqslant l-2$$

从而

$$0 \leqslant s - k_1^2 \leqslant 2l-4$$

若

$$s - k_1^2 \leqslant 3$$

则 s 可表为不超过 4 个平方和

$$4 \leqslant 2l-1-t$$

矛盾;

若

$$4 \leqslant s - k_1^2 \leqslant 7$$

则 s 可表为不超过 5 个平方和

$$5 \leqslant 2l-1-t$$

矛盾;

若

$$s - k_1^2 \geqslant 8$$

则

$$0 \leqslant s - k_1^2 - 2^2 - 2^2 \leqslant 2l - 12 \leqslant 2l - 1 - t - 3$$

s 可表为不超过 $2l - 1 - t$ 个平方和,矛盾.

因此,$l \leqslant 5$.

当 $l = 5$ 时

$$2l - 1 = 9, 0 \leqslant r < 6l^2 - 8l + 3 = 113$$

设

$$r = 4^2 t + s \quad (0 \leqslant s \leqslant 15)$$

则 $t \leqslant 7$.

若 $t = 7$,则由 $r \leqslant 112$ 知 $s = 0$,此时,r 可表为 7 个 4^2 之和,矛盾;

若 $t = 6$,验证知当 $0 \leqslant s \leqslant 15, s \neq 7, 15$ 时,s 可表为 3 个平方和,又

$$4^2 \times 6 + 7 = 4^2 \times 5 + 3^2 + 3^2 + 2^2 + 1^2$$
$$4^2 \times 6 + 15 = 4^2 \times 5 + 3^2 + 3^2 + 3^2 + 2^2$$

矛盾.

当 $l = 4$ 时

$$2l - 1 = 7$$
$$0 \leqslant r < 6l^2 - 8l + 3 = 67$$

若 $t = 4, s \neq 7$,则由 s 可表为不超过 3 个平方和

$$3 \leqslant 2l - 1 - t$$

矛盾;

若 $1 \leqslant t \leqslant 4, s = 7$,则

$$r = 3^2 (t - 1) + 4 \times 2^2$$
$$t - 1 + 4 \leqslant 7$$

矛盾;

若

$$t = 0, s = 7$$

则 r 可表为 7 个 1^2 之和,矛盾.

因此,$t \geqslant 5$.

从而

$$r \geqslant 3^2 t \geqslant 45$$
$$n = l^2 (2l - 1) - r \leqslant 112 - 45 = 67$$

当 $l \leqslant 3$ 时

$$n \leqslant l^2 (2l - 1) \leqslant 45$$

下面只要考虑 $n \leqslant 67$.

由于

$$\sum_{k=1}^{m-1} a_k(m-a_k) \geqslant (m-1)^2$$

故只要考虑 $m \leqslant 9$，如下表所示：

m	$a(m-a)$ 可能取值	$m-1$ 个形如 $a(m-a)$ 之和且小于或等于 67
9	$8,14,18,20$	64
8	$7,12,15,16$	$49,54,57,58,59,62,63,64,65,$ $66,67$
7	$6,10,12$	$36,40,42,44,46,48,50,52,54,$ $56,58,60,62,64,66$
6	$5,8,9$	$25,28,29,31,32,33,34,35,36,$ $37,38,39,40,41,42,43,44,45$
5	$4,6$	$16,18,20,22,24$
4	$3,4$	$9,10,11,12$
3	2	4
2	1	1

查表知不满足要求的 n 为：$2,3,5,6,7,8,13,14,15,17,19,21,23,26,27,$ $30,47,51,53,55,61$，其余 n 均满足要求.

例 8 （2007~2008 年匈牙利数学奥林匹克）证明：对于所有满足

$$1 < r < s < \frac{2\,008}{2\,007}$$

的实数 $r,s.$ 均存在正整数 p,q（不需要互素），使得 $r < \dfrac{p}{q} < s$，且 p,q 的各位数字没有 0.

证明 显然，存在正整数 n，满足

$$(s-r) \times 9 \times 10^{n-1} > 1$$

将 s 写成十进制表示

$$s = 1 + \sum_{i=1}^{\infty} a_i \times 10^{-i} = \overline{1.\,a_1 a_2 a_3 \cdots}$$

由

$$s < 1 + \frac{1}{2\,007}$$

知

$$a_1 = a_2 = a_3 = 0$$

下面构造 $\{1,2,\cdots,n\}$ 的子集 A 及整数 e，使得

$$p = \left\lfloor s\left(10^n - \sum_{i \in A} 10^i - e\right)\right\rfloor$$

的各位数字没有 0，其中，$e \in \{1,2\}$，$\lfloor x \rfloor$ 表示比实数 x 小的最大整数.

（1）设

$$10^n s = \overline{1a_1a_2\cdots a_n . a_{n+1}\cdots}$$

取正整数 $l(l \geqslant 3)$，使得

$$a_1 = a_2 = \cdots = a_l = 0, a_{l+1} \geqslant 1$$

令 $n - l \in A$，记

$$p = 10^n s - 10^{n-l}s$$

易知，p 的整数部分前 l 位数字均为 9.

（2）将

$$p = \overline{b_1b_2\cdots b_n . b_{n+1}}$$

的整数部分的各位数字从左到右逐个检查，若没有 0，则直接进行（4）；若有 0，则进行（3）.

（3）分两种情形.

（ⅰ）$b_t = 0, b_{t-1} > 1$.

则令 $n - t \in A$. 易知，$p - 10^{n-t}s$ 的前 t 位数字均非 0，且第 t 位数字不小于 8.

（ⅱ）$b_t = 0, b_{t-1} = \cdots = b_{t-u} = 1, b_{t-u-1} \geqslant 2$.

则令 $n - t + u, n - t + u - 1, \cdots, n - v \in A$，其中，$v(t - u \leqslant v \leqslant t)$ 保证 $p - s\sum_{i=t-u}^{v} 10^{n-i}$ 的前 v 位数字均非 0，且第 v 位数字不小于 8.

综合（ⅰ）（ⅱ），将新数仍记为 p，回到（2），并从上述不小于 8 的数字开始检查.

（4）此时，p 的整数部分各位数字无 0，且对集合 A 中数的最小值 $n - k$，p 的第 k 位数字不小于 8.

将 p 的前 $k - 1$ 位数 p_1 固定，考虑 $p - 2$ 的整数部分的后 $n - (k-1)$ 位数 p_2.

对 p_2 从（2）开始操作，得到 p_2 所对应的集合 A'，易知

$$\max\{i \mid i \in A'\} < n - k$$

令

$$e = \begin{cases} 1, 0 \notin A' \\ 2, 0 \in A' \end{cases}$$

将 $A' \backslash \{0\}$ 并入集合 A 中, 则

$$p = \left\lfloor s\left(10^n - \sum_{i \in A} 10^i - e\right) \right\rfloor$$

的各位数字没有 0.

令

$$q = 10^n - \sum_{i \in A} 10^i - e$$

知 q 的各位数字没有 0.

又

$$q > 9 \times 10^{n-1}$$

故

$$qr < qs - 1 \leqslant p < qs \Rightarrow r < \frac{p}{q} < s$$

例9 (2009 年第 50 届 IMO 预选)求所有的正整数 n, 使得存在正整数数列 $a_1, a_2, \cdots, a_n$, 对于每一个正整数 $k(2 \leqslant k \leqslant n-1)$, 有

$$a_{k+1} = \frac{a_k^2 + 1}{a_{k-1} + 1} - 1$$

解 当 $n = 1, 2, 3, 4$ 时, 这样的数列是存在的.

事实上, 若对于某个 n, 这样的数列存在, 则对于所有项数比 n 小的数列也存在.

给出一个 $n = 4$ 时的例子

$$a_1 = 4, a_2 = 33, a_3 = 217, a_4 = 1\,384$$

下面证明: 当 $n \geqslant 5$ 时, 这样的数列不存在.

事实上, 只要证明 $n = 5$ 时这样的数列不存在即可.

假设当 $n = 5$ 时, 存在满足条件的正整数数列 a_1, a_2, a_3, a_4, a_5, 且有

$$a_2^2 + 1 = (a_1 + 1)(a_3 + 1) \qquad \text{①}$$

$$a_3^2 + 1 = (a_2 + 1)(a_4 + 1) \qquad \text{②}$$

$$a_4^2 + 1 = (a_3 + 1)(a_5 + 1) \qquad \text{③}$$

假设 a_1 为奇数, 则由式①得 a_2 也为奇数. 于是

$$a_2^2 + 1 \equiv 2 \pmod 4$$

从而, $a_3 + 1$ 为奇数, 即 a_3 为偶数, 这与式②矛盾.

因此, a_1 为偶数.

若 a_2 为奇数, 用类似的方法得出与式③矛盾, 因此, a_2 也是偶数. 进而, 分别由式①②③得 a_3, a_4, a_5 均为偶数.

设

$$x = a_2, y = a_3$$

则

$$(x+1) \mid (y^2+1)$$

$$(y+1) \mid (x^2+1)$$

下面证明:不存在正偶数 x, y 满足这两个条件.

若不然,则

$$(x+1) \mid (y^2+1+x^2-1)$$

即

$$(x+1) \mid (x^2+y^2)$$

类似地可得

$$(y+1) \mid (x^2+y^2)$$

设 d 是 $x+1$ 与 $y+1$ 的最大公因数,则 d 可整除

$$(x^2+1)+(y^2+1)-(x^2+y^2)=2$$

因为 $x+1$ 与 $y+1$ 均为奇数,所以, $d=1$,即 $x+1$ 与 $y+1$ 互质. 故存在正整数 k ,使得

$$k(x+1)(y+1)=x^2+y^2$$

假设 (x_1, y_1) 是满足上式的正偶数解且满足 x_1+y_1 最小,不妨假设 $x_1 \geqslant y_1$.于是, x_1 是二次方程

$$x^2-k(y_1+1)x+y_1^2-k(y_1+1)=0$$

的一个解.

设另一个解为 x_2 . 由韦达定理得

$$x_1+x_2=k(y_1+1)$$

$$x_1 x_2=y_1^2-k(y_1+1)$$

若 $x_2=0$,则

$$y_1^2=k(y_1+1)$$

这是不可能的(因为 $y_1+1>1$, y_1^2 与 y_1+1 互质). 因此, $x_2 \neq 0$.

因

$$(x_1+1)(x_2+1)$$

$$=x_1 x_2+x_1+x_2+1$$

$$=y_1^2+1$$

为奇数,所以, x_2 一定是正偶数,且有

$$x_2+1=\frac{y_1^2+1}{x_1+1} \leqslant \frac{y_1^2+1}{y_1+1} \leqslant y_1 \leqslant x_1$$

这表明,数对(x_2,y_1)是

$$k(x+1)(y+1)=x^2+y^2$$

的另一对正偶数解,且满足

$$x_2+y_1<x_1+y_1$$

与(x_1,y_1)的选取矛盾.

例10 (2008年第49届IMO预选题)设n是一个正整数.证明:$C_{2^n-1}^0$,$C_{2^n-1}^1,\cdots,C_{2^n-1}^{2^{n-1}-1}$模$2^n$与$1,3,\cdots,2^n-1$的某一排列同余.

证明 显然,当$n=1,2,3$时,命题成立,且对任意的$n(n\geqslant2),0\leqslant k\leqslant2^{n-1}-1$,有

$$C_{2^n-1}^{2k}+C_{2^n-1}^{2k+1}=C_{2^n}^{2k+1}$$

$$=\frac{2^n}{2k+1}C_{2^n-1}^{2k}\equiv0(\bmod\ 2^n)\tag{①}$$

$$C_{2^n-1}^{2k}=\prod_{i=1}^{2k}\frac{2^n-i}{i}$$

$$=\prod_{i=1}^{k}\frac{2^n-(2i-1)}{2i-1}\cdot\prod_{i=1}^{k}\frac{2^{n-1}-i}{i}$$

$$\equiv(-1)^kC_{2^{n-1}-1}^k(\bmod\ 2^n)\tag{②}$$

由式①②得

$$C_{2^n-1}^{2k+1}\equiv(-1)^{k+1}C_{2^{n-1}-1}^k(\bmod\ 2^n)\tag{③}$$

下面证明:不存在正整数$n(n>2)$及整数$k,l(0\leqslant k,l\leqslant2^{n-1}-1,k\neq l)$满足

$$C_{2^n-1}^k\equiv C_{2^n-1}^l(\bmod\ 2^n)\tag{④}$$

否则,取满足式④的所有(n,k,l)中最小的n.

设

$$k=4k_0+\varepsilon_1,l=4l_0+\varepsilon_2$$

其中,$\varepsilon_1,\varepsilon_2\in\{0,1,2,3\}$.

由对称性,只需考虑

$$(\varepsilon_1,\varepsilon_2)=(0,0),(0,1),(0,2),(0,3),(1,1),$$
$$(1,2),(1,3),(2,2),(2,3),(3,3)$$

将式②③代入式④分情况讨论.

(1)$(\varepsilon_1,\varepsilon_2)=(0,0),(1,1),(2,2),(3,3)$.

则$k_0\neq l_0$.

前面项得

$$C_{2^{n-1}-1}^{2k_0}\equiv C_{2^{n-1}-1}^{2l_0}(\bmod\ 2^n)$$

后两项得

$$C_{2^{n-1}-1}^{2k_0+1} \equiv C_{2^{n-1}-1}^{2l_0+1} (\mathrm{mod}\ 2^n)$$

(2) $(\varepsilon_1, \varepsilon_2) = (0,3), (1,2)$.

则

$$C_{2^{n-1}-1}^{2k_0} \equiv C_{2^{n-1}-1}^{2l_0+1} (\mathrm{mod}\ 2^n)$$

(3) $(\varepsilon_1, \varepsilon_2) = (0,1), (2,3)$.

前一项得

$$C_{2^{n-1}-1}^{2k_0} \equiv -C_{2^{n-1}-1}^{2l_0} (\mathrm{mod}\ 2^n)$$

$$\overset{①}{\equiv} C_{2^{n-1}-1}^{2l_0+1} (\mathrm{mod}\ 2^{n-1})$$

后一项得

$$C_{2^{n-1}-1}^{2k_0+1} \equiv -C_{2^{n-1}-1}^{2l_0+1} (\mathrm{mod}\ 2^n)$$

$$\overset{①}{\equiv} C_{2^{n-1}-1}^{2l_0} (\mathrm{mod}\ 2^{n-1})$$

故 (1) ~ (3) 都能推出当 $n-1$ 时式④有解, 与 n 的最小性矛盾.

(4) $(\varepsilon_1, \varepsilon_2) = (0,2), (1,3)$.

则

$$C_{2^{n-1}-1}^{2k_0} \equiv -C_{2^{n-1}-1}^{2l_0+1} (\mathrm{mod}\ 2^n)$$

$$\overset{①}{\equiv} C_{2^{n-1}-1}^{2l_0} (\mathrm{mod}\ 2^{n-1})$$

若 $k_0 \neq l_0$, 则当 $n-1$ 时式④有解, 与 n 的最小性矛盾.

若 $k_0 = l_0$, 则两项均得到

$$C_{2^n-1}^{4k_0} \equiv C_{2^n-1}^{4k_0+2} (\mathrm{mod}\ 2^n)$$

$$\overset{①}{\Rightarrow} C_{2^n-1}^{4k_0+1} + C_{2^n-1}^{4k_0+2} = 0 (\mathrm{mod}\ 2^n) \qquad ⑤$$

但

$$C_{2^n-1}^{4k_0+1} + C_{2^n-1}^{4k_0+2} = C_{2^n}^{4k_0+2} = \frac{2^n}{4k_0+2} C_{2^n-1}^{4k_0+1}$$

$$= \frac{2^{n-1}}{2k_0+1} \prod_{i=1}^{4k_0+1} \frac{2^n-i}{i}$$

$$\equiv 2^{n-1} (\mathrm{mod}\ 2^n)$$

与式⑤矛盾.

综上, $C_{2^n-1}^0, C_{2^n-1}^1, \cdots, C_{2^n-1}^{2^{n-1}-1}$ 模 2^n 两两不同余.

又由

$$C_{2^1-1}^0 = C_{2^1-1}^1 = 1$$

及式②③, 易知 $C_{2^n-1}^k (0 \leqslant k \leqslant 2^n-1)$ 均为奇数.

故命题成立.

例 11 (2010 年第 51 届 IMO 预选题)求最小的正整数 n,使得存在有理系数多项式 $f_1, f_2, \cdots, f_n$,满足

$$x^2 + 7 = f_1^2(x) + f_2^2(x) + \cdots + f_n^2(x)$$

解 由于

$$x^2 + 7 = x^2 + 2^2 + 1^2 + 1^2 + 1^2$$

则 $n \leqslant 5$.

于是,只需证明 $x^2 + 7$ 不等于不超过四个有理系数多项式的平方和.

假设存在四个有理系数多项式 f_1, f_2, f_3, f_4(可能某些项是 0),满足

$$x^2 + 7 = f_1^2(x) + f_2^2(x) + f_3^2(x) + f_4^2(x)$$

则 f_1, f_2, f_3, f_4 的次数最多为 1.

设

$$f_i(x) = a_i x + b_i \quad (a_i, b_i \in \mathbf{Q}, i = 1, 2, 3, 4)$$

由

$$x^2 + 7 = \sum_{i=1}^{4} (a_i x + b_i)^2$$

得

$$\sum_{i=1}^{4} a_i^2 = 1, \sum_{i=1}^{4} a_i b_i = 0, \sum_{i=1}^{4} b_i^2 = 7$$

设

$$p_i = a_i + b_i, q_i = a_i - b_i \quad (i = 1, 2, 3, 4)$$

则

$$\sum_{i=1}^{4} p_i^2 = \sum_{i=1}^{4} a_i^2 + 2 \sum_{i=1}^{4} a_i b_i + \sum_{i=1}^{4} b_i^2 = 8$$

$$\sum_{i=1}^{4} q_i^2 = \sum_{i=1}^{4} a_i^2 - 2 \sum_{i=1}^{4} a_i b_i + \sum_{i=1}^{4} b_i^2 = 8$$

$$\sum_{i=1}^{4} p_i q_i = \sum_{i=1}^{4} a_i^2 - \sum_{i=1}^{4} b_i^2 = -6$$

这意味着存在整数 $x_i, y_i (i = 1, 2, 3, 4), m(m > 0)$ 满足下列方程:

(1)

$$\sum_{i=1}^{4} x_i^2 = 8m^2$$

(2)

$$\sum_{i=1}^{4} y_i^2 = 8m^2$$

(3)

$$\sum_{i=1}^{4} x_i y_i = -6m^2$$

假设上述方程有解,考虑一个使得 m 是最小的解.

注意到,当 x 为奇数时

$$x^2 \equiv 1(\bmod 8)$$

当 x 为偶数时

$$x^2 \equiv 0(\bmod 8) \text{ 或 } x^2 \equiv 4(\bmod 8)$$

由(1)知,x_1, x_2, x_3, x_4 均为偶数,由(2)知,y_1, y_2, y_3, y_4 也均为偶数. 于是,(3)的左边可以被 4 整除. 从而,m 为偶数.

故 $\left(\dfrac{x_1}{2}, \dfrac{y_1}{2}, \dfrac{x_2}{2}, \dfrac{y_2}{2}, \dfrac{x_3}{2}, \dfrac{y_3}{2}, \dfrac{x_4}{2}, \dfrac{y_4}{2}, \dfrac{m}{2}\right)$ 也是上述方程的解,这与 m 的最小选取矛盾.

综上,n 的最小值为 5.

例 12 设 n 是正整数,$\{A, B, C\}$ 是集合 $\{1, 2, 3, \cdots, 3n\}$ 的一个分割,且满足 $|A| = |B| = |C| = n$,其中 $|S|$ 表示集合 S 中元素的个数. 证明:存在 $x \in A$,$y \in B, z \in C$,使得 x, y, z 中的一个数是另外两个数的和.

证明 记

$$A = \{a_1, a_2, \cdots, a_n\}$$
$$B = \{b_1, b_2, \cdots, b_n\}$$
$$C = \{c_1, c_2, \cdots, c_n\}$$
$$U = \{1, 2, 3, \cdots, 3n\}$$

不妨设

$$a_i < a_{i+1}, b_i < b_{i+1}, c_i < c_{i+1} \quad (i = 1, 2, \cdots, n-1)$$

且

$$1 = a_1 < b_1 < c_1$$

则

$$b_1 - 1 \in U, c_i - 1 \in U, c_i - b_1 \in U$$
$$c_i - b_1 + 1 \in U \quad (i = 1, 2, \cdots, n)$$

假设不存在满足命题结论的 x, y, z.

因为

$$1 = a_1 \in A, c_1 \in C$$

所以

$$c_1 - 1 \notin B$$

又因为 $c_1 \in C$,且 c_1 是集合 C 中最小的元素,所以

$$c_1 - 1 \notin C$$

从而
$$c_1 - 1 \in A$$

若集合 C 中不存在相邻的整数元素，即对任意正整数 k ($k = 1, 2, \cdots,$ $n-1$)，总有
$$c_k < c_{k+1} - 1$$

故
$$c_{k+1} - 1 \notin C$$

因为
$$1 = a_1 \in A, c_{k+1} \in C$$

所以
$$c_{k+1} \notin B$$

从而
$$c_{k+1} - 1 \in A$$

于是，有
$$\{1, c_1 - 1, c_2 - 1, \cdots, c_n - 1\} \subseteq A$$

则
$$|A| \geqslant n + 1 > n$$

这与 $|A| = n$ 矛盾.

因此，集合 C 中必存在相邻的整数元素，即存在正整数 k ($1 \leqslant k \leqslant n-1$)，使得
$$c_k = c_{k+1} - 1$$

根据最小数原理，其中必有一个最小的正整数 k_0 及 c_{k_0}，使得
$$c_{k_0} = c_{k_0+1} - 1$$

即
$$c_{k_0} + 1 = c_{k_0+1}$$

因为 $b_1 \in B$，且 b_1 是集合 B 中最小的元素，所以，$b_1 - 1 \notin B$.
又因为 $b_1 < c_1$，所以，$b_1 - 1 \notin C$.
从而，$b_1 - 1 \in A$.
此时，考虑
$$(b_1 - 1) + (c_{k_0} + 1 - b_1) = c_{k_0}$$

所以
$$c_{k_0} + 1 - b_1 \notin B$$

由于

$$c_{k_0} + 1 = b_1 + (c_{k_0} + 1 - b_1)$$

所以

$$c_{k_0} + 1 - b_1 \notin A$$

因此

$$c_{k_0} + 1 - b_1 \in C$$

即

$$(c_{k_0} - b_1) + 1 \in C$$

故

$$c_{k_0} - b_1 \notin B$$

再由 k_0 及 c_{k_0} 的最小性得

$$c_{k_0} - b_1 \notin C$$

从而

$$c_{k_0} - b_1 \in A$$

考虑

$$(c_{k_0} - b_1) + b_1 = c_{k_0}$$

其中

$$c_{k_0} - b_1 \in A, b_1 \in B, c_{k_0} \in C$$

而这与假设矛盾.

因此,假设不成立.

从而,存在满足命题结论的 x, y, z.

例 13 （第 29 届俄罗斯数学奥林匹克）正整数序列 $\{a_n\}$ 按如下方式构成:
a_0 为某个正整数,如果 a_n 可以被 5 整除,则 $a_{n+1} = \dfrac{a_n}{5}$;如果 a_n 不能被 5 整除,
则 $a_{n+1} = [\sqrt{5} a_n]$（其中 $[x]$ 表示不超过 x 的最大整数）. 证明:数列 $\{a_n\}$ 自某一项开始递增.

证明 首先指出对于任意正整数 x,都有

$$[\sqrt{5} x] \geqslant x + 1$$

这是因为当 $x \in \mathbf{N}_+$ 时

$$\sqrt{5} x > 2x \geqslant x + 1$$

所以

$$[\sqrt{5} x] \geqslant [x + 1] = x + 1$$

由此我们可以得知题中所要证明的结论等价于:存在某个正整数 m,使对
一切 $n \geqslant m, n \in \mathbf{N}_+, a_n$ 都不是 5 的倍数（此时 $a_{n+1} = [\sqrt{5} a_n] > a_n$）,下面我们便

来证明这一点.

为此,我们首先证明数列 $\{a_n\}$ 中存在两个相邻的项都不是 5 的倍数.

用反证法来证明,假设数列 $\{a_n\}$ 中任两个相邻的项中都至少有一个是 5 的倍数. 考察 a_1, a_2, a_3.

(1) 如果 $5 \mid a_1$,则 $a_2 = \dfrac{a_1}{5}$,又由 $\{a_n\}$ 的递推式可以得知 $a_3 \leqslant [\sqrt{5} a_2]$,于是

$$a_3 \leqslant \left[\frac{\sqrt{5}}{5} a_1\right] < a_1$$

(由于 $a_2 = \dfrac{a_1}{5}$ 为正整数,故有 $5 \cdot \dfrac{a_1}{5} > \sqrt{5} \cdot \dfrac{a_1}{5} \geqslant \left[\dfrac{\sqrt{5}}{5} a_1\right]$),即有

$$a_3 \leqslant a_1 - 1$$

(2) 如果 $5 \nmid a_1$,则假设知 $5 \mid a_2$,于是有

$$a_2 = [\sqrt{5} a_1], \quad a_3 = \frac{a_2}{5}$$

所以

$$a_3 = \frac{[\sqrt{5} a_1]}{5} < a_1$$

即有

$$a_3 \leqslant a_1 - 1$$

综合 (1)(2) 即知,无论哪种情况都有 $a_3 \leqslant a_1 - 1$,即我们从 a_1 开始可以找到数列 $\{a_n\}$ 中的一项 a_3,使得 $a_3 \leqslant a_1 - 1$,同样地,我们从 a_3 开始可以找到数列 $\{a_n\}$ 中的一项 a_5,使得 $a_5 \leqslant a_3 - 1$,……,将这一过程不断地进行下去,每次找出的新项都至少比它的原项小 1,而数列 $\{a_n\}$ 中各项都为正整数,故这一过程应不能无限进行下去,由此得出矛盾.

所以假设不成立.

从而,我们证明了数列 $\{a_n\}$ 中必存在两个相邻项都不是 5 的倍数.

于是,我们可以找出相邻两项 a_k 和 a_{k+1} 都不是 5 的倍数.

我们再来证明一个引理:

引理 若 a_n 和 a_{n+1} 都不是 5 的倍数,则 a_{n+2} 也不是 5 的倍数.

引理的证明 由于 a_n 不是 5 的倍数,那么由题意可得

$$a_{n+1} = [\sqrt{5} a_n], \quad a_{n+2} = [\sqrt{5} a_{n+1}]$$

设

$$a_{n+1} = \sqrt{5} a_n - \alpha$$

其中 $0 < \alpha < 1$.

则
$$a_{n+2} = \left[\sqrt{5}\, a_{n+1} \right] = \left[\sqrt{5}\,(\sqrt{5}\, a_n - \alpha) \right] = 5a_n + \left[-\sqrt{5}\,\alpha \right]$$

由于 $0 < \alpha < 1$，所以
$$-3 < -\sqrt{5}\,\alpha < 0$$

那么
$$\left[-\sqrt{5}\,\alpha \right] = -3 \ \text{或} -2 \ \text{或} -1$$

故
$$a_{n+2} = \left[-\sqrt{5}\,\alpha \right] \equiv -3 \ \text{或} -2 \ \text{或} -1 \pmod 5$$

因此 a_{n+2} 不是 5 的倍数，引理得证.

利用引理及 a_k 和 a_{k+1} 都不是 5 的倍数，我们就可以得知：当 $n \geq k$ 时，a_n 不是 5 的倍数，再结合最初的推导，就证明了原命题成立.

例 14 （1979 年第 21 届国际数学奥林匹克候选题）证明不存在这样的正四棱锥，它的所有棱长、表面积和体积都是整数.

证明 假设这样的正四棱锥存在.

设 g 为底面正方形的边长，h 为棱锥的高，f 为侧棱的长，s 为表面积，v 为体积，则

$$f = \sqrt{h^2 + 2 \cdot \left(\frac{g}{2} \right)^2} \qquad \text{①}$$

$$s = g^2 + 2g \sqrt{h^2 + \left(\frac{g}{2} \right)^2} \qquad \text{②}$$

$$v = \frac{1}{3} g^2 h \qquad \text{③}$$

由于 g, f, s, v 为自然数，所以
$$x = g^3, \ y = bv, \ z = g(s - g^2), \ u = 2g^2 f \qquad \text{④}$$

都是自然数. 且

$$x^2 + y^2 = g^6 + 36v^2 = 4g^4 \left[\left(\frac{g}{2} \right)^2 + h^2 \right] = g^2 (s - g^2)^2 = z^2$$

$$x^2 + z^2 = g^6 + 4g^4 \left[\left(\frac{g}{2} \right)^2 + h^2 \right] = 4g^4 \left[h^2 + 2 \left(\frac{g}{2} \right)^2 \right] = u^2$$

于是方程组

$$\begin{cases} x^2 + y^2 = z^2 & \text{⑤} \\ x^2 + z^2 = u^2 & \text{⑥} \end{cases}$$

有自然数解. 取其中一个解为 (x_0, y_0, z_0, u_0)，使得 x_0 是所有解中 x 的最小值.

(x_0, y_0, z_0, u_0) 显然两两互素.

事实上，如果其中某两个同时被某个素数 p 整除，则由

$$x_0^2 + y_0^2 = z_0^2$$

$$x_0^2 + z_0^2 = u_0^2$$

$$y_0^2 + u_0^2 = 2z_0^2$$

可知，另两个数也能被 p 整除，从而

$$\left(\frac{x_0}{p}, \frac{y_0}{p}, \frac{z_0}{p}, \frac{u_0}{p} \right)$$

也是方程组的解. 由 $\frac{x_0}{p} < x_0$，与 x_0 的选取相矛盾，因此 x_0, y_0, z_0, u_0 两两互素.

因为 f 为自然数，则由①，g 为偶数. 于是由④，x_0 为偶数，从而 y_0, z_0, u_0 为奇数，于是由

$$x_0^2 = z_0^2 - y_0^2$$

得到

$$\left(\frac{x_0}{2} \right)^2 = \frac{z_0 + y_0}{2} \cdot \frac{z_0 - y_0}{2}$$

如果自然数 $\frac{z_0 + y_0}{2}$ 与 $\frac{z_0 - y_0}{2}$ 不互素，则

$$(z_0, y_0) = (z_0, z_0 - y_0)$$

$$\geqslant \left(z_0, \frac{z_0 - y_0}{2} \right)$$

$$= \left(z_0 - \frac{z_0 - y_0}{2}, \frac{z_0 - y_0}{2} \right)$$

$$= \left(\frac{z_0 + y_0}{2}, \frac{z_0 - y_0}{2} \right)$$

$$> 1$$

与 y_0 和 z_0 互素相矛盾. 这是不可能的. 因此，$\frac{z_0 + y_0}{2}$ 与 $\frac{z_0 - y_0}{2}$ 互素.

可设

$$\begin{cases} \dfrac{z_0 + y_0}{2} = k^2 \\ \dfrac{z_0 - y_0}{2} = l^2 \end{cases}$$

从而

$$x_0 = 2kl, y_0 = k^2 - l^2, z_0 = k^2 + l^2$$

同理由

$$x_0^2 = u_0^2 - z_0^2$$

可得

$$x_0 = 2mn, z_0 = m^2 - n^2, u_0 = m^2 + n^2$$

其中 k, l, m, n 都是自然数. k 与 l 互素, m 与 n 互素, 于是得到方程组

$$\begin{cases} kl = mn \\ k^2 + l^2 = m^2 - n^2 \end{cases}$$

记 $(k, m) = a$, 则

$$k = ab, m = ac$$

其中 a, b, c 为自然数, 且 $(b, c) = 1$.

由于 $kl = mn$, 所以 $abl = acn$, 即 $bl = cn$, 且 $l = cd$. 其中 d 为自然数.

从而 $bcd = cn$, 故 $n = cd$.

再由

$$(k, l) = (ab, cd) = 1$$

可得

$$(a, d) = 1$$

其次有

$$a^2 b^2 + c^2 d^2 = a^2 c^2 - b^2 d^2$$

即

$$(a^2 + b^2)(b^2 + c^2) = 2a^2 c^2$$

由

$$(a^2 + d^2, a^2) = (d^2, a^2) = 1$$

而且

$$(b^2 + c^2, c^2) = (b^2, c^2) = 1$$

所以由上式得

$$\begin{cases} c^2 + d^2 = 2c^2 \\ b^2 + c^2 = a^2 \end{cases} \text{或} \begin{cases} a^2 + d^2 = c^2 \\ b^2 + c^2 = 2a^2 \end{cases}$$

由此分别得到

$$\begin{cases} b^2 + d^2 = c^2 \\ b^2 + c^2 = a^2 \end{cases} \text{或} \begin{cases} d^2 + b^2 = a^2 \\ d^2 + a^2 = c^2 \end{cases}$$

从而得到 (b, d, c, a) 和 (d, b, a, c) 中必有一个是解 (x_0, y_0, z_0, u_0).

因为

$$x_0 = 2mn = 2mbd$$

所以 $b < x_0$ 与 x_0 的选取矛盾.

由以上, 题中的正四棱锥不存在.

例 15 正五边形的每个顶点对应一个整数使得这五个整数的和为正. 若其中三个相连顶点相应的整数依次为 x, y, z, 而中间的 $y < 0$, 则要进行如下的操作: 整数 x, y, z 分别换为 $x + y, -y, z + y$. 只要所得的五个整数中至少还有一个为负时, 这种操作就继续进行. 问: 是否这样的操作进行有限次后必定终止.

解 题中所述的操作并不改变五边形顶点上各数之和, 且这些数始终都为整数. 如果我们能构造出一个函数, 该函数有下界且每进行一次操作, 该函数的函数值都至少减小某个正值 M ($M > 0$), 则问题便得到了解决, 因此本题的关键就在于构造出一个符合要求的函数, 由于要求所构造的函数有下界, 则可联想到整数平方的非负性(也可考虑整数绝对值的非负性), 于是可换如下方法构造函数 f:

设正五边形五个顶点上的数按顺时针顺次为 x_1, x_2, x_3, x_4, x_5, 令
$$f(x_1, x_2, x_3, x_4, x_5) = (x_1 - x_3)^2 + (x_2 - x_4)^2 + (x_3 - x_5)^2 + (x_4 - x_1)^2 + (x_5 - x_2)^2$$
(注意, 由于操作不改变五边形顶点上五数之和且最初所给的五个整数和为正, 故有 $x_1 + x_2 + x_3 + x_4 + x_5 \geqslant 1$).

不妨对 x_5, x_1, x_2 进行了一次操作 ($x_1 < 0$), 此时五边形顶点上的数变为 $(-x_1, x_1 + x_2, x_3, x_4, x_5 + x_1)$.

此时, 有
$$f(-x_1, x_1 + x_2, x_3, x_4, x_5 + x_1) - f(x_1, x_2, x_3, x_4, x_5)$$
$$= (-x_1 - x_3)^2 + (x_1 + x_2 - x_4)^2 + (x_3 - (x_5 + x_1))^2 + (x_4 - (-x_1))^2 +$$
$$(x_5 + x_1 - (x_1 + x_2))^2 - (x_1 - x_3)^2 - (x_2 - x_4)^2 -$$
$$(x_3 - x_5)^2 - (x_4 - x_1)^2 - (x_5 - x_2)^2$$
$$= 2x_1(x_1 + x_2 + x_3 + x_4 + x_5)$$
$$\leqslant 2x_1 \quad (x_1 < 0, x_1 + x_2 + x_3 + x_4 + x_5 \geqslant 1)$$
$$\leqslant -2 \quad (由 x_1 < 0 且 x_1 \in \mathbf{Z} 知 x_1 \leqslant -1)$$

即每操作一次后, f 的值至少下降 2, 又由于 f 非负, 所以上述操作不能无限地进行下去.

所以这样的操作进行有限次后必定终止.

注 本题所构造的函数并不唯一, 例如可构造辅助函数
$$g(x_1, x_2, x_3, x_4, x_5) = \sum_{i=1}^{5} |x_i| + \sum_{i=1}^{5} |x_i + x_{i+1}| +$$
$$\sum_{i=1}^{5} |x_i + x_{i+1} + x_{i+2}| + \sum_{i=1}^{5} |x_i + x_{i+1} + x_{i+2} + x_{i+3}|$$
(这里认为 $x_{n+5} = x_n$), 也能解决问题, 有兴趣的读者不妨亲自验证一下.

例 16 在平面上给出了有限条红色直线和蓝色直线, 其中任何两条不平

行,并且其中任何两条同色直线的交点处都有一条与它们异色的直线经过,证明:所有给定的直线都交于一点.

证明 假设所有给定直线不相交于一点.

对于所给定的直线中的任一条红线 l,设它与各条蓝色直线交于 A_1,A_2,$\cdots$,A_n,不妨设这 n 个点中 A_1 与 A_n 距离最大(若 A_1 与 A_n 重合,则题中所要证明的结论显然成立,这里假设 A_1 与 A_n 不重合),设与 l 交于 A_1,A_n 的两条蓝色直线交于 B,这样构成一个 $\triangle A_1 A_n B$.

依题意,必有一条红色直线 l' 过点 B,设 l' 与 l 交于 C,我们现在来证明点 C 在线段 $A_1 A_n$ 上.

若点 C 不在线段 $A_1 A_n$ 上,如图 1,不妨设点 C 在 $A_n A_1$ 的延长线上(点 C 必不与 A_1,A_n 重合),则依题意知存在一条过 C 的蓝色直线,则点 C 也是 l 与某条蓝色直线的交点,而 $CA_n > A_1 A_n$,这就与 $A_1 A_n$ 的最大性矛盾.

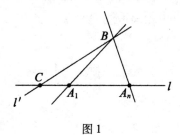

图 1

所以点 C 必在线段 $A_1 A_n$ 上.

于是,我们由一条红线 l 便得到一个"四线组"(例如直线 l,BC,BA_1,BA_n),并称由这条直线所围成的三角形中面积最大的三角形的面积为这个"四线组"的"质量".

同理,对任意一条蓝线,我们也可以类似地得到一个"四线组",用同样的方式对其定义"质量".

这样一来,对任意一给定的直线,我们都可以得到一个"四线组",从中任取一个,如图 2,不妨设 l_1,l_2 为蓝线,l_3,l_4 为红线,设

$$P = l_2 \cap l_1 \cap l_4, Q = l_2 \cap l_3, R = l_3 \cap l_4, S = l_1 \cap l_3$$

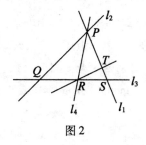

图 2

由题意知,必有一条蓝色直线过 R,则该直线必与线段 PQ 及线段 PS 之一相交,不妨设该蓝色直线与线段 PS 交于 T,则直线 PS,PR,RT,RS 又组成一个"四线组"(直线 PS,RT 为蓝色,直线 PR,RS 为红色),而"四线组"(PS,PR,RT,RS)的"质量"为 $S_{\triangle RQS}$,"四线组"(l_1,l_2,l_3,l_4)的"质量"为 $S_{\triangle PQS} > S_{\triangle RQS}$. 即我们由原"四线组"得到了一个新"四线组"且新"四线组"的"质量"小于原"四线组"的"质量".

将上述过程不断地进行下去,则所得"四线组"的"质量"不断地减小,而"四线组"的个数是有限的. 这就导致了矛盾. 所以假设是错误的.

故所有给定直线交于一点.

注 本题前半部分对"四线组"存在性的证明极易让人误以为 A_1A_n 的最大性也是"四线组"的定义之一,事实上并非如此,如图 2,只需直线 l_1 与 l_2 同色且与 l_3,l_4 异色,即可称 l_1,l_2,l_3,l_4 为一个"四线组",而并不要求 Q,S 一定是 l_3 与跟它异色的直线的交点中距离最远的两点.

习 题 十

1. 求证:除 $a=b=c=d=0$ 外,方程

$$6(6a^2 + 3b^2 + c^2) = 5d^2$$

没有别的整数解.

证明 设 (a,b,c,d) 是原方程的一组不全为零的一组整数解,显然 $6 \mid d$,令 $d_1 = \dfrac{d}{6}$,代入原方程可得

$$6a^2 + 3b^2 + c^2 = 30d_1^2$$

知 $3 \mid c$,设 $c_1 = \dfrac{c}{3}$,则可得

$$2a^2 + b^2 + 3c_1^2 = 10d_1^2$$

于是只要证明方程

$$2x^2 + y^2 + 3z^2 = 10w^2$$

没有使 $w > 0$ 的整数解,否则必有一组解 (x,y,z,w),使 w 取最小正值,由于 $y^2 + 3z^2$ 为偶数,故 y 与 z 同奇偶,若 y 与 z 同为奇数,则

$$y^2 \equiv z^2 \equiv 1 (\bmod 8), 10w^2 \equiv 0 \text{ 或 } 2 (\bmod 8)$$

而

$$2x^2 + y^2 + 3z^2 \equiv 4 \text{ 或 } 6 (\bmod 8)$$

不可能等于 $10w^2$,因此 y 与 z 必同为偶数,设

$$z_1 = \frac{z}{2}, y_1 = \frac{y}{2}$$

则有

$$x^2 + 2y_1^2 + 6z_1^2 = 5w^2$$

此时 x 与 w 必同奇偶,如果 x 与 w 同为奇数,则

$$x^2 \equiv 1 (\bmod 8), 2y_1^2 \equiv 0 \text{ 或 } 2 (\bmod 8), 6z_1^2 \equiv 0 \text{ 或 } 6 (\bmod 8), 5w^2 \equiv 5 (\bmod 8)$$

故

$$x^2 + 2y_1^2 + 6z_1^2 \equiv 1 \text{ 或 } 3 \text{ 或 } 7 (\bmod 8)$$

不可能有

$$5w^2 = x^2 + 2y_1^2 + 6z_1^2$$

于是 x 与 w 同为偶数,设

$$x_1 = \frac{x}{2}, w_1 = \frac{w}{2}$$

则有

$$2x_1^2 + y_1^2 + 3z_1^2 = 2w_1^2$$

由于 $0 < w_1 < w$,这与 w 的定义矛盾,进而知原方程只有解

$$a = b = c = d = 0$$

2. 证明:方程

$$x^2 + y^2 - 19xy - 19 = 0$$

无整数解.

证明 设 (x_0, y_0) 是方程

$$x^2 + y^2 - 19xy - 19 = 0 \qquad (*)$$

的一组整数解,则显然

$$x_0 \neq 0, y_0 \neq 0$$

并且

$$19(x_0 y_0 + 1) = x_0^2 + y_0^2 > 0$$

由此即知 $x_0 y_0 \geqslant 0$, x_0, y_0 必须同号.

不妨设 x_0, y_0 均为正整数(否则分别用 $-x_0, -y_0$ 代替 x_0, y_0),并且 $x_0 \geqslant y_0$.

将式($*$)看作关于 x 的一元二次方程

$$x^2 - 19y_0 \cdot x + (y_0^2 - 19) = 0 \qquad ①$$

则 x_0 是①的解,那么由韦达定理知①的另一个实根为

$$x' = 19y_0 - x_0$$

由于 $x_0, y_0 \in \mathbf{N}_+$,所以 $x' \in \mathbf{Z}$,由于 x' 使①成立,所以 (x', y_0) 使($*$)成立,

则易知 x' 与 y_0 同号，即 $x' \in \mathbf{N}_+$.

又由韦达定理知

$$x' = \frac{y_0^2 - 19}{x_0} < \frac{y_0^2}{x_0} \leqslant y_0 \leqslant x_0$$

所以由（＊）的一组正整数解 $(x_0, y_0)(x_0 \geqslant y_0)$，可导出它的另一组正整数解 $(y, x')(y \geqslant x')$，并且

$$y + x' < x + y$$

将这一过程无限地进行下去，每次新得出的一组解中两数之和都严格地小于前一组中两数之和，而这些解都为正整数解，这显然是不可能的.

所以原不定方程没有整数解.

3. 是否存在正整数 x, y, z, u, v，使得 x, y, z, u, v 都大于 2 012，且满足

$$x^2 + y^2 + z^2 + u^2 + v^2 = xyzuv - 65$$

证明 注意到

$$(x, y, z, u, v) = (1, 2, 3, 4, 5)$$

是原方程的正整数解.

一般地，设 (x, y, z, u, v) 是原方程的正整数解，且

$$x < y < z < u < v$$

则将原方程视为关于 x 的一元二次方程，利用韦达定理可知 $(yzuv - x, y, z, u, v)$ 也是原方程的正整数解，依对称性，可知 $(y, z, u, v, yzuv - x)$ 也是解，并且满足条件

$$y < z < u < v < yzuv - x$$

依此递推方式，可得原方程的无穷多组正整数解，并且后一步构造的解中，最小的数比前一组解中最小的数大.

所以，存在满足条件的正整数解.

4.（1976 年第 5 届美国数学奥林匹克）试确定（并证明）方程

$$a^2 + b^2 + c^2 = a^2 b^2$$

的所有整数解.

证明 不妨考虑 a, b, c 是非负整数时的情形. 注意到任一偶数的平方是 4 的倍数，而任一奇数的平方用 4 除余 1，即

$$(2n)^2 \equiv 0 (\bmod 4), (2n+1)^2 \equiv 1 (\bmod 4)$$

（1）a, b, c 都是奇数，那么

$$a^2 + b^2 + c^2 \equiv 3 (\bmod 4)$$

而

$$a^2 b^2 \equiv 1 (\bmod 4)$$

这是不可能的.

(2) a,b,c 中两奇一偶,那么

$$a^2 + b^2 + c^2 \equiv 2(\bmod 4)$$

而

$$a^2 b^2 \equiv 0 \text{ 或 } 1(\bmod 4)$$

这也不可能.

(3) a,b,c 中两偶一奇,那么

$$a^2 + b^2 + c^2 \equiv 1(\bmod 4)$$

而

$$a^2 b^2 \equiv 0(\bmod 4)$$

不可能.

所以 a,b,c 皆为偶数. 令

$$a = 2a_1, b = 2b_1, c = 2c_1$$

原方程可化为

$$a_1^2 + b_1^2 + c_1^2 = 4a_1^2 b_1^2$$

其中

$$a_1 \leqslant a, b_1 \leqslant b, c_1 \leqslant c$$

因

$$4a_1^2 b_1^2 \equiv 0(\bmod 4)$$

而 a_1^2, b_1^2, c_1^2 中的任意一个同余于 0 或 1 模 4,故

$$a_1^2 \equiv b_1^2 \equiv c_1^2 \equiv 0(\bmod 4)$$

a_1, b_1, c_1 都是偶数,令

$$a_1 = 2a_2, b_1 = 2b_2, c_1 = 2c_2$$

那么方程变形为

$$16a_2^2 b_2^2 = a_2^2 + b_2^2 + c_2^2$$

同理可知,a_2, b_2, c_2 都是偶数,令

$$a_2 = 2a_3, b_2 = 2b_3, c_2 = 2c_3$$

那么

$$64a_3^2 b_3^2 = a_3^2 + b_3^2 + c_3^2$$

把这一过程继续下去,可知 a,b,c 可以被 2 的任意次幂整除,故

$$a = b = c = 0$$

方程的整数解为

$$(a, b, c) = (0, 0, 0)$$

5. 求方程

$$x^2 + y^2 + z^2 = 2xyz$$

的整数解.

解 当 x, y, z 中有一为零时,可得其余两个亦为零. 故有平凡解 $x = y = z = 0$.

由于方程右方为偶数,则 x, y, z 不能全为奇数,也不可能二偶一奇.

若 x, y, z 中二奇一偶,则奇数的平方为 $4k+1$ 形式,偶数的平方为 $4k$ 形式. 此时,方程左边为 $4k+2$ 形式,而右边为 $4k$ 形式. 左、右两端不可能相等.

若 x, y, z 全为偶数,将其 2 的因数统统提出.

设

$$x = 2^m x_1, y = 2^n y_1, z = 2^s z_1$$

其中 x_1, y_1, z_1 均为奇数,代入方程中得

$$2^{2m} x_1^2 + 2^{2n} y_1^2 + 2^{2s} z_1^2 = 2(2^m \cdot 2^n \cdot 2^s \cdot x_1 y_1 z_1) \qquad ①$$

不失一般性,不妨设 $m \geqslant n \geqslant s$,在上式两端同除以 2^{2s} 得

$$2^{2(m-s)} x_1^2 + 2^{2(n-s)} y_1^2 + z_1^2 = 2(2^{m+n-s} \cdot x_1 y_1 z_1)$$

若 $n > s$,则式①左边三项中仅 z_1^2 为奇数,而右边为偶数,不可能相等.

若 $m > n = s$,则式①左边第一项为 4 的倍数,第二、三项为 y_1^2 与 z_1^2,其和为 $4k+2$ 形式,而右边为 $4k$ 形式,左、右两端仍不能相等.

但当 $m = n = s$ 时,式①可表为

$$2^{2m}(x_1^2 + y_1^2 + z_1^2) = 2 \cdot 2^{3m} x_1 y_1 z_1$$

两端同除以 2^{2m} 得

$$x_1^2 + y_1^2 + z_1^2 = 2 \cdot 2^m x_1 y_1 z_1$$

显然左边为奇数,右边为偶数. 左、右两端不等.

综上所述,方程 $x^2 + y^2 + z^2 = 2xyz$ 无非平凡解,只有唯一零解 $x = y = z = 0$.

6. 证明:不存在正整数 $n(n > 1)$,使得 $n^2 \mid (3^n + 1)$.

证明 假设存在正整数 $n(n > 1)$,使得

$$n^2 \mid (3^n + 1)$$

显然,$3 \nmid n$. 若 $2 \mid n$,则

$$3^n + 1 \equiv (-1)^n + 1 \equiv 2 \pmod 4$$

但 $4 \mid (3^n + 1)$,矛盾. 故 $2 \nmid n$.

若 n 为质数,则由费马小定理得

$$3^n + 1 \equiv 3 + 1 \equiv 4 \pmod n \Rightarrow n \mid 4 \Rightarrow n = 2$$

矛盾. 故 n 为合数.

若 $5 \mid n$,则

$$n = 5(2k+1) \quad (k \in \mathbf{N}_+)$$

故

$$\begin{aligned}
3^n + 1 &= 243^{2k+1} + 1 \equiv (-7)^{2k+1} + 1 \\
&\equiv 49^k(-7) + 1 \\
&\equiv (-1)^k(-7) + 1 \not\equiv 0 \quad (\bmod 25)
\end{aligned}$$

矛盾,故 $5 \nmid n$.

设 p 是 n 的最小质因子,则 $p \neq 2,3,5$.

由 $n^2 \mid (3^n+1)$,知 $p \mid (3^n+1)$.

令 $n = ps$. 由费马小定理知

$$3^{p-1} \equiv 1(\bmod p)$$

故

$$-1 \equiv 3^n \equiv 3^{ps} \equiv 3^s (\bmod p)$$

设

$$s \equiv t(\bmod(p-1)) \quad (1 \leqslant t < p-1)$$

则

$$3^k \equiv -1(\bmod p) \Rightarrow 3^{2t} \equiv 1(\bmod p)$$

令

$$(2t, p-1) = r \in \mathbf{N}_+$$

则

$$3^r \equiv 1(\bmod p) \Rightarrow r \neq 1,2$$

故

$$(t, p-1) = q > 1 \Rightarrow q \mid s \Rightarrow q \mid n$$

但 $1 < q < p$,与 p 的最小性矛盾.

注 此题采用了极限原理,通过 n 的最小质因子导出矛盾.

7. 给定非负数列 $a_1, a_2, \cdots, a_n$,对于从 1 到 n 的任一整数 k,用 m_k 表示值

$$m_k = \max_{l=1,2,\cdots,k} \frac{a_{k-l+1} + a_{k-l+2} + \cdots + a_k}{l}$$

证明:对于任何 $\alpha > 0$,使得 $m_k > \alpha$ 的 k 的个数小于 $\dfrac{a_1 + a_2 + \cdots + a_n}{\alpha}$.

证明 称满足 $m_k > \alpha$ 的整数 k 为"好数". 记 $[i,j]$ 为满足 $1 \leqslant i \leqslant j \leqslant n$ 的整数

$$S(i,j) = \frac{a_i + a_{i+1} + \cdots + a_j}{j-i+1}$$

考虑选取 $[p_i, q_i]$,其中,p_1 满足

$$a_{p_1-m} \leqslant \alpha \quad (m = 1, 2, \cdots, p_1 - 1)$$

但 $a_{p_1} > \alpha$；

选取 q_1 满足 $q_1 \geqslant p_1$，且对于任何 $j \in [p_1, q_1]$，都有

$$S(p_1, j) > \alpha$$

但

$$S(p_1, q_1 + 1) \leqslant \alpha$$

选取 p_2 满足 $p_2 > q_1 + 1$，且对于 $j = q_1 + 1, q_1 + 2, \cdots, p_2 - 1$ 时，$a_j \leqslant \alpha$，但 $a_{p_2} > \alpha$；

选取 q_2 满足 $q_2 \geqslant p_2$，且对于任何 $j \in [p_2, q_2]$，都有

$$S(p_2, j) > \alpha$$

但

$$S(p_2, q_2 + 1) \leqslant \alpha$$

……

一般地，$[p_i, q_i]$ 都如此选取，直到选出 $[p_m, q_m]$ 后

$$a_{p_m+l} \leqslant \alpha \quad (l = 1, 2, \cdots, n - p_m)$$

恒成立时选取终止.

下面证明：所有的好数都在选出的某个区间 $[p_i, q_i]$ 内.

反设存在某些好数不在任何选出的区间. 取其中最小的一个 k，由于 $m_k > \alpha$，故存在 $l, l \leqslant k$，使

$$S(l, k) > \alpha$$

由各区间的选取方法知，所有不在任何区间内的数均小于 α，故 $[l, k]$ 必与某一选取的区间 $[p_i, q_i]$ 相交. 设 $k \in (q_i, p_{i+1})$，则 $l \leqslant q_i$.

若 $k > q_i + 1$，则

$$S(q_i + 2, k) \leqslant \alpha$$

（这一区间内的每个数都小于或等于 α）.

故

$$S(l, q_i + 1) > \alpha$$

这与上述选取方法矛盾. 故只能 $k = q_i + 1$.

显然，$l \neq p_i$，否则，若 $l = p_i$，则由

$$S(p_i, q_i + 1) = S(l, k) > \alpha$$

知区间 $[p_i, q_i]$ 不满足选取方法.

如果 $l > p_i$，则由

$$S(p_i, l - 1) > \alpha, S(l, k) > \alpha$$

有

$$S(p_i,k) = S(p_i,q_i+1) > \alpha$$

仍与区间选取方法矛盾.

如果 $l < p_i$,则由

$$S(p_i,q_i+1) \leqslant \alpha$$

知

$$S(l,p_i-1) > \alpha$$

此时,就有 $p_i - 1$ 为好数,但 $p_i - 1$ 不属于任一选出的区间,故 $p_i - 1$ 是比 k 小的不属于任一区间的好数. 与 k 的选取矛盾.

综上可知,所有好数都在选取的区间 $[p_i,q_i]$ 内. 因此,好数的数目小于或等于 $\sum (q_i - p_i + 1)$.

但

$$\sum a_k \geqslant \sum_{k \in [p_i,q_i]} a_k > \alpha \sum (q_i - p_i + 1)$$

故结论成立.

8. 证明方程

$$x^2 + y^2 + z^2 + u^2 = 2xyzu$$

没有正整数解.

证明　假设原方程存在一组正整数解,设这组解为

$$x = x_0, y = y_0, z = z_0, u = u_0$$

则

$$x_0^2 + y_0^2 + z_0^2 + u_0^2 = 2x_0y_0z_0u_0 \tag{①}$$

由于 x_0,y_0,z_0,u_0 均为正整数,则由①的右边可以推知,x_0,y_0,z_0,u_0 中的奇数有偶数个,即 4 个,或者 2 个,或者 0 个. 如果所有这四个数都是奇数,则 $x_0^2 + y_0^2 + z_0^2 + u_0^2$ 能被 4 整除(这是因为奇数的平方除以 4 余 1),而 $2x_0y_0z_0u_0$ 不被 4 整除,矛盾;如果 x_0,y_0,z_0,u_0 中恰有两个奇数,则 $x_0^2 + y_0^2 + z_0^2 + u_0^2$ 不被 4 整除,而 $2x_0y_0z_0u_0$ 能被 4 整除,矛盾. 所以全部 4 个数都为偶数,令

$$x_0 = 2x_1, y_0 = 2y_1, z_0 = 2z_1, u_0 = 2u_1$$

则 x_1,y_1,z_1,u 为正整数,且由①知

$$(2x_1)^2 + (2y_1)^2 + (2z_1)^2 + (2u_1)^2 = 2(2x_1)(2y_1)(2z_1)(2u_1)$$

即

$$x_1^2 + y_1^2 + z_1^2 + u_1^2 = 8x_1y_1z_1u_1 \tag{②}$$

首先易知 x_1,y_1,z_1,u_1 中有偶数个奇数,而 x_1,y_1,z_1,u_1 不可能全是奇数,因为此时 $x_1^2 + y_1^2 + z_1^2 + u_1^2$ 不能被 8 整除(奇数的平方除以 8 余 1),同时也不能恰

有两个奇数,因为此时 $x_1^2 + y_1^2 + z_1^2 + u_1^2$ 也不能被 8 整除,于是,我们又得到 $x_1,$ y_1, z_1, u_1 都是偶数,即

$$x_1 = 2x_2, y_1 = 2y_2, z_1 = 2z_2, u_1 = 2u_2 \quad (x_2, y_2, z_2, u_2 \in \mathbf{N}_+)$$

则由②可得

$$x_2^2 + y_2^2 + z_2^2 + u_2^2 = 32 x_2 y_2 z_2 u_2$$

用与前面类似的方法,我们可以得出 x_2, y_2, z_2, u_2 是偶数,等等. 如此继续推理下去,我们可以得知,对任意 $s \in \mathbf{N}_+$,有

$$x_s^2 + y_s^2 + z_s^2 + u_s^2 = 2^{2s+1} x_s y_s z_s u_s$$

同时

$$x_{s+1} = \frac{x_s}{2}, y_{s+1} = \frac{y_s}{2}, z_{s+1} = \frac{z_s}{2}, u_{s+1} = \frac{u_s}{2}$$

均为正整数,即 x_0 可以按上述方式(每次除以 2)无穷递降下去,且递降后所得的数始终为正整数,这显然是不可能的(正整数集有最小元素 1).

因此,方程 $x^2 + y^2 + z^2 + u^2 = 2xyzu$ 无正整数解.

9. 求所有的整数 a,使得方程

$$x^2 + axy + y^2 = 1$$

有无穷多组整数解.

解 分别就 a 的不同情况讨论方程

$$x^2 + axy + y^2 = 1 \tag{①}$$

的整数解的组数.

当 $a = 0$ 时,方程为 $x^2 + y^2 = 1$,仅有 4 组整数解.

若 $a \neq 0$,则 (x, y) 为方程①的解的充要条件是:$(x, -y)$ 为方程

$$x^2 - axy + y^2 = 1$$

的解. 所以,只需讨论 $a < 0$ 且方程①有无穷多组非负整数解 (x, y) 的情形.

若 $a = -1$,则①为

$$x^2 - xy + y^2 = 1$$

两边乘以 4,再配方得

$$(2x - y)^2 + 3y^2 = 4$$

仅有两组非负整数解.

如果 $a < -1$,那么 $(-a, 1)$ 为①的一组正整数解. 一般地,设 (x, y) 为①的正整数解,且 $x > y$,则 $(x, -ax + y)$ 也是①的解(这一个解,在视①为关于 y 的一元二次方程时,利用韦达定理可得),当然 $(-ax + y, x)$(满足 $-ax + y > x > y$)也是①的正整数解,依此递推,可知这时①有无穷多组正整数解.

综上所述,当 $|a| > 1$ 时,方程①有无穷多组整数解,而 $|a| \leq 1$ 时,①仅有有

限组整数解.

10. (2006 年国家集训队测试题)求所有的正整数对 (a,n) 使得 $\dfrac{(a+1)^n - a^n}{n}$ 是整数.

解 首先指出 $(a,1)$ 显然是原问题的解(这里 a 为任意正整数),下面我们证明原问题没有其他解.

假设 $(a,n)(n \geqslant 2)$ 是原问题的一个解,则必存在正整数 k,使得

$$(a+1)^n - a^n = kn$$

由于 $a+1$ 与 a 互素,则由上式可知 n 与 a 和 $a+1$ 都互素,则由欧拉定理可得

$$(a+1)^{\varphi(n)} \equiv a^{\varphi(n)} \equiv 1 (\bmod n)$$

设 $d = (n, \varphi(n))$,则由 Bezout 定理知存在整数 α 和 β 使得

$$d = \alpha n + \beta \varphi(n)$$

由

$$(a+1)^n \equiv a^n (\bmod n)$$

及

$$(a+1)^{\varphi(n)} \equiv a^{\varphi(n)} \equiv 1 (\bmod n)$$

(由 $(a+1)^n - a^n = kn$,可知 $(a+1)^n \equiv a^n (\bmod n)$),可以推出

$$(a+1)^d \equiv (a+1)^{\alpha n + \beta \varphi(n)} \equiv a^{\alpha n + \beta \varphi(n)} \equiv a^d (\bmod n) \qquad ①$$

显然 $d > 1$(否则 $a+1 \equiv a (\bmod n)$,则 $n = 1$,与假设不符),同时注意到 $\varphi(n) < n$.

所以 $1 < d < n$.

又

$$n \mid ((a+1)^d - a^d)$$

(这是因为式①)且 $d \mid n$,故

$$d \mid ((a+1)^d - a^d)$$

于是我们又找到原问题的另一个解 (a,d) 并且 $1 < d < n$.

重复上述过程我们就得到从 n 开始的一个无穷递降的正整数数列,显然这是不可能的.

因此先前的假设有错误,即没有 $n > 1$ 的解.

所以,使得 $\dfrac{(a+1)^n - a^n}{n}$ 是整数的所有正整数对 (a,n) 即为 $(a,1)$(其中 a 可取任意正整数).

11. 假设 $2n+1$ 个正整数 $a_1, a_2, \cdots, a_{2n+1}$ 有这样的性质:任取其中 $2n$ 个数,

总可以分为两个无公共元素的 n 元子集,且两个子集中 n 个数的和相等,那么这 $2n+1$ 个数必全相等.

证明 如果有 $2n+1$ 个正整数满足题中所述性质,我们则称这 $2n+1$ 个正整数为"好数组",不妨设

$$a_1 \leqslant a_2 \leqslant \cdots \leqslant a_{2n+1}$$

并且 $a_1 = 1$. (因为把最小数减少至 1,其余数都减去与之相同的一个数,所得到的一组新数仍为"好数组".)

又依题设可知

$$2 \left| \left(\left(\sum_{i=1}^{2n+1} a_i \right) - a_j \right) \quad (j = 1, 2, 3, \cdots, 2n+1) \right.$$

即

$$a_1 \equiv a_2 \equiv a_3 \equiv a_4 \equiv \cdots \equiv a_{2n+1} \equiv \sum_{i=1}^{2n+1} a_i (\bmod 2)$$

由于 $a_1 = 1$,所以 $a_1, a_2, a_3, \cdots, a_{2n+1}$ 均为正奇数.

令

$$b_i = \frac{a_i + 1}{2} \quad (i = 1, 2, \cdots, 2n+1)$$

由于 $a_1, a_2, \cdots, a_{2n+1}$ 均为正奇数,所以 $b_1, b_2, b_3, \cdots, b_{2n+1}$ 均为正整数且易知 $b_1, b_2, b_3, \cdots, b_{2n+1}$ 也是"好数组".

因为当 $x < y$ 时

$$\frac{x+1}{2} < \frac{y+1}{2}$$

所以

$$b_1 \leqslant b_2 \leqslant \cdots \leqslant b_{2n+1}$$

如果 $a_{2n+1} > 1$,则

$$b_{2n+1} = \frac{a_{2n+1} + 1}{2} < a_{2n+1}$$

反复进行上述变换,最终必得到一个"好数组",其最大项为 1,又在上述变换中每个数组最小项均为 1,所以这"好数组"中各项均为 1. 再考虑上述变换的方式(将 x 变为 $\frac{x+1}{2}$)即可知最初的 $2n+1$ 个数 $a_1, a_2, \cdots, a_{2n+1}$ 均为 1.

由此就证明了原命题.

注 事实上,如果 $2n+1$ 个有理数 $x_1, x_2, \cdots, x_{2n+1}$ 满足:从中任取 $2n$ 个数,总可以分成两个无公共元素的 n 元子集,且两个子集中 n 个数的和相等,我们同样可以证明这 $2n+1$ 个有理数相等,只需将本题的证明稍加改进即可,有兴

趣的读者不妨一试.

12. 设正整数 a,b,k 满足

$$\frac{a^2+b^2}{ab-1}=k$$

求证: $k=5$.

证明 若 $a=b$,则

$$k=\frac{2a^2}{a^2-1}=2+\frac{2}{a^2-1}$$

则

$$(a^2-1)\mid 2 \text{ 且 } a^2-1>0$$

所以

$$a^2-1=1 \text{ 或 } 2$$

但这与 $a\in\mathbf{N}_+$ 矛盾.

所以 $a\neq b$,不妨 $a>b$.

当 $b=1$ 时

$$k=\frac{a^2+1}{a-1}=a+1+\frac{2}{a-1}$$

则

$$(a-1)\mid 2 \text{ 且 } a\geqslant b+1=2$$

所以 $a=2$ 或 3,无论哪种情形,都有 $k=5$.

不妨设 (a,b) 是使

$$\frac{a^2+b^2}{ab-1}=k$$

的所有有序二元数组中使 $a+b$ 达到最小值的一组.

由 $\dfrac{a^2+b^2}{ab-1}=k$,得

$$a^2-kb\cdot a+b^2+k=0 \qquad\qquad ①$$

视式①为关于 a 的一元二次方程,则由韦达定理知该方程两根为 $a,kb-a$ 且

$$kb-a=\frac{b^2+k}{a}>0$$

又 $kb-a\in\mathbf{Z}$,所以 $kb-a\in\mathbf{N}_+$,且

$$\frac{(kb-a)^2+b^2}{(kb-a)b-1}=k$$

则由 (a,b) 的定义知

$$a + b \leqslant \frac{b^2 + k}{a} + b \left(\frac{b^2 + k}{a} = kb - a \right)$$

所以

$$a^2 - b^2 \leqslant k = \frac{a^2 + b^2}{ab - 1}$$

于是

$$a^2 - b^2 < \frac{a^2 + b^2}{ab - 1} + 2 < \frac{(a+b)^2}{ab - 1}$$

所以

$$\frac{a + b}{ab - 1} > a - b \geqslant 1$$

即

$$(a - 1)(b - 1) < 2$$

显然 $b \leqslant 2$,若 $b = 1$,由前面的结论知 $k = 5$. 若 $b = 2$,则 $a - 1 < 2$ 且 $a > b = 2$,矛盾.

综上可知 $k = 5$.

13. 设 a, b, m 是正整数,$(a, b) = 1$. 证明:在等差数列 $a + kb$($k = 0, 1, 2, 3, \cdots$)中,必有无穷多个数和 m 既约.

证明 由于

$$(a + (k + m)b, m) = (a + kb, m) \quad (k \in \mathbf{N}_+)$$

所以要证明在等差数列 $a + kb$($k = 0, 1, 2, \cdots$)中有无穷多个数和 m 既约,只需证明当 $k = 0, 1, 2, \cdots, m - 1$ 时,存在某个 k 使 $a + kb$ 与 m 互质.

设 c 是 m 的所有因数中满足 $(c, a) = 1$ 的一个,并设 $d = (a + bc, m)$,如果 $d > 1$.
由于

$$(a, b) = 1, (a, c) = 1$$

所以

$$(a, bc) = 1$$

又

$$d \mid (a + bc)$$

所以

$$(d, a) = (d, bc) = 1$$

由此及

$$d \mid m, c \mid m$$

可以得知

$$dc \mid m$$

于是，我们在 m 的所有因数中找到一个比 c 更大（$dc > c$）且与 a 互质的数，如果当 $k \in \{0,1,2,\cdots,m-1\}$ 时，恒有

$$(a+bk,m) > 1$$

则以上过程可以无限地进行下去，即可以不断地找出 m 的新的因数，且该因数与 m 的差不断地缩小，而这显然是不可能的.

所以必存在某个 $k \in \{0,1,2,\cdots,m-1\}$ 使

$$(a+kb,m) = 1$$

即 $a,a+b,a+2b,\cdots,a+(n-1)b$ 中至少有一个与 m 互质，进而可以得知所要证的结论成立.

14. 设有 $2n$ 个整数 $a_1,a_2,\cdots,a_{2n}$，在其中任意取出一个数，其余的 $2n-1$ 个数总可以分为两个无公共元素的子集，使每个子集中各数之和相等，那么 $a_1,a_2,\cdots,a_{2n}$ 必全为零.（这里的"两个无公共元素的子集"指的是对余下的任一个 a_i，它恰属于一个子集）.

证明 根据题设，我们可以得知 $\sum\limits_{i \neq k} a_i (k=1,2,3,\cdots,2n)$ 必为偶数. 由此可知对任意 $k \in \{1,2,3,\cdots,2n\}$，$\sum\limits_{i=1}^{2n} a_i$ 与 a_k 同奇偶. 显然 $a_1,a_2,\cdots,a_{2n}$ 应同为偶数（否则，$a_1,a_2,\cdots,a_{2n}$ 必同为奇数，但此时 $\sum\limits_{i=1}^{2n} a_i$ 为偶数，这与前面的结论矛盾）. 这样一来，$\dfrac{a_1}{2},\dfrac{a_2}{2},\cdots,\dfrac{a_{2n}}{2}$ 都是整数，且仍满足题中所述性质. 同前面的方法可以证明 $\dfrac{a_1}{2^2},\dfrac{a_2}{2^2},\cdots,\dfrac{a_{2n}}{2^2}$ 都是整数；$\dfrac{a_1}{2^3},\dfrac{a_2}{2^3},\cdots,\dfrac{a_{2n}}{2^3}$ 都是整数……

重复上述讨论可知，对任一正整数 m，恒有 $\dfrac{a_1}{2^m},\dfrac{a_2}{2^m},\cdots,\dfrac{a_{2n}}{2^m}$ 都是整数.

由此就可以得知

$$a_1 = a_2 = \cdots = a_{2n} = 0$$

15. 证明：勾股三角形的面积不可能为一个完全平方数.

证明 首先给出一个引理

引理 方程组

$$\begin{cases} x^2 + y^2 = z^2 \\ x^2 - y^2 = w^2 \end{cases}$$

没有正整数解.

这在前面的例题中已经证明过.

下面证明原命题：

用反证法,假设存在面积为平方数的勾股三角形.

设这样的一个三角形的三边长分别为 a,b,c(其中 a,b 为这个三角形的两条直角边长,c 为斜边长),则有

$$a^2 + b^2 = c^2 \text{ 且 } \frac{1}{2}ab \text{ 为平方数}$$

由勾股数知识知存在 $u,v \in \mathbf{N}_+$ 使得

$$c = u^2 + v^2$$

且不妨设

$$a = u^2 - v^2, b = 2uv$$

(我们可以不妨设 a,b,c 两两互质,则可以得到这些式子,并且 $(u,v)=1$ 且 u 与 v 互质).

则该勾股三角形面积为 $uv(u^2 - v^2)$,即 $uv(u-v)(u+v)$ 为平方数.

由于 u,v 互质且 u,v 一奇一偶,所以 $u,v,u+v,u-v$ 两两互质.进而知 $u,v,u+v,u-v$ 都为完全平方数.

设

$$u = s^2, v = t^2, u+v = p^2, u-v = q^2 \quad (s,t,p,q \in \mathbf{N}_+)$$

则有如下两式

$$\begin{cases} s^2 + t^2 = p^2 \\ s^2 - t^2 = q^2 \end{cases}$$

利用引理便得出矛盾.所以不存在面积为平方数的勾股三角形.

16. 平面上给定 $2n$ 个点,没有三点共线,n 个点代表农场

$$F = \{F_1, F_2, \cdots, F_n\}$$

另 n 个点代表水库

$$W = \{W_1, W_2, \cdots, W_n\}$$

一个农场与一个水库用直路相连接.证明存在一种分配方式,使得所有的路不相交.

证明 对于任意一种分配方法,如果存在两条公路 F_iW_m 和 F_kW_j 相交(图1),其中 $1 \leqslant i,k \leqslant n, 1 \leqslant j,m \leqslant n$ 且 $i \neq k, j \neq m$.

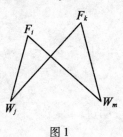

图1

在这种情况下,我们做如下调整:去掉公路 F_iW_m 和 F_kW_j,改为 F_kW_m 和 F_iW_j. 此时有

$$F_iW_m + F_kW_j > F_iW_j + F_kW_m$$

(由于 $F_1,F_2,\cdots,F_n,W_1,W_2,\cdots,W_n$ 中无三点共线,故此处必为严格的大于号.)如果调整后仍有某两条公路相交,则再作出如同上述的调整,每经过一次调整,n 条公路的总长度都严格减小,而公路的分配方式共有 $n!$ 种(有限种),故上述递降过程不可能无限地进行下去,必在某一次调整后停止,那么,此时所得的分配方式中,n 条公路两两之间都没有交点.

17. 设 M 是平面上的有限点集. 已知过 M 中任何两点所作的直线必过 M 中另一点,求证:M 中所有的点共线.

证明 设

$$M = \{A_1,A_2,\cdots,A_n\}$$

假设 $A_1,A_2,\cdots,A_n$ 不全共线,则对任意的 $A_i,A_j \in M,i \neq j$,存在 $A_k \in M$,使 A_i,A_j,A_k 三点不共线($k \neq i,k \neq j$). 定义集合 $D = \{$点 A_i 到线段 A_jA_k 的距离 $\mid 1 \leq i,j,k \leq n,i,j,k$ 两两不等,A_i,A_j,A_k 三点不共线$\}$,任取直线 A_iA_j,不妨 $i \neq j$. 此时必存在 M 中的某个点不在 A_1A_2 上,不妨设这点为 A_3(图2),设 $A_3O \perp A_1A_2$,依题意知在 $\{A_4,A_5,A_6,\cdots,A_n\}$ 中必存在某点在直线 A_1A_2 上,不妨设该点为 A_4,且 A_1,A_4 在直线 A_3O 同侧,不妨设 A_4 在线段 OA_1 上(包括端点),则 A_4 到直线 A_1A_3 的距离不小于点 O 到直线 A_1A_3 的距离,小于 A_3 到直线 A_1A_2 的距离(即为 A_3O). 由此我们由一个"点线组"(A_3,A_2A_4) 得到一个新"点线组"(A_4,A_1A_3) 并且

$$d(A_3,A_2A_4) > d(A_4,A_1A_3)$$

(其中 $d(A_i,A_jA_k)$ 表示点 A_i 到直线 A_jA_k 的距离,A_i 不在线段 A_jA_k 上). 反复进行如上操作,可不断地得到新"点线组",其中"点"到"线"的距离不断地减小且大于 0). 由此可以得知 D 中有无穷多个元素,而事实上 D 中元素个数 $\leq n\mathrm{C}_{n-1}^2$,矛盾. 所以,M 中的所有点共线.

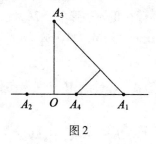

图2

18. 在平面上给出某个点集 M,使得 M 中每个点都是集合 M 中某两点联结

线段的中点,证明:集合 M 中一定包含无穷多个点.

证明 用反证法证明.假设集合 M 是有限点集.

在点集 M 中任取两点 A,B,依题意知存在线段 CD,使点 B 为线段 CD 的中点(其中 $C,D \in M$)(图3).

若 C 在直线 AB 上,则 D 也在直线 AB 上且 C,D 中至少有一点与 A 位于直线 AB 上点 B 的异侧,不妨设点 D 与 A 位于点 B 异侧,则有 $AD > AB$,由此,在这种情况下,我们便找到一条以 M 中的点为端点,且长度比 AB 更长的线段.

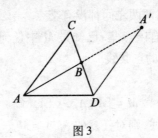

图 3

若 C,D 不在直线 AB 上,则延长 AB 至 A',使 $AB = BA'$,联结 $A'D$,则 $A'D = AC$.

从而

$$AC + AD = A'D + AD > A'A = 2AB$$

则 AC,AD 中至少有一个大于 AB,即在这种情况下,我们同样找到了一条以 M 中的点为端点且长度比 AB 更长的线段.

综合以上两方面,知无论哪种情形,我们都可以找到一条线段 AD 比 AB 更长($A,B,D \in M$).反复进行上述过程,我们可以不断地找出更长的线段且这些线段的端点都为 M 中的点,而以 M 中的点为端点的线段只有有限条,这就导致了矛盾.所以 M 必为无限点集.(本题中,通过"无穷递增"来得出矛盾.事实上,我们也可以将上述过程看作所得新线段与以 M 中的点为端点的线段中最长者的距离不断地减小).

19. 在坐标平面上,如果点 (x_0,y_0) 的坐标 x_0,y_0 都是整数,那么称该点为整点,试证:在坐标平面上,不存在正 n 边形($n \geq 7$),使其各顶点都是整点.

证明 假设存在某个正 n 边形 $A_1A_2A_3 \cdots A_n(n \geq 7)$,其各顶点 $A_1,A_2,\cdots,A_n$ 都是整点.

在坐标平面内任取一整点 M,过点 M 分别作向量 $\overrightarrow{MB_1},\overrightarrow{MB_2},\overrightarrow{MB_3},\cdots,\overrightarrow{MB_n}$ 使得

$$\overrightarrow{MB_1} = \overrightarrow{A_1A_2},\overrightarrow{MB_2} = \overrightarrow{A_2A_3},\overrightarrow{MB_3} = \overrightarrow{A_3A_4},\cdots,\overrightarrow{MB_{n-1}} = \overrightarrow{A_{n-1}A_n},\overrightarrow{MB_n} = \overrightarrow{A_nA_1}$$

(图4).

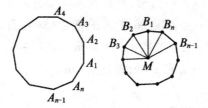

图 4

因为 $A_1, A_2, \cdots, A_n, M$ 都是整点,则由向量的坐标运算可以得知 $B_1, B_2, \cdots,$ B_n 都是整点.

又易知

$$|\overrightarrow{MB_i}| = |\overrightarrow{MB_{i+1}}| \quad (i = 1, 2, \cdots, n, \text{定义 } B_{n+1} = B_1)$$

且 $\overrightarrow{MB_i}$ 与 $\overrightarrow{MB_{i+1}}$ 间的夹角为 $\dfrac{2\pi}{n}$. 所以 n 边形 $B_1 B_2 \cdots B_n$ 是正 n 边形. 则易知 n 边形 $B_1 B_2 \cdots B_n$ 与 n 边形 $A_1 A_2 \cdots A_n$ 相似,相似比即为

$$\frac{|B_1 B_2|}{|A_1 A_2|} = \frac{|B_1 B_2|}{|MB_1|}$$

而

$$\angle B_1 M B_2 = \frac{2\pi}{n}$$

则

$$\frac{|B_1 B_2|}{|MB_1|} = 2\cos \frac{\pi}{n}$$

所以

$$B_1 B_2 = 2\cos \frac{\pi}{n} \cdot |A_1 A_2| \leqslant 2\cos \frac{\pi}{7} |A_1 A_2|$$

上述这一过程可以无限地进行下去,即由原正 n 边形可以得到一系列正 n 边形,每个正 n 边形边长都不大于前一个正 n 边形边长的 $2\cos \dfrac{\pi}{7}$,即对任意 $m \in \mathbf{N}_+$,都存在一个顶点都是整点的凸 n 边形,其边长不大于 $\left(2\cos \dfrac{\pi}{7}\right)^m \cdot |A_1 A_2|$,但 $2\cos \dfrac{\pi}{7} < 1$,则当 $m \to +\infty$ 时

$$\left(2\cos \frac{\pi}{7}\right)^m \cdot |A_1 A_2| \to 0$$

而任两个不同整点间的距离至少为 1,即正 n 边形边长不小于 1,这就导致了矛盾.

所以,不存在正 $n(n \geqslant 7)$ 边形,使其各顶点都是整点.

20. 已知 $a_1, a_2, \cdots$ 是严格递增的正整数数列,且对任意正整数 m, n, $(a_m, a_n) = a_{(m,n)}$ ((a, b) 表示整数 a 和 b 的最大公约数). 若存在一个最小的正整数 k,使得存在整数 $r < k$ 和 $s > k$,满足 $a_k^2 = a_r a_s$.

求证: $r \mid k, k \mid s$.

证明 先证明一个引理.

引理 若正整数 a, b, c 满足 $b^2 = ac$,则
$$(a, b)^2 = (a, c) a \qquad ①$$

引理的证明 设 $d = (a, c), a = a_0 d, c = c_0 d, (a_0, c_0) = 1$

则
$$b^2 = ac = d^2 a_0 c_0$$

故
$$(a, b)^2 = (a^2, b^2) = (a_0^2 d^2, d^2 a_0 c_0)$$
$$= d^2 a_0 (a_0, c_0) = d^2 a_0 = da.$$

回到原题.

对等式
$$a_k^2 = a_r a_s$$

应用引理得
$$(a_r, a_k)^2 = (a_r, a_s) a_r$$

于是
$$a_{(r,k)}^2 = a_{(r,s)} a_r$$

用反证法.

假设 $(r, k) < r$,则
$$a_{(r,k)} < a_r$$

于是,由以上等式得
$$a_{(r,k)} > a_{(r,s)}$$

从而
$$(r, k) > (r, s)$$

故
$$(k_0, r_0, s_0) = ((r, k), (r, s), r)$$

满足
$$a_{k_0}^2 = a_{r_0} a_{s_0},\ 且\ r_0 < k_0 < s_0, k_0 < r < k$$

这与 k 的最小性矛盾.

所以,必有 $(r, k) = r$,即 $r \mid k$.

于是

$$(a_r, a_k) = a_{(r,k)} = a_r$$

因此

$$a_r \mid a_k, a_s = a_k \cdot \frac{a_k}{a_r}$$

是 a_k 的整数倍,且

$$a_{(k,s)} = (a_k, a_s) = a_k$$

由 $a_1, a_2, \cdots$ 是递增的,知 $(k,s) = k$,即 $s \mid k$.

从而,结论成立.

21. 设整数 $m \geqslant 2, m_1, m_2, \cdots, m_n$ 是 m 的所有正约数,其中

$$1 = m_1 < m_2 < \cdots < m_n = m$$

记

$$M = m_1 m_2 + m_2 m_3 + \cdots + m_{n-1} m_n$$

(1)证明:$M < m^2$;

(2)求所有的整数 m,使 $M \mid m^2$.

证明 (1)因为 $m_i (i = 1, 2, \cdots, n)$ 是 m 的因子,所以,$\dfrac{d}{m_i}$ 也是 m 的因子.

故

$$M = \sum_{i=1}^{n-1} m_i m_{i+1} = m^2 \sum_{i=1}^{n-1} \frac{1}{m_i m_{i+1}}$$

$$\leqslant m^2 \sum_{i=1}^{n-1} \left(\frac{1}{m_i} - \frac{1}{m_{i+1}} \right)$$

$$< \frac{m^2}{m_1} = m^2$$

从而,$M < m^2$.

(2)设 p 为 m 的最小质因子,则

$$m_2 = p, m_{n-1} = \frac{m}{p}, m_n = m$$

若 $m = p$,则

$$n = 2, M = p$$

故 $M \mid m^2$.

若 m 为合数,则 $n > 2$. 故

$$M > m_{n-1} m_n = \frac{m^2}{p}$$

若 $M \mid m^2$,则 $\dfrac{m^2}{M}$ 为 m^2 的因子. 但 $1 < \dfrac{m^2}{M} < p$,与 p 的最小性矛盾. 故当 m 为

质数时,$M \mid m^2$.

22. (2009 年第 50 届 IMO)设 $s_1, s_2, s_3, \cdots$ 是一个严格递增的正整数数列,它的两个子数列 $s_{s_1}, s_{s_2}, s_{s_3}, \cdots$ 和 $s_{s_1+1}, s_{s_2+1}, s_{s_3+1}, \cdots$ 都是等差数列.

证明:数列 $s_1, s_2, s_3, \cdots$ 本身也是一个等差数列.(美国供题)

证明 由条件易知 $s_{s_1}, s_{s_2}, s_{s_3}, \cdots$ 与 $s_{s_1+1}, s_{s_2+1}, s_{s_3+1}, \cdots$ 均为严格递增的正整数数列.

设

$$S_{s_k} = a + (k-1)d_1, \quad S_{s_k+1} = b + (k-1)d_2 \quad (k=1,2,\cdots)$$

其中 a, b, d_1, d_2 是正整数.

由

$$s_k < s_k + 1 \leqslant s_{k+1}$$

及 $\{S_n\}$ 的单调性知对任意正整数 k,有

$$S_{s_k} \leqslant S_{s_k+1} \leqslant S_{s_{k+1}}$$

即

$$a + (k-1)d_1 < b + (k-1)d_2 \leqslant a + kd_1$$

即

$$a - b < (k-1)(d_2 - d_1) \leqslant a + d_1 - b$$

由 k 的任意性知 $d_2 - d_1 = 0$,即 $d_2 = d_1$,两者记其为 d,并记

$$b - a = c \in \mathbf{N}_+$$

若 $d = 1$,则由 $\{S_n\}$ 的单调性知

$$S_{s_{k+1}} = S_{s_k} + 1 \leqslant S_{s_{k+1}}$$

故

$$s_{k+1} \leqslant s_k + 1$$

又由于 $s_{k+1} > s_k$,故

$$s_{k+1} = s_k + 1$$

即 $\{s_n\}$ 为等差数列,结论已成立,下设 $d > 1$.

我们证明对于任意正整数 k,均有

$$s_{k+1} - s_k = c$$

若不然,则分两种情况讨论.

情况 1 存在正整数 k,使得

$$s_{k+1} - s_k < c$$

由于 $s_{k+1} - s_k$ 只能取整值,则其中必有最小者. 不妨设

$$s_{i+1} - s_i = c_0$$

最小,则

$$S_{a+id} - S_{a+(i-1)d+1} = S_{S_{i+1}} - S_{S_{s_i}+1}$$
$$= (a + (s_{i+1}-1)d) - (b + (s_i-1)d)$$
$$= c_0 d - c \qquad ①$$

另一方面,由

$$(a+id) - (a+(i-1)d+1) = d-1$$

得

$$S_{a+id} - S_{a+(i-1)d+1} \geqslant c_0(d-1)$$

(这里用到了 c_0 的最小性),与式①比较得 $c_0 \geqslant c$,矛盾.

情况2 存在正整数 k,使

$$s_{k+1} - s_k > c$$

则由于 $s_{k+1} - s_k$ 只能取整数,且对于给定的 k 均有

$$s_{k+1} - s_k \leqslant S_{S_{k+1}} - S_{S_k} = d$$

故其中必有最大值,不妨设

$$s_{j+1} - s_j = c_1$$

最大,则

$$S_{a+jd} - S_{a+(j-1)d+1} = S_{S_{j+1}} - S_{S_{s_j}+1}$$
$$= (a + (s_{j+1}-1)d) - (b + (s_j-1)d)$$
$$= c_1 d - c \qquad ②$$

另一方面,由

$$(a+jd) - (a+(j-1)d+1) = d-1$$

得

$$S_{a+jd} - S_{a+(j-1)d+1} \leqslant c_1(d-1)$$

(这里用到了 c_1 的最大性),与式②比较得 $c_1 \leqslant c$,矛盾.

因此,对于任意正整数 k,均有

$$s_{k+1} - s_k = c$$

即 $\{s_n\}$ 为等差数列. 证毕.

23. (1987 年第 28 届 IMO)已知 $n > 2$,求证:如果 $k^2 + k + n$ 对于整数 k,$0 \leqslant k \leqslant \sqrt{\dfrac{n}{3}}$,都是质数,则 $k^2 + k + n$ 对于所有整数 k,$0 \leqslant k \leqslant n-2$,都是质数.

证法1 用反证法. 若本题结论不成立,则存在满足

$$\sqrt{\frac{n}{3}} < x \leqslant n-2$$

的整数使 $x^2 + x + n$ 为合数,不妨设其最小的数为 k,有

$$k^2 + k + n = \alpha\beta \qquad ①$$

此处 α 是 k^2+k+n 的最小素因子. 因为

$$k>\sqrt{\frac{n}{3}},n^2<3k^2$$

所以

$$\alpha\beta=k^2+k+n<4k^2+k<2k(2k+1)$$

所以 $\alpha\leqslant 2k$, 又当 $k=0$ 时, n 为质数, 因此, a 与 k 互质, 所以 $\alpha<2k$ 且 $\alpha\neq k$. 又因

$$k^2+k+n\leqslant(n-2)^2+(n-2)+n=n^2-2n+2<n^2$$

所以, $\alpha<n$.

现在分两种情况讨论:

(1) 若 $\alpha<k$, 令 $k=p\alpha+t$, 此处 p,t 为正整数, $1\leqslant t<\alpha$.

则

$$
\begin{aligned}
n+k^2+k&=n+(p\alpha+t)^2+(p\alpha+t)\\
&=n+t^2+t+\alpha(p^2\alpha+2pt+p)=\alpha\beta
\end{aligned}
$$

或

$$\alpha\beta-\alpha(p^2\alpha+2pt+p)=n+t^2+t$$

即

$$n+t^2+t=\alpha(\beta-p^2\alpha-2pt-p)=\alpha\beta_1$$

若 $\beta_1=1$, 则

$$n+t^2+t=\alpha$$

与 $\alpha<n$ 矛盾. 若 $\beta_1>1$, 则因 $t<\alpha<k$, 与 k 的最小性定义矛盾.

(2) 若 $k<\alpha<2k$, 不妨设

$$\alpha=k+t\quad(1\leqslant t\leqslant k-1)$$

则

$$n+k^2+k=n+(\alpha-t)^2+(\alpha-t)=\alpha\beta$$
$$\alpha\beta=(n+t^2-t)+\alpha(a-2t+1)$$

或

$$n+(t-1)^2+(t-1)=\alpha(\beta+2t-\alpha-1)$$

因为

$$\alpha\leqslant\beta,t\geqslant 1$$

故

$$\beta+2t-\alpha-1\geqslant 1$$

若

$$\beta+2t-\alpha-1>1$$

则 $n+(t-1)^2+(t-1)$ 为一合数, 因 $0<t-1<k$, 与 k 最小性的定义矛盾.

若

$$\beta + 2t - \alpha - 1 = 1$$

则

$$t = 1, \beta = \alpha$$

这时式①变为

$$n + (\alpha - 1)^2 + (\alpha - 1) = \alpha^2 \text{ 或 } n = \alpha$$

与 $\alpha < n$ 矛盾.

综上所述,知当

$$\left[\sqrt{\frac{n}{3}}\right] < k \leq n - 2$$

时, $k^2 + k + n$ 恒为质数,又由题设条件,已有当

$$0 \leq k \leq \left[\sqrt{\frac{n}{3}}\right]$$

时, $n + k^2 + k$ 为质数. 因此,对一切满足 $0 \leq k \leq n - 2$ 的 $k, n + k^2 + k$ 都是质数.

证法 2 若本题结论不成立. 则有满足条件

$$\sqrt{\frac{n}{3}} < x \leq n - 2$$

的正整数存在,使得 $x^2 + x + n$ 为合数,不妨设其最小者为 x,则

$$x^2 + x + n = \alpha\beta$$

此处 $1 < \alpha \leq \beta, \alpha$ 是 $x^2 + x + n$ 的最小质因子.

因为 $\sqrt{\frac{n}{3}} < x$,所以 $n < 3x^2$,从而

$$x^2 + x + n < 4x^2 + x < 2x(2x + 1)$$

所以 $\alpha \leq 2x$. 因为

$$(x^2 + x + n) - (k^2 + k + n) = (x - k)(x + k + 1)$$

顺次令 $k = 0, 1, 2, \cdots, x - 1$,则得

$$x - k = 1, 2, \cdots, x$$
$$x + k + 1 = x + 1, x + 2, \cdots, 2x$$

因为 $\alpha \leq 2x$,故必存在某一个 k,使

$$\alpha = x - k \text{ 或 } \alpha = x + k + 1$$

总之有

$$\alpha \mid (x - k)(x + k + 1) = (x^2 + x + n) - (k^2 + k + n)$$

因为

$$\alpha \mid x^2 + x + n$$

而 k^2+k+n 为质数,必然

$$\alpha = k^2+k+n$$

但

$$x-k \leqslant n-2 < n+k+k^2 = \alpha$$
$$x+k+1 \leqslant (n-2)+k+1 < n+k+k^2 = \alpha$$

与

$$\alpha \mid (x-k)(x+k+1)$$

矛盾.

这个矛盾证明了,不存在满足

$$\sqrt{\frac{n}{3}} < x \leqslant n-2$$

的 x,使 x^2+x+n 为合数. 故本题结论成立.

指数中含有未知数的一些特殊的不定方程(组)

例1 (1989 年加拿大数学奥林匹克训练题)求出满足 $|12^m - 5^n| = 7$ 的全部正整数 m, n.

解 若

$$5^n - 12^m = 7$$

由于

$$5^n \equiv 1 \pmod 4$$
$$12^m \equiv 0 \pmod 4$$
$$7 \equiv 3 \pmod 4$$

则

$$5^n - 12^m \equiv 1 \pmod 4$$

从而 $5^n - 12^m = 7$ 不可能成立.

若

$$12^m - 5^n = 7$$

显然

$$m = 1, n = 1$$

是它的一组解.

又若 $m > 1$,则必有 $n > 1$,反之由 $n > 1$,则必有 $m > 1$.

当 $m > 1, n > 1$ 时,考虑模 3. 有

$$12^m - 5^n \equiv (-1)^{n+1} \pmod 3$$

又

$$7 \equiv 1 \pmod 3$$

所以为使 $12^m - 5^n = 7$ 成立,应有

$$(-1)^{n+1} \equiv 1 \pmod 3$$

因而 n 为奇数,则有

$$12^m - 5^n \equiv -5 \pmod 8$$

而

$$7 \equiv -1 \pmod 8$$

于是有

$$-5 \equiv -1 \pmod 8$$

这是不可能的.

从而 $12^m - 5^n = 7$ 没有大于 1 的正整数解 m 和 n.

从而本题有 $m = 1, n = 1$ 唯一的解.

例 2 （1996 年第 22 届全俄数学奥林匹克）已知 x, y 是互素的正整数，k 是大于 1 的正整数，找出满足 $3^n = x^k + y^k$ 的所有自然数 n，并给出证明.

证 设

$$3^n = x^k + y^k \quad ((x, y) = 1, x, y \in \mathbf{N})$$

不妨设 $x > y, k > 1, k \in \mathbf{N}, n \in \mathbf{N}$.

显然，x, y 中的任何一个都不能被 3 整除.

若 k 是偶数，则

$$x^k \equiv 1 \pmod 3, y^k \equiv 1 \pmod 3$$

因而

$$x^k + y^k \equiv 2 \pmod 3$$

显然

$$3^n \neq x^k + y^k$$

若 k 是奇数，且 $k > 1$，则

$$3^n = (x + y)(x^{k-1} - x^{k-2} y + \cdots + y^{k-1})$$

这样就有

$$x + y = 3^m \quad (m \geqslant 1)$$

$$A = x^{k-1} - x^{k-2} y + x^{k-3} y^2 - \cdots - x y^{k-2} + y^{k-1}$$
$$= x^{k-1} - x^{k-2}(3^m - x) + x^{k-3}(3^m - x)^2 - \cdots -$$
$$x(3^m - x)^{k-2} + (3^m - x)^{k-1}$$
$$= n x^{k-1} + 3B \quad (B \text{ 是某个整数})$$

由上面证明

$$3 \nmid x, 3 \nmid A$$

于是 $3 \mid k$.

取

$$x_1 = x^{\frac{k}{3}}, y_1 = y^{\frac{k}{3}}$$

代入

$$x + y = 3^m$$

得

$$x_1^{\frac{3}{k}} + y_1^{\frac{3}{k}} = 3^m$$

于是 $k = 3$. 这样, 已知方程化为

$$x^3 + y^3 = 3^n, x + y = 3^m$$

要证明 $n \geqslant 2m$, 只要证明

$$x^3 + y^3 \geqslant (x + y)^2$$

即

$$x^2 - xy + y^2 \geqslant x + y$$

由于 $x \geqslant y + 1$, 则

$$x^2 - x \geqslant xy$$

从而

$$(x^2 - x - xy) + (y^2 - y) \geqslant 0$$

即前式成立, 故 $n \geqslant 2m$.

由恒等式

$$(x + y)^3 - (x^3 + y^3) = 3xy(x + y)$$

可以推出

$$3^{2m-1} - 3^{n-m-1} = xy \qquad (*)$$

由于

$$2m - 1 \geqslant 1, n - m - 1 \geqslant n - 2m \geqslant 0 \qquad (**)$$

因此, 如果 ($**$) 中至少有一个不等号是严格不等号, 那么式 ($*$) 左端可被 3 整除, 但右端不能被 3 整除, 从而推出矛盾.

如果

$$n - m - 1 = n - 2m = 0$$

那么

$$m = 1, n = 2$$

且

$$3^2 = 2^3 + 1^3$$

故 $n = 2$.

例 3 (2013 年土耳其国家队选拔考试) 求所有的正整数数对 (m, n), 使得 $m^6 = n^{n+1} + n - 1$.

解 若 $n = 1$, 则 $m = 1$.

于是

$$(m,n) = (1,1)$$

若 $n > 1$，当 n 为奇数时，由于

$$2n^{\frac{n+1}{2}} + 1 > n^{\frac{n+1}{2}} > n > n - 1 > 0$$

则

$$(n^{\frac{n+1}{2}})^2 < (m^3)^2 = n^{n+1} + n - 1 < (n^{\frac{n+1}{2}} + 1)^2$$

矛盾.

当 $n \equiv 2 (\bmod\ 3)$ 时，由于

$$3n^{\frac{2(n+1)}{3}} + 3n^{\frac{n+1}{3}} + 1 > n^{\frac{n+1}{3}} > n > n - 1 > 0$$

则

$$(n^{\frac{n+1}{3}})^3 < (m^2)^3 = n^{n+1} + n - 1 < (n^{\frac{n+1}{3}} + 1)^3$$

矛盾.

当 $n \equiv 0 (\bmod\ 3)$ 时，则

$$-1 \equiv n^{n+1} + n - 1 = m^6 = (m^3)^2 \equiv 0 \ \text{或}\ 1 (\bmod\ 3)$$

矛盾.

当 $n \equiv 4 (\bmod\ 6)$ 时，由于 n 为偶数，则

$$m^6 + 3 = n^{n+1} + n + 2 \equiv (-1)^{n+1} + 1$$
$$= -1 + 1 = 0 (\bmod\ n+1)$$

设素数 $p \mid (n+1)$.

由于

$$n + 1 \equiv 5 (\bmod\ 6)$$

则 $p > 3$.

因为

$$m^6 \equiv -3 (\bmod\ p)$$

所以，-3 是模 p 的二次剩余.

则

$$p = 1 (\bmod\ 3) \qquad\qquad ①$$

由 p 的任意性，知 $n+1$ 的所有素因数均模 3 余 1.

故

$$n + 1 \equiv 1 (\bmod\ 3) \Rightarrow n \equiv 0 (\bmod\ 3)$$

矛盾.

综上，原方程有唯一解

$$(m,n) = (1,1)$$

例 4 （2014 年第 24 届日本数学奥林匹克）求所有满足

$$2^a + 3^b + 1 = 6^c$$

的正整数数组 (a, b, c).

解 对于满足题设条件的正整数数组 (a, b, c)，有

$$2^a = 6^c - (3^b + 1) \equiv 2(\bmod 3)$$

这表明，a 为奇数.

先考虑 $a = 1$ 的情形.

此时

$$2 + 3^b + 1 = 6^c$$

即

$$3(3^{b-1} + 1) = 6^c$$

因为

$$3 \mid 3(3^{b-1} + 1)$$

而

$$3^2 \nmid 3(3^{b-1} + 1)$$

且 $3^c \parallel 6^c$，所以，$c = 1$.

从而，$b = 1$.

因此，当 $a = 1$ 时，只有

$$(a, b, c) = (1, 1, 1)$$

满足条件.

再考虑奇数 $a \geqslant 3$ 的情形.

注意到

$$2^a + 3^b + 1 \equiv \begin{cases} 4(\bmod 8), b \text{ 为奇数} \\ 2(\bmod 8), b \text{ 为偶数} \end{cases}$$

$$6^c \equiv \begin{cases} 6(\bmod 8), c = 1 \\ 4(\bmod 8), c = 2 \\ 0(\bmod 8), c \geqslant 3 \end{cases}$$

故 b 为奇数，且 $c = 2$.

此时

$$2^a < 2^a + 3^b + 1 = 6^c = 36$$

又 $a \geqslant 3$ 且为奇数，于是 $a = 3$ 或 5.

经验证，$(a, b, c) = (3, 3, 2)$ 或 $(5, 1, 2)$ 满足条件.

综上，满足条件的正整数数组为

$$(a, b, c) = (1, 1, 1), (3, 3, 2), (5, 1, 2)$$

例5 （2004年第48届斯洛文尼亚数学奥林匹克决赛·四年级）求方程 $a^b = ab + 2$ 的全部整数解.

解 如果 $b < 0$，则对所有 $|a| > 1$，数 a^b 不是整数.

对于 $a = 1$，可得

$$1 = b + 2, b = -1$$

对于 $a = -1$，可得

$$(-1)^b = -b + 2$$

此方程无解. 事实上，由 $b < 0$，有

$$-b + 2 \geqslant 3$$

但

$$(-1)^b = \pm 1$$

当 $b = 0$ 时，所给的方程无解.

当 $b > 0$ 时，数 a^b 能被 a 整除，于是，a 整除 2，这是因为

$$a^b - ab = 2$$

因此，a 等于 $-2, -1, 1, 2$.

下面讨论每一种情况.

若 $a = -2$，有

$$(-2)^b = -2b + 2$$

即

$$(-2)^{b-1} = b - 1$$

不可能有整数 b 满足这个方程.

事实上，如果数 b 满足方程，它应该是奇数，即

$$b = 2s + 1$$

方程可改写为 $4^s = 2s$，这不可能，因为对任何实数 s，都有 $4^s > 2s$.

若 $a = -1$，则有

$$(-1)^b = -b + 2$$

即

$$|-b + 2| = 1$$

因此，$b = 1$ 或 $b = 3$，但只有 $b = 3$ 满足方程

$$(-1)^b = -b + 2$$

若 $a = 1$，则有 $1 = b + 2$，在条件 $b > 0$ 的情况下无解.

若 $a = 2$，则有 $2^b = 2(b + 1)$，即 $2^{b-1} = b + 1$，只有一个解 $b = 3$.

当 $b > 3$ 时，易用数学归纳法证明 $2^{b-1} > b + 1$（对于 $b = 4$，由 $2^{4-1} = 8 > 4 + 1 = 5$，归纳证明可利用 $2^{(b+1)-1} = 2 \times 2^{b-1} > 2(b + 1) > (b + 1) + 2$）.

因此,满足方程的全部数对(a,b)为

$$(2,3),(1,-1),(-1,3)$$

例6 (2013 年第 53 届乌克兰数学奥林匹克)求所有的正整数 n,使得存在正整数 p,q 满足

$$(n^2+2)^p=(2n-1)^q$$

解 显然,$n>4$,且容易检验 $n=5$,满足题设要求.只需证明 $n\geq 4$ 时不成立.

假设在 $n\geq 6$ 时,满足题意.

若 r 为 n^2+2 的素因子,则 $r\mid(2n-1)$.反之亦然,即若 r 为 $2n-1$ 的素因子,则 $r\mid(n^2+2)$.

取 n^2+2 和 $2n-1$ 的共同素因子 r,有

$$n^2+2=rk,2n-1=rl \quad (k,l\in \mathbf{Z}_+)$$

故

$$(2n)^2+8=4rk$$
$$(rl+1)^2+8=4rk$$
$$r^2l^2+2rl+9=4rk \qquad ①$$

因此,$r\mid 9$.又因为 r 是素数,所以,$r=3$.于是

$$n^2+2=3^m,2n-1=3^s$$

其中,$m,s\in \mathbf{Z}_+$,且 $m>s\geq 3$.所以,$3^s\mid 9$.这对于 $s\geq 3$ 是不成立的.从而,当 $n\geq 6$ 时,不成立.

综上所述,知 $n=5$.

例7 求方程 $x^r=p^n+1$ 满足下列条件的所有正整数解 (x,r,p,n):(1)p 是一个素数;(2)$r\geq 2,n\geq 2$.

解 由题意知 $x\geq 2$,且

$$p^n=x^r-1=(x-1)(x^{r-1}+x^{r-2}+\cdots+x+1)$$

由于 $x-1,x^{r-1}+x^{r-2}+\cdots+x+1$ 为正整数,且

$$x^{r-1}+x^{r-2}+\cdots+x+1>1$$

故

$$x-1=p^s(s \text{ 为非负整数}) \qquad ①$$

且

$$x^{r-1}+x^{r-2}+\cdots+x+1\equiv 0(\bmod p) \qquad ②$$

(1)若 $s=0$,由式①知 $x=2$.代入原方程并结合 $r\geq 2$,得

$$p^n=2^r-1\equiv -1(\bmod 4) \qquad ③$$

由式③知 p 是奇素数.

假设 n 为偶数. 则 p^n 为奇数的完全平方. 于是
$$p^n \equiv 1 \pmod 4$$
这与式③矛盾. 从而, n 为奇数.

故
$$\begin{aligned}2^r &= p^n + 1 \\ &= (p+1)(p^{n-1} - p^{n-2} + \cdots + 1)\end{aligned} \quad\quad ④$$

由于
$$p^{n-1} - p^{n-2} + \cdots + 1 > 0$$
且其为 n 个奇数相加仍为奇数. 从而, 由式④知其是 2^r 的一个奇因子. 故
$$p^{n-1} - p^{n-2} + \cdots + 1 = 1 \quad\quad ⑤$$
将式⑤代入式④得
$$p^n + 1 = p + 1$$

所以, $n = 1$ 与 $n \geq 2$ 矛盾.

(2) 若 s 为正整数, 此时, 由式①得
$$x \equiv 1 \pmod p$$

故
$$x^{r-1} + x^{r-2} + \cdots + x + 1 = 1 + 1 + \cdots + 1 = r \pmod p$$
上式并结合式②得 $p \mid r$.

从而
$$(x^p - 1) \mid (x^r - 1)$$

而
$$x^p - 1 > 0,\ x^r - 1 = p^n$$

于是, 存在非负整数 u 使得
$$x^p - 1 = p^u$$

因此, 由上式得
$$p^u = x^p - 1 = (x-1)(x^{p-1} + x^{p-2} + \cdots + x + 1) \quad\quad ⑥$$

由于
$$x \equiv 1 \pmod p$$

故
$$(x-1, x^{p-1} + x^{p-2} + \cdots + x + 1) = (x-1, p) = p$$
上式并结合式⑥知 $x - 1 = p$.

故 $x = p + 1$.

假设 p 奇素数. 由式⑥知
$$x^{p-1} + x^{p-2} + \cdots + x + 1 = p^t \quad (t \geq 2)$$

但

$$x^{p-1} + x^{p-2} + \cdots + x + 1$$
$$\equiv p(1 + 2 + \cdots + p - 1) + p$$
$$\equiv \frac{p-1}{2}p^2 + p \equiv p(\bmod p^2)$$

矛盾. 故 $p = 2$. 代入

$$x^p - 1 = p^u$$

得

$$u = 3, x = p + 1 = 3$$

由于 $p \mid r$, 故 $2 \mid r$.
设

$$r = 2m \quad (m \in \mathbf{Z}_+)$$

故由原方程得

$$2^n = 3^{2m} - 1 = (3^m - 1)(3^m + 1)$$

由上式知存在正整数 $v, w, v < w, v + w = n$, 使得

$$3^m - 1 = 2^v, 3^m + 1 = 2^w$$

以上两式相减得

$$2^w - 2^v = 2$$

故

$$v = 1, w = 2, n = 3, m = 1, r = 2m = 2$$

此时, 得到一组解 $(3, 2, 2, 3)$. 容易验证这组解满足题设条件.

综上, 知所求正整数解为 $(3, 2, 2, 3)$.

例 8 对于给定的正整数 a, 试求所有满足

$$x^y y = a^{x+y} \qquad \qquad ①$$

的正整数解 (x, y).

解 若 $a = 1$, 则由

$$x^y y = 1 \Rightarrow x = 1, y = 1$$

若 $a \geqslant 2$, 则有分解式

$$a = p_1^{\gamma_1} p_2^{\gamma_2} \cdots p_k^{\gamma_k}$$

其中, p_i 为互异质数, $\gamma_i > 0, i = 1, 2, \cdots, k$.

设 x, y 满足方程①, 由

$$x \mid a^{x+y}, y \mid a^{x+y}$$

知 x, y 可表示为

$$x = p_1^{\alpha_1} p_2^{\alpha_2} \cdots p_k^{\alpha_k} \quad (\alpha_i \geqslant 0)$$

$$y = p_1^{\beta_1} p_2^{\beta_2} \cdots p_k^{\beta_k} \quad (\beta_i \geqslant 0)$$

其中,$i = 1, 2, \cdots, k$.

首先证明:对于每个 $i \in \{1, 2, \cdots, k\}$,都有 $\beta_i > 0$.

否则,设存在某个 $\beta_i = 0$. 则 $(y, p_i) = 1$.

考虑式①中 p_i 两端的指数分别为 $(x+y)\gamma_i$,$\alpha_i y$.

故

$$(x+y)\gamma_i = \alpha_i y \Rightarrow y(\alpha_i - \gamma_i) = x\gamma_i > 0$$

则

$$x \mid y(\alpha_i - \gamma_i) \Rightarrow p_1^{\alpha_i} \mid y(\alpha_i - \gamma_i)$$

所以

$$p_i^{\alpha_i} \mid (\alpha_i - \gamma_i) \Rightarrow p_i^{\alpha_i} < \alpha_i$$

矛盾.

从而,每个 $\beta_i > 0$.

其次,由式①得

$$\gamma_i(x+y) - \alpha_i y = \beta_i \qquad\qquad ②$$

故对于 $i \in \{1, 2, \cdots, k\}$,有

$$p_i^{\min(\alpha_i, \beta_i)} \mid \beta_i$$

由于 $\beta_i > 0$,且 $p_i^{\beta_i} \nmid \beta_i$,则

$$\alpha_i < \beta_i \quad (i = 1, 2, \cdots, k)$$

故 $x \mid y$. 再结合式②,知

$$x \mid \beta_i \quad (i = 1, 2, \cdots, k)$$

记

$$\beta_i = x\delta_i$$

则

$$y = p_1^{x\delta_1} p_2^{x\delta_2} \cdots p_k^{x\delta_k} = z^x$$

其中

$$z = p_1^{\delta_1} p_2^{\delta_2} \cdots p_k^{\delta_k}$$

为正整数,$z \geqslant 2$.

注意到,对于正整数 $x \neq 3$,有 $2^x \geqslant x^2$,当且仅当 $x = 2$ 或 4 时,上式等号成立.

不然,当 $x \geqslant 5$ 时

$$x - 1 \geqslant 4, x - 2 \geqslant 3, x - 3 \geqslant 2$$

则

$$2^x = (1+1)^x$$

$$\geqslant 1 + x + \frac{x(x-1)}{2} + \frac{x(x-1)(x-2)}{6} + \frac{x(x-1)(x-2)(x-3)}{24}$$

$$\geqslant 1 + x + \frac{x(x-1)}{2} + \frac{x(x-1)}{2} + x$$

$$= 1 + x + x^2 > x^2$$

故

$$y = z^x \geqslant 2^x \geqslant x^2 \qquad\qquad ③$$

（在除了 $x=3$，且 $y=2^3=8$ 以外均成立，而已证得 $x\mid y$，故这种情形不可能出现.）

再证明：$a\mid x$.

设 $\dfrac{a}{x} = \dfrac{p}{q}$，其中，$\dfrac{p}{q}$ 为既约分数. 则将式①改写为

$$a^x\left(\frac{a}{x}\right)^y = y \Rightarrow a^x p^y = yq^y \Rightarrow p^y \mid yq^y$$

而 $(p,q)=1$，于是

$$p^y \mid y \Rightarrow p = 1 \Rightarrow \frac{a}{x} = \frac{p}{q} = \frac{1}{q} \Rightarrow a \mid x$$

由假设知 $\gamma_i \leqslant \alpha_i$.

若 $x \neq a$，则存在 $1 \leqslant i \leqslant k$，满足

$$\alpha_i \geqslant \gamma_i + 1 \qquad\qquad ④$$

故

$$\gamma_i(x+y) = \beta_i + \alpha_i y \geqslant (\gamma_i+1)y$$

再结合式③知

$$\gamma_i x \geqslant y \geqslant x^2$$

故

$$\gamma_i \geqslant x = p_1^{\alpha_1} p_2^{\alpha_2} \cdots p_k^{\alpha_k} \geqslant p_i^{\alpha_i} > \alpha_i$$

与式①矛盾. 所以 $x=a$. 代入式①，得 $y=a^n$.

例 9 （2013 年中国台湾数学奥林匹克集训）求正整数数对 (x,y)，满足 $x>y$，且

$$(x-y)^{xy} = x^y y^x$$

解 令

$$d = (x,y), x = dp, y = aq \quad (p,q \in \mathbf{Z}_+)$$

则 $(p,q)=1$. 代入得

$$[d(p-q)]^{d^2pq} = (dp)^{dq}(dq)^{dp}$$
$$\Leftrightarrow [d(p-q)]^{dpq} = (dp)^q(dq)^p$$
$$\Leftrightarrow a^{dpq}(p-q)^{dpq} = d^{p+q}p^qq^p$$

若
$$p+q \geqslant dpq$$

则
$$(p-q)^{dpq} = d^{p+q-dpq}p^qq^p$$

故
$$p \mid (p-q)^{dpq}$$

且
$$q \mid (p-q)^{dpq}$$

但
$$(p-q,p) = (p-q,q) = (p,q) = 1$$

于是
$$p = 1, q = 1$$

矛盾.

因此
$$p+q < dpq$$

故
$$d^{dpq-p-q}(p-q)^{dpq} = p^qq^p \Rightarrow (p-q) \mid p^qq^p.$$

而
$$(p-q,p) = (p-q,q) = (p,q) = 1$$

则
$$p-q = 1 \Rightarrow p = q+1$$

故
$$d^{dpq-p-q} = p^qq^{q+1}$$

从而，p,q 均为 d 的因数.

因为 $(p,q) = 1$，所以，d 可表示为 $d = st$，其中
$$p \mid t, q \mid s, 且 (s,t) = 1$$

从而
$$t^{dpq-p-q} = p^q = (q+1)^q$$

因为
$$(dpq-p-q,q) = 1$$

所以，t 一定是某个自然数的 q 次幂.

令 $t = t_1^q$,则

$$t_1^{dpq-p-q} = q+1 \Leftrightarrow t_1^{dq(q+1)-(2q-1)} = q+1$$

因为 $q+1 > 1$,所以,$t_1 > 1$.

若 $q \geqslant 3$,则

$$dq(q+1) - (2q+1) \geqslant 3(q+1) - (2q+1) = q+2$$

从而

$$t_1^{dq(q+1)-(2q+1)} \geqslant 2^{q+2} > q+1$$

矛盾.

若 $q = 2$,则 $t_1^{6d-5} = 3$,故

$$t_1 = 3, d = 1$$

于是

$$x = d(q+1) = 3, y = dq = 2$$

经检验不符合题意. 所以,只能 $q = 1$.

故 $t_1^{2d-3} = 2$. 从而

$$t_1 = 2, d = 2$$

于是

$$x = d(q+1) = 4, y = dq = 2$$

经检验符合题意.

例 10 (2005 年第 20 届中国数学奥林匹克)求方程

$$2^x \cdot 3^y - 5^z \cdot 7^w = 1$$

的所有非负整数解 (x,y,z,w).

解 由 $5^z \cdot 7^w + 1$ 为偶数,知 $x \geqslant 1$.

(1)若 $y = 0$,此时

$$2^x - 5^z \cdot 7^w = 1$$

若 $z \neq 0$,则

$$2^x \equiv 1 (\bmod 5)$$

由此得 $x \mid 4$. 因此

$$3 \mid (2^x - 1)$$

这与 $2^x - 5^z \cdot 7^w = 1$ 矛盾.

若 $z = 0$,则

$$2^x - 7^w = 1$$

当 $x = 1,2,3$ 时,直接计算可得

$$(x,w) = (1,0),(3,1)$$

当 $x \geqslant 4$ 时,有

$$7^w \equiv -1(\bmod 16)$$

直接计算知这不可能.

所以,当 $y=0$ 时,全部的非负整数解为
$$(x,y,z,w) = (1,0,0,0),(3,0,0,1)$$

(2)若 $y>0$, $x=1$,则
$$2 \cdot 3^y - 5^z \cdot 7^w = 1$$

因此
$$-5^z \cdot 7^w \equiv 1(\bmod 3)$$

即
$$(-1)^z \equiv -1(\bmod 3)$$

从而 z 为奇数,故
$$2 \cdot 3^y \equiv 1(\bmod 5)$$

由此知
$$y \equiv 1(\bmod 4)$$

当 $w \neq 0$ 时,有
$$2 \cdot 3^y \equiv 1(\bmod 7)$$

因此得
$$y \equiv 4(\bmod 6)$$

此与
$$y \equiv 1(\bmod 4)$$

矛盾,所以 $w=0$. 于是
$$2 \cdot 3^y - 5^z = 1$$

当 $y=1$ 时, $z=1$. 当 $y \geqslant 2$ 时,有
$$5^z \equiv -1(\bmod 9)$$

由此知
$$z \equiv 3(\bmod 6)$$

因此
$$5^3 + 1 \mid 5^z + 1$$

故
$$7 \mid 5^z + 1$$

这与
$$5^z + 1 = 2 \cdot 3^y$$

矛盾. 故此种情形的解为
$$(x,y,z,w) = (1,1,1,0)$$

（3）若 $y>0,x\geqslant 2$，此时
$$5^z \cdot 7^w \equiv -1(\bmod 4),5^z \cdot 7^w \equiv -1(\bmod 3)$$
即
$$(-1)^w \equiv -1(\bmod 4),(-1)^z \equiv -1(\bmod 3)$$
因此 z 和 w 都是奇数，从而
$$2^x \cdot 3^y = 5^z \cdot 7^w + 1 \equiv 35 + 1 \equiv 4(\bmod 8)$$
所以 $x=2$，原方程变为
$$4 \cdot 3^y - 5^z \cdot 7^w = 1 \quad （其中 z 和 w 均为奇数） \qquad ①$$
由此知
$$4 \cdot 3^y \equiv 1(\bmod 5),4 \cdot 3^y \equiv 1(\bmod 7)$$
从上面两式得 $y \equiv 2(\bmod 12)$.

设 $y=12m+2,m\geqslant 0$，于是
$$5^z \cdot 7^w = 4 \cdot 3^y - 1 = (2 \cdot 3^{6m+1} - 1)(2 \cdot 3^{6m+1} + 1)$$
因为
$$2 \cdot 3^{6m+1} + 1 \equiv 6 \cdot 2^{3m} + 1 \equiv 6 + 1 \equiv 0(\bmod 7)$$
又因为
$$(2 \cdot 3^{6m+1} - 1,2 \cdot 3^{6m+1} + 1) = 1$$
所以
$$5 | 2 \cdot 3^{6m+1} - 1$$
于是
$$2 \cdot 3^{6m+1} - 1 = 5^z \qquad\qquad ②$$
$$2 \cdot 3^{6m+1} + 1 = 7^w$$

若 $m \geqslant 1$，则由②得
$$5^z \equiv -1(\bmod 9)$$
由情形 2 知，不可能.

若 $m=0$，则 $y=2,z=1,w=1$.

故此种情形的解为
$$(x,y,z,w) = (2,2,1,1)$$
综上所述，所求的非负整数解为
$$(x,y,z,w) = (1,0,0,0),(3,0,0,1),(1,1,1,0),(2,2,1,1).$$

例 11 （1987 年联邦德国数学竞赛）求方程 $2^x + 3^y = z^2$ 的所有整数解 (x,y,z).

解 设 (x,y,z) 是方程
$$2^x + 3^y = z^2 \qquad\qquad ①$$

的一组整数解.

假定 x 或 y 是负数,则

$$0 < 2^x \leqslant \frac{1}{2} \text{ 或者 } 0 < 3^y \leqslant \frac{1}{3}$$

此时,$2^x + 3^y$ 必定不是整数,而 z^2 是整数,出现矛盾,于是

$$x \geqslant 0, y \geqslant 0$$

此时 $z \neq 0$.

此外,若 (x, y, z) 是方程①的一组解,则 $(x, y, -z)$ 也是①的一组解,反之亦然.

所以,求方程①的所有整数解,只要求出使得 $z > 0$ 的整数解即可.

(1)当 $x = 0$ 时,由①有

$$1 + 3^y = z^2$$
$$3^y = (z - 1)(z + 1)$$

因为 3 是素数,则

$$\begin{cases} z - 1 = 3^t \\ z + 1 = 3^s \end{cases}$$

其中 $t < s, t + s = y$.

由于

$$3^s - 3^t = 2$$
$$3^t(3^{s-t} - 1) = 2$$

因为 2 是素数,所以 $3^t \neq 2$,从而 $3^t = 1$,即 $t = 0$,再由 $3^s - 1 = 2$ 得 $s = 1$.

于是

$$y = 1, z = 2$$

(2)当 $y = 0$ 时,由①有

$$2^x = (z - 1)(z + 1)$$

所以有

$$\begin{cases} z - 1 = 2^t \\ z + 1 = 2^s \end{cases}, t < s, t + s = x$$

消去 z 得

$$2^s - 2^t = 2$$
$$2^t(2^{s-t} - 1) = 2$$

同样有

$$t = 1, s = 2$$

此时

$$x = 3, z = 3$$

(3)当 x 和 y 都是正整数时,我们首先证明: x 和 y 同为偶数.

假定 x 是奇数,设 $x = 2p + 1$, p 为非负整数,由①有

$$2^{2p+1} + 3^y = z^2$$

$$2(3+1)^p + 3^y = z^2$$

由于

$$(3+1)^p \equiv 1 \pmod 3$$

则

$$2(3+1)^p + 3^y \equiv 2 \pmod 3$$

然而,形如 $3k + 2$ 的数不是完全平方数,所以 $2(3+1)^p + 3^y$ 不是平方数,而 z^2 是平方数,这是不可能的.

所以 x 是偶数,并且设 $x = 2p$.

假定 y 是奇数,设 $y = 2q + 1$,其中 q 是非负整数,由①有

$$4^p + 3(8+1)^q = z^2$$

由于

$$(8+1)^q \equiv 1 \pmod 4$$

则

$$4^p + 3(8+1)^q \equiv 3 \pmod 4$$

然而,形如 $4k + 3$ 的数不是完全平方数,所以 $4^p + 3(8+1)^q$ 不是平方数,而 z^2 是平方数,这是不可能的.

所以 y 是偶数,并且设 $y = 2q$.

此时方程①化为

$$2^{2p} + 3^{2q} = z^2 \qquad ②$$

$$3^{2q} = (z - 2^p)(z + 2^p)$$

从而有

$$\begin{cases} z - 2^p = 3^t \\ z + 2^p = 3^s, t < s, t + s = 2q \end{cases}$$

即

$$2^{p+1} = 3^s - 3^t = 3^t(3^{s-t} - 1)$$

于是 $t = 0$,从而

$$z = 2^p + 1$$

另一方面

$$2^{2p} = (z - 3^q)(z + 3^q)$$

$$2^{2p} = (1 + 2^p - 3^q)(1 + 2^p + 3^q)$$

于是可设

$$1 + 2^p - 3^q = 2^u$$
$$1 + 2^p + 3^q = 2^v$$

其中 $0 \leqslant u < v$, 且 $u + v = 2p$.

两式相减得

$$2^v - 2^u = 2^u (2^{v-u} - 1) = 2 \cdot 3^q$$

所以 $2^u = 1$ 或 2.

当 $2^u = 1$ 时, 有

$$1 + 2^p - 3^q = 1$$
$$2^p = 3^q$$

这是不可能的.

所以

$$2^u = 2, u = 1$$

且

$$2^p = 3^q + 1$$

如果 p 是奇数, 则 $p = 2k+1$, 上式的两边

$$左边 = 2^p = 2 \cdot 4^k = 2 \cdot (3+1)^k \equiv 2 (\bmod\ 3)$$
$$右边 = 3^q + 1 \equiv 1 (\bmod\ 3)$$

这不可能, 所以 p 是偶数.

设 $p = 2b$, 则有

$$(2^b)^2 = 3^q + 1$$
$$3^q = (2^b - 1)(2^b + 1)$$

从而

$$2^b - 1 = 1, b = 1, p = 2, q = 1$$

所以

$$x = 4, y = 2, z = 5$$

综合以上, 方程的所有整数解共六组

$$(0,1,2),(3,0,3),(4,2,5),(0,1,-2),(3,0,-3),(4,2,-5)$$

例 12 (1997 年第 38 届国际数学奥林匹克) 求所有的整数对 (a,b), 其中 $a \geqslant 1, b \geqslant 1$, 且满足等式 $a^{b^2} = b^a$.

解 当 a, b 中有一个等于 1, 则另一个必为 1, 所以有一组解

$$(a,b) = (1,1)$$

当 $a, b \geqslant 2$ 时, 设

$$t = \frac{b^2}{a} \qquad ①$$

化为

$$a^{\frac{b^2}{a}} = b = a^t$$

且

$$at = b^2 = a^{2t}$$

从而 $t = a^{2t-1}$,有 $t > 0$.

如果 $2t - 1 \geqslant 1$,则

$$t = a^{2t-1} \geqslant (1+1)^{2t-1} \geqslant 1 + (2t-1) = 2t > t$$

矛盾,知 $2t - 1 \geqslant 1$ 不真,从而 $2t - 1 < 1$.

于是 $0 < t < 1$.

设 $k = \dfrac{1}{t}$,则 k 为大于 1 的有理数.

由 $a = b^k$ 可知

$$k = b^{k-2} \qquad ②$$

由 $k > 1$ 知 $k > 2$.

设

$$k = \frac{p}{q} \quad (p, q \in \mathbf{N}, (p, q) = 1)$$

由 $k > 2$ 知 $p > 2q$.

由式②可得

$$\left(\frac{p}{q}\right)^q = k^q = b^{p-2q} \in \mathbf{Z}$$

这意味着 $q^q \mid p^q$. 但 $(p, q) = 1$,则 $q = 1$. 从而 k 为大于 2 的自然数.

当 $b = 2$ 时,由式②得

$$k = 2^{k-2} > 2$$

知 $k \geqslant 4$.

由

$$k = 2^{k-2} \geqslant C_{k-2}^0 + C_{k-2}^1 + C_{k-2}^2$$

$$= 1 + (k-2) + \frac{(k-2)(k-3)}{2}$$

$$= 1 + \frac{(k-1)(k-2)}{2} \geqslant 1 + k - 1 = k$$

等号当且仅当 $k = 4$ 成立,所以

$$a = b^k = 2^4 = 16$$

这时有解 $(a,b)=(16,2)$.

当 $b\geqslant 3$ 时
$$k=b^{k-2}\geqslant(1+2)^{k-2}\geqslant 1+2(k-2)=2k-3$$
从而 $k\leqslant 3$. 注意到 $k>2$, 所以 $k=3$.

于是只有 $b=3$. $a=b^k=3^3=27$.

这时有解 $(a,b)=(27,3)$.

综上, 本题有解 $(1,1),(16,2),(27,3)$.

例 13 (1997 年第 38 届国际数学奥林匹克预选题) (a) 设 n 是一个正整数. 证明存在不同的正整数 x,y,z, 使得
$$x^{n-1}+y^n=z^{n+1} \tag{①}$$

(b) 设 a,b,c 是正整数, 且 a 与 b 互素, c 与 a 互素, 或与 b 互素. 证明存在无限多个不同正整数 x,y,z 的三元数组, 使得
$$x^a+y^b=z^c \tag{②}$$

解 (a) 设
$$\begin{cases} x=2^{n^2}\cdot 3^{n+1} \\ y=2^{(n-1)n}\cdot 3^n \\ z=2^{n^2-2n+2}\cdot 3^{n-1} \end{cases}$$

则
$$\begin{aligned} x^{n-1}+y^n &=2^{n^3-n^2}\cdot 3^{n^2-1}+2^{n^3-n^2}\cdot 3^{n^2} \\ &=2^{n^3-n^2}(3^{n^2-1}+3^{n^2})=2^{n^3-n^2+2}\cdot 3^{n^2-1} \\ &=2^{(n+1)(n^2-2n+2)}\cdot 3^{(n-1)(n+1)}=z^{n+1} \end{aligned}$$

于是①有无穷多组解.

(b) 设 $p(p\geqslant 3)$ 是正整数
$$Q=p^c-1\geqslant 1$$
我们寻求如下形式的解
$$\begin{cases} x=Q^m \\ y=Q^n \\ z=PQ^k \end{cases}$$

由方程②有
$$\begin{aligned} Z^c &=P^cQ^{ck}=(Q+1)Q^{ck}=Q^{ck+1}+Q^{ck} \\ &=x^a+y^b=Q^{mQ}+y^{bn} \end{aligned}$$

因此, 当方程组
$$\begin{cases} ma=kc+1 \\ nb=kc \end{cases}, \begin{cases} nb=kc+1 \\ ma=kc \end{cases}$$

的一组有解时,方程②有解.

这意味着,$(a,bc)=1$,或者$(b,ac)=1$.

假设$(a,bc)=1$. 我们证明第一个方程组有解.

令

$$k=bt,n=ct$$

则由

$$ma=kc+1$$

得

$$ma=tbc+1 \qquad\qquad ③$$

因而有$(a,bc)=1$.

这时,对一次不定方程③,正整数 m 和 t 都可求出,从而第一个方程组有解.

由于

$$(kc,kc+1)=1$$

从而 $m\neq n$,进而 $x\neq y$,又因为数 z 与 x 和 y 不同,于是方程②对不同的 P 可有不同的解.

例 14 （1994 年保加利亚数学奥林匹克）p 是一个素数,求方程 $x^p+y^p=p^z$ 的全部正整数组解(x,y,z,p).

解 如果(x,y,z,p)是方程

$$x^p+y^p=p^z \qquad\qquad ①$$

的一组正整数解,由于 p 是素数,则有

$$(x,y)=p^k \qquad\qquad ②$$

这里 k 是一个非负整数. 则②有

$$x=p^kx_0,y=p^ky_0 \qquad\qquad ③$$

这里$(x_0,y_0)=1,x_0\in\mathbf{N},y_0\in\mathbf{N}$.

将③代入①得

$$x_0^p+y_0^p=p^{z-kp} \qquad\qquad ④$$

由 x_0,y_0 是正整数,则

$$p^{z-kp}\geqslant2$$

从而 $z_0=z-kp$ 为正整数.

这样有

$$x_0^p+y_0^p=p^{z_0} \qquad\qquad ⑤$$

方程⑤与方程①形状相同,但方程⑤中的 x_0 与 y_0 互素. 这时由方程⑤,x_0 和 y_0 都不是 p 的倍数.

当 $p=2$ 时,由⑤知 x_0 和 y_0 都是奇数,此时⑤化为

$$x_0^2 + y_0^2 = 2^{z_0} \qquad ⑥$$

由于

$$x_0^2 + y_0^2 \equiv 2 \,(\bmod\, 4)$$

则 $z_0 = 1$. 将 $z_0 = 1$ 代入⑥可得

$$x_0 = 1, y_0 = 1$$

从而由③得

$$x = 2^k, y = 2^k$$

代入方程①有

$$2^z = x^2 + y^2 = 2^{2k} + 2^{2k} = 2^{2k+1}$$
$$z = 2k + 1$$

这时有解

$$(x, y, z, p) = (2^k, 2^k, 2k+1, 2)$$

当 p 为奇素数时,由于

$$x_0 + y_0 \mid x_0^p + y_0^p$$

再由⑤可知 $x_0 + y_0$ 是 p^{z_0} 的因数,即存在正整数 t_0,使得

$$x_0 + y_0 = p^{t_0} \qquad ⑦$$

由于 $p \geqslant 3$,则

$$x_0 + y_0 \geqslant 3, x_0^p + y_0^p > x_0 + y_0 \geqslant 3$$

考虑到方程⑤,则有

$$1 \leqslant t_0 \leqslant z_0 - 1$$

因而

$$x_0^p + (p^{t_0} - x_0)^p = p^{z_0}$$

展开上式左端第二项,并注意到 p 是奇数,则上式化为

$$p^{pt_0} - C_p^1 p^{(p-1)t_0} x_0 + \cdots - C_p^{p-2} p^{2t_0} x_0^{p-2} + C_p^1 p^{t_0} x_0^{p-1} = p^{z_0}$$

因为 p 是奇素数,则 $C_p^j (j = 1, 2, \cdots, p-2)$ 是 p 的倍数. 而上式左端除最后一项

$$C_p^1 p^{t_0} x_0^{p-1} = p^{t_0+1} x_0^{p-1}$$

之外,其余各项均为 p^{2t_0+1} 的倍数,因此 p^{z_0} 一定是 p^{t_0+1} 的倍数,并且一定不是 p^{t_0+2} 的倍数,于是

$$z_0 = t_0 + 1$$

这时由式⑦有

$$x_0 + y_0 = p^{z_0-1}$$

由式⑤又有

$$x_0^p + y_0^p = p(x_0 + y_0) \qquad \text{⑧}$$

另一方面,容易证明

$$u^{n-1} > n \quad (u \geqslant 2, u \in \mathbf{N})$$

从而又有

$$x_0^p + y_0^p = x_0 \cdot x_0^{p-1} + y_0 \cdot y_0^{p-1} > p(x_0 + y_0) \qquad \text{⑨}$$

⑧与⑨矛盾. 因此,x_0 和 y_0 中至少有一个为 1. 不妨设 $x_0 = 1$.

由

$$y_0 = p^{z_0-1} - 1 \qquad \text{⑩}$$

及式⑧

$$y_0^p - py_0 = p - 1 \qquad \text{⑪}$$

从而可知,y_0 是 $p-1$ 的一个因子,由⑩可知

$$z_0 - 1 = 1$$

即 $z_0 = 2$. 故

$$y_0 = p - 1$$

再代入式⑪

$$(p-1)^p = p(p-1) + p - 1 = p^2 - 1$$

由 p 是奇素数,可得

$$(p-1)^{p-1} = p + 1$$

当 $p > 3$ 时,容易证明

$$(p-1)^{p-1} > p + 1$$

当此有

$$p = 3, y_0 = p - 1 = 2$$

则

$$x = 3^k, y = 2 \cdot 3^k, z = 2 + 3k$$

再由对称性有

$$x = 2 \cdot 3^k, y = 3^k, z = 2 + 3k$$

这样又有解

$$(x, y, z, p) = (3^k, 2 \cdot 3^k, 2 + 3k, 3)$$

$$(x, y, z, p) = (2 \cdot 3^k, 3^k, 2 + 3k, 3)$$

从而本题的所有解为 $(2^k, 2^k, 2k+1, 2)$,$(3^k, 2 \cdot 3^k, 2+3k, 3)$,$(2 \cdot 3^k, 3^k, 2 + 3k, 3)$.

例 15 (1982 年保加利亚数学奥林匹克)求方程

$$(y+1)^x - 1 = y!$$

的自然数解.

解 设自然数 x 和 y 满足方程.

首先证明, $p = y + 1$ 是素数.

如果 p 是合数, 则 p 的因数 d 满足 $1 < d < y + 1$, 则 $d \mid y!$, 又 $d \mid (y+1)^x$, 于是

$$1 = (y+1)^x - y! \equiv 0 \pmod{d}$$

这是不可能的.

因此, 已知方程若有自然数解 x, y, 则 $y + 1$ 是素数, 从而素数 p 满足方程

$$p^x - 1 = (p-1)!$$

如果 $p \geqslant 7$, 则将上式两端除以 $p - 1$ 可得

$$p^{x-1} + p^{x-2} + \cdots + 1 = (p-2)!$$

而当 $p \geqslant 7$ 时

$$2 < \frac{p-1}{2} \leqslant p - 2, \text{且} \frac{p-1}{2} \in \mathbf{N}$$

所以上式右端能被

$$2 \cdot \frac{p-1}{2} = p - 1$$

整除.

又由 p 是素数, 则

$$p^i \equiv 1^i (\bmod (p-1)) \quad (i = 0, 1, \cdots, x-1)$$

$$\sum_{i=0}^{x-1} p^i = (p-2)! \equiv \sum_{i=0}^{x-1} 1^i = x (\bmod (p-1))$$

即

$$x \equiv 0 (\bmod (p-1))$$

即有

$$x \geqslant p - 1$$

但是

$$p^{x-1} < p^{x-1} + \cdots + 1 = (p-2)! < (p-2)^{p-2} < p^{p-2}$$

从而

$$x - 1 < p - 2$$
$$x < p - 1$$

与 $x \geqslant p - 1$ 矛盾.

所以必有 $p < 7$. 即 p 只有可能是 $2, 3, 5$.

如果 $p = 2$, 则

$$2^x - 1 = 1$$

因此

$$x = 1, y = 1$$

如果 $p = 3$,则

$$3^x - 1 = 2$$

因此

$$x = 1, y = 2$$

如果 $p = 5$,则

$$5^x - 1 = 24$$

因此

$$x = 2, y = 4$$

于是原方程有三组自然数解 (x, y),即

$$(x, y) = (1, 1), (1, 2), (2, 4)$$

例 16 (1987 年第 28 届国际数学奥林匹克候选题)解方程

$$28^x = 19^y + 87^z$$

这里 x, y, z 为整数.

解 如果 x, y 和 z 中有负整数,则易知 x, y, z 都是负整数,用 $28^{-x}, 19^{-y}$ 和 87^{-z} 的最小公倍数乘方程

$$28^x = 19^y + 87^z \qquad ①$$

的两边,由于 $3 | 87$,则左边所得的整数能被 3 整除,而右边的第二项不能被 3 整除,第一项能被 3 整除,方程①不成立.

所以若方程①有解,则 x, y 和 z 都需是非负整数,并且显然有

$$x > z \geqslant 0$$

考虑方程①的两边以 4 为模的余数,则

$$0 \equiv (-1)^y + (-1)^z \pmod 4$$

所以 y 和 z 的奇偶性不同.

考虑方程①的两边以 29 为模的余数,则

$$\pm 1 = (-1)^x \equiv 19^y \pmod{29}$$

于是 $14 | y$,从而 y 是偶数,z 是奇数.

若 $y = 0$,则

$$28^x = 1 + 87^z = 88(87^{z-1} + 87^{z-2} + \cdots + 1)$$

此式右端被 11 整除,而左端不能被 11 整除,所以 $y \neq 0$,即 y 是正偶数.

由①又有

$$1^x \equiv 1^y + 87^z \pmod 9$$

即
$$87^z \equiv 0 \pmod 9$$

所以 $z \geqslant 2$，又 z 是奇数，则 $z \geqslant 3$.

仍由①

$$1^x \equiv 19^y \pmod{27}$$

于是 $3 \mid y$，由 y 是正偶数，则 $6 \mid y$.

从而

$$19^y \equiv 1 \pmod 7$$

由①得

$$0 \equiv 1 + 87^z \pmod 7$$

即

$$3^z \equiv -1 \pmod 7$$

则 $3 \mid z$.

再由

$$11^3 \equiv 1 \pmod{19}$$

则由①得

$$9^x \equiv 87^z \equiv 11^z \equiv 1 \pmod{19}$$

从而有 $9 \mid x$.

由以上，x,y 和 z 均是 3 的倍数，且为正整数，则方程①可化为

$$(28^{\frac{x}{3}})^3 + (19^{\frac{y}{3}})^3 = (87^{\frac{z}{3}})^3$$

设

$$x_1 = 28^{\frac{x}{3}}, y_1 = 19^{\frac{y}{3}}, z_1 = 87^{\frac{z}{3}}$$

则 x_1,y_1 和 z_1 都是正整数，且方程化为

$$x_1^3 + y_1^3 = z_1^3$$

由于当 $n = 3$ 时，费马大定理成立，故此方程无正整数解.

于是方程①无整数解.

例 17 （1991 年全苏数学冬令营）求方程

$$2^x + 3^y = 5^z$$

的自然数解.

解 $x = 1, y = 1, z = 1$ 显然是它的解.

当 $x = 1, y \geqslant 2$ 时

$$2^x + 3^y \equiv 2 \pmod 9$$

所以

$$5^z \equiv 2 (\bmod 9)$$

由于

$$5^5 = 3\ 125 \equiv 2 (\bmod 9)$$
$$5^6 = 15\ 625 \equiv 1 (\bmod 9)$$

于是

$$5^{6k+5} \equiv 2 (\bmod 9)$$

即

$$z = 6k + 5$$

所以

$$3^y = 5^{6k+5} - 2 \equiv 1 (\bmod 7)$$

于是 $6 \mid y$. 由此得

$$2 = 5^z - 3^y \equiv 0 (\bmod 4)$$

这是不可能的.

当 $x = 2$ 时,则

$$3^y = 5^z - 4 \equiv 1 (\bmod 4)$$

所以 y 是偶数,设 $y = 2y_1$,故

$$5^z = 4 + 3^y \equiv 4 (\bmod 9)$$

由此可得

$$z = 6k + 4$$

因此

$$4 = 5^z - 3^y = 5^{6k+4} - 9^{y_1} \equiv 0 (\bmod 8)$$

这也是不可能的,所以 $x = 2$ 时,方程无自然数解.

当 $x \geqslant 3$ 时,由

$$3^y = 5^z - 2^x \equiv 1 (\bmod 4)$$

知 $y = 2y_1$ 是偶数,于是

$$5^z = 2^x + 9^{y_1} \equiv 1 (\bmod 8)$$

知 $z = 2z_1$ 是偶数,所以

$$2^x = (5^{z_1} + 3^{y_1})(5^{z_1} - 3^{y_1})$$

可设

$$5^{z_1} + 3^{y_1} = 2^{x_1}$$
$$5^{z_1} - 3^{y_1} = 2^{x_2}$$

其中

$$x_1 > x_2 \geqslant 0, x_1 + x_2 = x$$

消去 5^{z_1},得

$$3^{y_1} = 2^{x_1-1} - 2^{x_2-1}$$

由此得

$$x_2 = 1$$
$$3^{y_1} = 2^{x-2} - 1 \equiv 0 \pmod 3$$

所以

$$x - 2 = 2x_3$$

为偶数

$$3^{y_1} = (2^{x_3} + 1)(2^{x_3} - 1)$$

又可设

$$2^{x_3} + 1 = 3^{y_2}$$
$$2^{x_3} - 1 = 3^{y_3}$$

则

$$3^{y_2} - 3^{y_3} = 2$$

于是

$$y_2 = 1, y_3 = 0$$

进而

$$x_3 = 1, x = 4, y = 2, z = 2$$

综上,有两组自然数解 $(1,1,1),(4,2,2)$.

例 18 (1992 年加拿大数学奥林匹克训练题)求出满足方程

$$8^x + 15^y = 17^z$$

的正整数解 (x,y,z).

解 考虑 $8^x, 15^y, 17^z$ 被 4 除的余数.

对所有 x,有

$$8^x \equiv 0 \pmod 4$$

对所有 z,有

$$17^z \equiv 1 \pmod 4$$

于是由已知方程可知

$$15^y \equiv 1 \pmod 4$$

从而 y 必定为偶数.

再考虑 $8^x, 15^y, 17^z$ 被 7 除的余数.

对所有 x,有

$$8^x \equiv 1 \pmod 7$$

对所有 y,有

$$15^y \equiv 1 \pmod 7$$

于是由已知方程得

$$17^z \equiv 2 (\bmod 7)$$

从而 z 必定为偶数.

考虑 $8^x, 15^y, 17^z$ 被 3 除的余数.

对所有 y, 有

$$15^y \equiv 0 (\bmod 3)$$

对偶数 z, 有

$$17^z \equiv 1 (\bmod 3)$$

于是由已知方程得

$$8^x \equiv 1 (\bmod 3)$$

从而 x 亦为偶数.

因此, x, y, z 均为偶数.

令

$$x = 2k, y = 2m, z = 2n$$

则有

$$2^{6k} = (17^n - 15^m)(17^n + 15^m)$$

从而有

$$17^n - 15^m = 2^t \qquad ①$$

$$17^n + 15^m = 2^{6k-t} \qquad ②$$

由 $t < 6k - t$ 得

$$1 \leqslant t < 3k \qquad ③$$

①+②得

$$2 \cdot 17^n = 2^t (2^{6k-2t} + 1) \qquad ④$$

由③可知

$$6k - 2t > 0$$

所以 $2^{6k-2t} + 1$ 为奇数.

因此由式④得 $t = 1$.

由①有

$$17^n - 15^m = 2 \qquad ⑤$$

考虑 $17^n, 15^m$ 被 9 除的余数, 当 $m \geqslant 2$ 时

$$15^m \equiv 0 (\bmod 9)$$

当 n 为奇数时

$$17^n \equiv 8 (\bmod 9)$$

当 n 为偶数时

$$17^n \equiv 1 \pmod 9$$

所以当 $m \geqslant 2$ 时,式⑤不成立.

因此仅当

$$m = 1, n = 1$$

时,⑤有解.

此时由②知 $k = 1$.

于是已知方程有唯一一组解

$$(x, y, z) = (2, 2, 2)$$

例19 求方程

$$x! + y! = x^y$$

的全部正整数解 (x, y).

解 易知,$x \geqslant 2$.

(1)若 $x = y$,则

$$2 \cdot x! = x^x$$

显然,$(2, 2)$ 为方程的一组解.

由数学归纳法,易证:当 $x \geqslant 3$ 时

$$2 \cdot x! < x^x$$

(2)若 $x > y$,则

$$y! \left(1 + \frac{x!}{y!}\right) = x^y$$

于是

$$\left(1 + \frac{x!}{y!}\right) \mid x^y$$

由

$$\left(1 + \frac{x!}{y!}, x\right) = 1$$

得

$$\left(1 + \frac{x!}{y!}, x^y\right) = 1$$

于是

$$1 + \frac{x!}{y!} = 1$$

矛盾.

若 $x < y$,则

$$x! \left(1 + \frac{y!}{x!}\right) = x^y$$

所以

$$(x-1)!\left(1+\frac{y!}{x!}\right)=x^{y-1}$$

即

$$(x)|x^{y-1}$$

由

$$(x,x-1)=1$$

得

$$(x-1,x^{y-1})=1$$

所以

$$x-1=1,x=2$$

从而

$$2+y!=2^y$$

若 $y\geqslant4$,则

$$2^y\equiv2+y!\equiv2(\bmod 4)$$

矛盾.

因此,$y=3$.

经检验,$(2,3)$ 为原方程的一组解.

综上,$(2,2),(2,3)$ 为原方程的全部正整数解.

例20 (2011 年第七届中国北方数学邀请赛)求不定方程

$$1+2^x\times7^y=z^2$$

的全部正整数解 (x,y,z).

解 原方程可化为

$$2^x\times7^y=z^2-1=(z+1)(z-1)$$

易知,z 是奇数,$z+1$ 与 $z-1$ 是相邻两个偶数,它们之中仅有一个是 4 的倍数.

因为

$$(z+1)-(z-1)=2$$

所以,它们不可能都是 7 的倍数.

故

$$\begin{cases}z-1=2^{x-1}\\z+1=2\times7^y\end{cases}$$

或

$$\begin{cases} z-1 = 2 \times 7^y \\ z+1 = 2^{x-1} \end{cases}$$

由前一方程组得

$$2 = 2 \times 7^y - 2^{x-1}$$

显然, $x \neq 1, 2$.

当 $x \geqslant 3$ 时

$$7^y - 2^{x-2} = 1$$

两边模 7 有

$$2^{x-2} \equiv 6 (\bmod 7)$$

而

$$2^k \equiv 1, 2, 4 (\bmod 7)$$

故此方程组不成立.

由后一方程组得

$$2 = 2^{x-1} - 2 \times 7^y$$

易知

$$x = 5, y = 1$$

是解, 此时

$$z = 1 + 2 \times 7 = 15$$

当 $x \geqslant 6$ 时

$$2^{x-2} - 7^y = 1$$

两边模 16 有

$$7^y \equiv 15 (\bmod 16)$$

而

$$7^2 \equiv 1 (\bmod 16)$$

故对正整数 y 有

$$7^y \equiv 1, 7 (\bmod 16)$$

此时无解.

综上, 不定方程的全部解是 $(5,1,15)$.

例 21 求方程

$$3^x - 5^y = z^2$$

的正整数解.

解 注意到

$$z^2 \equiv 1 \text{ 或 } 0 \text{ 或 } -1 (\bmod 5)$$

$$3^{4t+1} \equiv 3 (\bmod 5)$$

$$3^{4t+2} \equiv -1 (\bmod 5)$$

$$3^{4t+3} \equiv 2 (\bmod 5)$$

$$3^{4t} \equiv 1 (\bmod 5)$$

其中, $t \in \mathbf{N}$.

则 $x = 4t + 2$ 或 $4t$. 所以, $2 \mid x$.

设 $x = 2m (m \in \mathbf{Z})$, 且 $m \geqslant 0$. 则

$$3^{2m} - 5^y = z^2$$

$$\Rightarrow (3^m - z)(3^m + z) = 5^y$$

$$\Rightarrow \begin{cases} 3^m - z = 5^p \\ 3^m + z = 5^q \end{cases}$$

其中, $p, q \in \mathbf{N}, p + q = y, p < q$.

于是

$$2 \times 3^m = 5^p + 5^q$$

因为

$$5 \nmid 2 \times 3^m$$

所以

$$p = 0, q = y, z = 3^m - 1$$

故

$$2 \times 3^m = 5^y + 1$$

至此, 可以对左、右两边模 7 的余数进行讨论, 本文不再详述.

经过研究, 得到下面一般化结论.

命题 方程

$$3^x k = (3k - 1)^y + 1 \quad (k \text{ 是常数}, k \in \mathbf{N}_+, 3 \nmid k)$$

在 $k = 1$ 时, 有两组解

$$(x, y) = (1, 1), (2, 3)$$

在 $k \geqslant 2$ 时, 有一组解

$$(x, y) = (1, 1)$$

证明 因为

$$3^x k = (3k - 1)^y + 1$$

所以

$$3^x \mid [(3k - 1)^y + 1]$$

即

$$(3k-1)^y \equiv -1 (\bmod\ 3^x) \qquad \text{①}$$

下证:满足式①的 $y_{\min} = 3^{x-1}$,且

$$3^x \parallel [(3k-1)^{3^{x-1}} + 1] \qquad \text{②}$$

同时,对于

$$(3k-1)^y \equiv 1(\bmod\ 3^x),\ y_{\min} = 2 \times 3^{x-1}$$

且

$$3^x \parallel [(3k-1)^{2 \times 3^{x-1}} - 1] \qquad \text{③}$$

用数学归纳法证明.

当 $x = 1$ 时,结论成立.

设 $x = n$ 时,结论成立.

下面证明 $x = n + 1$ 时,结论成立.

设

$$(3k-1)^{3^{n-1}} + 1 = 3^n l \quad (3 \nmid l)$$

于是

$$\begin{aligned}(3k-1)^{3^n} &= (3k-1)^{3^{n-1} \times 3} = (3^n l - 1)^3 \\ &= 3^{3n} l^3 - 3 \times 3^{2n} l^2 + 3 \times 3^n l - 1\end{aligned}$$

所以

$$3^{n+1} \parallel [(3k-1)^{3^n} + 1]$$

同理

$$3^{n+1} \parallel [(3k-1)^{2 \times 3^n} - 1]$$

故

$$(3k-1)^{2 \times 3^n} \equiv 1(\bmod\ 3^{n+1})$$

由归纳法假设,知 $y = 2 \times 3^{n-1}$ 是最小的使

$$(3k-1)^y \equiv 1(\bmod\ 3^n) \qquad \text{④}$$

的解. 于是

$$3^n \parallel [(3k-1)^{2 \times 3^{n-1}} - 1]$$

设

$$(3k-1)^{2 \times 3^{n-1}} = 3^n s + 1 \quad (s \in \mathbf{N}, 3 \nmid s)$$

则

$$(3k-1)^\beta = (3k-1)^{2 \times 3^{n-1} + \beta}(\bmod\ 3^n)$$

因此,式④的解为

$$y = 2 \times 3^{n-1} r \quad (r \in \mathbf{N}_+)$$

当 $r = 2$ 时

$$(3k-1)^{4\times3^{n-1}}=(3k-1)^{2\times3^{n-1}\times2}$$
$$=(3^ns+1)^2=3^{2n}s^2+2\times3^ns+1$$

注意到 $3\nmid s$. 则

$$(3k-1)^{4\times3^{n-1}}\not\equiv1(\bmod\ 3^{n+1})$$

于是,当 $r=1,2$ 时,均无

$$(3k-1)^y\equiv1(\bmod\ 3^{n+1})$$

所以,$r_{\min}=3$.

因此,式③得证.

对于式②,若 $y'\leqslant3^n$,则

$$3^{n+1}\mid[(3k-1)^{y'}+1]$$

即

$$(3k-1)^{y'}\equiv-1(\bmod\ 3^{n+1})$$

故

$$(3k-1)^{3^n-y'}\equiv1(\bmod\ 3^{n+1})$$

由归纳假设知 $y'>3^{n-1}$. 但由式③知

$$3^n-y'\geqslant2\times3^{n-1}$$

即

$$y'\leqslant3^{n-1}$$

矛盾. 故 $y_{\min}=3^n$.

因此,式②得证.

接下来讨论:3^xk 与 $(3k-1)^{3^{x-1}}+1$ 的大小关系.

(1)$k=1$.

当 $x=1$ 或 2 时

$$3^x=2^{3^{x-1}}+1$$

可求出 $y=1$ 或 3;

当 $x\geqslant3$ 时

$$3^{x-1}-2x>0$$

则

$$3^x<3^{\frac{3^{x-1}}{2}}<4^{\frac{3^{x-1}}{2}}=2^{3^{x-1}}<2^{3^{x-1}}+1$$

(2)$k\geqslant2$,则

$$3k-1>3$$

当 $x=1$ 时

$$3^xk=(3k-1)^{3^{x-1}}+1$$

此时
$$y = 1$$

当 $x \geqslant 2$ 时
$$3^{x-1} \geqslant x + 1$$

则
$$3^x k < 3^{3^{x-1}-1}(3k-1) < (3k-1)^{3^{x-1}} < (3k-1)^{3^{x-1}} + 1$$

综上,命题得证.

说明 （ⅰ）此问题还可推广.

事实上,当 k 的取值范围扩大至 $\mathbf{Z}_+$ 时,设 $3^r \parallel k$. 仿照以上过程亦有类似结论.

（ⅱ）方程
$$3^x \lambda = (3k-1)^y + 1 \quad (\lambda, k \text{ 是常数}, k \in \mathbf{N}_+, \text{且 } k \geqslant 2, \lambda \in \mathbf{N}_+, \lambda < k)$$

无正整数解.

例 22 求所有的正整数组 (x, y, z, w),使得
$$20^x + 14^{2y} = (x + 2y + z)^{zw}$$

解 设
$$A = 20^x, B = 14^{2y}, C = (x + 2y + z)^{zw}$$

因为
$$2 \mid A, 2 \mid B$$

所以
$$2 \mid C, 2 \mid (x + 2y + z)$$

于是,$2 \mid (x + z)$（x, z 奇偶性相同）.

若 x, z 同为偶数,则
$$C = (x + 2y + z)^{zw} = \left[(x + 2y + z)^{\frac{zw}{2}} \right]^2$$
$$\equiv 0 \text{ 或 } 1 (\bmod 3)$$

而
$$A + B \equiv (-1)^x + (-1)^{2y} \equiv 2 (\bmod 3)$$

矛盾.

于是,x, z 同为奇数. 则
$$C = A + B \equiv (-1)^x + (-1)^{2y} \equiv 0 (\bmod 3)$$
$$3 \mid (x + 2y + z)$$

又
$$C = A + B \equiv (-1)^x \equiv -1 (\bmod 7)$$

而对任意 $n \in \mathbf{N}, n^2 \equiv 0, 1, 4, 2 \pmod 7$, 则 zw 为奇数, 即 z, w 均为奇数.

若 $zw = 1$, 则由

$$A = (1 + 19)^x \geqslant 1 + 19x$$

$$B = (1 + 13)^{2y} \geqslant 1 + 26y$$

$$C = A + B \geqslant 2 + 19x + 26y > x + 2y + 1$$

矛盾.

从而, $zw \geqslant 3$. 所以, $9 \mid C$.

由

$$A + B \equiv (-7)^x + 5^{2y}$$

$$\equiv (-7)^x + 25^y \equiv -7^x + 7^y \pmod 9$$

则

$$7^x \equiv 7^y \pmod 9.$$

而

$$7^3 \equiv 1 \pmod 9, 7^2 \equiv 4 \pmod 9, 7 \equiv 7 \pmod 9$$

故 $3 \mid (x - y)$.

又

$$z = (x + 2y + z) - (x - y) + 3y$$

则 $3 \mid z$.

若 $x < y$, 则

$$A + B = 4^x \times 5^x + 4^y \times 49^y$$

$$= 2^{2x}(5^x + 4^{y-x} \times 49^y)$$

其中, $5^x + 4^{y-x} \times 49^y$ 为奇数, 即

$$v_2(A + B) = 2x$$

注 正整数 M 的标准分解式中素数 p 的指数记为 $v_p(M)$. 所以, $zw \mid 2x$. 而 zw 为奇数, 故

$$zw \mid x, 3 \mid x$$

从而, $3 \mid y$.

若 $x > y$, 则

$$A + B = 4^x \times 5^x + 4^y \times 49^y$$

$$= 2^{2y}(4^{x-y} \times 5^x + 49^y)$$

其中, $4^{x-y} \times 5^x + 49^y$ 为奇数, 即

$$v_2(A + B) = 2y$$

所以, $zw \mid 2y$. 而 zw 奇数, 故

$$zw \mid y, 3 \mid y$$

从而,$3 \mid x$.

上述两种情形,A,B,C 均为立方数,不可能. 于是,$x=y$.

故原方程变形为

$$20^x + 196^x = (3x+z)^{zw}$$

当 $x>1$ 时,因为 x 为奇数,所以

$$20^x + 196^x$$
$$= (20+196)(20^{x-1} - 20^{x-2} \times 196 + 20^{x-3} \times 196^2 - \cdots + 196^{x-1})$$

由

$$20^{x-1} - 20^{x-2} \times 196 + 20^{x-3} \times 196^2 - \cdots + 196^{x-1}$$
$$\equiv (-1)^{x-1} - (-1)^{x-2} + (-1)^{x-3} - \cdots + 1$$
$$\equiv x \pmod 3$$

又 $3 \nmid x$(否则,$20^x,196^x,(2x+z)^{zw}$ 均为立方数),而

$$20 + 196 = 216 = 2^3 \times 3^3$$

则

$$v_3(20^x + 196^x) = 3$$

当 $x=1$ 时

$$v_3(20^x + 196^x) = 3$$

从而,$zw \mid 3$.

所以

$$z=3,w=1$$

故原方程变形为

$$20^x + 196^x = (3x+3)^3$$

当 $x=1$ 时,上式成立.

当 $x \geqslant 2$ 时

$$196^x > 125^x = (5^x)^3 = [(1+4)^x]^3$$
$$\geqslant (1+4x)^3 \geqslant (3x+3)^3$$

则

$$20^x + 196^x = (3x+3)^3$$

不成立.

综上,使得

$$20^x + 14^{2y} = (x+2y+z)^{zw}$$

成立的正整数组 (x,y,z,w) 只有 $(1,1,3,1)$.

习　题　十　一

1.（2005 年克罗地亚数学奥林匹克）求所有使 $2^4 + 2^7 + 2^n$ 为完全平方数的正整数 n.

解　注意到

$$2^4 + 2^7 = 144 = 12^2$$

令

$$144 + 2^n = m^2$$

其中 m 为正整数,则

$$2^n = m^2 - 144 = (m - 12)(m + 12)$$

上式右边的每个因式必须为 2 的幂,设

$$m + 12 = 2^p \qquad\qquad ①$$
$$m - 12 = 2^q \qquad\qquad ②$$

其中 $p, q \in \mathbf{N}, p + q = n, p > q$.

① $-$ ②,得

$$2^q(2^{p-q} - 1) = 2^3 \times 3$$

因为 $2^{p-q} - 1$ 为奇数,2^q 为 2 的幂,所以,等式仅有一个解,即

$$q = 3, p - q = 2$$

因此

$$p = 5, q = 3$$

故

$$n = p + q = 8$$

是使所给表达式为完全平方数的唯一正整数.

2.（2009 年巴尔干地区数学奥林匹克）求方程 $3^x - 5^y = z^2$ 的所有正整数解.

解　取模 2 得

$$0 \equiv z^2 (\bmod 2)$$

所以,$2 \mid z$. 取模 4 得

$$(-1)^x - 1 \equiv 0 (\bmod 4)$$

所以,$2 \mid x$. 设 $x = 2x_1$,则

$$(3^{x_1} + z)(3^{x_1} - z) = 5^y$$

设

$$\begin{cases} 3^{x_1} + z = 5^{\alpha} \\ 3^{x_1} - z = 5^{\beta} \end{cases}$$

其中 $,\alpha + \beta = y,$ 且 $\alpha > \beta.$ 消去 z 得

$$2 \times 3^{x_1} = 5^{\beta}(5^{\alpha-\beta} + 1)$$

因此 $,\beta = 0.$ 从而 $,\alpha = y.$

(1) 若 $x_1 = 1,$ 则

$$5^y + 1 = 6$$

即

$$y = 1, x = 2, z = 2$$

(2) 若 $x_1 > 1,$ 则模 9 得

$$5^y + 1 \equiv 0 \pmod 9$$

所以

$$5^y \equiv -1 \pmod 9$$

所以

$$y \equiv 3 \pmod 6$$

设

$$y = 6y_1 + 3$$

则

$$5^{6y_1+3} + 1 = 2 \times 3^{x_1}$$

含有因子

$$5^3 + 1 = 2 \times 3^2 \times 7$$

矛盾.

综上,原方程的正整数解为 $(x,y,z) = (2,1,2).$

3. (2003 年中国国家队选拔考试) 正整数 n 不能被 2,3 整除,且不存在非负整数 $a,b,$ 使 $|2^a - 3^b| = n.$ 求 n 的最小值.

解 当 $n = 1$ 时

$$|2^1 - 3^1| = 1$$

当 $n = 5$ 时

$$|2^2 - 3^2| = 5$$

当 $n = 7$

$$|2^1 - 3^2| = 7$$

当 $n = 11$ 时

$$|2^4 - 3^2| = 11$$

当 $n = 13$ 时

$$|2^4 - 3^1| = 13$$

当 $n = 17$ 时

$$|2^6 - 3^4| = 17$$

当 $n = 19$ 时

$$|2^3 - 3^3| = 19$$

当 $n = 23$ 时

$$|2^5 - 3^2| = 23$$

当 $n = 25$ 时

$$|2^1 - 3^3| = 25$$

当 $n = 29$ 时

$$|2^5 - 3^1| = 29$$

当 $n = 31$ 时

$$|2^5 - 3^0| = 31$$

下面用反证法证明,$n = 35$ 满足要求.

若不然,存在非负整数 a, b,使得

$$|2^a - 3^b| = 35$$

(1)若

$$2^a - 3^b = 35$$

显然,$a \neq 0, 1, 2$,故 $\alpha \geq 3$. 取模 8,得

$$-3^b \equiv 3 (\bmod 8)$$

即

$$3^b \equiv 5 (\bmod 8)$$

但

$$3^b \equiv 1, 3 (\bmod 8)$$

不可能.

(2)若

$$3^b - 2^a = 35$$

易知 $b \neq 0, 1$. 取模 9,得

$$2^a \equiv 1 (\bmod 9)$$

而

$$2^{6k} \equiv 1 (\bmod 9), 2^{6k+1} \equiv 2 (\bmod 9), 2^{6k+2} \equiv 4 (\bmod 9)$$

$$2^{6k+3} \equiv 8 (\bmod 9), 2^{6k+4} \equiv 7 (\bmod 9), 2^{6k+5} \equiv 5 (\bmod 9)$$

于是

$$a = 6k \quad (k \in \mathbf{N})$$

所以
$$3^b - 8^{2k} = 35$$

再取模 7,得
$$3^b \equiv 1 \pmod 7$$

而 $\{3^k(\mod 7)\}$：$3,2,6,4,5,1,3,2,6,4,5,1,\cdots$,故
$$b = 6k' \quad (k' \in \mathbf{N}_+)$$

所以
$$3^{6k'} - 2^{6k} = 35$$

即
$$(3^{3k'} - 2^{3k})(3^{3k'} + 2^{3k}) = 35$$

故
$$\begin{cases} 3^{3k'} - 2^{3k} = 1 \\ 3^{3k'} + 2^{3k} = 35 \end{cases}$$

或
$$\begin{cases} 3^{3k'} - 2^{3k} = 5 \\ 3^{3k'} + 2^{3k} = 7 \end{cases}$$

于是,$3^{3k'} = 18$ 或 6,不可能.

综上,所求的 n 的最小值为 35.

4. (1990 年第 53 届莫斯科数学奥林匹克)试找出满足等式 $p^q + q^p = r$ 的所有素数 p,q 和 r.

解 不妨设 $p < q$. 显然,若 r 为素数,则 p 和 q 不能都为奇素数,否则 r 为偶数,只能 $r = 2$. 这时等式不可能成立.

因此,p 和 q 必一为偶素数,一为奇素数.

由 $p < q$ 得 $p = 2$.

当 $q \geqslant 5$ 时
$$\begin{aligned} 2^q + q^2 &= (2^q + 1) + (q^2 - 1) \\ &= 3(2^{q-1} - 2^{q-2} + \cdots + 1) + (q^2 - 1) \end{aligned}$$

由于 $3 \mid q^2 - 1$,则
$$3 \mid 2^q + q^2$$

从而 r 是 3 的倍数,这不可能.

于是只能有 $q = 3$.

此时
$$p^q + q^p = 2^3 + 3^2 = 17$$

是素数.

因此 $p < q$ 时只有一组素数解

$$p = 2, q = 3, r = 17$$

同样, $q < p$ 时, 也只有一组素数解

$$q = 2, p = 3, r = 17$$

5. (1976 年苏联大学生数学竞赛)求证对任何整数 $k > 0$, 方程 $a^2 + b^2 = c^k$ 恒有正整数解.

证明 对任何正整数 u, v, 令

$$a = \frac{1}{2} |(u + vi)^k + (u - vi)^k|$$

$$b = \frac{1}{2} |(u + vi)^k - (u - vi)^k|$$

即 a, b 分别是 $(u + vi)^k$ 的实部和虚部的绝对值.

因为对任何正整数 k, ± 1, $\pm i$ 的 k 次方根的全体是有限的, 所以我们可以适当选择 u, v, 使得 a 和 b 都不等于 0, 从而 a 和 b 都是正整数. 这时

$$a^2 + b^2 = |(u + vi)^k|^2 = (|u + vi|^2)^k = (u^2 + v^2)^k$$

取 $c = u^2 + v^2$, 则得到方程的一组正整数解.

6. (2010 年克罗地亚国家队选拔考试第三轮)设 $a \in \mathbf{Z}$, p 为素数. 证明: 当 $n \geq 2(n \in \mathbf{Z}_1)$ 时, $2^p + 3^p = a^n$ 无解.

证明 当 $p = 2$ 时, 显然无解. 则 p 为奇数, 且 $p \geq 3$.

故

$$2^p + 3^p \equiv (-1)^p (\bmod 4) \equiv -1 (\bmod 4)$$

于是, n 必为奇数.

又

$$2^p + 3^p \equiv (-2)^p + 2^p (\bmod 5) \equiv -2^p + 2^p (\bmod 5) \equiv 0 (\bmod 5)$$

则 $5 | a$.

因为 $n \geq 2$, 所以

$$25 | (2^p + 3^p)$$

而

$$2^{10} \equiv -1 (\bmod 25), 3^{10} \equiv -1 (\bmod 25)$$

所以

$$p \equiv \pm 5 (\bmod 20)$$

又因为 p 为素数, 所以, $p = 5$.

当 $p = 5$ 时

$$2^5 + 3^5 = 275 = 25 \times 11$$

矛盾.

因此,原方程无解.

7.(2009 年韩国数学奥林匹克)求所有正整数数对(m,n),满足$3^m - 7^n = 2$.

解 由

$$3^m - 2 \equiv 0 (\bmod 7)$$

易知

$$m = 6k + 2 \quad (k \in \mathbf{Z})$$

若$m = 2$,则$n = 1$. 此为一组解.

假设

$$m = 2s \geqslant 4 \quad (s \in \mathbf{Z})$$

考虑到这种情形下

$$27 \mid (2 + 7^n)$$

以及

$$7^9 \equiv 1 (\bmod 27), 7^4 \equiv -2 (\bmod 27)$$

则

$$n \equiv 4 (\bmod 9)$$

设

$$n = 9t + 4 \quad (t \in \mathbf{Z})$$

则

$$2 + 7^{9t+4} \equiv 2 + 7^4 \equiv 35 (\bmod 37)$$

另一方面,对于所有小于 10 的正整数 u,有

$$9^u \equiv 9, 7, 26, 12, 34, 10, 16, 33, 1 (\bmod 37)$$

因此,当$m \geqslant 4$时,不存在满足题意的解.

综上,本题唯一解为$(m,n) = (2,1)$.

8.(2008 年新加坡数学奥林匹克)找出满足

$$(n+1)^k - 1 = n!$$

的正整数数对(n,k).

解 设p为$n+1$的一个素因子,则p也为$n! + 1$的素因子.

然而,$1, 2, \cdots, n$中的任何数均不为$n! + 1$的因子,故$p = n + 1$,即$n + 1$为素数.

对于$n + 1 = 2, 3, 5$,得

$$(n,k) = (1,1), (2,1), (4,2)$$

接下来证明没有其他解.

假设 $n+1$ 为大于 7 的素数, 则

$$n=2m \quad (m>2)$$

由于 $2<m<n$, 且 $n^2=2mn$ 可整除 $n!$, 因此, n^2 可整除

$$(n+1)^k-1=n^k+kn^{k-1}+\cdots+\frac{k(k-1)}{2}\cdot n^2+nk$$

故

$$n^2 \mid kn \Rightarrow n! \ = (n+1)^k-1>n^k \geqslant n^n \geqslant n!$$

矛盾.

9. (2008 年意大利数学奥林匹克) 求所有的三元正整数数组 (a,b,c), 使得 $a^2+2^{b+1}=3^c$.

解 $(a,b,c)=(1,2,2),(7,4,4)$.

由 a 为奇数, 可设 $a=2a_1+1$, 则

$$2^{b+1}=3^c-a^2=3^c-1-4a_1(a_1+1)$$

因为 $4 \mid 2^{b+1}$, 所以

$$4 \mid (3^c-1)=2(3^{c-1}+3^{c-2}+\cdots+3+1)$$

要使 c 个奇数的和为偶数, c 一定为偶数. 设 $c=2c_1$, 于是

$$2^{b+1}=(3^{c_1}+a)(3^{c_1}-a)$$

设

$$3^{c_1}+a=2^y,3^{c_1}-a=2^x$$

则

$$x+y=b+1, 且 x>y$$

由于

$$3^{c_1}=2^{x-1}+2^{y-1}$$

因此, 2^{y-1} 一定为奇数. 从而

$$y=1,x=b$$
$$3^{c_1}=2^{b-1}+1$$

当 $b=1$ 时, 无解; 当 $b=2$ 时, $c_1=1$. 于是

$$c=2,a=1$$

即 $(1,2,2)$ 满足条件.

当 $b \geqslant 3$ 时

$$4 \mid (3^{c_1}-1)$$

由前面的结论, 知 c_1 为偶数 (设 $c_1=2c_2$), 则

$$2^{b-1}=(3^{c_2}+1)(3^{c_2}-1)$$

只可能为

$$c_2 = 1, b = 4, c = 4, a = 7$$

因此,$(7,4,4)$满足条件.

10. (1990 年上海市高三数学竞赛)在区间 $1 \leqslant n \leqslant 10^6$ 中,使得方程 $n = x^y$ 有非负整数解 x, y,且 $x \neq n$ 的整数 n 共有多少个.

解 设 $N(x^y)$ 表示整数 x^y 的个数. 若

$$1 < x^y \leqslant 10^6$$

由于

$$2^{19} = 524\ 288 < 10^6, 2^{20} > 10^6$$

则由容斥原理得

$$N(x^y) = N(x^2) + N(x^3) + N(x^5) + N(x^7) + N(x^{11}) + N(x^{13}) + N(x^{17}) +$$
$$N(x^{19}) - N(x^6) - N(x^{10}) - N(x^{14}) - N(x^{15})$$

由于大于 1 且不大于 10^6 的平方数有 $10^3 - 1$ 个 ,所以

$$N(x^2) = 999(个)$$

大于 1 且不大于 10^6 的平方数有 $10^2 - 1$ 个,即

$$N(x^3) = 99(个)$$

因为

$$15^5 = 819\ 375 < 10^6$$

所以大于 1 且不大于 10^6 的 5 次方数有 $15 - 1$ 个,即

$$N(x^5) = 14(个)$$

以此类推可得,当 $1 < x^y \leqslant 10^6$ 时

$$N(x^y) = 999 + 99 + 14 + 6 + 2 + 1 + 1 - 9 - 2 - 1 - 1$$
$$= 1\ 110(个)$$

又 $n = 1$ 时有非负整数解 $x > 1$ 且 $y = 0$.

于是满足题意的整数 n 有 1 111 个.

11. (1978 年第 41 届莫斯科数学奥林匹克)求出满足方程 $3 \cdot 2^x + 1 = y^2$ 的所有整数对 (x, y).

解 当 $x = 0$ 时

$$y^2 = 4, y = \pm 2$$

若 (x, y) 是已知方程的解,则 $(x, -y)$ 也是方程的解. 又当 $x < 0$ 时,已知方程无整数解,因此只需考虑已知方程的正整数解.

设 $y = 2u + 1, u$ 是非负整数,则有

$$3 \cdot 2^x = 4u^2 + 4u$$
$$3 \cdot 2^{x-2} = u(u + 1)$$

由于 $(u, u+1) = 1$,且 u 与 $u + 1$ 两数中一为奇数,一为偶数,则必有

$$\begin{cases} u = 3 \\ u + 1 = 2^{x-2} \end{cases} \qquad ①$$

$$\begin{cases} u = 2^{x-2} \\ u + 1 = 3 \end{cases} \qquad ②$$

由①得

$$x = 4, y = 7$$

由②得

$$x = 3, y = 5$$

于是已知方程有解 $(4,7),(4,-7),(3,5),(3,-5)$ 和 $(0,2),(0,-2)$ 共六组.

12. (2009 年加拿大数学奥林匹克)求所有的有序数对 (a,b),使得 a,b 为整数,且 $3^a + 7^b$ 为完全平方数.

解 设

$$3^a + 7^b = n^2$$

因为 $3^a + 7^b$ 为偶数,所以, $2 \mid n$.

于是

$$3^a + 7^b \equiv 0 \pmod 4$$

即

$$(-1)^a + (-1)^b \equiv 0 \pmod 4$$

故 a,b 为一奇一偶.

(1)设

$$a = 2p, b = 2q + 1 \quad (p, q \in \mathbf{Z}_+)$$

则

$$7^{2q+1} = n^2 - 3^{2p} = (n - 3^p)(n + 3^p)$$

因为

$$(n - 3^p, n + 3^p) = (n - 3^p, 2 \times 3^p)$$

所以, $n - 3^p, n + 3^p$ 不同时被 7 整除. 故 $n - 3^p = 1$,即 $n = 3^p + 1$. 则

$$7^{2q+1} = 2 \times 3^p + 1$$

易知 $p = 0$ 时无解.

若 $p = 1$,则

$$7^{2q+1} = 7$$

即 $q = 0$. 此时

$$(a, b) = (2, 1)$$

若 $p \geqslant 2$,则

$$7^{2q+1} = 2 \times 9 \times 3^{p-2} + 1 \equiv 1 \pmod 9$$

而
$$7^2 \equiv 4 \pmod 9, 7^3 \equiv 4 \times 7 \equiv 1 \pmod 9$$

故
$$3 \mid (2q+1)$$

记
$$2q + 1 = 3l$$

则
$$(7^3)^l = 2 \times 3^p + 1$$

又
$$7^3 = 343 \equiv 1 \pmod{19} \Rightarrow 2 \times 3^p + 1 \equiv 1 \pmod{19} \Rightarrow 19 \mid 2 \times 3^p$$

显然不成立.

故 a 为偶数时只有解
$$(a,b) = (2,1)$$

(2)设
$$a = 2p + 1, b = 2q \quad (p, q \in \mathbf{Z}_+)$$

则
$$3^{2p+1} = n^2 - 7^{2q} = (n - 7^q)(n + 7^q)$$

类似于(1),可得
$$n - 7^q = 1 \Rightarrow n = 7^q + 1 \Rightarrow 3^{2p+1} = 2 \times 7^q + 1$$

若 $q = 0$,则
$$3^{2p+1} = 3, p = 0$$

此时
$$(a,b) = (1,0)$$

若 $q \geqslant 1$,则
$$3^{2p+1} \equiv 2 \times 7^q + 1 \equiv 1 \pmod 7$$

而
$$3^2 \equiv 2 \pmod 7, 3^3 \equiv 6 \pmod 7, 3^6 \equiv 1 \pmod 7$$

则
$$6 \mid (2p + 1)$$

矛盾.

故 b 为偶数时只有解
$$(a,b) = (1,0)$$

综合(1)(2),知所有的有序数对

$$(a,b) = (2,1),(1,0)$$

13. (2009 年马其顿数学奥林匹克) 求所有的正整数 x,y,z, 使得 $1 + 2^x \times 3^y = z^2$.

解 易知, 当 $z = 1,2,3$ 时, 所给等式无解.

令 $z \geq 4$. 则

$$2^x \times 3^y = (z-1)(z+1)$$

若 $z-1,z+1$ 同时被 3 整除, 则

$$3 \mid [(z+1) - (z-1)] = 2$$

不可能.

故 $z-1,z+1$ 不可能同时被 3 整除.

又由

$$2 \mid (z-1)(z+1)$$

知 $z-1,z+1$ 均能被 2 整除, 且只有一个可被 4 整除.

由此, 有以下两种情形.

(1)

$$z+1 = 2 \times 3^y, z-1 = 2^{x-1}$$

两式相减, 得

$$3^y - 2^{x-2} = 1$$

易知当 $x = 2$ 时, 无解. 当 $x = 3$ 时, 有

$$3^y = 1 + 2 = 3$$

从而

$$y = 1, z = 5$$

于是, 得到一组解为

$$(x,y,z) = (3,1,5)$$

若 $x \geq 4$, 则

$$3^y \equiv 1 \pmod 4$$

因此, y 为偶数. 令

$$y = 2y_1 \quad (y_1 \in \mathbf{Z}_+)$$

则

$$3^y - 2^{x-2} = 1 \Leftrightarrow 3^{2y_1} - 1 = 2^{x-2}$$

从而

$$(3^{y_1} - 1)(3^{y_1} + 1) = 2^{x-2}$$

由上式可得

$$3^{y_1} - 1 = 2, 3^{y_1} + 1 = 2^{x-3}$$

因此
$$y_1 = 1, y = 2, x = 5, z = 17$$

所以
$$(x, y, z) = (5, 2, 17)$$

为另一组解.

(2)
$$z + 1 = 2^{x-1}, z - 1 = 2 \times 3^y$$

两式相减,得
$$2^{x-1} - 2 \times 3^y = 2 \Leftrightarrow 2^{x-2} - 3^y = 1$$

则
$$2^{x-2} \equiv 1 \pmod 3$$

因此,$x - 2$ 为偶数.

令 $x - 2 = 2x_1$,对
$$2^{x-2} - 3^y = 1$$

作替换,得
$$3^y = 2^{2x_1} - 1 = (2^{x_1} - 1)(2^{x_1} + 1) \qquad ①$$

故 $2^{x_1} - 1 = 1$ 或 3.

当 $2^{x_1} - 1 = 1$ 时,得
$$x_1 = 1, x = 4$$

因此
$$(x, y, z) = (4, 1, 7)$$

为一组解.

当 $2^{x_1} - 1 = 3$ 时,得
$$2^{x_1} + 1 = 5$$

与式①矛盾.

综上,共得三组解
$$(x, y, z) = (3, 1, 5), (5, 2, 17), (4, 1, 7)$$

14. (2011 年第 61 届白俄罗斯数学奥林匹克决赛(B 类))求满足 $3^x + 7^y = 4^z$ 的非负整数解组 (x, y, z).

解 当 $z = 0$ 时,方程无解;当 $z = 1$ 时
$$y = 0, x = 1$$

当 $z = 2$ 时
$$y = 1, x = 2$$

接下来证明:对于 $z \geq 3$,方程无解.

若 $z \geqslant 3$,有

$$8 \mid (3^x + 7^y)$$

当 $x = 2k + 1$ 时

$$3^x \equiv 3^{2k+1} \equiv 9^k \times 3 \equiv 3 \pmod 8$$

而

$$7^y \equiv \pm 1 \pmod 8$$

此时

$$3^x + 7^y \equiv 4 \text{ 或 } 2 \pmod 8$$

矛盾.

故

$$x = 2k \quad (k \in \mathbf{N})$$

又

$$7^y = 4^z - 3^x = 2^{2z} - 3^{2k} = (2^z - 3^k)(2^z + 3^k)$$

从而,$(2^z - 3^k)(2^z + 3^k)$ 可分解为 7^a 的形式.

当 $2^z - 3^k$ 与 $2^z + 3^k$ 均大于 1 时,有

$$7 \mid (2^z - 3^k), 7 \mid (2^z + 3^k) \Rightarrow 7 \mid 2 \times 2^z$$

矛盾.

所以

$$2^z - 3^k = 1$$

即

$$2^z \equiv 1 \pmod 3$$

故

$$z = 2m \quad (m \in \mathbf{Z}_+)$$

则

$$4^m - 3^k = 1$$

当 $k = 1$ 时,$m = 1$,得

$$x = 2, z = 2, y = 1$$

与 $z \geqslant 3$ 矛盾.

当 $k > 1$ 时

$$4^m \equiv 1 \pmod 9 \Rightarrow 3 \mid m$$

而

$$4^3 \equiv 1 \pmod 7$$

故

$$4^m \equiv 1 \pmod 7$$

即 $7 | 3^k$,矛盾.

从而
$$(x,y,z) = (1,0,1) 或 (2,1,2)$$

15. (1983 年澳大利亚数学竞赛)设 **N** 为自然数集,对 $a \in \mathbf{N}, b \in \mathbf{N}$,求出方程 $x^{a+b} + y = x^a y^b$ 的所有自然数解 (x,y).

解 由已知方程可得
$$y = x^a y^b - x^{a+b}$$
$$= x^a(y^b - x^b) \qquad ①$$

因此,x^a 是 y 的约数,令 $y = x^a z$,其中 $z \in \mathbf{N}$.

将 $y = x^a z$ 代入①得
$$z = x^{ab} z^b - x^b$$
$$= x^b(x^{ab-b} z^b - 1) \qquad ②$$

因此,x^b 是 z 的约数,令 $z = x^b u$,其中 $u \in \mathbf{N}$.

将 $z = x^b u$ 代入②得
$$u = x^{ab-b} x^{b^2} u^b - 1$$
$$1 = x^{ab+b^2-b} u^b - u$$

因此,u 是 1 的约数,所以 $u = 1$. 并且
$$x^{ab+b^2-b} = 2$$

从而
$$x = 2$$
$$ab + b^2 - b = 1$$

于是
$$a = 1, b = 1$$

由此得出
$$y = x^a x^b u = 4$$

因而原方程仅对 $a = b = 1$ 时有自然数解
$$x = 2, y = 4$$

16. 求方程 $x^y = y^x + 1$ 的全部正整数解.

解 (1)当 x 为偶数,y 为奇数时,设
$$x = 2m \quad (m \in \mathbf{Z}_+)$$

则
$$y^{2m} = (2m)^y - 1$$

当 $y \geqslant 2$ 时,右边为 $4k - 1$ 型数,不为完全平方数,矛盾.

所以,$y = 1$. 代入原方程得 $x = 2$.

因此
$$x = 2, y = 1$$
为原方程的一组解.

（2）当 x 为奇数, y 为偶数时, 设
$$y = 2m \quad (m \in \mathbf{Z}_+)$$
则
$$(2m)^x = 2^x m^x = x^{2m} - 1$$
$$= (x^m + 1)(x^m - 1)$$
故
$$x^m - 1 = 2^p m^q, x^m + 1 = 2^q m^p$$
其中, $x = p + q$, 且 $p, q \in \mathbf{N}_+, x \geqslant 3$.

又 $x^m - 1, x^m + 1$ 为正偶数, 故
$$p \geqslant 1, q \geqslant 1$$
若 $p \geqslant q$, 则
$$x^m + 1 - (x^m - 1) = 2$$
$$= 2^q m^p - 2^p m^q = 2^q m^q (m^{p-q} - 2^{p-q})$$
故
$$q = 1, 且 \ m(m^{p-1} - 2^{p-1}) = 1$$
此时
$$\begin{cases} m = 1 \\ m^{p-1} - 2^{p-1} = 1 \end{cases}$$
这是不可能的.

因此, $q > p$.
则
$$2 = 2^q m^p - 2^p m^q = 2^p m^p (2^{q-p} - m^{q-p})$$
从而, $p = 1$.

故
$$m = 1, 且 \ 2^{q-1} - m^{q-1} = 1$$
于是
$$2^{q-1} = 2 \Rightarrow q = 2$$
所以
$$x = 3, y = 2$$
综上, 方程仅有两组解 $(2,1), (3,2)$.

17. (1991 年第 32 届国际数学奥林匹克预选题)求方程 $3^x + 4^y = 5^z$ 的所有

正整数解 x, y, z.

解 显然

$$x = y = z = 2$$

是方程的正整数解.

下面我们证明方程

$$3^x + 4^y = 5^z \qquad ①$$

除去 $x = y = z = 2$ 之外, 没有其他正整数解.

设正整数 x, y, z 满足方程①, 则

$$5^z \equiv 1 \pmod 3$$

由

$$5^z = (3 + 2)^z$$

则

$$2^z \equiv 1 \pmod 3$$

于是 z 为偶数. 令 $z = 2z_1$, 则①化为

$$5^{2z_1} - 2^{2y} = 3^x$$

$$(5^{z_1} + 2^y)(5^{z_1} - 2^y) = 3^x$$

由此可得

$$\begin{cases} 5^{z_1} + 2^y = 3^x & ② \\ 5^{z_1} - 2^y = 1 & ③ \end{cases}$$

由

$$5 = 6 - 1, 2 = 3 - 1$$

可得

$$\begin{cases} (-1)^{z_1} + (-1)^y \equiv 0 \pmod 3 \\ (-1)^{z_1} - (-1)^y \equiv 1 \pmod 3 \end{cases}$$

于是, z_1 为奇数, y 为偶数, 令 $y = 2y_1$, 再由②得

$$(4 + 1)^{z_1} + 4^{y_1} = (4 - 1)^x$$

$$1 \equiv (-1)^x \pmod 4$$

所以 x 也是偶数.

如果 $y > 2$, 则由②得

$$5 \equiv 1 \pmod 8$$

这是不可能的.

所以, 只能有 $y = 2$.

再由③得

$$5^{z_1} = 1 + 2^2 = 5$$

于是

$$z_1 = 1, z = 2$$

从而由②$x = 2$.

于是

$$x = y = z = 2$$

是①的仅有的正整数解.

18. (1992 年第 53 届美国普特南数学竞赛) 对给定的正整数 m,求出一切正整数组 (n, x, y),其中 m, n 互素,且满足

$$(x^2 + y^2)^m = (xy)^n$$

解 设 (n, x, y) 是方程的一组正整数解.

由算术 – 几何平均不等式,有

$$(xy)^n = (x^2 + y^2)^m \geqslant (2xy)^m$$

因此 $n > m$.

设 p 是一个素数,且

$$p^a \parallel x, p^b \parallel y$$

则

$$p^{(a+b)n} \parallel (xy)^n \tag{①}$$

若 $a < b$,则

$$p^{2am} \parallel (x^2 + y^2)^m \tag{②}$$

由①,②有

$$2am = (a + b)n$$

这与 $n > m$ 矛盾.

类似地,假设 $a > b$,同样推出矛盾.

于是,对一切素数 p,都有 $a = b$.

由此可断定 $x = y$.

因而,已知方程化为

$$(2x^2)^m = x^{2n}$$

即

$$x^{2(n-m)} = 2^m$$

这就说明,x 是 2 的整数次幂.

不妨设 $x = 2^a$,则

$$2^{2a(n-m)} = 2^m$$

有

$$2a(n-m)=m$$

则

$$2an=m(2a+1)$$

由于

$$(m,n)=(2a,2a+1)=1$$

必有

$$m=2a,n=2a+1$$

由此可知,m 取奇数时,方程无解.

m 取偶数时,方程有解

$$(n,x,y)=(m+1,x^{\frac{m}{2}},y^{\frac{m}{2}})$$

19.(1996 年第 22 届全俄数学奥林匹克)x,y,p,n,k 都是正整数,且满足:$x^n+y^n=p^k$.

证明 如果 n 是大于 1 的奇数,p 是奇素数,那么,n 可以表示为 p 的以正整数为指数的幂.

设 $m=(x,y)$,则

$$x=mx_1,y=my_1,(x_1,y_1)=1.$$

由已知条件可得

$$m^n(x_1^n+y_1^n)=p^k$$

因此,对某个非负整数 a,有

$$x_1^n+y_1^n=p^{k-n\alpha}$$

由于 n 是奇数,则有

$$\frac{x_1^n+y_1^n}{x_1+y_1}=x_1^{n-1}-x_1^{n-2}y+x_1^{n-3}y^2-\cdots-x_1y^{n-2}+y_1^{n-1} \qquad ①$$

设上式等号右端的数为 A,当 $p>2$,x_1 与 y_1 至少有一个大于 1,$n>1$ 可知,$A>1$.

由等式①推出

$$A(x_1+y_1)=p^{k-n\alpha}$$

因为 $x_1+y_1>1$,$A>1$,所以

$$p|A,p|x_1+y_1$$

因而存在某个正整数 β,使

$$x_1+y_1=p^\beta.$$

这样就有

$$A=x_1^{n-1}-x_1^{n-2}(p^\beta-x_1)+x_1^{n-3}(p^\beta-x_1)^2+\cdots-$$
$$x_1(p^\beta-x_1)^{n-2}+(p^\beta-x_1)^{n-1}$$

$$= nx_1^{n-1} + Bp$$

其中 B 是某一个正整数.

由于 $p \mid A, (x_1, p) = 1$，所以 $p \mid n$.

设 $n = pq$，那么

$$x^{pq} + y^{pq} = p^k$$

即

$$(x^p)^q + (y^p)^q = p^k$$

如果 $q > 1$，可以用上面的证法（把 x^p 和 y^p 各看作一个数）得到 $p \mid q$.

如果 $q > 1$，则 $n = p$.

这样重复下去，便可推出，对某个正整数 $l, n = p^l$.

20.（1995 年中国国家集训队选拔考试）求不能表示成 $|3^a - 2^b|$ 的最小素数，这里 a 和 b 是非负整数.

解 经检验，$2, 3, 5, 7, 11, 13, 17, 19, 23, 29, 31, 37$ 都可以写成 $|3^a - 2^b|$ 的形式，其中 a 和 b 为非负整数

$$2 = 3^1 - 2^0, 3 = 2^2 - 3^0$$
$$5 = 2^3 - 3^1, 7 = 2^3 - 3^0$$
$$11 = 3^3 - 2^4, 13 = 2^4 - 3^1$$
$$17 = 3^4 - 2^6, 19 = 3^3 - 2^3$$
$$23 = 3^3 - 2^2, 29 = 2^5 - 3^1$$
$$31 = 2^5 - 3^0, 37 = 2^6 - 3^3$$

我们证明 41 是不能表示成 $|3^a - 2^b|$ 的最小素数.

这相当于证明不定方程

$$2^u - 3^v = 41 \qquad\qquad ①$$

和

$$3^x - 2^y = 41 \qquad\qquad ②$$

没有非负整数解.

设 (u, v) 是方程①的非负整数解，则有

$$2^u > 41, u \geqslant 6$$

因此

$$2^u \equiv 0 \pmod 8$$

则

$$-3^v \equiv 1 \pmod 8$$

或

$$3^v \equiv -1 (\bmod 8) \qquad ③$$

当 v 为非负偶数时

$$3^v \equiv 1 (\bmod 8) \qquad ④$$

当 v 为正奇数时

$$3^v \equiv 3 (\bmod 8) \qquad ⑤$$

④,⑤与③矛盾. 所以,方程①没有非负整数解.

设 (x,y) 是方程②的非负整数解,则

$$3^x > 41, x \geqslant 4$$

因此

$$3^x \equiv 0 (\bmod 3), 2^y \equiv 1 (\bmod 3)$$

于是 y 只能为偶数,设 $y = 2t$. 有

$$2^y \equiv 0 (\bmod 4)$$

从而

$$3^x \equiv 1 (\bmod 4)$$

由此得知, x 也只能是偶数,设 $x = 2s$,则

$$41 = 3^x - 2^y = 3^{2s} - 2^{2t} = (3^s + 2^t)(3^s - 2^t)$$

即有

$$\begin{cases} 3^s + 2^t = 41 \\ 3^s - 2^t = 1 \end{cases}$$

解得

$$3^s = 21, 2^t = 20$$

此时没有非负整数解 s, t.

因而,方程②没有非负整数解. 于是,所求的最小素数为 41.

21. (2005 年巴尔干数学奥林匹克选拔赛)求方程 $3^x = 2^x y + 1$ 的正整数解.

解 将方程改写为

$$3^x - 1 = 2^x y \qquad ①$$

这表明,如果 (x,y) 是解,则 x 不能超过 $3^x - 1$ 的标准分解中因子 2 的指数. 记

$$x = 2^m (2n + 1)$$

其中 m, n 是非负整数. 于是,可得

$$3^x - 1 = 3^{2^m(2n+1)} - 1 = (3^{2n+1})^{2^m} - 1$$

$$= (3^{2n+1} - 1) \prod_{k=0}^{m-1} \left[(3^{2n+1})^{2^k} + 1 \right] \qquad ②$$

由于

$$3^{2n+1} = (1+2)^{2n+1}$$
$$\equiv \left[1 + 2(2n+1) + 4n(2n+1) \right] (\bmod 8)$$
$$\equiv 3 (\bmod 8)$$

则

$$(3^{2n+1})^{2k} \equiv \begin{cases} 3, 当 k = 0 \ 时 \\ 1, 当 k = 1, 2, \cdots 时 \end{cases} (\bmod 8)$$

因此,对于所求的指数,当 $m = 0$ 时,是 1;当 $m = 1, 2, \cdots$ 时,是 $m + 2$. 由此可以断定,x 不能超过 $m + 2$.

由上面的分析可知,式②右端可表为

$$(8t+2)(8t+4)(8r_1+2)(8r_2+2)\cdots(8r_{m-1}+2)$$
$$= 2^{m+2}(4t+1)(2t+1)(4r_1+1)(4r_2+1)\cdots(4r_{m-1}+1)$$
$$= 2^x y$$

故

$$2^m \leqslant 2^m(2n+1) = x \leqslant m + 2$$

于是,$m \in \{0, 1, 2\}$ 且 $n = 0$.

由此可以断定,所给方程的正整数解是

$$(x, y) = (1, 1), (2, 2), (4, 5)$$

几何问题中的不定方程

例1 （1991 年北京市高中一年级数学竞赛）一个直角三角形的边长都是正整数,它的一条直角边比斜边小 1 575,另一条直角边小于 1 991,求这个直角三角形斜边的长.

解 设直角边长为 a,b,斜边长为 c,a,b 和 c 为正整数. 由题意

$$\begin{cases} a^2 + b^2 = c^2 \\ c - b = 1\,575 \\ a < 1\,991 \end{cases}$$

$$\begin{aligned} a^2 &= c^2 - b^2 = (c-b)(c+b) \\ &= 1\,575(c+b) \\ &= 3^2 \cdot 5^2 \cdot 7(c+b) \end{aligned}$$

所以

$$3 \cdot 5 \cdot 7 \mid a$$

即 $105 \mid a$.

设 $a = 105k,k$ 为正整数,则由

$$105k < 1\,991, k < 18.9$$

又

$$a > c - b = 1\,575, 105k > 1\,575, k > 15$$

于是 $k = 16, 17, 18$.

由 $c - b = 1\,575$ 是奇数,则 c 和 b 的奇偶性不同,从而 $c + b$ 是奇数,于是 a 是奇数.

再由 $a = 105k$ 是奇数知,$k = 17$.

即

$$a = 105 \cdot 17 = 1\,785$$

于是

$$\begin{cases} c + b = 2\ 023 \\ c - b = 1\ 575 \end{cases}$$

解得斜边 $c = 1\ 799$.

例2 （1985 年全国初中数学联赛）有一长、宽、高分别为正整数 m, n, r $(m \leqslant n \leqslant r)$ 的长方体，表面涂上红色后切成棱长为 1 的正方体，已知不带红色的正方体个数与两面带红色的正方体个数之和，减去一面带红色的正方体个数得 1 985，求 m, n, r 的值.

解 （1）设 $m > 2$.

依题意，不带红色的正方体个数为

$$k_0 = (m-2)(n-2)(r-2)$$

一面带红色的正方体个数为

$$k_1 = 2(m-2)(n-2) + 2(m-2)(r-2) + 2(n-2)(r-2)$$

两面带红色的正方体个数为

$$k_2 = 4(m-2) + 4(n-2) + 4(r-2)$$

于是，由题意有

$$k_0 + k_2 - k_1 = 1\ 985$$

即

$$(m-2)(n-2)(r-2) + 4[(m-2)+(n-2)+(r-2)] -$$
$$2[(m-2)(n-2)+(m-2)(r-2)+(n-2)(r-2)] = 1\ 985$$

经整理可得

$$[(m-2)-2][(n-2)-2][(r-2)-2] = 1\ 985 - 8 = 1\ 977$$

即

$$(m-4)(n-4)(r-4) = 1\ 977$$

鉴于

$$1977 = 1 \cdot 3 \cdot 659$$
$$= 1 \cdot 1 \cdot 1\ 977$$
$$= (-1) \cdot (-1) \cdot 1\ 977$$

则有

$$\begin{cases} m-4=1 \\ n-4=3 \\ r-4=659 \end{cases}, \begin{cases} m-4=1 \\ n-4=1 \\ r-4=1\ 977 \end{cases}, \begin{cases} m-4=-1 \\ n-4=-1 \\ r-4=1\ 977 \end{cases}$$

因此可得

$$\begin{cases} m=5 \\ n=7 \\ r=663 \end{cases}, \begin{cases} m=5 \\ n=5 \\ r=1\ 981 \end{cases}, \begin{cases} m=3 \\ n=3 \\ r=1\ 981 \end{cases}$$

(2)设 $m=1$,当 $n=1$ 时无解,所以 $n \geqslant 2$.

依题意,不带红色的正方形个数为 $k_0=0$;

一面带红色的正方形个数为 $k_1=0$;

两面带红色的正方形个数为

$$k_2=(n-2)(r-2)$$

于是由

$$k_0+k_2-k_1=1\ 985$$

得 $k_2=1\ 985$.

即

$$(n-2)(r-2)=1\ 985=5 \cdot 397=1 \cdot 1\ 985$$

$$\begin{cases} n-2=5 \\ r-2=397 \end{cases}, \begin{cases} n-2=1 \\ r-2=1\ 985 \end{cases}$$

因此可得

$$\begin{cases} m=1 \\ n=7 \\ r=399 \end{cases}, \begin{cases} m=1 \\ n=3 \\ r=1\ 987 \end{cases}$$

(3)再设 $m=2$,则 $k_0=0$.

于是有

$$k_2-k_1=1\ 985$$

由于 k_1 和 k_2 均为偶数,上式不可能成立.

综合(1)(2)(3),符合题意的 m,n,r 有五组

$$m_1=5,n_1=7,r_1=663$$
$$m_2=5,n_2=5,r_2=1\ 981$$
$$m_3=3,n_3=3,r_3=1\ 981$$
$$m_4=1,n_4=7,r_4=399$$
$$m_5=1,n_5=3,r_5=1\ 987$$

例3 (2005 年保加利亚冬季数学竞赛)求边长取正整数的所有 $\triangle ABC$,使得边 AC 等于 $\angle BAC$ 的平分线长,且 $\triangle ABC$ 的周长等于 $10p$,其中 p 是一个质数.

解 在 $\triangle ABC$ 中,设

$$AB = c, BC = a, CA = b$$

我们有

$$b^2 = l_a^2 = bc - \frac{a^2 bc}{(b+c)^2}$$

所以

$$a^2 c = (c-b)(c+b)^2 \qquad \qquad ①$$

令

$$\frac{a}{c} = \frac{m}{n}, (m,n) = 1$$

$$\frac{b}{c} = \frac{r}{s}, (r,s) = 1$$

则式①变成

$$\frac{m^2}{n^2} = \frac{(s-r)(s+r)^2}{s^3}$$

因为两边是不可约分的,所以

$$m^2 = (s-r)(s+r)^2, n^2 = s^3$$

则第一个等式表明 $s-r$ 是完全平方数. 第二个等式意味着 s 是完全平方数. 设

$$s = t^2, s - r = k^2$$

则

$$r = t^2 - k^2, m = k(2t^2 - k^2), n = t^3$$

现设

$$a = mx, c = nx, b = ry, c = sy$$

则 $nx = sy$. 即 $y = tx$. 所以

$$a = xk(2t^2 - k^2), b = xt(t^2 - k^2), c = xt^3 \quad (t > k, (t,k) = 1)$$

此外,容易验证 a, b, c 满足三角形不等式.

条件

$$a + b + c = 10p$$

变成

$$x(k+t)(2t^2 - k^2) = 10p$$

因为

$$(k+t, 2t^2 - k^2) = 1$$

所以只有下列三种可能

$$\begin{cases} x = 1 \\ k+t = 5 \\ 2t^2 - k^2 = 2p \end{cases}, \quad \begin{cases} x = 1 \\ k+t = 10 \\ 2t^2 - k^2 = p \end{cases}, \quad \begin{cases} x = 2 \\ k+t = 5 \\ 2t^2 - k^2 = p \end{cases}$$

直接验证可得
$$(x,k,t) = (1,2,3),(1,3,7),(2,1,4)$$
所以
$$(a,b,c) = (28,15,27),(267,280,343),(62,120,128)$$

例4 （2014 年芬兰高中数学竞赛）设以原点为圆心的圆的半径为 r（r 为奇数），点 (p^m,q^n)（p,q 为素数，$m,n \in \mathbf{Z}_+$）在该圆上. 求 r 的值.

解 由点 (p^m,q^n) 在圆
$$x^2 + y^2 = r^2$$
上,知
$$p^{2m} + q^{2n} = r^2 \tag{①}$$
又 r 为奇数,则 p,q 中恰有一个为偶数. 不妨假设 p 为偶数,q 为奇数. 而 p,q 为素数,故 $p=2$.

代入式①得
$$2^{2m} = r^2 - (q^n)^2 = (r + q^n)(r - q^n)$$

设
$$\begin{cases} r + q^n = 2^u \\ r - q^n = 2^v \end{cases} \tag{②}$$
则
$$u > v, u + v = 2m$$
由方程组②得
$$2q^n = 2^u - 2^v$$
即
$$q^n = 2^{u-1} - 2^{v-1}$$
因为 q 为奇数,所以
$$v = 1, u = 2m - 1$$
则
$$q^n = 2^{2m-2} - 1 = (2^{m-1} + 1)(2^{m-1} - 1)$$
又由于两个相邻奇数互素,于是
$$2^{m-1} - 1 = 1 \Rightarrow m = 2$$
$$\Rightarrow q^n = 2^{2 \times 2 - 2} - 1 = 3$$
又因为 q 为素数,所以
$$n = 1, q = 3$$
由式①得
$$r^2 = 2^4 + 3^2 = 25 \Rightarrow r = 5$$

若 q 为偶数,则 $q = 2$.

例5 (1992年加拿大数学奥林匹克训练题)在 $\triangle ABC$ 中,$AB = c$,$BC = a$ 和 $CA = b$,其中 a,b,c 是正整数,且 $\angle A = 2(\angle B - \angle C)$. 求出所有这样的三元数组 (a, b, c).

解 设 $\angle BAC$ 的平分线与 BC 交于 D,则

$$\angle ADB = \frac{1}{2}\angle A + \angle C = \angle B$$

所以 $\triangle ABD$ 为等腰三角形.

从 A 引 $AE \perp BD$ 于 E,则 $BE = DE$.

设 $BE = DE = x$,则

$$CD = a - 2x$$

由勾股定理

$$AE^2 = AC^2 - CE^2 = AB^2 - BE^2$$

即

$$b^2 - (a - x)^2 = c^2 - x^2$$

$$x = \frac{c^2 + a^2 - b^2}{2a} \qquad ①$$

又因为 AD 平分 $\angle BAC$,所以有

$$\frac{b}{a - 2x} = \frac{c}{2x}$$

即

$$x = \frac{ac}{2(b + c)} \qquad ②$$

从 ①,② 中消去 x 得

$$ba^2 = (b - c)(b + c)^2$$

若 m 和 n 是互素的正整数,且满足

$$\frac{a}{b + c} = \frac{m}{n}$$

所以

$$\frac{b - c}{b} = \frac{a^2}{(b + c)^2} = \frac{m^2}{n^2}$$

此时有 $m < n$.

从而有

$$c = b \cdot \frac{n^2 - m^2}{n^2}$$

$$a = b \cdot \frac{m(2n^2 - m^2)}{n^3}$$

因为

$$(m, n) = 1$$

所以,对于某个正整数 k,必有

$$b = kn^3$$

从而

$$c = kn(n - m)(n + m)$$
$$a = km(2n^2 - m^2)$$

都是正整数.

于是下式给出所有的解

$$(a, b, c) = (km(2n^2 - m^2), kn^3, kn(n^2 - m^2))$$

其中 k, m, n 都是正整数,且 $n > m$ 及 $(m, n) = 1$.

例 6 用三种边长相等的正多边形地砖铺地,其顶点拼在一起,刚好能完全铺满地面. 求这三种多边形的边数.

解 设这三种多边形的边数分别为 x, y, z,并设在一个顶点周围有 k_1 个 x 边形,k_2 个 y 边形,k_3 个 z 边形. 于是

$$k_1 \cdot \frac{(x-2)180°}{x} + k_2 \cdot \frac{(y-2)180°}{y} + k_3 \cdot \frac{(z-2)180°}{z} = 360°$$

即

$$k_1 \cdot \frac{x-2}{x} + k_2 \cdot \frac{y-2}{y} + k_3 \cdot \frac{z-2}{z} = 2$$

则

$$k_1 \cdot \frac{1}{x} + k_2 \cdot \frac{1}{y} + k_3 \cdot \frac{1}{z}$$

$$= \frac{k_1 + k_2 + k_3 - 2}{2}$$

$$< \frac{1}{3}(k_1 + k_2 + k_3)$$

故

$$k_1 + k_2 + k_3 < 6$$

又因为

$$k_1 + k_2 + k_3 \geqslant 3$$

所以

$$3 \leqslant k_1 + k_2 + k_3 \leqslant 5$$

$(1) k_1 + k_2 + k_3 = 3.$

于是

$$k_1 = k_2 = k_3 = 1$$

则

$$\frac{1}{x} + \frac{1}{y} + \frac{1}{z} = \frac{1}{2}$$

由对称性可设 $x > y > z.$ 则

$$\frac{1}{z} > \frac{1}{2} \div 3 = \frac{1}{6}$$

故 $z = 3,4,5.$

（ⅰ）$z = 3$,则

$$\frac{1}{x} + \frac{1}{y} = \frac{1}{6}$$

即

$$6(x+y) = xy$$

所以

$$(x-6)(y-6) = 36$$

所以

$$\begin{cases} x - 6 = 36,18,12,9 \\ y - 6 = 1,2,3,4 \end{cases}$$

所以

$$\begin{cases} x = 42,24,18,15 \\ y = 7,8,9,10 \end{cases}$$

（ⅱ）$z = 4$,则

$$\frac{1}{x} + \frac{1}{y} = \frac{1}{4}$$

同理,得

$$\begin{cases} x = 20,12 \\ y = 5,6 \end{cases}$$

（ⅲ）$z = 5$,则

$$\frac{1}{x} + \frac{1}{y} = \frac{3}{10}$$

类似讨论知无正整数解.

经检验,只有当

$$(x,y,z) = (12,6,4)$$

时,可以铺满地面.

(2) $k_1 + k_2 + k_3 = 4$.

由对称性可令

$$k_1 = k_2 = 1, k_3 = 2, x > y$$

故

$$\frac{1}{x} + \frac{1}{y} + \frac{1}{z} = 1$$

所以

$$\frac{2}{z} \geqslant 1 - \frac{1}{3} - \frac{1}{4} = \frac{5}{12}$$

所以

$$z \leqslant 4 \Rightarrow z = 3, 4$$

(i) $z = 3$,则

$$\frac{1}{x} + \frac{1}{y} = \frac{1}{3}$$

即

$$(x-3)(y-3) = 9$$

所以

$$\begin{cases} x - 3 = 9 \\ y - 3 = 1 \end{cases} \Rightarrow \begin{cases} x = 12 \\ y = 4 \end{cases}$$

(ii) $z = 4$,则

$$\frac{1}{x} + \frac{1}{y} = \frac{1}{2}$$

同理,得

$$x = 6, y = 3$$

经检验,当

$$(x, y, z) = (12, 4, 3), (6, 3, 4)$$

时,可以铺满地面.

(3) $k_1 + k_2 + k_3 = 5$.

(i)由对称性可令

$$k_1 = k_2 = 1, k_3 = 3, x > y$$

于是

$$\frac{1}{x} + \frac{1}{y} + \frac{3}{z} = \frac{3}{2}$$

则

$$\frac{3}{z} \geqslant \frac{3}{2} - \frac{1}{3} - \frac{1}{4} = \frac{11}{12} \Rightarrow z \leqslant 3$$

故 $z = 3$.

从而

$$\frac{1}{x} + \frac{1}{y} = \frac{1}{2}$$

所以

$$x = 6, y = 3$$

此时,$y = z$,与题意矛盾.

（ⅱ）由对称性可令

$$k_1 = 1, k_2 = 2, k_3 = 2$$

于是

$$\frac{1}{x} + \frac{2}{y} + \frac{2}{z} = \frac{3}{2}$$

但

$$\frac{1}{x} + \frac{2}{y} + \frac{2}{z} \leqslant \frac{1}{5} + \frac{2}{4} + \frac{2}{3} = \frac{41}{30} < \frac{3}{2}$$

矛盾.

综上

$$\begin{cases} x = 12 \\ y = 6 \\ z = 4 \end{cases}, \begin{cases} x = 12 \\ y = 4 \\ z = 3 \end{cases}, \begin{cases} x = 6 \\ y = 3 \\ z = 4 \end{cases}$$

注 上述讨论略去 $k_i = 0$ 的情况,结论不受影响.

例 7 已知 a, b, c 是三角形的三条整数边,且满足

$$a^2 + b^2 + c^2 = 2\ 008$$

求该三角形的面积.

解 对三正整数 a, b, c 分两种情况讨论.

（1）当三数 a, b, c 中有一偶两奇时,不妨设

$$a = 2e, b = 2f + 1, c = 2g + 1$$

则

$$2(e^2 + f^2 + f + g^2 + g) = 1\ 003$$

矛盾,故此种情况不存在.

（2）当三数 a, b, c 都是偶数时,不妨设

$$a = 2e, b = 2f, c = 2g$$

则

$$e^2 + f^2 + g^2 = 502$$

这里的 e, f, g 又要分两种情况加以讨论:

（ⅰ）当 e, f, g 都是偶数时,不妨设

$$e = 2m, f = 2n, g = 2p$$

代入已知条件整理得

$$2(m^2 + n^2 + p^2) = 251$$

矛盾,故此种情况不成立.

（ⅱ）当三数 e, f, g 中有一偶两奇时,不妨设

$$e = 2m, f = 2n + 1, g = 2p + 1$$

代入整理得

$$m^2 + n(n+1) + p(p+1) = 125$$

因为 $n(n+1)$ 与 $p(p+1)$ 都是偶数,且 $m^2 < 125$,所以,m 只能是奇数 11, $9, 7, 5, 3, 1$.

当 $m = 11$ 时

$$f^2 + g^2 = 18 \Rightarrow f = g = 3.$$

当 $m = 9$ 时

$$f^2 + g^2 = 178 \Rightarrow f = 13, g = 3$$

当 $m = 7$ 时

$$f^2 + g^2 = 306 \Rightarrow f = 15, g = 9$$

当 $m = 5$ 时

$$f^2 + g^2 = 402, 无整数根$$

当 $m = 3$ 时

$$f^2 + g^2 = 466 \Rightarrow f = 21, g = 5$$

当 $m = 1$ 时

$$f^2 + g^2 = 498, 无整数根$$

又

$$a = 2e = 2 \times 2m = 4m, b = 2f, c = 2g$$

故

$$\begin{cases} a = 44, 36, 28, 12 \\ b = 6, 26, 30, 42 \\ c = 6, 6, 18, 10 \end{cases}$$

根据三角形的三边关系,符合题意的 a, b, c 只能是 $28, 30, 18$.

不妨设

$$a = 28, b = 30, c = 18$$

则

$$p = \frac{1}{2}(a+b+c) = \frac{1}{2}(28+30+18) = 38$$

由海伦公式易得

$$S = \sqrt{38(38-28)(38-30)(38-18)} = 40\sqrt{38}$$

例8 求所有满足条件的三角形的三边长：

（1）三角形的三边长为整数；

（2）三角形的内切圆半径为2.

解 记三角形的三边长为 a,b,c，半周长为 p，内切圆半径为 r，S 表示三角形的面积. 由海伦公式

$$S = \sqrt{p(p-a)(p-b)(p-c)}$$

及

$$S = pr = 2p$$

知

$$2p = \sqrt{p(p-a)(p-b)(p-c)}$$

所以

$$4p = (p-a)(p-b)(p-c)$$

即

$$4 \cdot \frac{a+b+c}{2} = \frac{b+c-a}{2} \cdot \frac{c+a-b}{2} \cdot \frac{a+b-c}{2} \qquad ①$$

由式①可知在 a,b,c 三个数中，必定是两奇一偶或三个偶数，因此，$b+c-a,c+a-b,a+b-c$ 都是偶数，故 $\dfrac{b+c-a}{2},\dfrac{c+a-b}{2},\dfrac{a+b-c}{2}$ 必为整数. 设

$$\frac{b+c-a}{2} = x, \frac{c+a-b}{2} = y, \frac{a+b-c}{2} = z$$

则 x,y,z 为整数，且

$$a+b+c = 2(x+y+z)$$

因此，式①变形为

$$4(x+y+z) = xyz \qquad ②$$

由于式②关于 x,y,z 对称，不妨设 $x \geqslant y \geqslant z$. 则

$$\frac{1}{4} = \frac{1}{xy} + \frac{1}{yz} + \frac{1}{zx} \leqslant \frac{1}{z^2} + \frac{1}{z^2} + \frac{1}{z^2} = \frac{3}{z^2}$$

所以

$$z^2 \leqslant 12, z \leqslant 2\sqrt{3} < 4$$

于是, z 只能取 $1,2,3$.

（ⅰ）当 $z=1$ 时,由②得

$$4(x+y+1)=xy$$

即

$$(x-4)(y-4)=20=20\times1=10\times2=5\times4$$

（易验证 20 分解为负因数时不满足题意）.

因为 $x\geqslant y$, 则

$$x-4\geqslant y-4$$

从而

$$\begin{cases}x-4=20\\y-4=1\end{cases}, \begin{cases}x-4=10\\y-4=2\end{cases}, \begin{cases}x-4=5\\y-4=4\end{cases}$$

解得

$$\begin{cases}x=24\\y=5\end{cases}, \begin{cases}x=14\\y=6\end{cases}, \begin{cases}x=9\\y=8\end{cases}$$

此时

$$(x,y,z)=(24,5,1),(14,6,1),(9,8,1)$$

由所作变换知

$$a=y+z, b=z+x, c=x+y$$

于是,三角形的三边长 (a,b,c) 为 $(6,25,29),(7,15,20),(9,10,17)$.

（ⅱ）当 $z=2$ 时,可类似解得

$$(x,y,z)=(10,3,2),(6,4,2)$$

于是,三角形的三边长 (a,b,c) 为 $(5,12,13),(6,8,10)$.

（ⅲ）当 $z=3$ 时,由②得

$$4(x+y+3)=3xy \qquad ③$$

即

$$\frac{1}{4}=\frac{1}{3x}+\frac{1}{3y}+\frac{1}{xy}$$

由 $x\geqslant y$, 知

$$\frac{1}{4}\leqslant\frac{1}{3y}+\frac{1}{3y}+\frac{1}{y^2}=\frac{2}{3y}+\frac{1}{y^2}$$

即

$$3y^2-8y-12\leqslant0$$

解得

$$\frac{4-2\sqrt{13}}{3}\leqslant y\leqslant\frac{4+2\sqrt{13}}{3}$$

又 $y \geqslant z = 3$, 从而

$$3 \leqslant y \leqslant \frac{4 + 2\sqrt{13}}{3}$$

但

$$y \leqslant \frac{4 + 2\sqrt{13}}{3} < \frac{4 + 8}{3} = 4$$

所以, y 只能取 3. 把 $y = 3$ 代入式③, 得 $x = 4.8$ 不是整数. 故当 $z = 3$ 时, 式②无解.

综合 (ⅰ) (ⅱ) (ⅲ) 知, 满足条件的三角形有 5 个, 其三边长 (a, b, c) 为 $(6, 25, 29)$, $(7, 15, 20)$, $(9, 10, 17)$, $(5, 12, 13)$, $(6, 8, 10)$.

例9 (2000 年第 41 届国际数学奥林匹克预选题) 证明: 存在无穷多个正整数 n, 使得 $p = nr$, 其中 p 和 r 分别是由整数为边长所构成的三角形的半周长和内切圆半径.

证明 设 a, b, c 和 S 分别是满足条件的三角形的边长和面积.

由

$$S = pr, S^2 = p(p-a)(p-b)(p-c), p = nr$$

得

$$p^2 = npr = nS, p^4 = n^2 S^2$$

于是

$$p^4 = n^2 p(p-a)(p-b)(p-c)$$
$$(2p)^3 = n^2(2p - 2a)(2p - 2b)(2p - 2c)$$

即

$$(a + b + c)^3 = n^2(b + c - a)(c + a - b)(a + b - c)$$

设

$$b + c - a = x, c + a - b = y, a + b - c = z$$

由三角形任两边之和大于第三边知 x, y, z 都是正整数. 所以 $p = nr$ 等价于

$$(x + y + z)^3 = n^2 xyz \qquad ①$$

如果对于一个正整数 n, 存在正整数 x_0, y_0, z_0 满足方程①, 则 $2x_0, 2y_0, 2z_0$ 也满足方程①.

因此, 以

$$a = y_0 + z_0, b = z_0 + x_0, c = x_0 + y_0$$

为边长所定义的三角形满足条件的要求.

于是问题转化为证明存在无穷多个正整数 n, 使得方程①有正整数解 (x, y, z).

设

$$z = k(x + y)$$

其中 k 是正整数,则方程①化为

$$(k+1)^3(x+y)^2 = n^2kxy \qquad ②$$

如果方程②对于某个 n 和 k 有正整数解,则方程①也有解.

设

$$n = 3k + 3$$

则方程②化为

$$(k+1)(x+y)^2 = 9kxy \qquad ③$$

因此,只要证明方程③对于无穷多个 k 有正整数解即可.

设

$$t = \frac{x}{y}$$

则③化为

$$(k+1)(t+1)^2 = 9kt$$

即

$$(k+1)t^2 - (7k-2)t + (k+1) = 0 \qquad ④$$

于是,可以等价地证明方程④对于无穷多个 k 有整数解.

④是一个关于 t 的二次方程,其判别式为

$$\Delta = (7k-2)^2 - 4(k+1)^2 = 9k(5k-4) \qquad ⑤$$

为使④有正整数解,⑤必须是一个完全平方数.

设 $k = u^2$,则式⑤化为

$$\Delta = 9u^2(5u^2 - 4)$$

因此,又化为不定方程

$$5u^2 - 4 = v^2 \qquad ⑥$$

存在无穷多组正整数解 (u, v).

由于 $(u, v) = (1, 1)$ 是⑥的一组解.且

$$u' = \frac{3u + v}{2}, \quad v' = \frac{5u + 3v}{2}$$

由⑥知 u, v 有相同的奇偶性,则 u', v' 是整数

$$5u'^2 - v'^2 = 5\frac{(3u+v)^2}{4} - \frac{(5u+3v)^2}{4} = \frac{20u^2 - 4v^2}{4} = 5u^2 - v^2 = 4$$

于是 (u', v') 也是⑥的一组解,然而

$$u' > u, \quad v' > v$$

这样由(1,1)开始,可以得到无穷多组⑥的正整数解.

从而本题得证.

例 10 （2013 年英国数学奥林匹克）在正方形 $ABCD$ 中,已知点 P 是其内切圆上任意一点,则线段 PA,PB,PC,PD,AB 的长度能否同时为正整数? 并给出证明.

解 如图 1,建立直角坐标系.

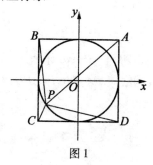

图 1

则各点坐标分别为

$$P(x,y),A(r,r),B(-r,r),C(-r,-r),D(r,-r)$$

由两点间距离公式得

$$PA^2 = (r-x)^2 + (r-y)^2 = 2r^2 + x^2 + y^2 - 2rx - 2ry$$
$$PC^2 = (-r-x)^2 + (-r-y)^2 = 2r^2 + x^2 + y^2 + 2rx + 2ry$$

于是

$$PA^2 + PC^2 = 4r^2 + 2(x^2 + y^2)$$

又因为 P 是其内切圆上任意一点,所以

$$x^2 + y^2 = r^2$$

则

$$PA^2 + PC^2 = 6r^2 = \frac{3}{2}(2r)^2 = \frac{3}{2}AB^2$$

即

$$2PA^2 + 2PC^2 = 3AB^2$$

记

$$2b^2 + 2c^2 = 3a^2 \ (a,b,c \in \mathbf{Z}_+) \qquad ①$$

假设式①有正整数解,则设 (a,b,c) 为其一组解,且 a 最小.

因为对于任意的正整数 x 有

$$x^2 \equiv 0 \ 或 \ 1 (\bmod 3)$$

所以,由式①知

$$3 \mid b, 3 \mid c$$

记

$$b = 3b', c = 3c' \quad (b', c' \in \mathbf{Z}_+)$$

则

$$6b'^2 + 6c'^2 = a^2 \Rightarrow 3 \mid a$$

记

$$a = 3a' \quad (a' \in \mathbf{Z}_+)$$

则

$$2b'^2 + 2c'^2 = 3a'^2$$

从而，(a', b', c') 也为一组解，且 $a' < a$. 矛盾.

故不存在同时为正整数的线段 PA, PB, PC, PD, AB，使其满足题设条件.

习 题 十 二

1. (2010 年天津市初中数学竞赛) 设直角三角形的两条直角边长分别为 a, b，斜边长为 c. 若 a, b, c 均为整数，且

$$c = \frac{1}{3}ab - (a + b)$$

求满足条件的直角三角形的个数.

解 由勾股定理得

$$c^2 = a^2 + b^2 \qquad\qquad\qquad ①$$

又

$$c = \frac{1}{3}ab - (a + b)$$

代入式①得

$$a^2 + b^2 = \frac{1}{9}(ab)^2 - \frac{2}{3}ab(a + b) + a^2 + 2ab + b^2$$

整理得

$$ab - 6(a + b) + 18 = 0$$

所以

$$(a - 6)(b - 6) = 18$$

因为 a, b 均为正整数，不妨设 $a > b$. 则

$$\begin{cases} a - 6 = 1 \\ b - 6 = 18 \end{cases} 或 \begin{cases} a - 6 = 2 \\ b - 6 = 9 \end{cases} 或 \begin{cases} a - 6 = 3 \\ b - 6 = 6 \end{cases}$$

解得

$$(a,b,c) = (7,24,25),(8,15,17),(9,12,15)$$

所以,满足条件的直角三角形有三个.

2. (2010 年全国初中数学联赛)设正整数 $a,b,c(a \geqslant b \geqslant c)$ 为三角形的三边长,且满足

$$a^2 + b^2 + c^2 - ab - bc - ca = 13$$

求符合条件且周长不超过 30 的三角形的个数.

解 由已知等式得

$$(a-b)^2 + (b-c)^2 + (a-c)^2 = 26 \qquad ①$$

令

$$a - b = m, b - c = n$$

则

$$a - c = m + n \quad (m,n \text{ 均为自然数})$$

于是,式①变为

$$m^2 + n^2 + mn = 13 \qquad ②$$

故使得式②成立的 m,n 只有两组

$$(m,n) = (3,1),(1,3)$$

(1)当 $(m,n) = (3,1)$ 时,

$$b = c + 1, a = b + 3 = c + 4$$

由 a,b,c 为三角形的三边长知

$$b + c > a \Rightarrow (c+1) + c > c + 4 \Rightarrow c > 3$$

又三角形的周长不超过 30,即

$$a + b + c = (c+4) + (c+1) + c \leqslant 30 \Rightarrow c \leqslant \frac{25}{3}$$

故 $3 < c \leqslant \frac{25}{3}$.

于是,c 可以取值 4,5,6,7,8,对应可得到 5 个符合条件的三角形.

(2)当 $(m,n) = (1,3)$ 时,类似得

$$1 < c \leqslant \frac{23}{3}$$

所以,c 可以取值 2,3,4,5,6,7,对应可得到 6 个符合条件的三角形.

综上,符合条件且周长不超过 30 的三角形的个数为 11.

3. (1965 年第 26 届美国普特南数学竞赛)试证边长为整数而面积在数值上等于周长的两倍的直角三角形,正好有三个.

证明 设直角三角形的三边长为 x,y 和 z,其中 z 为斜边的长,且 x,y 和 z

为整数.

由题意,有不定方程组

$$\begin{cases} x^2 + y^2 = z^2 & ① \\ \dfrac{1}{2}xy = 2(x+y+z) & ② \end{cases}$$

由①可得

$$x = \lambda(p^2 - q^2)$$
$$y = 2\lambda pq$$
$$z = \lambda(p^2 + q^2)$$

其中 $(p,q)=1, p \not\equiv q \pmod 2$,$\lambda$ 为任意自然数. 将 x,y,z 的值代入②得

$$\lambda^2(p^2 - q^2)pq = 2\lambda(p^2 - q^2 + 2pq + p^2 + q^2)$$

化简可得

$$\lambda(p-q)q = 4$$

由 $p \not\equiv q \pmod 2$ 可得 $p-q$ 是奇数,于是

$$q = 1,2 \text{ 或 } 4$$

当 $q=1$ 时

$$p=2, \lambda=4, x=12, y=16, z=20$$

当 $q=2$ 时

$$p=3, \lambda=2, x=10, y=24, z=26$$

当 $q=4$ 时

$$p=5, \lambda=1, x=9, y=40, z=41$$

因而正好有三组解.

4. 如图 1 所示,在 $\triangle ABC$ 中,$AB=36$ 厘米,$AC=21$ 厘米,$BC=m$ 厘米,m 为整数. 又在 AB 上可找到一点 D,在 AC 上找到一点 E,使 $AD=DE=EC=n$ 厘米,n 为整数. 求 m,n 的整数解.

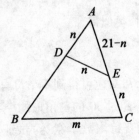

图 1

解 在 $\triangle ABC$ 与 $\triangle ADE$ 中,根据余弦定理有

$$\frac{33^2 + 21^2 - m^2}{2 \times 33 \times 21} = \cos A = \frac{n^2 + (21-n)^2 - n^2}{2 \times n \times (21-n)}$$

即

$$\frac{1\,530 - m^2}{33 \times 21} = \frac{21-n}{n}$$

$$n(2\,223 - m^2) = 3^3 \times 7^2 \times 11$$

因 m, n 均为整数, 故 n 必为 $3^3 \times 7^2 \times 11$ 的因数. 但由几何图形性质知

$$\begin{cases} EC < AC \\ AD + DE > AE \end{cases}$$

由此得 $7 < n < 21$. 所以, $n = 3^2$ 或 11. 当 $n = 9$ 时, $m^2 = 606$(不合题意, 舍去); 当 $n = 11$ 时, $m^2 = 900$, 得 $m = 30$.

解为

$$\begin{cases} m = 30 \\ n = 11 \end{cases}$$

5. 已知 a, b, c 为正整数, 且 $a < b < c$. 若

$$abc \mid (ab-1)(bc-1)(ca-1)$$

那么, 长度分别为 $\sqrt{a}, \sqrt{b}, \sqrt{c}$ 的三条线段能否构成一个三角形? 若能, 求出三角形的面积; 若不能, 请说明理由.

解 注意到

$$(ab-1)(bc-1)(ca-1)$$
$$= abc(abc - a - b - c) + ab + bc + ca - 1$$

由

$$abc \mid (ab-1)(bc-1)(ca-1)$$

得

$$abc \mid (ab + bc + ca - 1)$$

即

$$\frac{ab + bc + ca - 1}{abc} = \frac{1}{a} + \frac{1}{b} + \frac{1}{c} - \frac{1}{abc}$$

的值为整数.

又

$$ab + bc + ca - 1 > 0$$

知 $\dfrac{1}{a} + \dfrac{1}{b} + \dfrac{1}{c} - \dfrac{1}{abc}$ 为正整数.

因此

$$\frac{1}{a} + \frac{1}{b} + \frac{1}{c} > 1$$

若 $a = 1$，则 $\frac{1}{b} + \frac{1}{c} - \frac{1}{bc}$ 为自然数.

又

$$\frac{1}{b} + \frac{1}{c} \leqslant \frac{1}{2} + \frac{1}{3} < 1$$

因此

$$\frac{1}{b} + \frac{1}{c} - \frac{1}{bc} = 0 \Rightarrow b + c = 1$$

矛盾.

若 $a \geqslant 3$，则

$$\frac{1}{a} + \frac{1}{b} + \frac{1}{c} < \frac{3}{a} \leqslant 1$$

矛盾. 所以, $a = 2$.

若 $b \geqslant 4$，则

$$\frac{1}{a} + \frac{1}{b} + \frac{1}{c} < \frac{1}{2} + \frac{1}{4} + \frac{1}{4} = 1$$

矛盾. 所以, $b = 3$.

若 $c \geqslant 6$，则

$$\frac{1}{a} + \frac{1}{b} + \frac{1}{c} \leqslant \frac{1}{2} + \frac{1}{3} + \frac{1}{6} = 1$$

矛盾. 所以, $c = 4$ 或 5.

经检验只有

$$a = 2, b = 3, c = 5$$

满足条件.

此时

$$\sqrt{a} = \sqrt{2}, \sqrt{b} = \sqrt{3}, \sqrt{c} = \sqrt{5}$$

因为

$$(\sqrt{2})^2 + (\sqrt{3})^2 = (\sqrt{5})^2$$

所以,以长度分别为 $\sqrt{a}, \sqrt{b}, \sqrt{c}$ 的三条线段构成一个直角三角形,其面积为

$$S = \frac{1}{2} \times \sqrt{2} \times \sqrt{3} = \frac{\sqrt{6}}{2}$$

6. (2012 年爱尔兰数学奥林匹克) 已知 $\triangle ABC$ 的三边长 a, b, c 均为正整数,且 $(a, b, c) = 1$. 若仅有 $\angle C = 60°$,问满足题意的 (a, b, c) 是否有无穷多组?

并加以证明.

证明 由余弦定理,知

$$c^2 = a^2 + b^2 - ab = (b-a)^2 + ab$$

故

$$ab = c^2 - (b-a)^2 = (c-b+a)(c+b-a)$$

记

$$b = mn \quad (m,n \in \mathbf{N}_+)$$

令

$$\begin{cases} c-b+a = n \\ c+b-a = ma \end{cases}$$

故

$$(m+2)a = (2m+1)n$$

当

$$a = 2m+1, n = m+2$$

时

$$b = m^2 + 2m, c = m^2 + m + 1$$

所以

$$(a,b,c) = (2m+1, m^2+2m, m^2+m+1)$$

当 $m > 1$, 且 $m \not\equiv 1 (\bmod 3)$ 时

$$m^2 + 2m > m^2 + m + 1 > 2m + 1$$

且

$$(m^2 + 2m, m^2 + m + 1, 2m + 1) = 1$$

因此,有无穷多组 (a,b,c) 满足题意.

7. (1983 年第 1 届美国数学邀请赛)一个圆的直径 AB 的长度是一个十进制的两位整数,把两个数字颠倒一下,就是与直径 AB 垂直的弦 CD 的长度,从交点 H 到圆心 O 的距离是一个正的有理数,求 AB 的长度.

解 设 $AB = 10x + y$,其中 x,y 为 $0,1,2,3,\cdots,9$ 中的数,且 $x \neq 0$. 则

$$CD = 10y + x$$

由勾股定理

$$OH^2 = OC^2 - CH^2$$

$$= \left(\frac{10x+y}{2}\right)^2 - \left(\frac{10y+x}{2}\right)^2$$

$$= \frac{9}{4} \cdot 11(x^2 - y^2)$$

由于 OH 是有理数,而 $\dfrac{9}{4} = \left(\dfrac{3}{2}\right)^2$,则 $11(x^2 - y^2)$ 必须为完全平方数.

设

$$11(x^2 - y^2) = m^2$$

因为 11 是素数,则 m 是 11 的倍数,再设 $m = 11k$,则

$$x^2 - y^2 = (x + y)(x - y) = 11k$$

显然有

$$x + y \geqslant x - y$$
$$0 < x + y \leqslant 18$$
$$0 < x - y \leqslant 8$$

所以只能有

$$\begin{cases} x + y = 11 \\ x - y = 1 \end{cases}$$

解得 $x = 6, y = 5$,即 $AB = 65$.

8. (1991 年第 9 届美国数学邀请赛) 对正整数 n,令 S_n 为 $\displaystyle\sum_{k=1}^{n} \sqrt{(2k-1)^2 + a_k^2}$ 的最小值,其中 $a_1, a_2, \cdots, a_n$ 为正实数,其和为 17,存在唯一的 n,使 S_n 也是整数. 求 n.

解 把每一项

$$t_k = \sqrt{(2k-1)^2 + a_k^2}$$

都看作是一个直角三角形的斜边,其两直角边边长为 $2k - 1$ 和 a_k.

把这些直角三角形放在一起形成一个梯子,记 A, B 分别为其始点和终点.

从 A 到 B 的距离为

$$\sqrt{\left(\sum_{k=1}^{n} a_k\right)^2 + \left[\sum_{k=1}^{n}(2k-1)\right]^2} = \sqrt{17^2 + n^4}$$

而 $\displaystyle\sum_{k=1}^{n} t_k$ 是从 A 到 B 沿斜边走的长度,所以

$$\sum_{k=1}^{n} t_k \geqslant \sqrt{17^2 + n^4}$$

且可选取 a_k 使等号成立.

故

$$S_n = \sqrt{17^2 + n^4}$$

当 S_n 为整数时,我们求

$$S_n^2 = 17^2 + n^4$$

的正整数解

$$17^2 = S_n^2 - n^4 = (S_n - n^2)(S_n + n^2)$$

因为 17 是素数,所以

$$\begin{cases} S_n - n^2 = 1 \\ S_n + n^2 = 17^2 \end{cases}$$

解得

$$S_n = 145, n = 12$$

9.(1952 年第 12 届美国普特南数学竞赛)某人有一块长方形木料,尺寸为 $m \cdot n \cdot r$ 立方英寸(m, n, r 为整数). 他将表面涂上油漆,然后切成 1 立方英寸一个的小块,发现恰好有半数小块完全没有油漆. 求证具有这种特性而实质上不同的木块的数目是有限的(不必将它们都列举出来).

证明 完全没有油漆的立方块砌成尺寸为

$$(m-2)(n-2)(r-2)$$

的长方块,由题意有

$$mnr = 2(m-2)(n-2)(r-2) \qquad\qquad ①$$

本题等价于证明方程①仅有有限组整数解.

方程①可化为

$$\frac{1}{2} = \frac{m-2}{m} \cdot \frac{n-2}{n} \frac{r-2}{r}$$

设 $m \le n \le r$,则

$$\left(\frac{m-2}{m}\right)^3 \le \frac{1}{2} < \frac{m-2}{m}$$

$$\frac{1}{2} < \frac{m-2}{m} \le \sqrt[3]{\frac{1}{2}}$$

即

$$4 < m < 10$$

因此,m 只能取几个可能的值.

固定 m,方程①化为

$$\frac{m}{2(m-2)} = \frac{n-2}{n} \cdot \frac{r-2}{r}$$

于是有

$$\left(\frac{n-2}{n}\right)^2 \le \frac{m}{2(m-2)} < \frac{n-2}{n}$$

$$\frac{m}{2(m-2)} < \frac{n-2}{n} \le \sqrt{\frac{m}{2(m-2)}} < \sqrt{\frac{5}{6}} < 1$$

因而,对于一个固定的整数 m,只有有限个 n 适合上面的不等式.

显然,对于固定的 m 和 n,至多有一个 r 满足方程①.

因此,对 $m\leqslant n\leqslant r$,方程①的解是有限的,去掉 $m\leqslant n\leqslant r$ 的约定,仍为有限组解.

10. (1988 年第 29 届国际数学奥林匹克候选题)求出所有边长为整数,内切圆半径为 1 的三角形.

解 设三角形的三边满足

$$a\geqslant b\geqslant c \quad (a,b,c\in\mathbf{N})$$

又设

$$p=\frac{1}{2}(a+b+c)$$

内切圆半径 $r=1$.

由面积公式得

$$pr=\sqrt{p(p-a)(p-b)(p-c)}$$

即

$$p=(p-a)(p-b)(p-c)$$

$$4(a+b+c)=(b+c-a)(c+a-b)(a+b-c) \tag{①}$$

由①的左边为偶数,则①的右边也为偶数.

再由 $b+c-a,c+a-b,a+b-c$ 有相同的奇偶性,因此一定都是偶数.

令

$$x=\frac{b+c-a}{2},y=\frac{c+a-b}{2},z=\frac{a+b-c}{2}$$

则 x,y,z 均为正整数,且 $x\leqslant y\leqslant z$,由式①有

$$xyz=x+y+z \tag{②}$$

因为 $x\leqslant y\leqslant z$,所以

$$xyz=x+y+z\leqslant 3z$$

$$xy\leqslant 3$$

(1)若 $xy=3$,则 $xyz=3z$,于是 $x=y=z$.

然而由 $xy=3$ 得

$$x=1,y=3$$

出现矛盾.

(2)若 $xy=2$,则

$$x=1,y=2$$

代入②得 $z=3$. 此时

$$a = 5, b = 4, c = 3$$

（3）若 $xy = 1$，则

$$x = 1, y = 1$$

代入②得

$$2 + z = z$$

出现矛盾.

于是只有唯一一组解

$$a = 5, b = 4, c = 3$$

11.（1976 年第 18 届国际数学奥林匹克）已知一个长方形盒子,可用单位立方体填满. 如果改放尽可能多的体积为两个单位的立方体,而且使其与盒子的棱平行,则盒子的容积恰被填满 40%,试求出具有此种性质的长方形盒子的容积（$\sqrt[3]{2} = 1.2599\cdots$）.

解 设长方形盒子的长、宽、高分别为 x_1, x_2, x_3，且 $x_1 \leqslant x_2 \leqslant x_3$.

由题设，$x_i (i = 1, 2, 3)$ 都是正整数.

因为体积为 2 的立方体的棱长为 $\sqrt[3]{2}$，所以用长为 $\sqrt[3]{2}$ 的线段去量 x_i，只能量 $\left[\dfrac{x_i}{\sqrt[3]{2}}\right]$ 次.

现设

$$a_i = \left[\frac{x_i}{\sqrt[3]{2}}\right] \quad (i = 1, 2, 3) \qquad ①$$

其中记号 $[\alpha]$ 表示不超过 α 的最大整数. 则由题设可得

$$2a_1 a_2 a_3 = \frac{40}{100} \cdot x_1 x_2 x_3$$

即

$$\frac{a_1 a_2 a_3}{x_1 x_2 x_3} = \frac{1}{5}$$

即

$$\frac{x_1}{\left[\dfrac{x_1}{\sqrt[3]{2}}\right]} \cdot \frac{x_2}{\left[\dfrac{x_2}{\sqrt[3]{2}}\right]} \cdot \frac{x_3}{\left[\dfrac{x_3}{\sqrt[3]{2}}\right]} = 5$$

构造函数

$$\varphi(x) = \frac{x}{\left[\dfrac{x}{\sqrt[3]{2}}\right]} \quad (x > 1)$$

于是本题相当于解方程

$$\varphi(x_1) \cdot \varphi(x_2) \cdot \varphi(x_3) = 5 \qquad ②$$

下面计算 $\varphi(x)$ 当 $x = 2, 3, \cdots, 7, 8$ 时的值

$$\varphi(2) = 2, \varphi(3) = \frac{3}{2}, \varphi(4) = \frac{4}{3}$$

$$\varphi(5) = \frac{5}{3}, \varphi(6) = \frac{3}{2}, \varphi(7) = \frac{7}{5}$$

$$\varphi(8) = \frac{4}{3}$$

由

$$\left[\frac{x}{\sqrt[3]{2}}\right] > \frac{x}{\sqrt[3]{2}} - 1$$

可得

$$\frac{x}{\left[\dfrac{x}{\sqrt[3]{2}}\right]} < \sqrt[3]{2} + \frac{\sqrt[3]{2}}{\left[\dfrac{x}{\sqrt[3]{2}}\right]}$$

$$\varphi(x) = \frac{x}{\left[\dfrac{x}{\sqrt[3]{2}}\right]} < \sqrt[3]{2}\left(1 + \frac{1}{\left[\dfrac{x}{\sqrt[3]{2}}\right]}\right)$$

由于当 $x \geq 8$ 时

$$\left[\frac{x}{\sqrt[3]{2}}\right] \geq 6$$

则

$$\varphi(x) < 1.26\left(1 + \frac{1}{6}\right) < 1.5 = \frac{3}{2}$$

由以上可知,函数 $\varphi(x)$ 的最大值为 $\varphi(2) = 2$,其次是 $\varphi(5) = \dfrac{5}{3}$,其他为 $\varphi(x) \leq \dfrac{3}{2}$.

若 $x_1 > 2$,则更有

$$x_2 > 2, x_3 > 2$$

则由 $\varphi(x)$ 的最大值为 2,次大值为 $\dfrac{5}{3}$ 可知

$$\varphi(x_1)\varphi(x_2)\varphi(x_3) \leq \left(\frac{5}{3}\right)^3 < 5$$

与②矛盾.

于是 $x_1 = 2$.

此时

$$\varphi(x_2) \cdot \varphi(x_3) = \frac{5}{2}$$

为满足这个等式只有三种可能

$$\varphi(x_2) = 2, \varphi(x_3) = \frac{5}{4}$$

或

$$\varphi(x_2) = \frac{5}{3}, \varphi(x_3) = \frac{3}{2}$$

或

$$\varphi(x_2) = \frac{3}{2}, \varphi(x_3) = \frac{5}{3}$$

由

$$\varphi(x) > \frac{x}{\dfrac{x}{\sqrt[3]{2}}} = \sqrt[3]{2} > \frac{5}{4}$$

所以不可能有 $\varphi(x_3) = \frac{5}{4}$.

对

$$\varphi(x_2) = \frac{5}{3}, \varphi(x_3) = \frac{3}{2}$$

由上面所求的函数值可得

$$x_2 = 5, x_3 = 6$$

同样对

$$\varphi(x_2) = \frac{3}{2}, \varphi(x_3) = \frac{5}{3}$$

可得

$$x_2 = 3, x_3 = 5$$

其他一些特殊不定方程的解法

第十三章

例1 （1972 年英国数学奥林匹克）证明对任意整数 a,b, $c,d,a \neq b$, 方程

$$(x+ay+c)(x+by+d)=2$$

至多有四组整数解, 再确定 a,b,c,d 使得方程恰有四组不同的整数解.

证明 因为 a,b,c,d 是整数, 所以方程

$$(x+ay+c)(x+by+d)=2$$

等价于方程组

$$\begin{cases} x+ay+c=p \\ x+by+d=q \end{cases}$$

其中 p 和 q 为整数, 且 $pq=2$.

上述方程组是关于 x 和 y 的二元一次方程组, 因此当 $a \neq b$ 时, 至多有一组整数解

$$\begin{cases} x=p-c-ay \\ y=\dfrac{p-q+d-c}{a-b} \end{cases}$$

注意到适合 $pq=2$ 的不同整数对 (p,q) 共有四对: $(1,2)$, $(-1,-2),(2,1),(-2,-1)$, 而且不同的整数对 (p,q) 确定不同的解 (x,y). 因此方程至多有四组整数解.

当且仅当 $\dfrac{p-q+d-c}{a-b}$ 为整数时, 即

$$\frac{\pm 1+d-c}{a-b} \in \mathbf{Z}$$

时, 恰有四个整数解. 此时

$$\frac{1+d-c}{a-b}-\frac{-1+d-c}{a-b}=\frac{2}{a-b}$$

为整数,即

$$(a-b)\,|\,2$$

如果

$$a-b=\pm 1$$

则$\dfrac{\pm 1+d-c}{a-b}$为整数.

如果

$$a-b=\pm 2$$

则$\dfrac{\pm 1+d-c}{a-b}$为整数的充分且必要条件是$d-c$为奇数.

因此当$|a-b|=1$或$|a-b|=2$且$c-d=2k+1,k\in\mathbf{Z}$时,原方程恰有四组整数解.

例2 (2014年第11届中国东南地区数学奥林匹克)证明:方程$a^2+b^3=c^4$有无穷多组正整数解(a_i,b_i,c_i),$i=1,2,\cdots$,使得对每个正整数n,均有c_n,c_{n+1}互素.

证明 将原方程变形为

$$b^3=(c^2-a)(c^2+a)$$

考虑满足

$$c^2-a=b,c^2+a=b^2$$

的解(a,b,c),此时

$$2c^2=b(b+1),2a=b(b-1)$$

令b为奇数,则

$$c^2=b\cdot\frac{b+1}{2},b,\frac{b+1}{2}\in\mathbf{N}^*$$

可令

$$b=x^2,\frac{b+1}{2}=y^2,c=xy$$

则

$$a=\frac{b(b-1)}{2}=x^2(y^2-1)$$

这里正整数x,y满足

$$x^2-2y^2=-1$$

并且当$y\geqslant 2$时,相应的(a,b,c)是原方程的正整数解.

则

$$(x_1,y_1)=(7,5),(x_2,y_2)=(41,29)$$

可得到原方程的两组解

$$(a_1, b_1, c_1) = (1\,176, 49, 35)$$
$$(a_2, b_2, c_2) = (1\,412\,040, 1\,681, 1\,189)$$

这里 $(c_1, c_2) = 1$.

在

$$a^2 + b^3 = c^4$$

两边同乘以 k^{12} 得

$$(ak^6)^2 + (bk^4)^3 = (ck^3)^4$$

故当 (a, b, c) 满足方程时, (ak^6, bk^4, ck^3) 亦满足方程.

因此, 取素数

$$41 < p_1 < p_2 < \cdots$$

对 $j = 1, 2, \cdots$, 令

$$(a_{2j+1}, b_{2j+1}, c_{2j+1}) = (a_1 p_{2j-1}^6, b_1 p_{2j-1}^4, c_1 p_{2j-1}^3)$$
$$(a_{2j+2}, b_{2j+2}, c_{2j+2}) = (a_2 p_{2j}^6, b_2 p_{2j}^4, c_2 p_{2j}^3)$$

由于所有素数 $p_i (i = 1, 2, \cdots)$ 两两不同, 且与

$$c_1 = 7 \times 5, c_2 = 41 \times 29$$

互素, 故

$$(c_{2j}, c_{2j+1}) = (c_{2j+1}, c_{2j+2}) = (c_1, c_2) = 1$$

从而上面定义的解 $(a_i, b_i, c_i) (i = 1, 2, \cdots)$ 满足条件.

例3 (1988 年第 22 届全苏数学奥林匹克) 求方程

$$\left(1 + \frac{1}{m}\right)^{m+1} = \left(1 + \frac{1}{1\,988}\right)^{1\,988}$$

的整数解 m.

解 (1) 若 $m > 0$, 则已知方程化为

$$\frac{(m+1)^{m+1}}{m^{m+1}} = \frac{1\,989^{1\,988}}{1\,988^{1\,988}}$$

由于

$$(m, m+1) = 1, (1\,988, 1\,989) = 1$$

则此方程的两边都是既约分数, 于是其分母相等

$$m^{m+1} = 1\,988^{1\,988}$$

如果 $m \geqslant 1\,988$, 则

$$m^{m+1} > 1\,988^{1\,988}$$

如果 $0 < m < 1\,988$, 则

$$m^{m+1} < 1\,988^{1\,988}$$

因此方程没有正整数解.

(2)若 $m < 0$.

当 $m = -1$ 时,方程不成立.

如果 $m < -1$,设 $n = -(m+1)$,则
$$n > 0, m = -(n+1)$$

已知方程化为
$$\left(1 - \frac{1}{n+1}\right)^{-n} = \left(1 + \frac{1}{1\ 988}\right)^{1\ 988}$$

$$\frac{(n+1)^n}{n^n} = \frac{1\ 989^{1\ 988}}{1\ 988^{1\ 988}}$$

于是
$$n = 1\ 988, m = -1\ 989$$

例 4 (1987 年第 16 届美国数学奥林匹克)求方程
$$(a^2 + b)(a + b^2) = (a - b)^2$$

的所有非零整数 a, b.

解 我们分情况进行讨论.

(1)当 $a = b$ 时,有
$$(a^2 + a)(a + a^2) = 0$$

解得
$$a = -1 \text{ 或 } a = 0$$

即
$$\begin{cases} a = -1 \\ b = -1 \end{cases} \text{ 或 } \begin{cases} a = 0 \\ b = 0 \end{cases} (舍去)$$

(2)当 $a = 0$ 时,有 $b^3 = b^2$.

当 $b \neq 0$ 时,$b = 1$,因此有解
$$\begin{cases} a = 0 \\ b = 1 \end{cases}$$

(3)当 $b = 0$ 时,同样有解
$$\begin{cases} a = 1 \\ b = 0 \end{cases}$$

(4)当 $a \neq b$,且 a 和 b 都不为 0 时.

我们首先证明 a 和 b 异号.

若 a, b 都大于 0,由对称性及 a, b 是整数,不妨设 $a > b \geq 1$.

由原方程得

$$a^2 < (a^2 + b)(b^2 + a) = (a - b)^2 < a^2$$

出现矛盾.

若 a,b 都小于 0,不妨设 $b < a \leqslant -1$. 于是 $b^2 + a \geqslant 1$,由原方程 $a^2 + b \geqslant 1$,从而

$$b^2 + a \leqslant (a^2 + b)(b^2 + a) = (a - b)^2$$

即

$$a \leqslant a^2 - 2ab$$

则

$$2b + 1 \geqslant a$$

即

$$(b - a) + b + 1 \geqslant 0$$

再由 $b < a \leqslant -1$ 得

$$b - a < 0, b + 1 < 0$$

从而

$$(b - a) + b + 1 < 0$$

出现矛盾.

于是 a 和 b 异号. 不妨设 $a > 0, b < 0$. 用 $-b$ 代替 b 得

$$(a^2 - b)(a + b^2) = (a + b)^2 \qquad ①$$

这样,①中的字母 a,b 均为正整数.

设 $(a,b) = d$,记

$$a = a_1 d, b = b_1 d$$

则

$$(a_1, b_1) = 1$$

把 a,b 代入①可化为

$$(da_1^2 - b_1)(db_1^2 + a_1) = (a_1 + b_1)^2 \qquad ②$$

$$a_1 b_1 (d^2 a_1 b_1 - 3) + a_1^2 (da_1 - 1) = b_1^2 (db_1 + 1)$$

因为 $(a_1, b_1) = 1$,则必有

$$b_1 | da_1 - 1, a_1 | db_1 + 1$$

下面再分几种情况讨论:

（ⅰ）若

$$da_1 - 1 = 0$$

即

$$da_1 = 1 = a$$

代入原方程得 $b = 0$;由对称性还有

$$a = 0, b = 1$$

而这两组解在(2)和(3)中已经得出.

（ⅱ）若

$$da_1 - 1 = 1$$

即

$$da_1 = 2 = a$$

代入原方程得 $b = -1$; 由对称性还有

$$a = -1, b = 2$$

因而又得到两组解

$$\begin{cases} a = 2 \\ b = -1 \end{cases}, \begin{cases} a = -1 \\ b = 2 \end{cases}$$

（ⅲ）若

$$da_1 - 1 \geqslant 2$$

即

$$da_1 = a \geqslant 3$$

则

$$(da_1^2 - b_1)(db_1^2 + a_1) - (a_1 + b_1)^2$$
$$= d^2 a_1^2 b_1^2 + da_1^3 - (a_1 + b_1)^2 - db_1^3 - a_1 b_1$$

由 $b_1 \mid da_1 - 1$ 得

$$b_1 \leqslant da_1 - 1, da_1 \geqslant b_1 + 1$$

于是

$$d^2 a_1^2 b_1^2 + da_1^3 - (a_1 + b_1)^2 - db_1^3 - a_1 b_1$$
$$\geqslant (b_1 + 1) da_1 b_1^2 + a_1^2 (da_1 - 1) - b_1^2 - db_1^3 - 3a_1 b_1$$
$$= da_1 b_1^3 + da_1 b_1^2 - db_1^3 + a_1^2 (da_1 - 1) - b_1^2 - 3a_1 b_1$$
$$= db_1^3 (a_1 - 1) + b_1^2 (da_1 - 1) + a_1^2 (da_1 - 1) - 3a_1 b_1$$
$$= db_1^3 (a_1 - 1) + (da_1 - 1)(a_1^2 + b_1^2) - 3a_1 b_1$$
$$\geqslant 2(a_1^2 + b_1^2) - 3a_1 b_1 + db_1^3 (a_1 - 1)$$
$$\geqslant a_1 b_1 + db_1^3 (a_1 - 1)$$
$$> 0$$

然而由式②

$$(da_1^2 - b_1)(db_1^2 + a_1) - (a_1 + b_1)^2 = 0$$

出现矛盾. 即 $da_1 - 1 \geqslant 2$ 时无解.

于是原方程只有五组解

$$\begin{cases} a=0 \\ b=1 \end{cases}, \begin{cases} a=1 \\ b=0 \end{cases}, \begin{cases} a=-1 \\ b=-1 \end{cases}, \begin{cases} a=2 \\ b=-1 \end{cases}, \begin{cases} a=-1 \\ b=2 \end{cases}$$

例5 （1989 年第 30 届国际数学奥林匹克预选题）设 a,b 为整数,但不是完全平方数. 证明若方程

$$x^2 - ay^2 - bz^2 + abw^2 = 0$$

有非平凡的整数解(即不全为 0 的整数解),则

$$x^2 - ay^2 - bz^2 = 0$$

也有非平凡的整数解.

证明 由方程

$$x^2 - ay^2 - bz^2 + abw^2 = 0 \qquad \qquad ①$$

有非平凡的整数解可知,a,b 不可能均为负数.

不失一般性,可设 $a>0$(a,b 为非完全平方数,当然都不为 0).

设

$$(x_0, y_0, z_0, w_0) \neq (0,0,0,0)$$

为①的解,则

$$x_0^2 - ay_0^2 - b(z_0^2 - aw_0^2) = 0 \qquad \qquad ②$$

将②的两边乘以 $z_0^2 - aw_0^2$ 得

$$(x_0^2 - ay_0^2)(z_0^2 - aw_0^2) - b(z_0^2 - aw_0^2)^2 = 0 \qquad \qquad ③$$

又因为

$$\begin{aligned} &(x_0^2 - ay_0^2)(z_0^2 - aw_0^2) \\ &= x_0^2 z_0^2 - ay_0^2 z_0^2 - ax_0^2 w_0^2 + a^2 y_0^2 w_0^2 \\ &= x_0^2 z_0^2 - 2ax_0 y_0 z_0 w_0 + a^2 y_0^2 w_0^2 - ay_0^2 z_0^2 + 2ax_0 y_0 z_0 w_0 - ax_0^2 w_0^2 \\ &= (x_0 z_0 - ay_0 w_0)^2 - a(y_0 z_0 - x_0 w_0)^2 \end{aligned}$$

于是式③化为

$$(x_0 z_0 - ay_0 w_0)^2 - a(y_0 z_0 - x_0 w_0)^2 - b(z_0^2 - aw_0^2)^2 = 0 \qquad ④$$

令

$$x_1 = x_0 z_0 - ay_0 w_0, y_1 = y_0 z_0 - x_0 w_0, z_1 = z_0^2 - aw_0^2$$

则 (x_1, y_1, z_1) 适合方程

$$x^2 - ay^2 - bz^2 = 0$$

若 $z_1 = 0$,则由

$$z_1 = z_0^2 - aw_0^2 = 0$$

及 a 不是完全平方数,则

$$z_0 = w_0 - 0$$

再由式②得

$$x_0^2 - ay_0^2 = 0$$

从而

$$x_0 = y_0 = 0$$

于是

$$(x_0, y_0, z_0, w_0) = (0,0,0,0)$$

与

$$(x_0, y_0, z_0, w_0) \neq (0,0,0,0)$$

矛盾.

所以 $z_1 \neq 0$,即

$$(x_1, y_1, z_1) \neq (0,0,0)$$

从而 (x_1, y_1, z_1) 是方程

$$x^2 - ay^2 - bz^2 = 0$$

的非平凡整数解.

例6 求所有正整数组 (n, m, k),使得

$$\sum_{i=n}^{n+m} i^k = 2\ 012 \qquad ①$$

解 (1) $k = 1$.

由

$$n + (n+1) + \cdots + (n+m) = 2\ 012$$

得

$$2^3 \times 503 = (m+1)(m+2n)$$

因为

$$1 < m+1 < m+2n$$

且 $m+1, m+2n$ 的奇偶性不同,所以

$$m+1 = 8, m+2n = 503$$

于是

$$m = 7, n = 248$$

即

$$2\ 012 = 248 + 249 + \cdots + 255$$

从而,$(248, 7, 1)$ 为满足条件的一组解.

(2) $k = 2$.

由式①得

$$3 \times 2^3 \times 503$$

$$= (m+1)\left[6n^2 + 6nm + m(2m+1)\right]$$

其中，$m+1, 6n^2+6mn+m(2m+1)$ 的奇偶性不同，且
$$1 < m+1 < 6n^2 + 6mn + m(2m+1)$$

若 $m+1=3$，即 $m=2$，则
$$6n^2 + 12n + 10 = 4\ 024$$

所以
$$n^2 + 2n - 669 = 0$$

则 n 无正整数解；

若 $m+1=8$，即 $m=7$，则
$$6n^2 + 42n + 105 = 1\ 509$$

所以
$$n^2 + 7n - 234 = 0$$

则 n 无正整数解；

若 $m+1=24$，即 $m=23$，则
$$6n^2 + 138n + 1\ 081 = 503$$

则 n 无正整数解.

(3) $k=3$.

由式①得
$$2^4 \times 503 = (n+m)^2(n+m+1)^2 - (n-1)^2 n^2$$

设
$$A = (n+m)(n+m+1),\ B = (n-1)n$$

则 A, B 同为偶数，且
$$(A+B)(A-B) = 2^4 \times 503$$

若
$$2^3 \times 503 - 2 = 2n(n-1)$$

则
$$n(n-1) = 2\ 011$$

为奇质数，n 无正整数解；

若
$$2^2 \times 503 - 2^2 = 2n(n-1)$$

则
$$n^2 - n - 1\ 004 = 0$$

n 无正整数解；

若

$$2 \times 503 - 2^3 = 2n(n-1)$$

则

$$n^2 - n - 499 = 0$$

n 无正整数解.

(4)$k = 4$.

由于

$$7^4 > 2\ 012 > 6^4$$

则

$$n + m \leqslant 6$$

当 $n + m = 6$ 时

$$4^4 + 5^4 + 6^4 > 2\ 012 > 5^4 + 6^4$$

无解；

当 $n + m \leqslant 5$ 时

$$1^4 + 2^4 + \cdots + 5^4 < 2\ 012$$

无解.

(5)$k = 5$.

由于

$$5^5 > 2\ 012 > 4^5$$

则

$$n + m \leqslant 4, 1^5 + 2^5 + 3^5 + 4^5 < 2\ 012$$

无解.

(6)$k = 6$.

由于

$$4^6 > 2\ 012 > 3^6$$

则

$$n + m \leqslant 3, 1^6 + 2^6 + 3^6 < 2\ 012$$

无解.

(7)$k \geqslant 7$.

由于

$$3^k > 2\ 012$$

则

$$n + m \leqslant 2$$

由 2 012, 2 011 均不是 2 的 k 次幂, 故无解.

综上

$$(n,m,k) = (248,7,1)$$

例 7　(2008 年匈牙利数学奥林匹克) 求正整数 $k_1, k_2, \cdots, k_n$ 和 n, 使得
$$k_1 + k_2 + \cdots + k_n = 5n - 4$$

且

$$\frac{1}{k_1} + \frac{1}{k_2} + \cdots + \frac{1}{k_n} = 1$$

解　由

$$k_i > 0 \quad (i = 1, 2, \cdots, n)$$

则

$$\left(\frac{1}{k_1} + \frac{1}{k_2} + \cdots + \frac{1}{k_n} \right) (k_1 + k_2 + \cdots + k_n) \geqslant n^2 \qquad \text{①}$$

所以

$$5n - 4 \geqslant n^2$$

解得

$$1 \leqslant n \leqslant 4$$

由式①等号成立的条件知, 当 $n = 1$ 或 4 时, 所有的 $k_i (i = 1, 2, \cdots, n)$ 均相等.

(1) 当 $n = 1$ 时, $\dfrac{1}{k} = 1$, 即 $k = 1$.

(2) 当 $n = 4$ 时

$$k_1 + k_2 + k_3 + k_4 = 16$$

$$\frac{1}{k_1} + \frac{1}{k_2} + \frac{1}{k_3} + \frac{1}{k_4} = 1$$

解得

$$k_1 = k_2 = k_3 = k_4 = 4$$

(3) 当 $n = 2$ 时

$$k_1 + k_2 = 6, \frac{1}{k_1} + \frac{1}{k_2} = 1$$

二式相乘得

$$\frac{k_1}{k_2} + \frac{k_2}{k_1} = 4$$

则 $\dfrac{k_1}{k_2}$ 为无理数, 矛盾. 无解.

(4) 当 $n = 3$ 时

$$k_1 + k_2 + k_3 = 11, \frac{1}{k_1} + \frac{1}{k_2} + \frac{1}{k_3} = 1$$

不妨设 $k_1 \leqslant k_2 \leqslant k_3$,则

$$1 = \frac{1}{k_1} + \frac{1}{k_2} + \frac{1}{k_3} \leqslant \frac{3}{k_1}$$

解得 $k_1 \leqslant 3$.

当 $k_1 = 2$ 时

$$\frac{1}{k_2} + \frac{1}{k_3} = \frac{1}{2}, k_2 + k_3 = 9$$

易知

$$k_2 = 3, k_3 = 6$$

当 $k_1 = 3$ 时,由 $k_1 \leqslant k_2 \leqslant k_3$,知

$$k_2 = 3, k_3 = 3$$

与

$$k_1 + k_2 + k_3 = 11$$

矛盾.

综上,当 $n = 1$ 时,$k = 1$;当 $n = 4$ 时

$$k_1 = k_2 = k_3 = k_4 = 4$$

当 $n = 3$ 时

$$(k_1, k_2, k_3) = (2, 3, 6)$$

及其循环解.

例 8 求所有的正整数 n,使得方程

$$\frac{1}{x_1^2} + \frac{1}{x_2^2} + \cdots + \frac{1}{x_n^2} = \frac{n+1}{x_{n+1}^2} \qquad ①$$

有正整数解.

解 (1)当 $n = 1$ 时,方程①为

$$\frac{1}{x_1^2} = \frac{2}{x_2^2} \Rightarrow \frac{x_2}{x_1} = \sqrt{2}$$

显然,该方程无正整数解.

(2)当 $n = 2$ 时,方程①为

$$\frac{1}{x_1^2} + \frac{1}{x_2^2} = \frac{3}{x_3^2}$$

则

$$(x_2 x_3)^2 + (x_1 x_3)^2 = 3(x_1 x_2)^2 \qquad ②$$

记

$$a = x_2 x_3, b = x_1 x_3, c = x_1 x_2$$

则方程②为

$$a^2 + b^2 = 3c^2$$

假设

$$a^2 + b^2 = 3c^2$$

有正整数解 a_0, b_0, c_0. 由

$$3c_0^2 \equiv 0 \pmod 3$$

知

$$a_0 \equiv 0 \pmod 3, b_0 \equiv 0 \pmod 3$$

于是

$$c_0 \equiv 0 \pmod 3$$

所以,可设

$$a_0 = 3a_1, b_0 = 3b_1, c_0 = 3c_1$$

代入

$$a_0^2 + b_0^2 = 3c_0^2$$

得

$$a_1^2 + b_1^2 = 3c_1^2$$

同样的分析得

$$a_1 \equiv 0 \pmod 3, b_1 \equiv 0 \pmod 3$$
$$c_1 \equiv 0 \pmod 3$$

依此类推,知 $3^n \mid c_0$ 对任意正整数 n 成立,矛盾.
于是

$$a^2 + b^2 = 3c^2$$

无正整数解,即方程

$$\frac{1}{x_1^2} + \frac{1}{x_2^2} = \frac{3}{x_3^2}$$

无正整数解.

(3)当 $n = 3$ 时,方程①为

$$\frac{1}{x_1^2} + \frac{1}{x_2^2} + \frac{1}{x_3^2} = \frac{4}{x_4^2}$$

下面说明该方程有正整数解.
由

$$3^2 + 4^2 = 5^2$$

得

$$\frac{1}{15^2} + \frac{1}{20^2} = \frac{1}{12^2}$$

故

$$\left(\frac{1}{15^2}+\frac{1}{20^2}\right)\times\frac{1}{12^2}=\frac{1}{144^2}$$

所以

$$\frac{1}{(15\times12)^2}+\frac{1}{20^2}\times\frac{1}{12^2}=\frac{1}{144^2}$$

所以

$$\frac{1}{(15\times12)^2}+\frac{1}{20^2}\times\left(\frac{1}{15^2}+\frac{1}{20^2}\right)=\frac{1}{144^2}$$

所以

$$\frac{1}{(15\times12)^2}+\frac{1}{(20\times15)^2}+\frac{1}{(20\times20)^2}=\frac{4}{288^2} \qquad ③$$

这表明,当 $n=3$ 时,方程①有正整数解.

(4)当 $n>3$ 时,方程①有正整数解.

在式③的两边同时加上 $n-3$ 个 $\frac{1}{288^2}$,得

$$\frac{1}{(15\times12)^2}+\frac{1}{(20\times15)^2}+\frac{1}{(20\times20)^2}+\underbrace{\frac{1}{288^2}+\frac{1}{288^2}+\cdots+\frac{1}{288^2}}_{n-3个}=\frac{n+1}{288^2}$$

这表明,方程

$$\frac{1}{x_1^2}+\frac{1}{x_2^2}+\cdots+\frac{1}{x_n^2}=\frac{n+1}{x_{n+1}^2} \quad (n>3)$$

有一组正整数解为

$$x_1=15\times12,x_2=20\times15,x_3=20\times20$$
$$x_4=x_5=\cdots=x_n=x_{n+1}=288$$

综上,正整数 $n\geqslant3$ 为所求.

例9 (2013 年爱尔兰数学奥林匹克)求最小的正整数 N,使得方程

$$(x^2-1)(y^2-1)=N \quad (1<x\leqslant y)$$

至少有两组整数解 (x,y).

解 首先,通过表 1 给出在 x 较小的情形下 x^2-1 的素因子的指数.

表 1

x	2	3	4	5	6	7	8	9	10	11	12
x^2-1	3	8	15	24	35	48	63	80	99	120	143
2		3		3		4		4		3	
3	1		1	1		1	2		2		1

x	2	3	4	5	6	7	8	9	10	11	12
5			1		1			1		1	
7					1		1				
11									1		1
13											1

若 N 的最小值不超过

$$3 \times 143 = 429$$

则由题意 N 有两种方式被写成表 1 中第二行的不同两数乘积. 假定存在这样的 N. 由于素数 13 只在 $x = 12$ 这一列出现, 故当 $x = 12$ 时, $x^2 - 1$ 不是 N 的因子, 而当移去 $x = 12$ 这一列之后, 素数 11 也只在 $x = 10$ 这一列出现, 故 $x = 10$ 这一列也可从表中移去.

设

$$N = ab = cd$$

其中, a, b, c, d 均具有 $x^2 - 1 (2 \leqslant x \leqslant 9$ 或 $x = 11)$ 的形式.

若 $7 \mid N$, 由表 1 不妨设

$$a = 35, c = 63$$

于是, $9 \mid b$. 故

$$b = c = 63, d = a = 35$$

N 的两种分解方式不存在. 这表明, 表 1 中的 $x = 6$ 和 $x = 8$ 两列也可移去. 表 1 剩下的部分如表 2.

表 2

x	2	3	4	5	7	9	11
$x^2 - 1$	3	8	15	24	48	80	120
2		3		3	4	4	3
3	1		1	1	1		1
5			1			1	1

若 $5 \mid N$, 由于

$$80^2 \neq 5 \times 120$$

故 a, b, c, d 中恰有两数取值于 $\{15, 80, 120\}$.

若

$$a = 15, c = 80$$

于是, $16 \mid b$.

又 $b \neq 80$, 故 $b = 48$, 此时, 不可能 $d = 9$.

若

$$a = 15, c = 120$$

于是, $8 \mid b$.

又 $b \neq 80, 120$, 故 $b = 8, 24, 48$, 此时, 只有一组解

$$b = 24, d = 3$$

故

$$N = 360, (x, y) = (4, 5), (2, 11)$$

满足题意.

若

$$a = 80, c = 120$$

故

$$80b = 120d$$

由表 2, 知 $9 \nmid b$, 故 $3 \nmid d$, 从而, $d = 8$, 此时, $b = 12$ 不可能.

最后, 若 $5 \nmid N$, 则

$$\{a, b, c, d\} = \{3, 8, 24, 48\}$$

这其中只有三个数被 3 整除, 故 N 分解为 3×48 或 24^2, 这不可能.

综上, N 的最小值为 360.

例 10 (2013 年第 63 届白俄罗斯数学奥林匹克) 已知 $n \in \mathbf{Z}_+$, p 为素数, 求所有的数对 (n, p), 使得

$$p^8 - p^4 = n^5 - n$$

解 显然, $p \neq n$. 若 $p = 2$, 则 $n \geq 3$. 故

$$2^8 - 2^4 = 240 = 3^5 - 3$$

即

$$(n, p) = (3, 2)$$

是一组解.

另一方面, 若 $n > 3$, 则

$$n^5 - n = n(n^4 - 1) > 3(3^4 - 1) = 240$$

即当 $p = 2$ 时, 不存在除 3 以外的其他正整数满足题意.

若 $p > 2$, 则 p 为奇数, 且 $n \geq 3$.

将条件等式改写为

$$n(n^2 - 1)(n^2 + 1) = p^4(p^4 - 1) \qquad ①$$

因为

$$(n, n^2 - 1) = (n, n^2 + 1) = 1$$

$$(n^2-1, n^2+1) = 1 \text{ 或 } 2$$

所以,p 不是 n, n^2-1, n^2+1 中任意两个的公约数,它们中恰有一个因式是 p 的倍数,同时,也是 p^4 的倍数. 从而,这个因式不小于 p^4.

由式①得

$$n^2+1 \geqslant p^4$$

即

$$n^2 \geqslant p^4-1$$

故

$$p^4(p^4-1) = n(n^2-1)(n^2+1) \geqslant n(p^4-2)p^4$$

所以

$$p^4-1 \geqslant n(p^4-2) > 2(p^4-1)$$

这是矛盾的.

综上

$$(n, p) = (3, 2)$$

是唯一的一组解.

例 11 (2010 年第 51 届 IMO 预选题)求所有的非负整数对 (m, n),使得 $m^2 + 2 \times 3^n = m(2^{n+1}-1)$.

解 对于一个固定的 n,原方程为关于 m 的二次方程.

当 $n = 0, 1, 2$ 时,判别式 $\Delta < 0$,无解.

当 $n = 3$ 时

$$m^2 - 15m + 54 = 0 \Rightarrow m = 6, 9$$

当 $n = 4$ 时

$$m^2 - 31m + 162 = 0$$

判别式 $\Delta = 313$,无解.

当 $n = 5$ 时

$$m^2 - 63m + 486 = 0 \Rightarrow m = 9, 54$$

只需证明:当 $n \geqslant 6$ 时,原方程无解.

当 $n \geqslant 6$ 时

$$m \mid 2 \times 3^n = m(2^{n+1}-1) - m^2$$

于是

$$m = 3^p \quad (0 \leqslant p \leqslant n)$$

或

$$m = 2 \times 3^q \quad (0 \leqslant q \leqslant n)$$

若 $m = 3^p$,设 $q = n - p$. 则

$$2^{n+1} - 1 = m + \frac{2 \times 3^n}{m} = 3^p + 2 \times 3^q$$

若 $m = 2 \times 3^q$，设 $p = n - q$. 则

$$2^{n+1} - 1 = m + \frac{2 \times 3^n}{m} = 2 \times 3^q + 3^p$$

于是，两种情形统一为求方程

$$3^p + 2 \times 3^q = 2^{n+1} - 1 \, (p + q = n) \qquad ①$$

的非负整数解.

由

$$3^p < 2^{n+1} = 8^{\frac{n+1}{3}} < 9^{\frac{n+1}{3}} = 3^{\frac{2(n+1)}{3}}$$

$$2 \times 3^q < 2^{n+1} = 2 \times 8^{\frac{n}{3}} < 2 \times 9^{\frac{n}{3}} = 2 \times 3^{\frac{2n}{3}} < 2 \times 3^{\frac{2(n+1)}{3}}$$

知

$$p, q < \frac{2(n+1)}{3}$$

结合

$$p + q = n$$

得

$$\frac{n-2}{3} < p, q < \frac{2(n+1)}{3} \qquad ②$$

设 $h = \min\{p, q\}$. 由式②得 $h > \dfrac{n-2}{3}$. 特别地，$h > 1$.

由式①知

$$3^h \mid (2^{n+1} - 1) \Rightarrow 9 \mid (2^{n+1} - 1).$$

因为 2 模 9 的阶为 6，所以，$6 \mid (n+1)$

设

$$n + 1 = 6r \quad (r \in \mathbf{Z}_+)$$

则

$$2^{n+1} - 1 = 4^{3r} - 1 = (4^{2r} + 4^r + 1)(2^r - 1)(2^r + 1) \qquad ③$$

又式③的因子

$$4^{2r} + 4^r + 1 = (4^r - 1)^2 + 3 \times 4^r$$

能被 3 整除，但不能被 9 整除，且 $2^r - 1$ 与 $2^r + 1$ 互素，则

$$3^{h-1} \mid (2^r - 1) \text{ 或 } 3^{h-1} \mid (2^r + 1)$$

于是

$$3^{h-1} \leqslant 2^r + 1 \leqslant 3^r = 3^{\frac{n+1}{6}}$$

从而
$$\frac{n-2}{3}-1<h-1\leqslant\frac{n+1}{6}$$

所以
$$6\leqslant n<11\Rightarrow6\nmid(n+1)$$

矛盾.

综上,满足条件的
$$(m,n)=(6,3),(9,3),(9,5),(54,5)$$

例 12 (1975 年南斯拉夫数学奥林匹克)求方程
$$1!\ +2!\ +\cdots+(x+1)!\ =y^{z+1}$$

的自然数解.

解 记
$$f(x)=1!\ +2!\ +\cdots+(x+1)!$$

则
$$f(1)=3,f(2)=9=3^{1+1},f(3)=33=3\cdot11$$

当 $x>3$ 时
$$f(x)=f(3)+5!\ +\cdots+(x+1)!\ \equiv3(\bmod 5)$$

由于对任意整数 k,有
$$(5k)^2=25k^2\equiv0(\bmod 5)$$
$$(5k\pm1)^2=25k^2\pm10k+1\equiv1(\bmod 5)$$
$$(5k\pm2)^2=25k^2\pm20k+4\equiv4(\bmod 5)$$

所以 $f(x)$ 不是整数的平方.

因此,当 $z=1$ 时,对任意自然数 $x\neq2$ 及 y 都不满足
$$f(x)=y^2=y^{1+1}$$

当 $z\geqslant2$ 时
$$f(1)=3,f(2)=9,f(3)=33,f(4)=153$$
$$f(5)=873,f(7)=46\ 233$$

因此 $x=1,2,3,4,5,7$ 时,$f(x)$ 都能被 3 整除,但不能被 27 整除,因而
$$f(x)\neq y^{z+2}\quad(z\geqslant2)$$

当 $x>7$ 时
$$f(x)=f(7)+9!\ +\cdots+(x+1)!\ \equiv f(7)(\bmod 27)$$

当 $x=6$ 时
$$f(6)=5\ 913=3^4\cdot73$$

于是 $x=6$ 及 $x>7$ 时,$f(x)$ 都不能表示成 $y^{z+1}(z\geqslant2)$ 的形式. 即 $z\geqslant2$ 时,方

程 $f(x) = y^{z+1}$ 没有自然数解.

由以上,已知方程有唯一的自然数解

$$x = 2, y = 3, z = 1$$

例 13 (2002—2003 年英国数学奥林匹克第一轮)求所有正整数 a, b, c,使得 a, b, c 满足

$$a! \cdot b! = a! + b! + c!$$

解 不失一般性,假设 $a \geqslant b$. 则原方程化为

$$a! = \frac{a!}{b!} + 1 + \frac{c!}{b!}$$

因为上式中有三项为整数,所以, $c \geqslant b$. 又右边的每一项为正整数,则其和至少为 3. 因此, $a \geqslant 3$,且 $a!$ 为偶数,于是, $\frac{a!}{b!}$ 和 $\frac{c!}{b!}$ 中有且仅有一项为奇数.

(1)假设 $\frac{a!}{b!}$ 为奇数,则要么 $a = b$,要么 $\frac{a!}{b!} = b + 1$,且 $b + 1$ 为奇数, $a = b + 1$.

(i)若 $a = b$,则

$$a! = 2 + \frac{c!}{a!}$$

当 $a = 3$ 时,有

$$b = 3, c = 4.$$

当 $a > 3$ 时,因为 $a! - 2$ 不被 3 整除,所以

$$c = a + 1 \text{ 或 } a + 2$$

$$\frac{c!}{a!} = a + 1 \text{ 或 } (a + 1)(a + 2)$$

$$a! = a + 3 \text{ 或 } (a + 1)(a + 2) + 2$$

当 $a = 4$ 或 5 时,不满足方程.

当 $a \geqslant 6$ 时,此时,原方程无解.

(ii)若 $a = b + 1$(b 为偶数),则原方程化为

$$(b + 1)! = b + 2 + \frac{c!}{b!}$$

上式左边可以被 $b + 1$ 整除,由于当 $\frac{a!}{b!}$ 为奇数时, $\frac{c!}{b!}$ 为偶数,故 $c > b$.

于是, $\frac{c!}{b!}$ 可以被 $b + 1$ 整除,所以, $b + 2$ 可以被 $b + 1$ 整除. 矛盾.

(2)假设 $\frac{a!}{b!}$ 为偶数, $\frac{c!}{b!}$ 为奇数,则 $c = b$ 或 $c = b + 1$(b 为偶数).

(i)若 $c = b$,则方程化为

$$a! \cdot b! = a! + 2 \times b!$$

所以

$$\frac{a!}{b!}(b! - 1) = 2$$

故

$$\frac{a!}{b!} = 2, b! - 1 = 1$$

于是

$$b = 2, a! = 4$$

不可能.

（ⅱ）若 $c = b + 1$，则方程化为

$$a! \cdot b! = a! + (b + 2) \cdot b!$$

所以

$$a! \cdot (b! - 1) = (b + 2) \cdot b!$$

由于

$$(b!, b! - 1) = 1$$

因此

$$(b! - 1) \mid (b + 2)$$

因为 b 为偶数，所以

$$b = 2, a! = 8$$

不可能.

综上，原方程有唯一解

$$a = 3, b = 3, c = 4$$

例 14 （2001 年爱尔兰数学奥林匹克第一试）求（并予以证明）所有的正整数 a, b, c, n，使得

$$2^n = a! + b! + c!$$

解 假设正整数 a, b, c 满足

$$2^n = a! + b! + c!$$

且 $a \geq b \geq c$，若 $c \geq 3$，则

$$3 \mid (a! + b! + c!)$$

但 $3 \nmid 2^n$，所以 $c \leq 2$.

（1）当 $c = 1$ 时，此时 $b \geq 2$，则 $a! + b! + c!$ 为奇数，2^n 为偶数，矛盾.

（2）当 $c = 2$ 时，则

$$2^n - 2 = a! + b! \geq 4$$

则 $n \geqslant 3$.

若 $b \geqslant 4$, 则

$$8 \mid (a! + b!)$$

但

$$8 \nmid (2^n - 2)$$

矛盾, 则 $b \leqslant 3$.

当 $b = 2$ 时, 有

$$2^n = a! + 2 + 2$$
$$a! = 4(2^{n-2} - 1)$$

若 $a \geqslant 4, 8 \mid a!$ 而

$$8 \nmid 4(2^{n-2} - 1)$$

若 $a \leqslant 3, 4 \nmid a!$, 而

$$4 \mid 4(2^{n-2} - 1)$$

所以 $b = 2$ 时无解.

当 $b = 3$ 时, 有

$$a! = 8(2^{n-3} - 1)$$

若 $a \geqslant 6$, 则 $16 \mid a!$ 而

$$16 \nmid 8(2^{n-3} - 1)$$

所以 $a \leqslant 5$.

当 $a = 5$ 时

$$120 = 8(2^{n-3} - 1)$$

则

$$n - 3 = 4, n = 7, c = 2, b = 3$$

当 $a = 4$ 时

$$24 = 8(2^{n-3} - 1)$$

则

$$n - 3 = 2, n = 5, c = 2, b = 3$$

当 $a \leqslant 3$ 时, $8 \nmid a!$ 而

$$8 \mid (2^{n-3} - 1)$$

无解.

当 $b = 1$ 时

$$c = 1, a! = 2^n - 2$$

则

$$n = 2, a = 2; n = 3, a = 3$$

于是满足条件的解
$$(a,b,c,n) = (2,1,1,2),(3,1,1,3),(4,3,2,5),(5,3,2,7)$$
及各组解中 a,b,c 的其他排列,共 18 组解.

例 15 (2009 年白俄罗斯数学奥林匹克)求所有的正整数数对 (m,n),满足方程
$$(m+1)! + (n+1)! = m^2 n^2$$

解 由于 m 和 n 是对称的,不妨设 $m \leqslant n$. 则
$$(n-1)! n(n+1) = (n+1)! < (m+1)! + (n+1)! = m^2 n^2$$

因为
$$n(n+1) > n^2$$

则
$$(m-1)! < m^2 \leqslant n^2 \qquad \qquad ①$$

我们证明当 $n \geqslant 6$ 时
$$(n-1)! \leqslant n^2$$

不成立.

当 $n \geqslant 6$ 时
$$2(n-2)(n-1) < (n-1)! < n^2$$

即
$$n^2 - 6n + 4 < 0$$
$$n(n-6) + 4 < 0 \qquad \qquad ②$$

式②显然不成立. 于是 $1 \leqslant n \leqslant 5$.

若 $n = 5$,则
$$24 = (n-1)! < m^2 \leqslant n^2 = 25$$

于是 $m = 5$,但当 $m = n = 5$ 时
$$(m+1)! + (n+1)! = 6! + 6! \neq 5^2 \times 5^2$$

即不满足原方程.

若 $n = 4$,则
$$6(n-1)! < m^2 \leqslant n^2 = 16$$

于是 $m = 4$ 或 3. 经验证 $m = 3$ 满足原方程, $m = 4$ 不满足原方程.

若 $n = 3$,则
$$2 = (n-1)! < m^2 \leqslant n^2 = 9$$

于是 $m = 2$ 或 3. 经验证, $m = 2, n = 3$ 和 $m = 3, n = 3$ 均不满足原方程.

若 $n = 2$,则
$$1 = (n-1)! < m^2 \leqslant n^2 = 4$$

于是 $m=2$. 经验证 $m=2, n=2$ 不满足原方程.

若 $m=1$, 则

$$1=(n-1)! \quad <m^2 \leqslant n^2=1$$

此时 m 不存在.

由以上, 及 m, n 的对称性, 满足方程的解为

$$(m, n)=(3, 4), (4, 3)$$

例 16 (2005 年越南数学奥林匹克) 求所有满足关系式

$$\frac{x!+y!}{n!}=3^n$$

的自然数组 (x, y, n) (约定 $0!=1$).

解 假设 (x, y, n) 为满足

$$\frac{x!+y!}{n!}=3^n$$

的自然数三元组. 易知 $n \geqslant 1$.

假设 $x \leqslant y$. 考虑下面两种情形:

(1) 当 $x \leqslant n$ 时

$$\frac{x!+y!}{n!}=3^n$$

等价于

$$1+\frac{y!}{x!}=3^n \cdot \frac{n!}{x!} \qquad ①$$

由式①可推出

$$1+\frac{y!}{x!} \equiv 0 \pmod 3$$

因为三个连续整数的乘积能被 3 整除, 且 $n \geqslant 1$, 所以, $x<y \leqslant x+2$.

(ⅰ) 若 $y=x+2$, 由式①得

$$1+(x+1)(x+2)=3^n \cdot \frac{n!}{x!} \qquad ②$$

因为两个连续整数的乘积能被 2 整除, 所以, 由式②可知 $n \leqslant x+1$.

若 $n=x$, 则式②化为

$$1+(x+1)(x+2)=3^x$$

即

$$x^2+3x+3=3^x$$

因为 $x \geqslant 1$, 所以, 由

$$x^2+3x+3=3^x$$

知
$$x \equiv 0 \pmod 3$$

故 $x \geqslant 3$. 同时得到
$$-3 = x^2 + 3x - 3^x \equiv 0 \pmod 9$$

矛盾,因此,$n \neq x$.

故 $n = x + 1$.

于是,式②化为
$$1 + (x+1)(x+2) = 3^n(x+1)$$

所以,$x+1$ 为 1 的正因子,即 $x = 0$.

因此
$$x = 0, y = 2, n = 1$$

(ⅱ)若 $y = x + 1$,由式①得
$$x + 2 = 3^n \cdot \frac{n!}{x!}$$

因为 $n \geqslant 1$,所以,由
$$x + 2 = 3^n \cdot \frac{n!}{x!}$$

知 $x \geqslant 1$. 故
$$x = n \text{ 且 } x + 2 = 3^x$$

易知,$x = 1$ 为满足 $x + 2 = 3^x$ 的唯一自然数.

在这两种情形中,若三元数组 (x, y, n) 满足
$$\frac{x! + y!}{n!} = 3^n$$

则
$$(x, y, n) = (0, 2, 1) \text{ 或} (1, 2, 1).$$

(2)$x > n$.

易知
$$\frac{x! + y!}{n!} = 3^n \Leftrightarrow \frac{x!}{n!}\left(1 + \frac{y!}{x!}\right) = 3^n$$

因为 $n+1, n+2$ 不能同时为 3 的幂,所以,由
$$\frac{x!}{n!}\left(1 + \frac{y!}{x!}\right) = 3^n$$

可推出
$$x = n + 1$$

于是

不定方程及其应用(下)

336

$$\frac{x!}{n!}\left(1+\frac{y!}{x!}\right)=3^n$$

化为

$$n+1+\frac{y!}{n!}=3^n$$

因为 $y \geqslant x$，所以，$y \geqslant n+1$.

令

$$A=\frac{y!}{(n+1)!}$$

代入

$$n+1+\frac{y!}{n!}=3^n$$

得

$$(n+1)(1+A)=3^n$$

若 $y \geqslant n+4$，则

$$A \equiv 0 (\bmod 3)$$

故 $A+1$ 不能为 3 的幂.

于是，由

$$(n+1)(1+A)=3^n$$

得 $y \leqslant n+3$. 所以

$$n+1 \leqslant y \leqslant n+3$$

（ⅰ）若 $y=n+3$，则

$$A=(n+2)(n+3)$$

由

$$(n+1)(1+A)=3^n$$

得

$$(n+1)[1+(n+2)(n+3)]=3^n$$

即

$$(n+2)^3-1=3^n$$

由此得

$$n>2, n+2 \equiv 1(\bmod 3)$$

令

$$n+2=3k+1 \quad (k \geqslant 2)$$

由

$$(n+2)^3-1=3^n$$

有

$$9k(3k^2 + 3k + 1) = 3^{3k-1}$$

与

$$(3k^2 + 3k + 1, 3) = 1$$

矛盾.

所以, $y \neq n + 3$.

(ii) 若 $y = n + 2$, 则

$$A = n + 2$$

由

$$(n+1)(1+A) = 3^n$$

得

$$(n+1)(n+3) = 3^n$$

当 $n \geqslant 1$ 时, $n+1, n+3$ 不能同时为 3 的幂. 所以, $y \neq n + 2$.

(iii) 若 $y = n + 1$, 则 $A = 1$.

由

$$(n+1)(1+A) = 3^n$$

得

$$2(n+1) = 3^n$$

显然, 不存在满足上式的 n, 所以, $y \neq n + 1$. 在这种情形中, 没有三元数组 (x, y, n) 满足

$$\frac{x! + y!}{n!} = 3^n$$

综上, 满足 $\dfrac{x! + y!}{n!} = 3^n$ 的三元数组为

$$(x, y, n) = (0, 2, 1) 或 (2, 0, 1) 或 (1, 2, 1) 或 (2, 1, 1)$$

经检验, 这四个三元数组为满足题目条件的所有三元数组.

例 17 (2005 年克罗地亚数学竞赛) 在正整数集中, 求方程

$$k! \, l! = k! + l! + m!$$

的所有解.

解 不失一般性, 设 $k \geqslant l$. 则

$$k! = \frac{k!}{l!} + 1 + \frac{m!}{l!}$$

因为方程中三项为整数, 所以一项必为整数, 即 $m \geqslant l$. 又方程右边三项的

和至少为 3, 则 $k \geqslant 3$. 所以, $k!$ 为偶数. 因此, $\dfrac{k!}{l!}, \dfrac{m!}{l!}$ 中恰有一个为奇数.

分两种情况讨论:

(1) $\dfrac{k!}{l!}$ 为奇数, $\dfrac{m!}{l!}$ 为偶数. 于是, $k = l + 1$ 且 l 为偶数, 或 $k = l$. 同时, 有 $m \geqslant l + 1$.

(ⅰ) $k = l$. 于是, 有

$$k! = 2 + \frac{m!}{k!}$$

若 $k = 3$, 则方程的解为

$$k = l = 3, m = 4$$

若 $k > 3$, 则 $k!$ 能被 3 整除, $k! - 2$ 不能被 3 整除. 因此

$$m = k + 1 \ 或 \ m = k + 2$$

于是

$$\frac{m!}{k!} = k + 1$$

或

$$\frac{m!}{k!} = (k + 1)(k + 2)$$

即

$$k! = k + 3$$

或

$$k! = 2 + (k + 1)(k + 2)$$

将 $k = 4$ 和 $k = 5$ 代入, 知均不是方程的解.

对于较大的 k 的值, 方程的左边大于右边.

(ⅱ) $k = l + 1, l$ 为偶数. 于是

$$(l + 1)! = l + 2 + \frac{m!}{l!}$$

由于 $(l + 1)!$ 和 $\dfrac{m!}{l!}$ 均能被 $l + 1$ 整除, 所以, $l + 2$ 一定能被 $l + 1$ 整除, 但这是不可能的.

(2) $\dfrac{k!}{l!}$ 为偶数, $\dfrac{m!}{l!}$ 为奇数. 于是, $m = l + 1$ 且 l 为偶数, 或 $m = l$. 同时, 有 $k \geqslant l + 1$.

(ⅰ) 若 $m = l$, 则方程简化为

$$k! \ l! = k! + 2l!$$

即

$$\frac{k!}{l!}(l! - 1) = 2$$

由 $\frac{k!}{l!}$ 为偶数,得

$$l! - 1 = 1$$

所以

$$l = 2, k! = 4$$

但这是不可能的.

（ⅱ）若 $m = l + 1, l$ 为偶数,则方程简化为

$$k! \; l! = k! + (l+2)l!$$

即

$$k! \; (l! - 1) = (l+2)l!$$

因为 $l!$ 与 $l! - 1$ 互质,则 $l + 2$ 必须被 $l! - 1$ 整除.只有当 $l = 2, k! = 8$ 时有可能成立,但这是不可能的.

综上所述,方程有唯一的解为

$$k = l = 3, m = 4$$

例 18 （2012 年第 43 届奥地利数学竞赛）对任意的非负整数 A,方程

$$n! + An = n^k$$

均有解 $(n, k) = (0, 0)$,当 $A = 7$ 和 $A = 2\,012$ 时,求方程的全部非负整数解.

解 注意到,无论 A 为何值,若 $n = 0$,则 $k = 0$,反之亦然.

当 $A > 0$ 时, $n = 1$ 或 $k = 1$ 均有

$$n! + An > n^k$$

显然,此时无解.

接下来讨论,当 $n, k \geqslant 2$ 时的情形.

由题设方程得

$$(n-1)! + A = n^{k-1}$$

(1) $A = 7$.

若 $n = 2$,则

$$1 + 7 = 2^{k-1} \Rightarrow k = 4$$

从而

$$(n, k) = (2, 4)$$

是一组解.

若 $n > 2$,则 $(n-1)!$ 为偶数, n^{k-1} 为奇数. 故 n 为奇数.

若 $n = 3$，则

$$(3-1)! + 7 = 3^{3-1}$$

显然

$$(n,k) = (3,3)$$

为一组解.

下面证明不存在其他解.

当 $n \in \{5,7,11,13\}$ 时，由威尔逊定理得

$$(n-1)! + 7 \equiv -1 + 7 \equiv 6 \pmod{n}$$

这表明，上式不可能是 n 的幂.

当 $n = 9$ 时，得

$$0 \equiv 9^{k-1} = 8! + 7 \equiv 1 \pmod{3}$$

矛盾.

当 $n \geqslant 15$ 时，由

$$0 \equiv (n-1)! + 7 \equiv n^{k-1} \pmod{7}$$

即 $7 \mid n$.

由 $n \geqslant 15$，知

$$7^2 \mid (n-1)!$$

于是

$$n^{k-1} \equiv (n-1)! + 7 \equiv 7 \pmod{7^2}$$

则

$$k = 2, \text{且 } n \equiv 7 \pmod{7^2}$$

由于

$$(n-1)! + 7 \geqslant (n-1) + 7 > n$$

因此，等式

$$(n-1)! + 7 = n$$

不成立.

综上，当 $A = 7$ 时，方程的非平凡解仅为 $(2,4)$ 和 $(3,3)$.

(2) $A = 2\,012$.

下面说明，此时没有非平凡解.

若 $n = 2$，原方程为

$$2\,013 = 2^{k-1}$$

显然无整数解.

若 $n > 2$，则

$$2 \mid (n-1)!$$

故
$$n^{k-1} \equiv (n-1)! \ + 2\ 012 \equiv 0 (\bmod 2)$$

于是
$$n \equiv 0 (\bmod 2)$$

当 $n=4$ 时,原方程为
$$2\ 018 = 4^{k-1}$$

也无整数解.

接下来仅需考虑 $n \geqslant 6$ 的情形.

若 $k>3$,由于 n 为偶数,于是
$$0 \equiv n^{k-1} \equiv (n-1)! \ + 2\ 012 \equiv 4 (\bmod 8)$$

矛盾.

当 $k=2$ 时,题设方程为
$$(n-1)! \ + 2\ 012 = n \qquad\qquad ①$$

因为
$$(n-1)! \ + 2\ 012 > n-1 + 2\ 012 > n$$

所以,式①无解.

余下,仅有 $k=3$ 的情形.

题设方程为
$$(n-1)! \ + 2\ 012 = n^2 \qquad\qquad ②$$

又
$$\begin{aligned} &(n-1)! \ + 2\ 012 \\ &> (n-1)(n-2)(n-3) + 2\ 012 \\ &\geqslant 3(n^2 - 3n + 2) + 2\ 012 > n^2 \end{aligned}$$

故式②无解.

所以,当 $k=3$ 时无解.

综上,当 $A=2\ 012$ 时,原方程无非平凡解.

例 19 (2008—2009 年斯洛文尼亚国家队选拔考试)设正整数 $k(k>1)$.
证明:对于每个非负整数 m,都存在 k 个正整数 $n_1, n_2, \cdots, n_k$,满足
$$n_1^2 + n_2^2 + \cdots + n_k^2 = 5^{m+k}$$

证法 1 令 $k=2$. 对于任意非负整数 l:

若
$$n_1 = 5^l, n_2 = 2 \times 5^l$$

则
$$n_1^2 + n_2^2 = 5^{2l+1}$$

若

$$n_1 = 3 \times 5^l, n_2 = 4 \times 5^l$$

则

$$n_1^2 + n_2^2 = 5^{2l+2}$$

故对于所有正整数 t,方程

$$n_1^2 + n_2^2 = 5^t$$

均能找到合适的正整数解 (n_1, n_2).

下面考虑 $k=3$ 的情形.

令

$$n_1 = 3a_1, n_2 = 4a_1, n_3 = 5a_2$$

则

$$n_1^2 + n_2^2 + n_3^2 = 5^2(a_1^2 + a_2^2)$$

而对于非负整数 m

$$a_1^2 + a_2^2 = 5^{1+m}$$

存在一个解.

故对于所有非负整数 m,有

$$n_1^2 + n_2^2 + n_3^2 = 5^{3+m}$$

有解.

对 $k \geqslant 3$ 的情形进行归纳.

假设对于所有非负整数 m 及正整数 $l(2 \leqslant l \leqslant k)$,方程

$$a_1^2 + a_2^2 + \cdots + a_l^2 = 5^{l+m}$$

有正整数解.

下面证明:对于所有非负整数 m,方程

$$n_1^2 + n_2^2 + \cdots + n_k^2 + n_{k+1}^2 = 5^{k+1+m}$$

也有正整数解. 易知

$$5^{k+1+m} = 5^{k+m} + 4 \times 5^{k+m} \quad (2 \leqslant k-1 < k)$$

由数学归纳法知,对于任意的非负整数 i,存在正整数 $a_1, a_2, \cdots, a_{k-1}$,满足

$$a_1^2 + a_2^2 + \cdots + a_{k-1}^2 = 5^{k-1+i}$$

特别地,对于 $i = m+1$ 成立.

因此,存在正整数 $a_1, a_2, \cdots, a_{k-1}$,满足

$$a_1^2 + a_2^2 + \cdots + a_{k-1}^2 = 5^{k+m}$$

由前面的证明知,存在正整数 b_1, b_2,满足

$$b_1^2 + b_2^2 = 5^{k+m}$$

故对于任意非负整数 m 有

$$5^{k+1+m} = 5^{k+m} + 4 \times 5^{k+m}$$
$$= a_1^2 + a_2^2 + \cdots + a_{k-1}^2 + 4(b_1^2 + b_2^2)$$
$$= a_1^2 + a_2^2 + \cdots + a_{k-1}^2 + (2b_1)^2 + (2b_2)^2$$

证法 2　因为
$$3^2 + 4^2 = 5^2, 5^2 + 10^2 = 5^3$$
所以,对于 $k = 2, m = 0$ 和 $k = 2, m = 1$,存在 n_1, n_2.

下面对 m 进行归纳,证明:对于任意的 m,方程都有解.

设 $m \geqslant 2$. 假设正整数 a_1, a_2 满足
$$a_1^2 + a_2^2 = 5^m$$
则
$$5^{m+2} = 5^2 \times 5^m$$
$$= 5^2(a_1^2 + a_2^2)$$
$$= (5a_1)^2 + (5a_2)^2$$
所以,5^{m+2} 为两个正整数的平方和.

之前已分别考虑了 $m = 0, m = 1$ 的情形,所以,对于所有非负整数 m,关于 $k = 2$ 已证.

由于
$$5^3 = 3^2 + 4^2 + 10^2$$
$$5^4 = 9^2 + 12^2 + 20^2$$
类似于上述讨论过程可推知,当 $k = 3$ 时,对于所有非负整数 m,有
$$n_1^2 + n_2^2 + n_3^2 = 5^{3+m}$$
有正整数解.

设 $k \geqslant 3$,对 k 进行归纳.

设对于所有非负整数 m,正整数 $a_1, a_2, \cdots, a_k$ 满足
$$a_1^2 + a_2^2 + \cdots + a_k^2 = 5^{k+m}$$
由于 $k - 1 \geqslant 2$,则正整数 $b_1, b_2, \cdots, b_{k-1}$ 满足
$$b_1^2 + b_2^2 + \cdots + b_{k-1}^2 = 5^{k-1+m}$$
(1)若 $k + m$ 为偶数,则
$$5^{k+m+1} = 5^{k+m} + 4 \times 5^{k+m}$$
$$= a_1^2 + a_2^2 + \cdots + a_k^2 + 4 \times 5^{k+m}$$
$$= a_1^2 + a_2^2 + \cdots + a_k^2 + (2 \times 5^{\frac{k+m}{2}})^2$$
故 5^{k+m+1} 是 $k + 1$ 个正整数的平方和.

(2)若 $k + m$ 为奇数,由 $k + m - 3 \geqslant 0$,则存在两个正整数 c_1, c_2,满足

$$c_1^2 + c_2^2 = 5^{2+(k+m-3)}$$

则

$$
\begin{aligned}
5^{k+m+1} &= 5^2 \times 5^{k+m-1} \\
&= (9+16)5^{k+m-1} \\
&= 9 \times 5^{k+m-1} + 16 \times 5^{k+m-1} \\
&= 9(b_1^2 + b_2^2 + \cdots + b_{k-1}^2) + 16(c_1^2 + c_2^2) \\
&= (3b_1)^2 + (3b_2)^2 + \cdots + (3b_{k-1})^2 + (4c_1)^2 + (4c_2)^2
\end{aligned}
$$

故命题得证.

例 20 （2007 年保加利亚国家春季数学奥林匹克）求方程组

$$
\begin{cases}
3a^4 + 3b^3 = c^2 & ① \\
3a^6 + b^5 = d^2 & ②
\end{cases}
$$

的整数解.

解 （1）首先证明：若 a,b,c,d 中有一个为 0，则其他也为 0.

（ⅰ）若

$$b=0, a \neq 0$$

则 $\sqrt{3} = \pm \dfrac{c}{a^2}$，左边为无理数，右边为有理数，矛盾；

（ⅱ）若

$$a=0, b \neq 0$$

则 $\sqrt{2} = \pm \dfrac{bc}{d}$，左边为无理数，右边为有理数，矛盾；

（ⅲ）若

$$c=0, b \neq 0$$

则 $b<0$，设 $n = -b > 0$，则

$$
\begin{cases}
3a^4 = 2n^3 \\
3c^6 \geqslant n^5
\end{cases}
$$

于是

$$2a^2 \geqslant n^2$$

因此

$$2n^3 = 3a^4 \geqslant \frac{3n^4}{4}$$

即 $n \leqslant \dfrac{8}{3}$，于是 $n=1$ 或 2.

当 $n=1$ 时，$b=-1$，则 $a^4 = \dfrac{2}{3}$；当 $n=2$ 时，则 $a^4 = \dfrac{16}{3}$，矛盾；

（iv）若

$$d = 0, b \neq 0$$

则 $b < 0$，设 $n = -b > 0$，则

$$3a^6 = n^5$$

设

$$a = 3^4 a_0, n = 3^5 n_0$$

代入上式得

$$a_0^6 = n_0^5$$

设 $a_0 = p^5$，则 $n_0 = p^6$，即

$$a = 3^4 p^5, n = 3^5 p^6$$

代入

$$3a^4 + 2b^3 = c^2$$

得

$$3^{17} p^{20} + 2 \times 3^{15} p^{18} = c^2$$

于是可设 $c = 3^7 p^9 c_0$，代入得

$$3^3 p^2 + 2 \times 3 = c_0^2$$

由于 $3 | c_0$，则 $3^2 | c_0^2$，进而 $3^2 | 2 \times 3$，矛盾.

所以，a, b, c, d 中有一个为 0，则其他也为 0.

(2)若 $a, b, c, d \neq 0$，由①+②得

$$3a^4 + 3a^6 + 2b^3 + b^5 = c^2 + d^2 \qquad ③$$

而

$$2b^3 + b^5 = b^3(b-1)(b+1) + 3b^3$$

因为

$$3 | b^3(b-1)(b+1), 3 | 3b^3$$

则

$$3 | (2b^3 + b^5)$$

又

$$3 | (3a^4 + 3a^6)$$

则

$$3 | (c^2 + d^2)$$

若 $3 \nmid c$，则

$$c^2 \equiv 1 (\bmod 3), 3 \nmid d$$

则

$$d^2 \equiv 1 \, (\bmod \, 3)$$

所以由

$$3 \mid (c^2 + d^2)$$

必有

$$3 \mid c, 3 \mid d$$

于是由③,$3 \mid b$,进而由①,$3 \mid a$.

设

$$a = 3^\alpha a_1, b = 3^\beta b_1, c = 3^\gamma c_1, d = 3^\delta d_1$$

其中 $\alpha, \beta, \gamma, \delta \in \mathbf{N}^*$,且 $3 \nmid a_1, b_1, c_1, d_1$.

从而①,②化为

$$\begin{cases} 3^{4\alpha+1} a_1^4 + 3^{3\beta} \times 2 b_1^3 = 3^{2\gamma} c_1^2 & ④ \\ 3^{6\alpha+1} a_1^6 + 3^{5\beta} b_1^5 = 3^{2\delta} d_1^2 & ⑤ \end{cases}$$

对于等式

$$3^k p + 3^l q = 3^m r \quad (3 \nmid p, q, r)$$

时,则 k, l, m 中至少有两个相等,于是由式④,⑤有

$$4\alpha + 1 = 3\beta \text{ 或 } 3\beta = 2\gamma$$
$$6\alpha + 1 = 5\beta \text{ 或 } 5\beta = 2\delta$$

如果

$$4\alpha + 1 = 3\beta = 2\gamma$$

则由④有

$$a_1^4 + 2 b_1^3 = c_1^2$$

由于

$$a_1^4 \equiv 1 \, (\bmod \, 3), c_1^2 \equiv 1 \, (\bmod \, 3)$$

则 $3 \mid b_1$,矛盾;

如果

$$6\alpha + 1 = 5\beta = 2\delta$$

则由⑤有

$$a_1^6 + b_1^5 = d_1^2$$

同样有

$$a_1^6 \equiv 1 \, (\bmod \, 3), d_1^2 \equiv 1 \, (\bmod \, 3)$$

则 $3 \mid b_1$,矛盾.

因此,在 $4\alpha + 1, 3\beta, 2\gamma$ 中有两项相等,且这两项小于另一项,同样,在 $6\alpha + 1, 5\beta, 2\delta$ 中有两项相等,且这两项小于另一项.

若

$$4\alpha + 1 = 3\beta, 5\beta = 2\delta$$

则由 $4\alpha + 1$ 是奇数,使 β 也是奇数,而 2δ 是偶数,矛盾.

若

$$3\beta = 2\gamma, 6\alpha + 1 = 5\beta$$

由于 2γ 是偶数,导致 β 也是偶数,进而 5β 是偶数,而 $6\alpha + 1$ 是奇数,矛盾.

若

$$4\alpha + 1 = 3\beta, 6\alpha + 1 = 5\beta$$

则原方程组化为

$$\begin{cases} a_1^4 + 2b_1^3 = 3^{2\gamma - 3\beta} c_1^2 & ⑥ \\ a_1^6 + b_1^5 = 3^{2\delta - 5\beta} d_1^2 & ⑦ \end{cases}$$

⑥ + ⑦得

$$a_1^4 + a_1^6 + 2b_1^3 + b_1^5 = 3^{2\gamma - 3\beta} c_1^2 + 3^{2\delta - 5\beta} d_1^2$$

由于

$$3 \mid (2b_1^3 + b_1^5), 2\gamma - 3\beta > 0, 2\delta - 5\beta > 0$$

得

$$a_1^4 + a_1^6 \equiv 0 \pmod{3}$$

而

$$a_1^4 \equiv 1 \pmod{3}, a_1^6 \equiv 1 \pmod{3}$$

矛盾.

若

$$3\beta = 2\gamma, 5\beta = 2\delta$$

则原方程组化为

$$\begin{cases} 3^{4\alpha + 1 - 2\gamma} a_1^4 + 2b_1^3 = c_1^2 & ⑧ \\ 3^{6\alpha + 1 - 2\delta} a_1^6 + b_1^5 = d_1^2 & ⑨ \end{cases}$$

⑧ + ⑨得

$$3^{4\alpha + 1 - 2\gamma} a_1^4 + 3^{6\alpha + 1 - 2\delta} a_1^6 + 2b_1^3 + b_1^5 = c_1^2 + d_1^2$$

由于

$$3 \mid (2b_1^3 + b_1^5), 4\alpha + 1 - 2\gamma > 0, 6\alpha + 1 - 2\delta > 0$$

得

$$c_1^2 + d_1^2 \equiv 0 \pmod{3}$$

而

$$c_1^2 \equiv d_1^2 \equiv 1 \pmod{3}$$

矛盾.

所以对 $a,b,c,d\neq0$ 的各种情形都无解.

由以上可知,方程组的整数解只有

$$a = b = c = d = 0$$

例 21 （2006 年第 47 届国际数学奥林匹克预选题）求方程

$$\frac{x^7 - 1}{x - 1} = y^5 - 1$$

的所有整数解.

解 我们证明该方程没有整数解.

先证明一个引理.

引理 若 x 是整数, p 是 $\dfrac{x^7 - 1}{x - 1}$ 的质因数,则

$$p = 7 \text{ 或者 } p \equiv 1 \pmod{7}$$

引理的证明 由于

$$p \mid \frac{x^7 - 1}{x - 1}$$

则

$$p \mid (x^7 - 1)$$

于是 $(p, x) = 1$.

由费马小定理有

$$x^{p-1} \equiv 1 \pmod{p}$$

假设 $7 \nmid p - 1$,则

$$(p - 1, 7) = 1$$

由裴蜀定理,存在整数 k, m,使得

$$7k + (p - 1)m = 1$$

所以

$$x \equiv x^{7k + (p-1)m} \equiv (x^7)^k \cdot (x^{p-1})^m \equiv 1 \pmod{p}$$

所以

$$\frac{x^7 - 1}{x - 1} = x^6 + x^5 + \cdots + x + 1 \equiv 7 \pmod{p}$$

因此, $p \mid 7$,从而 $p = 7$.

回到原题.

由引理可知, $\dfrac{x^7 - 1}{x - 1}$ 的每一个正因数 d 只有两种可能

$$d \equiv 0 \pmod{7} \text{ 或 } d \equiv 1 \pmod{7}$$

假设 x,y 是方程的一组整数解.

因为对于所有的 $x\neq 1$,都有

$$\frac{x^7-1}{x-1}>0$$

所以

$$y-1>0$$

又

$$(y-1)\mid\frac{x^7-1}{x-1}=y^5-1$$

于是

$$y\equiv 1(\bmod 7)\ \text{或}\ y\equiv 2(\bmod 7)$$

若

$$y\equiv 1(\bmod 7)$$

则

$$y^4+y^3+y^2+y+1\equiv 5(\bmod 7)$$

若

$$y\equiv 2(\bmod 7)$$

则

$$y^4+y^3+y^2+y+1\equiv 3(\bmod 7)$$

由于 $y^4+y^3+y^2+y+1$ 也是 $\frac{x^7-1}{x-1}$ 的因数,对 $\bmod 7$,只能为 0 或 1,引出

矛盾.

因此方程无整数解.

例 22 (2006 年第 47 届国际数学奥林匹克)求所有整数对 (x,y),使得

$$1+2^x+2^{2x+1}=y^2$$

解 如果 (x,y) 是方程的一组解,因为 $x>0$,则 $(x,-y)$ 也是方程的一组解.

当 $x=0$ 时,方程为

$$1+1+2=y^2,y=\pm 2$$

即有解 $(0,2),(0,-2)$.

设 (x,y) 为方程的一组解,则 $x>0$,设 $y>0$.

于是原方程等价于

$$2^x(1+2^{x+1})=(y-1)(y+1) \tag{①}$$

由于 $y-1$ 与 $y+1$ 有相同的奇偶性,则由①,$y-1$ 和 $y+1$ 都是偶数,且恰

有一个是 4 的倍数. 因此 $x \geqslant 3$. 于是有一个因式能被 2^{x-1} 整除,但不能被 2^x 整除.

于是有

$$y = 2^{x-1}m + 1$$

m 为奇数.

当 $y = 2^{x-1}m + 1$ 时,代入式①得

$$2^x(1 + 2^{x+1}) = (2^{x-1}m + 1)^2 - 1$$

即

$$2^x(1 + 2^{x+1}) = 2^{2x-2}m^2 + 2^x m$$

$$1 + 2^{x+1} = 2^{x-2}m^2 + m$$

$$1 - m = 2^{x-2}(m^2 - 8) \qquad\qquad ②$$

由左边为负数或零,则

$$m^2 - 8 \leqslant 0, m^2 \leqslant 8$$

由 m 是奇数,则 $m = 1$,则式②为

$$0 = 2^{x-2} \cdot (1 - 8)$$

不可能成立.

当 $y = 2^{x-1}m - 1$ 时,把 $y = 2^{x-1}m - 1$ 代入式①,有

$$2^x(1 + 2^{x+1}) = (2^{x-1}m - 1)^2 - 1$$

$$2^x(1 + 2^{x+1}) = 2^{2x-2}m^2 - 2^x m$$

$$1 + m = 2^{x-2}(m^2 - 8) \qquad\qquad ③$$

由

$$1 + m = 2^{x-2}(m^2 - 8) \geqslant 2(m^2 - 8)$$

得

$$2m^2 - m - 17 \leqslant 0$$

于是 $m \leqslant 3$. 又因 m 是奇数,$m \neq 1$,则 $m = 3$.

此时式③化为

$$4 = 2^{x-2} \cdot (9 - 8), x = 4$$

$$y = 2^3 \times 3 - 1 = 23$$

于是有解 $(4, 23), (4, -23)$.

由以上,方程的解为

$$(0, 2), (0, -2), (4, 23), (4, -23)$$

例 23 (2013 年第 21 届土耳其数学奥林匹克)求所有的正整数对 (m, n),使得

$$2^n + n = m!$$

解 当 $m=1$ 时,无解.当 $m \geqslant 2$ 时,$m!$ 为偶数,则 n 为偶数.

设

$$n = 2^t s \quad (t \in \mathbf{Z}_+, s \text{ 为正奇数})$$

若 $t=1$,则

$$n = 2, m = 3$$

若 $t \geqslant 2$,则

$$m! = 2^n + n = 2^{2^t s} + 2^t s \geqslant 2^{2^t} + 2^t$$

下面对 t 用数学归纳法证明

$$2^{2^t} + 2^t > (2t-1)! \qquad \text{①}$$

对于 $t=2,3$,式①显然成立.

要证明 $t=k+1$ 时,式①成立,只要证明

$$\frac{2^{2^{k+1}} + 2^{k+1}}{2^{2^k} + 2^k} \geqslant 2k(2k+1)$$

事实上,由

$$\frac{2^{2l} + 2l}{2^l + l} \geqslant 2^{l-1} \Leftrightarrow 2^{2l-2} \geqslant l(2^{l-2} - 1)$$

及对于每个正整数 l,均有

$$2^{2l-2} \geqslant l \cdot 2^{l-2} \geqslant l(2^{l-2} - 1)$$

则

$$\frac{2^{2l} + 2l}{2^l + l} \geqslant 2^{l-1}$$

取 $l = 2^k$,得

$$\frac{2^{2^{k+1}} + 2^{k+1}}{2^{2^k} + 2^k} \geqslant 2^{2^k - 1}$$

因此,只要证

$$2^{2^k - 1} \geqslant 2k(2k+1) \quad (k \geqslant 3)$$

对于 $k=3,4$,由

$$2^7 > 42, 2^{15} > 72$$

知要证明的不等式成立.

对于 $k \geqslant 5$,有

$$2^{2^k - 1} \geqslant 2^{4k} = 2^{2k} \times 2^{2k} \geqslant 2k(2k+1)$$

从而,式①成立.

由式①知

$$m! > (2t-1)!$$

于是 $m \geqslant 2t$.

因为

$$2^n + n = 2^{2^t s} + 2^t s = 2^t (2^{2^t s - t} + s)$$

且由 $2^t s \geqslant 2^t > t$, 知 $2^{2^t s - t} + s$ 为奇数, 所以, $2^t \parallel m!$.

又 $m \geqslant 2t$, 则

$$t = \left[\frac{m}{2} \right] + \left[\frac{m}{4} \right] + \cdots \geqslant t + \left[\frac{t}{2} \right] + \cdots$$

矛盾.

综上, $(m, n) = (3, 2)$.

例 24 （1999 年中国台湾数学奥林匹克）求使方程

$$(x+1)^{y+1} + 1 = (x+2)^{z+1}$$

成立的所有正整数解 (x, y, z).

解 设

$$x + 1 = a, y + 1 = b, z + 1 = c$$

则 $a, b, c \geqslant 2$, 且 $a, b, c \in \mathbf{N}$, 原方程可化为

$$a^b + 1 = (a+1)^c \qquad \text{①}$$

对式①两边取模 $\mathrm{mod}(a+1)$, 则有

$$(-1)^b + 1 \equiv 0 (\mathrm{mod}(a+1))$$

于是, b 必为奇数. 若 b 为偶数, 则 $a = 1$, 矛盾.

式①化为

$$(a+1)(a^{b-1} - a^{b-2} + \cdots - a + 1) = (a+1)^c \qquad \text{②}$$

对式②两边取模 $\mathrm{mod}(a+1)$, 则有

$$1 - (-1) + \cdots - (-1) + 1 = b \equiv 0 (\mathrm{mod}(a+1))$$

于是 $(a+1) \mid b$. 因为 b 是奇数, 所以 a 是偶数. 式①再化为

$$a^b = (a+1)^c - 1 = (a+1-1)[(a+1)^{c-1} + (a+1)^{c-2} + \cdots + (a+1)]$$

即

$$a^{b-1} = (a+1)^{c-1} + (a+1)^{c-2} + \cdots + (a+1) + 1 \qquad \text{③}$$

对式③两边取 $\mathrm{mod}\, a$, 则有

$$0 \equiv 1 + 1 + \cdots + 1 = c (\mathrm{mod}\, a)$$

于是 $a \mid c$, 因为 a 是偶数, 所以 c 是偶数.

设

$$a = 2^k t \quad (t \in \mathbf{N}, t \text{ 为奇数})$$
$$c = 2d \quad (d \in \mathbf{N})$$

则式①化为

$$2^{kb}t^b = (2^k t)^b = (2^k t + 1)^{2d} - 1 = [(2^k t + 1)^d + 1][(2^k t + 1)^d - 1]$$

因为

$$((2^k t + 1)^d + 1, (2^k t + 1)^d - 1) = 2$$

于是只有下面两种可能.

第一种可能

$$(2^k t + 1)^d + 1 = 2u^b, (2^k t + 1)^d - 1 = 2^{kb-1}v^b$$

其中

$$2 \nmid u, 2 \nmid v, (u, v) = 1, uv = t$$

此时有

$$2^{kt-1}t^d + C_d^1 2^{k(d-1)}t^{d-1} + \cdots + C_d^{d-1}2^{k-1}t + 1 = u^b$$

因为 $u|t$,则 $u|1$,即 $u = 1$. 于是 $(2^k t + 1)^d = 1$,这不可能成立.

第二种可能

$$(2^k t + 1)^d + 1 = 2^{kb-1}v^b \cdot (2^k t + 1)^d - 1 = 2u^b$$

其中

$$2 \nmid u, 2 \nmid v, (u, v) = 1, uv = t$$

此时有 $2^k t | 2u^b$,即 $2^k uv | 2u^b$,由于 u, v 是奇数 $(u, v) = 1$. 所以 $k = 1, v = 1$. 从而有

$$2 = 2^{b-1} - 2u^b$$

即

$$u^b + 1 = 2^{b-2}$$

所以

$$u = 1, b = 3, c = 2$$

综上所述,原方程有唯一解

$$x = 1, y = 2, z = 1$$

例 25 (2014 年印度国家队选拔考试)求所有正整数 x, y,满足

$$x^{x+y} = y^{3x}$$

解 记 $d = (x, y)$,则

$$x = da, y = db$$

并代入题中的方程得

$$d^{a+b}a^{a+b} = d^{3a}b^{3a}$$

若 $b < 2a$,则

$$a^{a+b} = d^{2a-b}b^{3a}$$

故

$$b | a^{a+b}$$

但 $(a, b) = 1$,则 $b = 1$. 故

$$a^{a+1} = d^{2a-1}$$

若 $a = 2$,则 $2^3 = d^3$. 故 $d = 2$.

于是

$$x = da = 4 , y = db = 2$$

假设 $a > 2$,则

$$2a - 1 > a + 1 ,且 \ a \neq d$$

故

$$a^{a+1} = d^{a+1} d^{a-2} \Rightarrow d \mid a$$

设 $a = cd$ 并代入方程得

$$c^{cd+1} = d^{cd-2}$$

由

$$cd + 1 = cd - 2 + 3 \Rightarrow c \mid d$$

即 $d = ck$,则

$$c^3 = k^{c^2 k - 2} \quad (k > 1)$$

故 k 和 c 具有相同的素因子.

设 p 为素数,且

$$p^{\alpha} \parallel c , p^{\beta} \parallel k$$

比较 p 在等式两边的次数得

$$3\alpha = \beta(c^2 k - 2)$$

由于 $c^2 \geqslant p^{2\alpha}$,故

$$3\alpha = \beta(c^2 k - 2) \geqslant \beta(k p^{2\alpha} - 2) \geqslant 8\alpha - 2$$

这是不可能的. 所以,此情形下无解.

若 $b = 2a$,则 $a^{a+b} = b^{3a}$,得到 $a = b = 1$. 这与 $b = 2a$ 矛盾. 无解.

若 $b > 2a$,则

$$d^{b-2a} a^{a+b} = b^{3a}$$

故 $a \mid b^{3a}$,这表明, $a = 1$.

方程变为 $b^3 = d^{b-2}$,有 $b > 2$.

若 $b = 3$,则 $d = 27$. 故

$$(x , y) = (27 , 81)$$

若 $b = 4$,则

$$64 = d^2 \Rightarrow d = 8$$

故

$$(x , y) = (8 , 32)$$

若 $b = 5$,则

$$5^3 = d^3 \Rightarrow d = 5$$

故

$$(x, y) = (5, 25)$$

接下来证明 $b \geq 6$ 是不可能的.

设

$$p^\alpha \| b, p^\beta \| d$$

则

$$3\alpha = \beta(b - 2)$$

若 b 有至少两个素因子,则

$$3\alpha \geq 3 \times 2^\alpha - 2$$

这是矛盾的. 故 b 只能有一个素因子,得

$$3\alpha = \beta(p^\alpha - 2)$$

在式中只能

$$p = 5, \alpha \geq 2 \ \text{或} \ p \geq 7, \alpha \geq 1$$

两种情形下均可以观察出

$$\beta(p^\alpha - 2) > 3\alpha$$

所以,没有合适的解.

综上,全部的解为

$$(x, y) = (1, 1), (8, 32), (5, 25), (27, 81), (4, 2)$$

例 26 (2005 年俄罗斯数学奥林匹克)设正整数 $x, y, z (x > 2, y > 1)$ 满足等式

$$x^y + 1 = z^2$$

以 p 表示 x 的不同质约数的个数,以 q 表示 y 的不同质约数的个数.

证明:$p \geq q + 2$.

证明 已知方程化为

$$(z - 1)(z + 1) = x^y \qquad \text{①}$$

首先证明 x 必为偶数.

若 x 为奇数,则有

$$(z - 1, z + 1) = 1$$

于是由式①有

$$\begin{cases} z - 1 = u^y \\ z + 1 = v^y \end{cases}$$

u, v 为正奇数. 于是

$$v^y - u^y = 2 \qquad \text{②}$$

由于

$$v^y - u^y = (v - u)(v^{y-1} + uv^{y-2} + \cdots + u^{y-1}) \geqslant 3 \qquad ③$$

②与③矛盾,所以 x 不能为奇数.

因为 x 为偶数,则由式①, $z-1$ 与 $z+1$ 中有一个是 2 的倍数,且

$$(z-1, z+1) = 2$$

因而是 2 的倍数的数不是 4 的倍数,另一个是 2^{y-1} 的倍数,却不是 2^y 的倍数,于是有

$$\begin{cases} z - 1 = 2u^y = A \\ z + 1 = 2^{y-1}v^y = B \end{cases}$$

u, v 为正奇数.

显然

$$AB = (z-1)(z+1) = x^y$$
$$|A - B| = |2u^y - 2^{y-1}v^y| = |(z-1) - (z+1)| = 2$$

因而

$$|u^y - 2^{y-2}v^y| = 1$$

于是

$$2^{y-2}v^y = u^y + 1 \text{ 或 } 2^{y-2}v^y = u^y - 1 \qquad ④$$

若 $u = 1$,则

$$A = 2, A = z - 1 = 2, z = 3$$

即

$$x^y = 3^2 - 1 = 8 = 2^3$$

则 $x = 2$,与题设 $x > 2$ 矛盾. 所以 $u > 1$.

若 y 为偶数,设 $y = 2n$,则

$$z^2 - x^{2n} = 1$$

这是不可能的,所以 y 为奇数.

因而 x 为偶数, y 为奇数.

下面证明两个引理.

引理 1 如果 a 为不小于 2 的整数, p 为奇质数,则 $a^p - 1$ 至少有一个质约数不能整除 $a - 1$.

引理 1 的证明

$$a^p - 1 = (a-1)(a^{p-1} + a^{p-2} + \cdots + a + 1) = (a-1)b$$

首先证明, $a-1$ 与 b 不可能有不同于 1 和 p 的公共质约数 q.

事实上,如果 $q \mid (a-1)$,则对任何正整数 m,都有 $q \mid (a^n - 1)$. 因此

$$b = a^{p-1} + a^{p-2} + \cdots + 1 = \sum_{m=1}^{p-1} (a^m - 1) + p = lq + p$$

其中 l 是某个整数.

故只有在 $q = 1$ 或 $q = p$ 时, b 才能被 q 整除.

我们证明 b 只能被 p 整除, 而不能被 p^2 整除.

如果 $a = p^\alpha k + 1$, 其中 k 不能被 p 整除, 则有

$$a^p = (p^\alpha k + 1)^p = 1 + p^{\alpha+1} k + p \cdot \frac{p-1}{2} p^{2\alpha} k^2 + \cdots = 1 + p^{\alpha+1} k + p^{\alpha+2} d$$

其中 d 为整数.

于是

$$(a-1)b = a^p - 1 = p^{\alpha+1}(k + pd)$$

由于 k 不能被 p 整除, 所以 b 只能被 p 整除, 而不能被 p^2 整除.

引理 2 设 a 为不小于 2 的整数, p 为奇质数, 如果 $a \neq 2$ 或 $p \neq 3$, 则 $a^p + 1$ 至少有一个质约数不能整除 $a + 1$.

引理 2 的证明

$$a^p + 1 = (a+1)(a^{p-1} - a^{p-2} + \cdots + a^2 - a + 1) = (a+1)b$$

首先证明, $a + 1$ 与 b 不可能有不同于 1 和 p 的公共质约数 r.

事实上, 如果 $r | (a+1)$, 当 k 为奇数时, 有 $r | (a^k + 1)$.

当 k 为偶数时, 设 $k = 2m$, 有 $(a^2 - 1) | (a^{2m} - 1)$, 而 $r | (a^2 - 1)$, 所以有 $r | (a^2 - 1)$, 所以 $r | (a^{2m} - 1)$.

因此, $b = lr + p$, 其中 l 是某个整数.

故只有 $r = 1$, 或 $r = p$ 时, b 才能被 r 整除.

下面证明不可能有

$$b = p^n \text{ 且 } p | (a+1)$$

先证 $b > p$.

事实上, 有

$$b \geqslant a^2 - a + 1 \geqslant a + 1 \geqslant p$$

这一连串等号, 不可能都成立, 因此有 $b > p$.

由引理 1, b 不能被 p^2 整除, 从而得出矛盾.

现在证明题目本身.

考查等式④

$$u^y \pm 1 = 2^{y-2} v^y$$

由所证引理可知, 该式右端有不少于 $q + 1$ 个不同的质约数, 既然 $(u, 2v) = 1$, $u > 1$. 所以题目的结论成立, 即如果 y 有 n 个大于 1 的质数的乘积, 则 x 至少

有 $n+2$ 个不同的质约数.

例 27 (1986 年第 27 届国际数学奥林匹克候选题)n 为正整数,素数 $p>3$,求出 $3(n+1)$ 组满足方程

$$xyz = p^n(x+y+z)$$

的正整数 x,y,z(这些组不仅仅是排列次序不同).

解 设 x,y,z 中素因数 p 的幂指数分别为 α,β,γ,且 $\alpha \geqslant \beta \geqslant \gamma$,则由

$$xyz = p^n(x+y+z) \qquad ①$$

两边约去 p^γ 得

$$xyzp^{-\gamma} = p^n(xp^{-\gamma}+yp^{-\gamma}+zp^{-\gamma})$$

于是有

$$zp^{-\gamma}|p^n(xp^{-\gamma}+yp^{-\gamma}+zp^{-\gamma})$$

由于 $zp^{-\gamma}$ 没有约数 p,所以

$$zp^{-\gamma}|xp^{-\gamma}+yp^{-\gamma}+zp^{-\gamma}$$

于是 $z|x+y$.

设

$$x+y=mz$$

则由式①得

$$xy = p^n(m+1)$$

(1)取 $m=1$,即

$$xy = 2p^n$$

这时可得出 $n+1$ 组解

$$\begin{cases} x = 2p^i \\ y = p^{n-i} \\ z = 2p^i + p^{n-i}, i = 0,1,2,\cdots,n \end{cases}$$

(2)取 $m=2$,即

$$xy = 3p^n$$

这时又得出 $n+1$ 组解

$$\begin{cases} x = 3p^j \\ y = p^{n-j} \\ z = \dfrac{1}{2}(3p^j + p^{n-j}), j = 0,1,2,\cdots,n \end{cases}$$

当 n 为奇数时,(1)和(2)的解互不相同.

当 n 为偶数时

$$i = \frac{n}{2}, j = \frac{n}{2}$$

时,第(1)组解为

$$x = 2p^{\frac{n}{2}}, y = p^{\frac{n}{2}}, z = 3p^{\frac{n}{2}}$$

第(2)组解为

$$x = 3p^{\frac{n}{2}}, y = p^{\frac{n}{2}}, z = 2p^{\frac{n}{2}}$$

因此第(1)(2)两组有一组公共的解$\left(2p^{\frac{n}{2}}, p^{\frac{n}{2}}, 3p^{\frac{n}{2}}\right)$,只是$x, y, z$的顺序不同.

所以,(1)(2)两组共有$2n+1$组不同的解.

(3)取$m = p^k + p^{n-k}$可得$n+1$组解

$$\begin{cases} x = p^k \\ y = p^n + p^{n-k} + p^{2n-2k} \\ z = p^{n-k} + 1, k = 0, 1, 2, \cdots, n \end{cases}$$

其中$k = n$时,与(1)中$i = 0$时的解相同,其余均不相同.

这样,实际得到了n组解.

由(1)(2)(3)共得到了$3n+1$组不同的解.

(4)取$m = \frac{p^n + 1}{2}$,令

$$\begin{cases} x = 1 \\ y = \frac{1}{2} p^n (p^n + 3) \\ z = p^n + 2 \end{cases}$$

(5)取$m = p$,令

$$\begin{cases} x = p \\ y = p^n + p^{n-1} \\ z = p^{n-1} + p^{n-2} + 1 \end{cases}$$

这两组解是与上述$3n+1$组解不同的解.

于是得到了$3(n+1)$组解.

例28 已知整数x, y满足方程

$$2x^2 - 1 = y^{2013}$$

若该方程有除$(x_0, y_0) = (1, 1)$以外的整数解(x, y).

证明:(1)$33 \mid x$;(2)$2013 \mid x$.

解 (1)

$$2013 = 3 \times 11 \times 61$$

先证 $3 \mid x$. 记 $t = y^{671} > 1$, 则方程化为
$$2x^2 = t^3 + 1 = (t+1)(t^2 - t + 1)$$

注意到
$$t^2 - t + 1 = (t-2)(t+1) + 3$$

故
$$(t+1, t^2 - t + 1) = 1 \text{ 或 } 3$$

若
$$(t+1, t^2 - t + 1) = 1$$

由于 $t^2 - t + 1$ 是奇数, 必存在整数 u_0, v_0 使得
$$t + 1 = 2u_0^2, t^2 - t + 1 = v_0^2$$

而
$$(t-1)^2 < t^2 - t + 1 < t^2$$

故此时无解.

于是
$$(t+1, t^2 - t + 1) = 3$$

得 $3 \mid x$, 且
$$y^{671} = t \equiv -1 (\bmod 3)$$

故
$$y \equiv -1 (\bmod 3)$$

再证 $11 \mid x$. 为此设
$$s = y^{183} \equiv -1 (\bmod 3)$$

方程化为
$$2x^2 = s^{11} + 1 = (s+1)(s^{10} - s^9 + s^8 - \cdots - s + 1)$$

注意到
$$s^{10} - s^9 + s^8 - \cdots - s + 1 = (s+1)(s^9 - 2s^8 + 3s^7 - 4s^6 + 5s^5 -$$
$$6s^4 + 7s^3 - 8s^2 + 9s - 10) + 11$$

故
$$(s+1, s^{10} - s^9 + s^8 - \cdots - s + 1) = 1 \text{ 或 } 11$$

若
$$(s+1, s^{10} - s^9 + s^8 - \cdots - s + 1) = 1$$

由 $s^{10} - s^9 + s^8 - \cdots - s + 1$ 是奇数, 知必存在整数 u_1, v_1 满足
$$s + 1 = 2u_1^2$$
$$s^{10} - s^9 + s^8 - \cdots - s + 1 = v_1^2$$

然而, 由

$$s \equiv -1 \pmod 3$$

知

$$s^{10} - s^9 + s^8 - \cdots - s + 1 \equiv 11 \equiv 2 \pmod 3$$

但

$$v_1^2 \equiv 0, 1 \pmod 3$$

矛盾.

于是

$$(s+1, s^{10} - s^9 + s^8 - \cdots - s + 1) = 11$$

故 $11 \mid x$.

至此(1)得证.

(2)反证法.

若 $2\,013 \nmid x$, 由 $33 \mid x$, 知 $61 \nmid x$.

由(1)知

$$s = y^{183} \equiv -1 \pmod{11}$$

由费马小定理得

$$y^{183} \equiv (y^{10})^{18} \cdot y^3 \equiv 1^{18} \cdot y^3 \equiv y^3 \equiv -1 \pmod{11}$$

因此

$$y \equiv -1 \pmod{11}$$

又

$$y \equiv -1 \pmod 3$$

故

$$y \equiv -1 \pmod{33}$$

记

$$r = y^{33} \equiv -1 \pmod{33}$$

方程化为

$$2x^2 = r^{61} + 1 = (r+1)(r^{60} - r^{59} + \cdots - r + 1)$$

同(1)可证

$$(r+1, r^{60} - r^{59} + \cdots - r + 1) = 1 \text{ 或 } 61$$

而 $61 \nmid x$, 只可能是

$$(r+1, r^{60} - r^{59} + \cdots - r + 1) = 1$$

于是, 存在整数 u_2, v_2 满足

$$r + 1 = 2u_2^2, \quad r^{60} - r^{59} + \cdots - r + 1 = v_2^2$$

而

$$r^{60} - r^{59} + \cdots - r + 1 \equiv 61 \equiv 6 \pmod{11}$$

$$v_2^2 \equiv 0,1,3,4,5,9 (\bmod 11)$$

矛盾.

习　题　十　三

1.(2007 年第 17 届日本数学奥林匹克预赛)求满足
$$a^2 b^2 = 4a^5 + b^3$$
的整数数对 (a,b).

解　若 a,b 中有一个为 0,则两者必同时为 0.

假定 a,b 均不为 0,设 $g(g > 0)$ 为 a,b 的最大公约数,则
$$a = ga', b = gb', (a',b') = 1$$
代入原方程,得
$$ga'^2(b'^2 - 4ga'^3) = b'^3$$
由于 $(a',b') = 1$,则由上式知 $a' = \pm 1$,故 $a \mid b$.

设
$$b = ac \quad (c \in \mathbf{Z})$$
代入原方程得
$$ac^2 = 4a^2 + c^3 \qquad\qquad ①$$

设
$$(a,c) = d \quad (d > 0)$$

记

则
$$a = dA, c = dC$$

则
$$(A,C) = 1$$

代入
$$ac^2 = 4a^2 + c^3$$

得
$$dC^2(A - C) = 4A^2$$

因为 $(A,C) = 1$,所以,$C^2 \mid 4$.从而,$C = -2,-1,1,2$.

由
$$d = \frac{4A^2}{C^2(A - C)} = \frac{4}{C^2}\left(A + C + \frac{C^2}{A - C}\right) = \frac{4}{C^2}(A + C) + \frac{4}{A - C}$$
为整数,得

$$(A - C) \mid 4$$

又因为 $d > 0$，所以，$A - C$ 必为正数.

用枚举法逐个验证，得

$$(A,C) = (-1,-2),(3,-1),(1,-1),(5,1),(3,1),(2,1),(3,2)$$

再由 $b = ac$ 得到本题的所有解

$$(a,b) = (0,0),(-1,2),(2,-4),(27,-243),$$
$$(27,486),(35,512),(54,972),(125,3\,125)$$

2. (2002 年中国女子数学奥林匹克)求所有的正整数数对 (x,y)，满足 $x^y = y^{x-y}$.

解 若 $x = 1$，则 $y^{1-y} = 1$，于是 $y = 1$.

若 $y = 1$，则 $x = 1$.

因此，$x = y = 1$ 是一组解.

只需讨论 $x > y \geqslant 2$ 的情形. 由已知方程得

$$1 < (\frac{x}{y})^y = y^{x-2y}$$

故

$$x > 2y, y \mid x$$

设 $x = ky$，则 $k \geqslant 3, k \in \mathbf{N}$.

方程化为

$$k^y = y^{(k-2)y}$$

即

$$k = y^{k-2}$$

当 $y \geqslant 2$ 时

$$y^{k-2} \geqslant 2^{k-2}$$

当 $k = 3$ 时

$$y = 3, x = 9$$

当 $k = 4$ 时

$$y = 2, x = 8$$

当 $k \geqslant 5$ 时，由于 $2^k > 4k$(可用数学归纳法证明). 于是

$$k = y^{k-2} \geqslant 2^{k-2} = \frac{2^k}{4} > k$$

矛盾.

所以全部解为 $(1,1),(9,3),(8,2)$.

3. (2012 年第 56 届斯洛文尼亚数学奥林匹克决赛(三年级))求满足

$$2a^2 + 3b^2 = c^2 + 6d^2$$

的所有整数 a, b, c, d.

解 显然, 当 $a = b = c = d = 0$ 时满足题意.

只需证明: 只有这一组解. 假设还存在一组解 (a, b, c, d). 不妨设 (a, b, c, d) $= 1$. 否则可以约去其最大公约数(由于至少有一个非零, 故其最大公约数存在).

由题意知

$$2a^2 - c^2 = 6d^2 - 3b^2 \qquad ①$$

由于式①右边被 3 整除, 因此

$$3 \mid (2a^2 - c^2)$$

而一个完全平方数被 3 除余 0 或 1, 故 a^2, c^2 均为 3 的倍数. 从而, a, c 也为 3 的倍数. 由此, 知式①的左边被 9 整除. 于是, 式①右边也应被 9 整除.

因此

$$3 \mid (2d^2 - b^2)$$

同理, b, d 也为 3 的倍数.

所以, a, b, c, d 均为 3 的倍数, 与其互素矛盾.

4. (2009 年新加坡数学奥林匹克)求全部整数 x, y, z $(2 \leqslant x \leqslant y \leqslant z)$, 使得

$$xy \equiv 1 \pmod{2}, xz \equiv 1 \pmod{y}, yz \equiv 1 \pmod{x}$$

解 注意到

$$(x, y) = (y, z) = (z, x) = 1$$

则 $2 \leqslant x < y < z$.

将三个式子合并得

$$xy + xz + yz - 1 \equiv 0 \pmod{xyz}$$

易知, 存在一整数 $k \geqslant 1$, 使得

$$xy + xz + yz - 1 = k(xyz)$$

即

$$\frac{1}{z} + \frac{1}{y} + \frac{1}{x} = \frac{1}{xyz} + k > 1$$

又 $x < y < z$, 则

$$1 < \frac{1}{x} + \frac{1}{y} + \frac{1}{z} < \frac{3}{x} \qquad ①$$

上式只有 $x = 2$. 代入式①整理得

$$\frac{1}{2} < \frac{1}{y} + \frac{1}{z} < \frac{2}{y}$$

因此, $y = 3$ 为唯一解. 则 $z = 4, 5$. 所以, 方程组的解为

$$(x, y, z) = (2, 3, 4), (2, 3, 5)$$

又 2 与 4 不互质，故有唯一解

$$(x, y, z) = (2, 3, 5)$$

5. (2012 年希腊数学竞赛) 设正整数 p, q 互素，且满足方程

$$p + q^2 = (n^2 + 1)p^2 + q \quad (n \in \mathbf{N}_+)$$

求满足条件的所有数对 (p, q).

解 原方程等价于

$$q(q - 1) = p[(n^2 + 1)p - 1] \tag{①}$$

由 $(p, q) = 1$，及式①有

$$p \mid (q - 1), q \mid [(n^2 + 1)p - 1]$$

故

$$\frac{q - 1}{p} = \frac{(n^2 + 1)p - 1}{q} = k \quad (k \in \mathbf{N}_+) \tag{②}$$

由式②得

$$q = kp + 1, p = \frac{k + 1}{n^2 + 1 - k^2} \tag{③}$$

注意到，p 是正整数，由式③得

$$0 < n^2 + 1 - k^2 \leqslant k + 1$$
$$\Rightarrow k^2 - 1 < n^2 \leqslant k^2 + k$$
$$\Rightarrow k^2 \leqslant n^2 \leqslant k^2 + k < (k + 1)^2$$
$$\Rightarrow k = n$$

由式③得

$$p = \frac{n + 1}{n^2 + 1 - n^2} = n + 1$$

$$q = n(n + 1) + 1 = n^2 + n + 1$$

易证，数对

$$(p, q) = (n + 1, n^2 + n + 1)$$

满足原方程.

事实上，设 $(p, q) = d$. 则

$$d \mid (q - np) = 1$$

从而，$d = 1$.

6. (2012 年希腊国家队选拔考试) 设 p 为素数，m, n 为非负整数. 求满足

$$p^m - n^3 = 8$$

的所有三元数组 (p, m, n).

解 由

$$p^m - n^3 = 8$$

知

$$p^m = (n+2)(n^2 - 2n + 4)$$

由 p 为素数,不妨设

$$p^x = n + 2, p^y = n^2 - 2n + 4 \quad (x, y \in \mathbf{Z}_+, 且 \ x + y = m)$$

对于任意的非负整数 n 有

$$n^2 - 2n + 4 - (n+2) = n^2 - 3n + 2 = (n-1)(n-2) \geqslant 0$$

从而, $x \leqslant y$. 于是, $p^x \mid p^y$, 即

$$(n+2) \mid (n^2 - 2n + 4)$$

又

$$n^2 - 2n + 4 = (n+2)^2 - 6n = (n+2)^2 - 6(n+2) + 12$$

故

$$(n+2) \mid 12$$

于是

$$n + 2 \in \{2, 3, 4, 6, 12\}$$

即 $n \in \{0, 1, 2, 4, 10\}$.

当 $n = 0$ 时

$$p = 2, m = 3$$

当 $n = 1$ 时

$$p = 3, m = 2$$

当 $n = 2$ 时

$$p = 2, m = 4$$

当 $n = 4$ 时

$$p^m = 72 = 2^3 \times 3^2$$

不可能;

当 $n = 10$ 时

$$p^m = 1\ 008 = 2^4 \times 3^2 \times 7$$

不可能.

综上,满足条件的三元数组为

$$(p, m, n) = (2, 3, 0), (3, 2, 1), (2, 4, 2)$$

7. (2014 年第 31 届巴尔干地区数学奥林匹克)对于正整数 n,若存在正整数 a, b, c, d,使得 $n = \dfrac{a^3 + 2b^3}{c^3 + 2d^3}$. 证明:

（1）有无穷多个这样的正整数 n；

（2）$n \neq 2\ 014$.

证明 （1）设

$$a = kc, b = kd \quad (k \in \mathbf{Z}_+)$$

则

$$\frac{a^3 + 2b^3}{c^3 + 2d^3} = k^3$$

这样的 $n = k^3$ 即为满足要求的 n.

（2）假设

$$2\ 014 = \frac{a^3 + 2b^3}{c^3 + 2d^3}$$

即

$$a^3 + 2b^3 = 2 \times 19 \times 53(c^3 + 2d^3)$$

不失一般性，设 $(a, b, c, d) = 1$.

因为一个完全立方数模 19 只可能是 $0, \pm 1, \pm 7, \pm 8$，所以，$2b^3$ 模 19 只能是 $0, \pm 2, \pm 5, \pm 3$. 当且仅当 $19 \mid a, 19 \mid b$ 时，有

$$19 \mid (a^3 + 2b^3)$$

因此

$$19^2 \mid (c^3 + 2d^3)$$

故

$$19 \mid c, 19 \mid d$$

与 $(a, b, c, d) = 1$ 矛盾.

从而，对于任意的正整数 a, b, c, d，均有

$$\frac{a^3 + 2b^3}{c^3 + 2d^3} \neq 2\ 014$$

8. （2010 年第 27 届伊朗数学奥林匹克第二轮）已知 m, n 为两个互素的整数. 证明：关于 x, t, y, s, v, r 的不定方程

$$x^m t^n + y^m s^n = v^m r^n$$

有无穷多组正整数解.

证明 首先，注意到，若 (x, t, y, s, v, r) 为一组解，则 $(x a^{kn}, t a^{km}, y a^{kn}, s a^{km}, v a^{kn}, r a^{km})$ 也为该方程的解.

为此，本题只需找出一组方程的基本解.

注意到

$$2 + 3 = 5 \Rightarrow 2^{mn+1} \times 3^{mn} \times 5^{mn} + 2^{mn} \times 3^{mn+1} \times 5^{mn} = 2^{mn} \times 3^{mn} \times 5^{mn+1}$$

而 $(m,n)=1$,则存在 $i(1 \leqslant i < n)$ 满足

$$mi \equiv -1 (\bmod\ n)$$

即

$$mi + 1 = nd \quad (d \in \mathbf{Z}_+)$$

则

$$mn + 1 = m(n-i) + mi + 1 = m(n-i) + nd$$

故

$$(2^{n-i} \times 3^n \times 5^n)^m \times (2^d)^n + (2^n \times 3^{n-i} \times 5^n)^m \times (3^d)^n = (2^n \times 3^n \times 5^{n-i})^m \times (5^d)^n$$

所以,有无穷多组解满足方程.

9. (2006 年第 22 届意大利数学奥林匹克)求所有的三元数组 (m,n,p),满足

$$p^n + 144 = m^2$$

其中,m,n 为正整数,p 为素数.

解 原式等价于

$$p^n = (m+12)(m-12)$$

设

$$m + 12 = p^a, m - 12 = p^b \quad (a > b, a+b = n)$$

则

$$24 = p^b(p^{a-b} - 1)$$

若 $p^b = 1$,则

$$b = 0, a = n, p^n - 1 = 24, p = 5, n = 2, m = 13$$

若 $p = 2$,则

$$b = 3, 2^{a-3} - 1 = 3, a = 5, n = 8, m = 20$$

若 $p = 3$,则

$$b = 1, a = 3, n = 4, m = 15$$

故

$$(m,n,p) = (13,2,5),(20,8,2),(15,4,3)$$

10. (2006 年澳大利亚数学奥林匹克)求所有的正整数 m,n,使得

$$1 + 5 \times 2^m = n^2$$

解 注意到

$$5 \times 2^m = n^2 - 1 = (n+1)(n-1)$$

由 $m,n > 0$,得 $2 \mid (n^2 - 1)$,知 n 为奇数.

设

$$n = 2k - 1 \quad (k \in \mathbf{Z}_+)$$

则

$$5 \times 2^{m} = 4k(k-1)$$

即

$$5 \times 2^{m-2} = k(k-1)$$

故 $m \geqslant 2, k > 1$.

因为

$$(k, k-1) = 1$$

所以

$$\begin{cases} k = 5 \times 2^{m-2} \\ k - 1 = 1 \end{cases} 或 \begin{cases} k = 5 \\ k - 1 = 2^{m-2} \end{cases} 或 \begin{cases} k = 2^{m-2} \\ k - 1 = 5 \end{cases}$$

解得

$$k = 5, m = 4$$

所以

$$m = 4, n = 9$$

满足条件.

11. (2011—2012 年匈牙利数学奥林匹克第一轮)求

$$|2^{k} - 3^{n}| = 17$$

的正整数解.

解 (1)若

$$2^{k} - 3^{n} = 17$$

易知 $k \geqslant 5$. 于是

$$-3^{n} \equiv 1 \pmod{8}$$

而

$$3^{n} \equiv 3 \text{ 或 } 1 \pmod{8}$$

矛盾.

故 $2^{k} - 3^{n} = 17$ 无正整数解.

(2)若

$$3^{n} - 2^{k} = 17$$

易知 $n \geqslant 3$. 可验证 $k \leqslant 3$ 时,无解.

当 $k \geqslant 4$ 时,可得

$$3^{n} \equiv 1 \pmod{8}$$

于是,$2 \mid n$.

故

$$-2^{k} \equiv -1 \pmod{9} \Rightarrow 2^{k} \equiv 1 \pmod{9}$$

于是, $6 \mid k$.

从而

$$(3^{\frac{n}{2}} - 2^{\frac{k}{2}})(3^{\frac{n}{2}} + 2^{\frac{k}{2}}) = 17$$

所以

$$\begin{cases} 3^{\frac{n}{2}} + 2^{\frac{k}{2}} = 17 \\ 3^{\frac{n}{2}} - 2^{\frac{k}{2}} = 1 \end{cases}$$

解得 $(n,k) = (4,6)$ 满足方程.

12. (2005 年新西兰数学奥林匹克)求所有满足

$$k^2 + l^2 + m^2 = 2^n$$

的整数解 (k,l,m,n).

解 显然, n 为非负整数. 当 k,l,m 均为 2 的倍数时, 等式两边同时除以 2 的幂, 使得 k,l,m 不全为偶数. 因此, 可以假设 k,l,m 不全为偶数.

因为完全平方数模 4 余 0 或 1, 所以, $k^2 + l^2 + m^2$ 模 4 余 1,2,3. 于是, 2^n 不能被 4 整除, n 只能取 0 或 1.

当 $n = 0$ 时

$$k^2 + l^2 + m^2 = 1$$

此时解为 $(k,l,m) = (0,0,1)$ 或这些数的置换.

当 $n = 1$ 时

$$k^2 + l^2 + m^2 = 2$$

此时解为 $(k,l,m) = (0,1,1)$ 或这些数的置换.

因此, 解为 $(0, \pm 2^k, \pm 2^k)$ 或 $(0,0, \pm 2^k)$ 及其置换, 前者 $n = 2k + 1$, 后者 $n = 2k(k \in \mathbf{N})$.

13. (2005 年巴尔干地区数学奥林匹克)求方程 $3^x = 2^x y + 1$ 的正整数解.

解 将方程改写为

$$3^x - 1 = 2^x y$$

这表明, 若 (x,y) 为解, 则 x 不能超过 $3^x - 1$ 的标准分解中因子 2 的指数. 记

$$x = 2^m(2n+1) \quad (m,n \text{ 为非负整数})$$

于是

$$3^x - 1 = 3^{2^m(2n+1)} - 1 = (3^{2n+1})^{2^m} - 1 = (3^{2n+1} - 1)\prod_{k=0}^{m-1} \left[(3^{2n+1})^{2^k} + 1 \right] \quad ①$$

由于

$$3^{2n+1} = (1+2)^{2n+1} \equiv \left[1 + 2(2n+1) + 4n(2n+1) \right] (\bmod 8) \equiv 3(\bmod 8)$$

则

$$(3^{2n+1})^{2^k} \equiv \begin{cases} 3, k=0 \\ 1, k=1,2,\cdots \end{cases} (\bmod 8)$$

因此,对于所求的指数,当 $m=0$ 时,为 1,当 $m=1,2,\cdots$ 时,为 $m+2$. 由此断定,x 不能超过 $m+2$.

事实上,由上面的分析,知式①右边可表为

$$(8t+2)(8t+4)(8r_1+2)(8r_2+2)\cdots(8r_{m-1}+2)$$
$$=2^{m+2}(4t+1)(2t+1)(4r_1+1)(4r_2+1)\cdots(4r_{m-1}+1)=2^x y$$

故

$$2^m \leqslant 2^m(2n+1) = x \leqslant m+2$$

于是

$$m \in \{0,1,2\}, \text{且 } n=0$$

由此断定,所给方程的正整数解为

$$(x,y) = (1,1),(2,2),(4,5)$$

14. (2009 年新加坡数学奥林匹克)求所有满足方程 $3 \times 2^m + 1 = n^2$ 的正整数数对 (n,m).

解 易知

$$n^2 \equiv 1(\bmod 3)$$

因此,存在某一非负整数 k,使得 $n=3k+1$ 或 $3k+2$.

(1) $n=3k+1$.

代入题设方程,得

$$2^m = 3k^2 + 2k = k(3k+2)$$

于是,k 与 $3k+2$ 均为 2 的幂.

易知,$k=2$ 满足条件,$k=1$ 不符合条件.

若 $k=2^p(p \geqslant 2)$,则

$$3k+2 = 2(3 \times 2^{p-1}+1)$$

由于 $3 \times 2^{p-1}+1$ 为奇数,因此,$3k+2$ 不为 2 的幂.

所以,$(n,m)=(7,4)$ 为一组解.

(2) $n=3k+2$.

代入题设方程,得

$$2^m = 3k^2 + 4k + 1 = (3k+1)(k+1)$$

且 $k+1$ 与 $3k+1$ 均为 2 的幂.

易知,$k=1$ 符合条件.

当 $k=0$ 时,$m=0$ 不符合条件.

对 $k>1$,有

$$4(k+1) > 3k+1 > 2(k+1)$$

因此,若存在一正整数 p,使得

$$k+1 = 2^p$$

则

$$2^{p+2} > 3k+1 > 2^{p+1}$$

从而,$3k+1$ 不为 2 的幂.

所以,$(n,m) = (5,3)$ 为一组解.

15. (2009 年白俄罗斯数学奥林匹克)求所有的正整数对 (m,n),满足方程

$$m! + n! = m^n \qquad ①$$

解 如果 $m > n$,则方程①化为

$$n! [m(m-1)\cdots(n+1) + 1] = m^n \qquad ②$$

因为

$$(m(m-1)\cdots(n+1) + 1, m) = 1$$

所以②不成立. 因此 $m \leqslant n$.

若 $m > 2$,则①化为

$$(m-2)! (m-1)m[1 + (m+1)\cdots n] = m^n \qquad ③$$

因为

$$(m-1, m) = 1$$

所以③不成立. 因此 $m = 1$ 或 2.

当 $m = 1$ 时,原方程化为

$$1! + n! = 1^n$$

矛盾.

当 $m = 2$ 时,原方程化为

$$2! + n! = 2^n$$

$$n! = 2^n - 2 \qquad ④$$

当 $n \geqslant 4$ 时

$$n! = 1 \times 2 \times 3 \times \cdots \times n > 2 \times 2 \times 2 \times \cdots \times 2 = 2^n$$

所以④无解. 因此 $n = 2,3$.

若 $n = 2$,则

$$2! + 2! = 2^2$$

若 $n = 3$,则

$$2! + 3! = 2^3$$

因而,满足原方程的整数解为

$$(m,n) = (2,2), (2.3)$$

16.(1991 年苏联教委推荐试题)求方程 $n! + 1 = (m! - 1)^2$ 的正整数解.

解 显然,$m = 1, m = 2$ 时,已知方程没有正整数解. 即有 $m \geqslant 3$.

已知方程可改写为

$$n! = m!(m! - 2) \qquad ①$$

于是 $n > m$. 由①可得

$$n(n-1)\cdots(m+1) = m! - 2 \qquad ②$$

由于 $3 \mid m$. 则

$$3 \nmid m! - 2$$

从而式②的左端不会多于两个因子,否则,若有 3 个因子,连续 3 个自然数的乘积可被 3 整除. 所以 $n - m = 1$ 或 $n - m = 2$.

当 $n - m = 1$ 时,$n = m + 1$,有

$$m + 1 = m! - 2$$
$$m! = m + 3$$

即

$$m = 3, n = 4$$

当 $n - m = 2$ 时,$n = m + 2$,有

$$(m+2)(m+1) = m! - 2$$
$$m! = (m+1)(m+2) + 2 \leqslant 4m(m-1)$$

于是 $m \leqslant 4$. 但 $m = 4, n = 6$ 时

$$6! + 1 = 721 \neq (4! - 1)^2 = 23^2$$

而 $m = 3, n = 4$ 时

$$4! + 1 = 25 = (3! - 1)^2$$

所以已知方程只有一组正整数解 $m = 3, n = 4$.

17.(2002—2003 年芬兰数学竞赛决赛)求满足 $(n+1)^k - 1 = n!$ 的所有正整数数对 (n, k).

解 若 p 为 $n+1$ 的素因子,则 p 也为 $n! + 1$ 的素因子.

因为 $n! + 1$ 不能被任何素数 $q(q \leqslant n)$ 整除,所以,只能为 $p = n + 1$.

若

$$n + 1 = 2 \Rightarrow n = 1$$

且

$$2^k - 1 = 1 \Rightarrow k = 1$$

因此,数对 $(1, 1)$ 为一个解.

若 $n + 1 = 3$,同理,得

$$3^k - 1 = 2 \Rightarrow k = 1$$

因此,数对$(2,1)$为一个解.

若$n+1=5$,同理,得

$$5^k - 1 = 24 \Rightarrow k = 2$$

因此,数对$(4,2)$为一个解.

接下来证明再没有其他的解.

假设(n,k)为满足条件的一个解,$n+1$为大于或等于 7 的奇素数. 则$n = 2m, m > 2$.

因为$2 \leqslant n-1, m \leqslant n-1, n = 2m$为$(n-1)!$的因子,所以,$n!$被$n^2$整除. 因此

$$(n+1)^k - 1 = n^k + kn^{k-1} + \cdots + \frac{k(k-1)}{2}n^2 + nk$$

能被n^2整除.

于是,k能被n整除,且$k \geqslant n$. 从而

$$n! = (n+1)^k - 1 > n^k \geqslant n^2 > n!$$

矛盾.

18. (2008 年哥伦比亚数学奥林匹克)求所有的质数对(a,b),使得

$$a^b b^a = (2a+b+1)(2b+a+1)$$

解 若$a = b$,则原方程等价于

$$a^{2a} = (3a+1)^2$$

但是

$$a \mid a^{2a}, a \nmid (3a+1)^2$$

矛盾.

所以$a \neq b$,不妨设$a > b$.

由于方程右边两个因式之差

$$(2a+b+1) - (2b+a+1) = a - b$$

故a只能整除这两个因式中的一个,且a^b也能整除这个因式,因此有

$$a^2 \leqslant a^b \leqslant 2a+b+1 \leqslant 3a$$

即

$$a \leqslant 3$$

又a, b为质数,$a > b$,则

$$a = 3, b = 2$$

将

$$(a,b) = (3,2)$$

代入原方程

$$左边 = 3^2 \cdot 2^3 = 72$$

$$右边 = (2 \times 3 + 2 + 1)(2 \times 2 + 3 + 1) = 72$$

所以 $(a,b) = (3,2)$ 为方程的解.

由对称性 $(a,b) = (2,3)$ 也是方程的解.

所以方程只有两组解 $(2,3)$, $(3,2)$.

19. (2009 年保加利亚数学奥林匹克)已知正整数 $a > b > 1$, 且方程

$$\frac{a^x - 1}{a - 1} = \frac{b^y - 1}{b - 1} \quad (x > 1, y > 1)$$

至少有两个不同的正整数解 (x, y). 证明: a 与 b 互素.

证明 假若 a, b 不互素, 设素数 p 为其一个公因数, 记 $v_p(n)$ 为 n 中 p 的最高次幂.

设 (x_1, y_1), (x_2, y_2) 为满足题意的两组不同解, 且不妨设 $x_1 > x_2 > 1$. 则由

$$ba^{x_1} - ab^{y_1} + a - b = a^{x_1} - b^{y_1}$$

得

$$v_p(a) = v_p(b)$$

将两式

$$\frac{a^{x_1} - 1}{a - 1} = \frac{b^{y_1} - 1}{b - 1}$$

及

$$\frac{a^{x_2} - 1}{a - 1} = \frac{b^{y_2} - 1}{b - 1}$$

作差, 得

$$a^{x_2} \cdot \frac{a^{x_1 - x_2} - 1}{a - 1} = b^{y_2} \cdot \frac{b^{y_1 - y_2} - 1}{b - 1} \qquad ①$$

又对于正整数 $n > 1$, 有

$$\left(n, \frac{n^l - 1}{n - 1} \right) = 1$$

故由式①得

$$x_2 v_p(a) = y_2 v_p(b)$$

因此, $x_2 = y_2$.

而由

$$\frac{a^{x_2} - 1}{a - 1} = \frac{b^{x_2} - 1}{b - 1}$$

易知 $a = b$, 这与题设中 $a > b$ 矛盾.

所以, a 与 b 互素.

20.（2011 年德国数学竞赛第一轮）设 a,b 为正整数,存在唯一确定的整数 q,r 使得

$$ab = q(a+b) + r \quad (0 \leqslant r < a+b)$$

若 q,r 满足

$$q^2 + r = 2\,011$$

求所有的数对 (a,b).

解 假设数对 (a,b) 为满足条件的数对. 不妨设 $a \geqslant b$.

由

$$a > 0, b > 0 \Rightarrow q \geqslant 0$$

由

$$0 \leqslant q^2 = 2\,011 - r \leqslant 2\,011 \Rightarrow 0 \leqslant q \leqslant \sqrt{2\,011} < 45.$$

$$\begin{cases} ab = q(a+b) + r \\ q^2 + r = 2\,011 \end{cases} \qquad ①$$

得

$$2\,011 = ab - q(a+b) + q^2 = (a-q)(b-q)$$

因为 a,b,q 为整数,所以

（1） $\begin{cases} a-q = 2\,011 \\ b-q = 1 \end{cases}$;（2） $\begin{cases} a-q = 1 \\ b-q = 2\,011 \end{cases}$;

（3） $\begin{cases} a-q = -2\,011 \\ b-q = -1 \end{cases}$;（4） $\begin{cases} a-q = -1 \\ b-q = -2\,011 \end{cases}$

经验证,(2)(3)与假设 $a \geqslant b$ 矛盾,(4)与 $b > 0, 0 \leqslant q \leqslant \sqrt{2\,011} < 45$ 矛盾.

故

$$(a,b) = (2\,011 + q, 1 + q) \quad (0 \leqslant q \leqslant 44)$$

将上式代入式①,得

$$\begin{aligned} ab &= (2\,011 + q)(1 + q) \\ &= 2\,011 + q[(2\,011 + q) + (1 + q)] - q^2 \\ &= q(a+b) + 2\,011 - q^2 \end{aligned}$$

令

$$r = 2\,011 - q^2$$

由 $0 \leqslant q \leqslant 44$,知

$$0 \leqslant r < (2\,011 + q) + (1 + q) = a + b$$

满足题设中不等式条件. 所以,数对

$$(a,b) = (2\ 011 + q, 1 + q)$$

满足条件

同理,当 $a < b$ 时

$$(a,b) = (1 + q, 2\ 011 + q)$$

也满足条件.

综上

$$(a,b) = (2\ 011 + q, 1 + q) \text{ 或} (1 + q, 2\ 011 + q)$$

其中, $q \in [0, 44]$ 时,均满足条件.

21. (2013 年芬兰高中数学竞赛)求满足

$$2^m p^2 + 1 = q^5 \quad (m > 0, p, q \text{ 为素数})$$

的所有三元整数组.

解 注意到

$$2^m p^2 + 1 = q^5 \Leftrightarrow 2^m p^2 = (q - 1)(q^4 + q^3 + q^2 + q + 1)$$

由 $q^4 + q^3 + q^2 + q + 1$ 为大于 1 的奇数,知

$$a - 1 = 2^m \text{ 或} 2^m p$$

当 $q - 1 = 2^m p$ 时,则

$$2^m p^2 + 1 = (2^m p + 1)^5 > 2^{5m} p^5$$

矛盾. 此种情形不可能.

当 $q - 1 = 2^m$ 时,则

$$q = 2^m + 1$$

故

$$\begin{aligned} &2^m p^2 + 1 \\ &= 2^{5m} + 5 \times 2^{4m} + 10 \times 2^{3m} + 10 \times 2^{2m} + 5 \times 2^m + 1 \end{aligned}$$

所以

$$p^2 = 2^{4m} + 5 \times 2^{3m} + 10 \times 2^{2m} + 10 \times 2^m + 5$$

若 $m \geqslant 2$,故

$$p^2 \equiv 5 (\bmod 8)$$

与

$$p^2 \equiv 0, 1, 4 (\bmod 8)$$

矛盾. 因此, $m = 1$,则

$$q = 3, 2p^2 = 3^5 - 1 = 242$$

于是, $p^2 = 121$,即 $p = 11$.

故满足题意的三元整数组为 $(1, 11, 3)$.

22. (2012 年克罗地亚数学竞赛)已知 p_1, q_1 是整数,使得方程

$$x^2 + p_1 x + q_1 = 0$$

有两个整数解. 对于所有的 $n \in \mathbf{Z}_+$, 定义 p_{n+1}, q_{n+1} 为

$$p_{n+1} = p_n + 1, \quad q_{n+1} = q_n + \frac{1}{2} p_n$$

证明:存在无限多个正整数 n, 使得方程

$$x^2 + p_n x + q_n = 0$$

有两个整数解.

证明 令 D_n 是二次方程 $x^2 + p_n x + q_n = 0$ 的判别式. 则对于所有的 $n \in \mathbf{Z}_+$ 有

$$D_n = p_n^2 - 4q_n$$

由题设知 D_1 是一个整数的平方,且

$$D_{n+1} = p_{n+1}^2 - 4q_{n+1}$$

$$= (p_n + 1)^2 - 4 \left(q_n + \frac{1}{2} p_n \right)$$

$$= p_n^2 - 4q_n + 1 = D_n + 1$$

接下来,假设对于某些 n, 方程

$$x^2 + p_n x + q_n = 0$$

有两个整数解. 则

$$D_n = k^2 \quad (k \in \mathbf{N})$$

故

$$D_{n+2k+1} = D_n + 2k + 1$$

$$= k^2 + 2k + 1 = (k+1)^2$$

又 $\frac{1}{2}(-p_n + \sqrt{D_n}), \frac{1}{2}(-p_n - \sqrt{D_n})$ 是整数,则 p_n, D_n 有相同的奇偶性.

故

$$p_{n+2k+1} = p_n + 2k + 1$$

$$\equiv p_n + 1 \equiv D_n + 1 \equiv D_n + 2k + 1$$

$$= D_{n+2k+1} (\bmod 2)$$

于是,方程

$$x^2 + p_{n+2k+1} x + q_{n+2k+1} = 0$$

也有两个整数解.

因此,有无限多个正整数 n, 使得

$$x^2 + p_n x + q_n = 0$$

有两个整数解.

23. (2009 年白俄罗斯数学奥林匹克)求所有的正整数对 (m,n),满足方程 $(m+1)! +(n+1)! = m^2 n^2$.

解 由于 m,n 是对称的,不妨设 $m \leqslant n$. 则

$$(n-1)! \, n(n+1) = (n+1)! < (m+1)! +(n+1)! = m^2 n^2$$

因为

$$n(n+1) > n^2$$

所以

$$(n-1)! < m^2 \leqslant n^2 \qquad \text{①}$$

不等式①当 $n \geqslant 6$ 时不成立.

事实上,若 $n \geqslant 6$,则

$$2(n-2)(n-1) < (n-1)! < n^2$$

即

$$n^2 - 6n + 4 < 0$$

从而

$$3 - \sqrt{5} < n < 3 + \sqrt{5} < 6$$

矛盾.

于是,$1 \leqslant n \leqslant 5$.

若 $n = 5$,则

$$24 = (n-1)! < m^2 \leqslant n^2 = 25$$

于是,$m = 5$. 经验证,不满足原方程.

若 $n = 4$,则

$$6 = (n-1)! < m^2 \leqslant n^2 = 16$$

于是,$m = 4$ 或 3. 经验证,$m = 4$ 不满足原方程,$m = 3$ 满足原方程.

若 $n = 3$,则

$$2 = (n-1)! < m^2 \leqslant n^2 = 9$$

于是,$m = 2$ 或 3. 经验证,均不满足原方程.

若 $n = 2$,则

$$1 = (n-1)! < m^2 \leqslant n^2 = 4$$

于是,$m = 2$. 经验证,不满足原方程.

若 $n = 1$,则

$$1 = (n-1)! < m^2 \leqslant n^2 = 1$$

这样的 m 不存在.

综上,满足原方程的解为

$$(m,n) = (3,4),(4,3)$$

数学竞赛中与不定方程（组）相关的问题

例1　（2005年第22届巴尔干地区数学奥林匹克）求所有的素数 p，使得 $p^2 - p + 1$ 为完全立方数.

解　设

$$p^2 - p + 1 = b^3 \quad (b \in \mathbf{N})$$

即

$$p(p-1) = (b-1)(b^2 + b + 1)$$

因为

$$b^3 = p^2 - p + 1 < p^2 < p^3$$

所以，$p > b$.

因此，p 一定为 $b^2 + b + 1$ 的一个因子. 从而

$$b^2 + b + 1 = kp, \quad p - 1 = k(b-1) \quad (k \geqslant 2)$$

将后式代入前式得

$$b^2 + b + 1 = k^2 b + k - k^2$$

由此得

$$b^2 + b < k^2 b, \quad k^2(b-1) \leqslant b^2 + b - 1$$

由

$$b^2 + b < k^2 b$$

得

$$b + 1 < k^2$$

因为 $b > 2$，所以，由

$$k^2(b-1) \leqslant b^2 + b - 1$$

得

$$k^2 \leqslant \frac{b^2 + b - 1}{b - 1} = b + 2 + \frac{1}{b-1} < b + 3$$

381

于是,只能为

$$k^2 = b + 2$$

因此

$$k = 3, b = 7, p = 19$$

例 2 (2012 年克罗地亚数学竞赛决赛(七年级))给定素数 p. 求所有的整数 n,使得 $\sqrt{n^2 + pn}$ 为整数.

解 令

$$\sqrt{n^2 + pn} = m \quad (m \in \mathbf{N})$$

则

$$n^2 + pn - m^2 = 0$$

此二次方程的解为

$$n = \frac{1}{2}(-p \pm \sqrt{p^2 + 4m^2})$$

由题意,知解为整数,从而

$$p^2 + 4m^2 = w^2 \quad (w \in \mathbf{N})$$

因为 $w + 2m \geqslant 0$,所以

$$w + 2m \geqslant w - 2m$$

由

$$p^2 = (w - 2m)(w + 2m)$$

得

$$\begin{cases} w - 2m = 1 \\ w + 2m = p^2 \end{cases} \qquad ①$$

$$\begin{cases} w - 2m = p \\ w + 2m = p \end{cases} \qquad ②$$

由①得

$$w = \frac{p^2 + 1}{2}, m = \frac{p^2 - 1}{4}$$

所以

$$n = \frac{1}{2}\left(-p \pm \frac{p^2 + 1}{2}\right)$$

解得

$$n_1 = \left(\frac{p-1}{2}\right)^2, n_2 = -\left(\frac{p+1}{2}\right)^2$$

当且仅当 p 为奇素数时,以上的数为整数.

由②得

$$w = p, m = 0$$

故

$$n = \frac{1}{2}(-p \pm p)$$

即

$$n_3 = 0, n_4 = -p$$

例 3 (2007 年上海市高中数学竞赛)对任意正整数 n,用 $S(n)$ 表示满足不定方程

$$\frac{1}{x} + \frac{1}{y} = \frac{1}{n}$$

的正整数对 (x, y) 的个数(例如,满足 $\frac{1}{x} + \frac{1}{y} = \frac{1}{2}$ 的正整数对有 $(6, 3)$,$(4, 4)$,$(3, 6)$ 三个,则 $S(2) = 3$). 求出使得 $s(n) = 2\ 007$ 的所有正整数 n.

解 由

$$\frac{1}{x} + \frac{1}{y} = \frac{1}{n} \quad (x, y, n \in \mathbf{Z}_+)$$

知

$$x > n, y > n$$

令

$$x = n + a, y = n + b \quad (a, b \in \mathbf{Z}_+)$$

则

$$\frac{1}{n + a} + \frac{1}{n + b} = \frac{1}{n} \Leftrightarrow n^2 = ab$$

因此,$S(n)$ 等于正整数数对 (a, b) 的个数. 从而,$S(n)$ 等于 n^2 的正约数的个数.

设

$$n = p_1^{\alpha_1} p_2^{\alpha_2} \cdots p_k^{\alpha_k}$$

其中,$p_1, p_2, \cdots, p_k$ 为不同的质数,且 $\alpha_i \in \mathbf{Z}_+ (1 \leqslant i \leqslant k)$. 则

$$n^2 = p_1^{2\alpha_1} p_2^{2\alpha_2} \cdots p_k^{2\alpha_k}$$

n^2 的正约数个数为 $(2\alpha_1 + 1) \cdots (2\alpha_k + 1)$.

令

$$(2\alpha_1 + 1) \cdots (2\alpha_k + 1) = 2\ 007 = 3^2 \times 223$$

则

$$\begin{cases} k = 1 \\ \alpha_1 = 1\ 003 \end{cases}$$

或

$$\begin{cases} k = 2 \\ \alpha_1 = 1 \\ \alpha_2 = 334 \end{cases}$$

或

$$\begin{cases} k = 2 \\ \alpha_1 = 4 \\ \alpha_2 = 111 \end{cases}$$

或

$$\begin{cases} k = 3 \\ \alpha_1 = \alpha_2 = 1 \\ \alpha_3 = 111 \end{cases}$$

故满足条件的

$$n = p_1^{1\ 003} \ 或 \ n = p_1 p_2^{334} \ 或 \ n = p_1^4 p_2^{111} \ 或 \ n = p_1 p_2 p_3^{111}$$

例4 （2013 年贵州省高中数学联赛预选赛）求正整数 $k_1, k_2, \cdots, k_n$ 和 n，使得

$$k_1 + k_2 + \cdots + k_n = 5n - 4$$

且

$$\frac{1}{k_1} + \frac{1}{k_2} + \cdots + \frac{1}{k_n} = 1$$

解 由

$$k_i > 0 \quad (i = 1, 2, \cdots, n)$$

则

$$\left(\frac{1}{k_1} + \frac{1}{k_2} + \cdots + \frac{1}{k_n} \right)(k_1 + k_2 + \cdots + k_n) \geqslant n^2 \qquad ①$$

所以

$$5n + 4 \geqslant n^2$$

解得 $1 \leqslant n \leqslant 4$.

由式①等号成立条件知，当 $n = 1$ 或 $n = 4$ 时，所有的 $k_i (i = 1, 2, \cdots, n)$ 均相等.

（1）当 $n = 1$ 时，$\frac{1}{k} = 1$，即 $k = 1$.

（2）当 $n = 4$ 时

$$k_1 + k_2 + k_3 + k_4 = 16$$

且

$$\frac{1}{k_1} + \frac{1}{k_2} + \frac{1}{k_3} + \frac{1}{k_4} = 1$$

解得

$$k_1 = k_2 = k_3 = k_4 = 4$$

（3）当 $n = 2$ 时

$$k_1 + k_2 = 6$$

且

$$\frac{1}{k_1} + \frac{1}{k_2} = 1$$

此二式相乘得

$$\frac{k_2}{k_1} + \frac{k_1}{k_2} = 4$$

则 $\dfrac{k_2}{k_1}$ 为无理数，矛盾. 无解.

（4）当 $n = 3$ 时

$$k_1 + k_2 + k_3 = 11$$

且

$$\frac{1}{k_1} + \frac{1}{k_2} + \frac{1}{k_3} = 1$$

不妨设 $k_1 \leqslant k_2 \leqslant k_3$，则

$$1 = \frac{1}{k_1} + \frac{1}{k_2} + \frac{1}{k_3} \leqslant \frac{3}{k_1}$$

解得 $k \leqslant 3$.

若 $k_1 = 2$ 时，则

$$\frac{1}{k_2} + \frac{1}{k_3} = \frac{1}{2}, k_2 + k_3 = 9$$

得

$$k_2 = 3, k_3 = 6$$

若 $k_1 = 3$ 时，则由

$$k_1 \leqslant k_2 \leqslant k_3, k_2 = 3, k_3 = 3$$

与

$$k_1 + k_2 + k_3 = 11$$

矛盾.

综上,当 $n=1$ 时, $k=1$;

当 $n=4$ 时

$$k_1 = k_2 = k_3 = k_4 = 4$$

当 $n=3$ 时, $(k_1, k_2, k_3) = (2, 3, 6)$ 及其循环解.

例 5 (2008 年克罗地亚数学竞赛)求所有的整数 x,使得 $1 + 5 \times 2^x$ 为一个有理数的平方.

解 分类讨论如下:

(1)若 $x = 0$,则

$$1 + 5 \times 2^x = 6$$

它不为有理数的平方.

(2)若 $x > 0$,则 $1 + 5 \times 2^x$ 为正整数. 因此,若它为某个有理数的平方,则必存在一个正整数 n,使得

$$1 + 5 \times 2^x = n^2$$

即

$$5 \times 2^x = (n+1)(n-1)$$

因此, n 为大于 1 的奇数,故 $n-1$ 和 $n+1$ 两数中恰有一个被 4 整除,且 $n^2 - 1$ 被 5 整除. 从而

$$n^2 - 1 \geq 5 \times 8 = 40$$

故 $n \geq 7$.

由于 $n-1, n+1$ 为两个连续正偶数,故其中一个数被 2 整除,但不能被 4 整除,而另一个数被 2^{x-1} 整除,然而,由 $n \geq 7$,知被 2 整除但不被 4 整除的那个数必含有因数 5. 因此, $n-1, n+1$ 两数中一个等于 $2 \times 5 = 10$,另一个等于 2^{x-1},易解得仅有 $n+1 = 10$,即 $n = 9$ 满足题意,此时, $x = 4$.

(3)若 $x < 0$,则 $1 + 5 \times 2^x$ 为分数,且分母为 2 的幂. 若它为某有理数的平方,则存在一个正有理数 q,满足

$$1 + 5 \times 2^x = q^2$$

且 q 的分母为 $2^{-\frac{x}{2}}$. 因此, x 为偶数.

设

$$x = -2y \quad (y \in \mathbf{Z}_+)$$

原方程两边同时乘以 2^{2y} 得

$$2^{2y} + 5 = (q \times 2^y)^2$$

由于

$$q \times 2^y = r$$

为正整数,故

$$2^{2y} + 5 = (q \times 2^y)^2 \Leftrightarrow 5 = (r - 2^y)(r + 2^y)$$

于是

$$r - 2^y = 1, r + 2^y = 5$$

故

$$y = 1, x = -2$$

综上,本题有两个解 $x = 4$ 或 -2.

例6 (2013 年第 10 届泰国数学奥林匹克)求正整数 x, y,使得 $\dfrac{xy^3}{x + y}$ 可以表示为一个素数的立方.

解 设 p 为素数,$(x, y) = d$,则

$$x = da, y = db$$

由题意,知

$$p^3 d(a + b) = d^4 ab^3$$

即

$$p^3(a + b) = d^3 ab^3 \qquad\qquad ①$$

又

$$(a, b) = (a, a + b) = (ab^3, a + b) = 1$$

得

$$ab^3 \mid p^3 \Rightarrow b \mid p$$

(1)若 $b = 1$,则由式①,得

$$p^3(a + 1) = d^3 a$$

又 $(a, a + 1) = 1$,得 $a \mid p^3$.

若 $p \mid d$,及

$$\left(\frac{d}{p}\right)^3 = 1 + \frac{1}{a} \leqslant 2 \quad \left(\frac{d}{p} \in \mathbf{Z}\right)$$

知

$$\frac{d}{p} = 1 \Rightarrow d = p$$

于是,$a + 1 = a$,矛盾. 从而,$p \nmid d$,即 $p^3 \mid a$.

则

$$a = p^3, a + 1 = d^3$$

故

$$1 = d^3 - p^3 = (d-p)(d^2 + dp + p^2)$$

与

$$d \neq p \text{ 及 } d^2 + dp + p^2 < 2$$

矛盾.

（2）若 $b = p$，则由

$$ap^3 \mid p^3 \Rightarrow a = 1$$

故

$$1 + p = d^3$$

所以

$$p = d^3 - 1 = (d-1)(d^2 + d + 1)$$

又

$$d - 1 < d^2 + d + 1$$

则

$$d - 1 = 1, d^2 + d + 1 = p$$

故

$$d = 2, p = 7$$

从而

$$a = 1, b = 7, d = 2$$

因此

$$x = 2, y = 14$$

例 7　（2004 年保加利亚数学奥林匹克选拔赛）设 a, b 和 n 都是正整数，令 $K(n)$ 表示 1 的表示数 $\left(1\text{ 作为 }n\text{ 个形式为 }\dfrac{1}{k}\text{ 的和},k\text{ 是一个正整数}\right)$，设 $L(a,b)$ 是满足方程 $\displaystyle\sum_{i=1}^{m} \frac{1}{x_i} = \frac{a}{b}$ 有一个正整数解的最小正整数 m，又设

$$L(b) = \max\{L(a,b), 1 \leq a \leq b\}$$

证明：b 的正因数个数不超过 $2L(b) + k[L(b) + 2]$.

证明　当 $n \geq 3$ 时，函数 $K(n)$ 是增函数. 因为

$$\sum_{i=1}^{n} \frac{1}{x_i} = 1$$

所以

$$\sum_{i=1}^{n-1} \frac{1}{x_i} + \frac{1}{x_n + 1} + \frac{1}{x_n(x_n + 1)} = 1$$

所以只需找到 $t \leq L(b)$，使

$$K(t + 2) + 2L(b) \geq d(b)$$

即可,其中 $d(b)$ 是整除 b 的不同正整数的个数.

设 t 是使方程

$$\sum_{i=1}^{t} \frac{1}{x_i} = 1 - \frac{1}{b}$$

有一个解的最小正整数,则 $t \leqslant L(b)$. 固定 $t, b, x_1, \cdots, x_t$.

注意到,方程

$$\frac{1}{y_1} + \frac{1}{y_2} = \frac{1}{b}$$

的解的个数满足 b 整除 y_2,且 $y_1 \leqslant y_2$ 等于 $d(b)$. 实际上,如果

$$\frac{1}{b} = \frac{1}{y_1} + \frac{1}{kb} \quad (k \geqslant 2)$$

则

$$y_1 = b + \frac{b}{k-1}$$

所以 $k-1$ 整除 b,且对 k 有 $d(b)$ 种可能.

所以,$K(t+2)$ 不少于 $d(b)$ 减去当 $y_i = x_j$ 情况的个数. 这种情况至多 $2L(b)$ 种,这就是所要求的不等式.

例 8 (2015 年中国东南地区数学奥林匹克)对任意给定的整数 m, n,记

$$A(m,n) = \{x^2 + mx + n \mid x \in \mathbf{Z}\}$$

问:是否一定存在互不相同的三个整数 $a, b, c \in A(m,n)$,使得 $a = bc$? 证明你的结论.

证明 先证明:对任意整数 n,集合 $A(0,n), A(1,n)$ 具有题目所述性质.

事实上,取充分大的整数 r,使得

$$0 < r < r+1 < n + r(r+1)$$

令

$$a = [n + r(r+1)]^2 + n$$
$$b = r^2 + n$$
$$c = (r+1)^2 + n$$

则

$$a, b, c \in A(0,n), b < c < a$$

且

$$a = n^2 + [2r(r+1)+1]n + r^2(r+1)^2 = (n+r^2)[n+(r+1)^2] = bc$$

因此,$A(0,n)$ 具有题目所述性质.

类似地,取充分大的整数 r,使得

$$0 < r - 1 < r < n + r^2 - 1$$

令
$$a = (n + r^2 - 1)(n + r^2) + n$$
$$b = (r - 1)r + n$$
$$c = r(r + 1) + n$$

则
$$a, b, c \in A(1, n), b < c < a$$

且
$$a = n^2 + 2r^2 n + (r^2 - 1)r^2 = [n + r(r - 1)][n + r(r + 1)] = bc$$

因此, $A(1, n)$ 也具有题目所述性质.

再证明: 对任意整数 k, n, 集合 $A(2k, n), A(2k + 1, n)$ 具有题目所述性质.

事实上, 由于 x 取遍一切整数当且仅当 $x_1 = x + k$ 取遍一切整数, 而
$$x^2 + 2kx + n = (x + k)^2 - k^2 + n$$
$$= x_1^2 + (n - k^2)$$
$$x^2 + (2k + 1)x + n$$
$$= (x + k)(x + k + 1) - k(k + 1) + n$$
$$= x_1^2 + x_1 + (n - k^2 - k)$$

知
$$A(2k, n) = A(0, n - k^2)$$
$$A(2k + 1, n) = A(1, n - k^2 - k)$$

即 $A(2k, n), A(2k + 1, n)$ 均有题目所述性质.

综上, 对任意整数 m, n, 一定存在互不相同的三个整数 $a, b, c \in A(m, n)$, 使得
$$a = bc$$

注 上述解法表明, 存在无穷多个三元子集
$$\{a, b, c\} \subseteq A(m, n)$$

使得 $a = bc$.

例 9 (2003 年第 44 届 IMO)求所有的正整数对 (a, b), 使得 $\dfrac{a^2}{2ab^2 - b^3 + 1}$

为整数.

解 设 (a, b) 是满足条件的解.

因为
$$k = \frac{a^2}{2ab^2 - b^3 + 1} > 0$$

所以

$$2ab^2 - b^3 + 1 > 0$$

故

$$a > \frac{b}{2} - \frac{1}{2b^2}$$

因此

$$a \geqslant \frac{b}{2}$$

由 $k \geqslant 1$, 知

$$a^2 \geqslant 2ab^2 - b^3 + 1 = b^2(2a - b) + 1$$

则

$$a^2 > b^2(2a - b)$$

于是

$$a > b \text{ 或 } 2a = b \qquad\qquad ①$$

假设 a_1, a_2 为方程

$$a^2 - 2kb^2a + k(b^3 - 1) = 0$$

的两个解, 对固定的正整数 k 和 b, 由

$$a_1 + a_2 = 2kb^2$$

则 a_1 和 a_2 都是整数, 不妨设 $a_1 \geqslant a_2$, 则

$$a_1 \geqslant kb^2 > 0$$

又

$$a_1 a_2 = k(b^3 - 1)$$

则

$$0 \leqslant a_2 = \frac{k(b^3 - 1)}{a_1} \leqslant \frac{k(b^3 - 1)}{kb^2} < b$$

结合①得到

$$a_2 = 0 \text{ 或 } a_2 = \frac{b}{2} \quad (b \text{ 为偶数})$$

如果 $a_2 = 0$, 则

$$b^3 - 1 = 0$$

因此

$$a_1 = 2k, b = 1$$

如果 $a_2 = \frac{b}{2}$, 则

$$k = \frac{b^2}{4}, a_1 = \frac{b^4}{2} - \frac{b}{2}$$

设 $b = 2l$，则
$$a_1 = 8l^4 - l$$

从而，所有可能的解为
$$(a, b) = (2l, 1) \text{ 或 } (l, 2l) \text{ 或 } (8l^4 - l, 2l)$$

其中 l 为某个正整数.

验证可知，所有这些数对都满足条件.

例 10　（2013 年中国台湾数学奥林匹克集训）已知 x, y, z 为正整数，满足
$$z(zx + 1)^2 = (5z + 2y)(2z + y)^2 \qquad ①$$

证明：z 必为奇数，且 z 为完全平方数.

证明　假设 z 为偶数，设 $z = 2z_1$，则方程①为
$$z_1(2xz_1 + 1)^2 = (5z_1 + 4)(4z_1 + y)$$

令 $w = (y, z_1)$，设
$$y = wy_0, z_1 = wz_0, (y_0, z_0) = 1$$

代入得
$$z_0(2xwz_0 + 1)^2 = w(5z_0 + y_0)(4z_0 + y_0)$$

由
$$(5z_0 + y_0, z_0) = (z_0, 4z_0 + y_0) = (z_0, y_0) = 1$$

且
$$((2xwz_0 + 1)^2, w) = 1$$

则
$$w \mid z_0, z_0 \mid w$$

于是 $w = z_0$.

故
$$(2xwz_0 + 1)^2 = (5z_0 + y_0)(4z_0 + y_0)$$

因为
$$(5z_0 + y_0, 4z_0 + y_0) = 1$$

所以，设
$$5z_0 + y_0 = m^2, 4z_0 + y_0 = n^2 \quad (m, n \in \mathbf{Z}_+)$$

从而 $m > n$.

由整数离散性知 $m - n \geqslant 1$. 从而
$$w = z_0 = m^2 - n^2$$

进而有
$$2xw^2 + 1 = 2xwz_0 + 1 = mn$$

故

$$mn = 1 + 2xw^2 = 1 + 2x(m^2 - n^2)^2$$
$$= 1 + 2x(m + n)^2$$
$$\geqslant 1 + 8xmn \geqslant 1 + 8mn$$

即 $7mn \leqslant -1$，矛盾. 所以，z 必为奇数.

下面证明：z 为完全平方数.

令 $w = (y, z)$，设

$$y = wy_0, z = wz_0, (y_0, z_0) = 1$$

代入方程①，得

$$z_0(xwz_0 + 1)^2 = w(5z_0 + 2y_0)(2z_0 + y_0)$$

因为 $(y_0, z_0) = 1$，且 z 奇数，所以

$$(z_0, 2z_0 + y_0) = 1 = (z_0, 5z_0 + 2y_0) \Rightarrow z_0 \mid w$$

又

$$((xwz_0 + 1)^2, w) = 1$$

则 $w \mid z_0$. 故 $z_0 = w$. 从而

$$z = wz_0 = w^2$$

例 11 （2010 年第六届中国北方数学邀请赛）求所有的正整数 (x, y, z)，使得

$$1 + 2^x \times 3^y = 5^z$$

成立.

解 原方程两边模 3 可得 z 是偶数.

设

$$z = 2r \quad (r \in \mathbf{N}_+)$$

则

$$(5^r - 1)(5^r + 1) = 2^x \times 3^y$$

由

$$(5^r - 1, 5^r + 1) = (5^r - 1, 2) = 2$$

得

$$\left(\frac{5^r - 1}{2}, \frac{5^r + 1}{2}\right) = 1$$

故

$$\frac{5^r - 1}{2} \cdot \frac{5^r + 1}{2} = 2^{x-2} \times 3^y \quad (x \geqslant 2)$$

又 $\frac{5^r - 1}{2}$ 是偶数，且 $\frac{5^r + 1}{2} \geqslant 3$，则

$$\frac{5^r - 1}{2} = 2^{x-2}, \frac{5^r + 1}{2} = 3^y$$

故
$$3^y - 2^{x-2} = 1 \qquad\qquad ①$$

当 $x=2$ 时,y 不是整数.

当 $x=3$ 时
$$y=1,z=2$$

当 $x \geqslant 4$ 时,式①两边模 4 知 y 是偶数.

设
$$y = 2t \quad (t \in \mathbf{N}_+)$$

则
$$(3^t - 1)(3^t + 1) = 2^{x-2}$$

又
$$(3^t - 1, 3^t + 1) = (3^t - 1, 2) = 2$$

故
$$\left(\frac{3^t - 1}{2}, \frac{3^t + 1}{2}\right) = 1$$

因此
$$\frac{3^t - 1}{2} \cdot \frac{3^t + 1}{2} = 2^{x-4} \quad (x \geqslant 4)$$

由于
$$\frac{3^t - 1}{2} < \frac{3^t + 1}{2}$$

于是
$$\frac{3^t - 1}{2} = 1$$

解得
$$t = 1, y = 2$$

由
$$\frac{5^r + 1}{2} = 3^y$$

知 r 不是整数,此时,原方程无正整数解.

综上,原方程的正整数解为
$$(x,y,z) = (3,1,2)$$

例 12 (1982 年第 23 届国际数学奥林匹克)考虑方程

$$x^3 - 3xy^2 + y^3 = n \qquad \qquad ①$$

其中 n 为正整数. 试证:

(1)如果方程有一组整数解 (x,y),则它至少有三组整数解;

(2)当 $n = 2\,891$ 时,方程没有整数解.

证明 (1)设 (x,y) 是方程①的一组解,由于 n 为正整数,则 x 和 y 不同时为零. 因为

$$
\begin{aligned}
(y-x)^3 &= y^3 - 3xy^2 + 3x^2y - x^3 \\
&= y^3 - 3xy^2 + x^3 + 3(y-x)x^2 + x^3 \\
y^3 - 3xy^2 + x^3 &= (y-x)^3 - 3x^2(y-x) - x^3
\end{aligned}
$$

由于

$$x^3 - 3xy^2 + y^3 = n$$

则

$$(y-x)^3 - 3x^2(y-x) + (-x)^3 = n$$

于是 $(y-x, -x)$ 是方程①的一组整数解. 同理 $(-y, x-y)$ 也是方程①的一组整数解.

容易验证,(x,y),$(y-x, -x)$,$(-y, x-y)$ 这三组解是不同的.

(2)假设 $n = 2\,891$ 时,方程①有一组整数解 (x,y). 即

$$x^3 - 3xy^2 + y^3 = 2\,891$$

则有

$$x^3 + y^3 = 3xy^2 + 3 \cdot 963 + 2 \qquad \qquad ②$$

从而有

$$x^3 + y^3 \equiv 2 (\bmod 3) \qquad \qquad ③$$

于是 x, y 有如下三种可能:

(ⅰ) $\begin{cases} x \equiv 0 (\bmod 3) \\ y \equiv 2 (\bmod 3) \end{cases}$;

(ⅱ) $\begin{cases} x \equiv 1 (\bmod 3) \\ y \equiv 1 (\bmod 3) \end{cases}$;

(ⅲ) $\begin{cases} x \equiv 2 (\bmod 3) \\ y \equiv 0 (\bmod 3) \end{cases}$.

对于(ⅰ),设

$$x = 3p, \quad y = 3q + 2$$

其中 p, q 均为整数,代入式②得

$$(3p)^3 + (3q+2)^3 = 3(3p)(3q+2)^2 + 9 \cdot 321 + 2$$

对于模 9,上式左边有

$$(3p)^3 + (3q+2)^3 \equiv 8 \pmod 9$$

$$3(3p)(3q+2)^2 + 9 \cdot 321 + 2 \equiv 2 \pmod 9$$

所以此时方程②无解,即方程①无解.

同理可证(ⅱ)和(ⅲ)这两种情况下,方程①仍无解.

因此,$n = 2\ 891$ 时,已知方程无整数解.

例 13 (2008 年德国数学奥林匹克)求所有的实数 x,使得 $4x^5 - 7, 4x^{13} - 7$ 均为完全平方数.

解 首先证明:x 为正整数.

由已知,设

$$4x^5 - 7 = m^2, 4x^{13} - 7 = n^2 \quad (m, n \in \mathbf{Z}_+)$$

则

$$x^5 = \frac{m^2 + 7}{4}, x^{13} = \frac{n^2 + 7}{4}$$

显然,$x = 0$ 不是解.

故

$$x = \frac{x^{40}}{x^{39}} > \frac{\left(\dfrac{m^2 + 7}{4}\right)^8}{\left(\dfrac{n^2 + 7}{4}\right)^3} \in \mathbf{Q}$$

设

$$x = \frac{p}{q} \quad (p, q \in \mathbf{Z}, p > 0, \text{且}\,(p, q) = 1)$$

则

$$4 \times \frac{p^5}{q^5} = m^2 + 7 \in \mathbf{Z}_+$$

必有 $q = 1$. 所以,$x \in \mathbf{Z}$.

又

$$4x^5 = m^2 + 7 \geqslant 7$$

则 $x \geqslant 2$,且 x 为正整数.

当 $x = 2$ 时

$$4x^5 - 7 = 11^2, 4x^{13} - 7 = 181^2$$

满足条件.

当 $x \geqslant 3$ 时

$$(mn)^2 = (4x^5 - 7)(4x^{13} - 7)$$
$$= (4x^9)^2 - 7 \times 4x^{13} - 7 \times 4x^5 + 49$$

$$< (4x^9)^2 - 7 \times 4x^{13} + \frac{49}{4}x^8$$

$$= \left(4x^9 - \frac{7}{2}x^4\right)^2 \qquad\qquad ①$$

再验证

$$(mn)^2 = (4x^5 - 7)(4x^{13} - 7) > \left(4x^9 - \frac{7}{2}x^4 - 1\right)^2$$

即

$$8x^9 - \frac{49}{4}x^8 - 28x^5 - 7x^4 + 48 > 0$$

事实上

$$8x^9 - \frac{49}{4}x^8 - 28x^5 - 7x^4 + 48 > 24x^8 - 13x^8 - 28x^5 - 7x^4 + 48$$

$$\geqslant 99x^6 - 28x^5 - 7x^4 + 48 > 0$$

故

$$\left(4x^9 - \frac{7}{2}x^4 - 1\right)^2 < (mn)^2 < \left(4x^9 - \frac{7}{2}x^4\right)^2$$

即

$$4x^9 - \frac{7}{2}x^4 - 1 < mn < 4x^9 - \frac{7}{2}x^4$$

因此,只有当 x 为奇数时,才可能有解

$$mn = 4x^9 - \frac{7}{2}x^4 - \frac{1}{2}$$

代入式①有

$$\left(4x^9 - \frac{7}{2}x^4 - \frac{1}{2}\right)^2 = (4x^{13} - 7)(4x^5 - 7)$$

即

$$4x^9 - \frac{49}{4}x^8 - 28x^5 - \frac{7}{2}x^4 + 49 - \frac{1}{4} = 0$$

两边同乘以 4 并模 16 得

$$-x^8 + 2x^4 + 3 \equiv 0 (\bmod 16)$$

即

$$(x^4 + 1)(x^4 - 3) \equiv 0 (\bmod 16)$$

这与

$$x^4 \equiv 1 (\bmod 8)$$

矛盾.

故当 $x \geqslant 3$ 时,无解.

综上,只有 $x = 2$ 满足题意.

例 14 (2005 年俄罗斯数学奥林匹克)已知正整数 x 和 y 满足

$$2x^2 - 1 = y^{15}$$

证明:如果 $x > 1$,则 x 可被 5 整除.

证明 本解答中的字母均表示整数.

令 $t = y^5$,由等式

$$2x^2 - 1 = y^{15}$$

推知

$$t^3 + 1 = (t+1)(t^2 - t + 1) = 2x^2$$

由于 $t^2 - t + 1$ 恒为奇数,所以

$$t + 1 = 2u^2, \quad t^2 - t + 1 = v^2$$

或者

$$t + 1 = 6u^2, \quad t^2 - t + 1 = 3v^2$$

这是因为:如果

$$a = (t+1, t^2 - t + 1)$$

那么

$$a = 1 \text{ 或 } a = 3$$

事实上,我们有

$$t^2 - t + 1 = (t-2)(t+1) + 3$$

由此可见,如果 d 是 $t^2 - t + 1$ 和 $t + 1$ 的公约数,那么 d 必是 3 的约数. 由于 $x > 1$,所以 $t > 1$,故有

$$(t-1)^2 < t^2 - t + 1 < t^2$$

这表明等式

$$t^2 - t + 1 = v^2$$

不可能成立,所以只能有

$$t + 1 = y^5 + 1 = 6u^2$$

另一方面,由于

$$(y^5 + 1) - (y^3 + 1) = y^3(y-1)(y+1)$$

所以 $(y^5 + 1) - (y^3 + 1)$ 可被 3 整除,因而 $y^3 + 1$ 可被 3 整除,亦即

$$y^3 = 3m - 1$$

再记

$$z = y^3 = 3m - 1$$

又可由题中等式

$$2x^2 - 1 = y^{15}$$

推知

$$z^5 + 1 = (z+1)(z^4 - z^3 + z^2 - z + 1) = 2x^2$$

如果 $z^4 - z^3 + z^2 - z + 1$ 可被 5 整除,则立知题中结论成立. 否则必有

$$(z+1, z^4 - z^3 + z^2 - z + 1) = 1$$

事实上,由

$$z^4 - z^3 + z^2 - z + 1 = (z^3 - 2z^2 + 3z - 4)(z+1) + 5$$

可知:如果

$$b = (z+1, z^4 - z^3 + z^2 - z + 1)$$

则

$$b = 1 \text{ 或 } b = 5$$

既然 $b \neq 5$,所以 $b = 1$. 于是再由 $z^4 - z^3 + z^2 - z + 1$ 为奇数,可知

$$z + 1 = 2u^2, z^4 - z^3 + z^2 - z + 1 = v^2$$

但是由于

$$x + 1 = 3m$$

所以,等式

$$z^4 - z^3 + z^2 - z + 1 = v^2$$

的左端被 3 除余 2,而其右端被 3 除的余数却是 0 或 1,此为不可能.

因为

$$\left(\frac{x-1}{2}, \frac{x+1}{2} \right) = 1$$

所以有

$$\begin{cases} \dfrac{x-1}{2} = z_1^3 \\ \dfrac{x+1}{2} = z_2^3 \end{cases}$$

$$z_2^3 - z_1^3 = 1$$

这是不可能的.

因此

$$2x^2 - y^6 = 2$$

没有整数解.

命题得证.

例 15 (2006 年中国东南地区数学奥林匹克)(1)求不定方程

$$mn + nr + mr = 2(m + n + r)$$

的正整数解(m,n,r)的组数.

（2）对于给定的整数$k>1$. 证明：不定方程
$$mn+nr+mr=k(m+n+r)$$
至少有$3k+1$组正整数解(m,n,r).

证明 （1）若$m,n,r\geqslant2$，则
$$mn\geqslant2m,nr\geqslant2n,mr\geqslant2r$$
得
$$mn+nr+mr\geqslant2(m+n+r)$$
所以以上不等式均取等号，故
$$m=n=r=2$$
若$1\in\{m,n,r\}$，不妨设$m=1$，则方程化为
$$nr+n+r=2(1+n+r)$$
即
$$(n-1)(r-1)=3$$
于是
$$\{n-1,r-1\}=\{1,3\},\{n,r\}=\{2,4\},\{m,n,r\}=\{1,2,4\}$$
共有$3!=6$组解.

所以，不定方程
$$mn+nr+mr=2(m+n+r)$$
的正整数解(m,n,r)的组数7.

（2）将
$$mn+nr+mr=k(m+n+r)$$
化为
$$[n-(k-m)][r-(k-m)]=k^2-km+m^2$$
其中
$$n=k-m+1,r=k^2-km+m^2+k-m$$
满足上式，且$m=1,2,\cdots,[\dfrac{k}{2}]$时
$$0<m<n<r \qquad\qquad ①$$
在①中，取$m=l$.

当k为偶数时
$$\{m,n,r\}=\{l,k-l+1,k^2-kl+l^2+k-l\}\quad(l=1,2,\cdots,\dfrac{k}{2})$$
共给出了

$$\frac{k}{2} \cdot 3! = 3k$$

组正整数解.

当 k 为奇数时

$$\{m,n,r\} = \{l, k-l+1, k^2-kl+l^2+k-l\} \quad (l=1,2,\cdots,\frac{k-1}{2})$$

共给出了

$$\frac{k-1}{2} \cdot 3! = 3(k-1)$$

组正整数解. 此外, m,n,r 中, 有两个为 $\frac{k+1}{2}$, 一个为

$$k^2 - k \cdot \frac{k+1}{2} + \left(\frac{k+1}{2}\right)^2 + k - \frac{k+1}{2} = \frac{(k+1)(3k-1)}{4}$$

又给出了方程的 3 组解, 共有 $3k$ 组解. 而 $m=n=r=k$ 也是方程的一组正整数解. 故不定方程

$$mn + nr + mr = k(m+n+r)$$

至少有 $3k+1$ 组正整数解.

上题中的 (2), 在 $k>3$ 时, 可以加强为:

对给定的整数 $k>3$, 不定方程

$$mn + nr + mr = k(m+n+r) \tag{②}$$

至少有 $3k + 3\left[\frac{k+4}{3}\right] + 1$ 组正整数解 (m,n,r), 其中 $[x]$ 表示不超过实数 x 的最大整数.

证明: 将方程②化为

$$(n-(k-m))(r-(k-m)) = k^2 - km + m^2 \tag{③}$$

取

$$n = k-m+1, \quad r = k^2 - km + m^2 + k - m$$

满足方程③.

此时

$$m + n = k + 1$$

且

$$r = \left(m - \frac{k+1}{2}\right)^2 + \frac{1}{4}(3k-1)(k+1) > k+1$$

故当 m 取 $1,2,\cdots,k$ 时, $0 < m, n < r$. 这 k 组正整数解连同其轮换给出了方程②的 $3k$ 组不同的正整数解.

当 $m \equiv -k \pmod 3$ 时
$$k^2 - km + m^2 \equiv k^2 + k^2 + k^2 \equiv 0 \pmod 3$$

取
$$n = k - m + 3, \quad r = k - m + \frac{k^2 - km + m^2}{3}$$

满足方程③,且 m 取 $1, 2, \cdots, k+2$ 中所有满足
$$m \equiv -k \pmod 3$$

的整数时,由此给出的 n, r 也是整数.

接下来证明:每组对应的 (m, n, r) 满足 $0 < m, n < r$.

注意到
$$r = k - m + \frac{k^2 - km + m^2}{3}$$
$$= \frac{1}{3} \left[m^2 - (k+3)m + k^2 + 3k \right]$$

若 $k = 4$,则
$$\{m, n\} = \{2, 5\}$$
$$r = \frac{1}{3}(m^2 - 7m + 28)$$
$$= \frac{1}{3}(m - 2)(m - 5) + 6 = 6$$

否则,$k > 4$,有
$$r = \frac{1}{3} \left[\left(m - \frac{k+3}{2} \right)^2 + \frac{3}{4}(k-1)(k+3) \right] \geqslant \frac{1}{4}(k-1)(k+3)$$

故
$$r - (k+3) \geqslant \frac{1}{4}(k-5)(k+3) \geqslant 0$$

又 $0 < m, n < k+3$,从而,以上两种情形下均有 $0 < m, n < r$.

对于固定的 k,$m + k$ 取 $1 + k, 2 + k, \cdots, (k+2) + k = 2k + 2$ 中所有 3 的倍数. 故以上 m 的取法种数为
$$l = \left[\frac{2k+2}{3} \right] - \left[\frac{k}{3} \right] = \begin{cases} \left[\dfrac{k+4}{3} \right] - 1, & k \equiv 0 \pmod 3 \\ \left[\dfrac{k+4}{3} \right], & k \equiv 1, 2 \pmod 3 \end{cases}$$

注意到,此时
$$m + n = k + 3$$

因此,这 l 组解连同其轮换所给出的方程②的 $3l$ 组正整数解不同于前面给

出的 $3k$ 组正整数解.

显然

$$m = n = r = k$$

为方程②的另一组正整数解.

当 $k \equiv 1,2 \pmod 3$ 时,已经得到方程②的

$$3k + 3l + 1 = 3k + 3\left[\frac{k+4}{3}\right] + 1$$

组正整数解.

下设

$$k \equiv 0 \pmod 3$$

当 $k = 9$ 时

$$\{m,n,r\} = \{3,13,15\}$$

给出了方程②的 6 组新的正整数解.

当

$$k \equiv 0 \pmod 3,且 k \neq 9$$

时

$$\{m,n,r\} = \left\{k,9,\frac{k^2}{9}\right\}$$

也给出了方程②的 6 组新的正整数解.

两种情形下方程②均至少有

$$3k + 3l + 1 + 6 = 3k + 3\left[\frac{k+4}{3}\right] + 4$$

组正整数解.

综上,命题成立.

注 用反证法不难得出方程②的正整数解满足

$$\min\{m,n,r\} \leqslant k$$

当 $k = 5$ 时,不妨设

$$\min\{m,n,r\} = m$$

并将 $m = 1,2,\cdots,5$ 分别代入方程③,解出 n,r.

再结合 m,n,r 的对称性,便能得到方程②的所有正整数解,共 25 组;而此时

$$3k + 3\left[\frac{k+4}{3}\right] + 1 = 25$$

可见,命题中正整数解的组数的下界可以达到.

问题 命题中当 k 为何值时,所述下界可以达到?

从以上证明不难得出,命题中正整数解的组数达到所述下界,当且仅当 $m=1,2,\cdots,k-1$ 时,k^2-km+m^2 均为素数或素数的 3 倍(证明从略).

当 $k\leqslant100$ 时,符合条件的 k 只有 5 和 7.

例 16 (2012 年第 53 届 IMO 预选题)对于整数 a,若方程

$$(m^2+n)(n^2+m)=a(m-n)^3 \qquad\qquad ①$$

有正整数解,则称整数 a 是"友好的".

(1)证明:集合 $\{1,2,\cdots,2\,012\}$ 中至少有 500 个友好的整数.

(2)试确定 $a=2$ 是否为友好的.

解 (1)形如

$$a=4k-3 \quad (k\geqslant2,k=\mathbf{Z}_+)$$

的整数 a 均为友好的.

事实上,$m=2k-1>0$ 和 $n=k-1>0$ 满足当 $a=4k-3$ 时的方程①,即

$$(m^2+n)(n^2+m)=\left[(2k-1)^2+(k-1)\right]\left[(k-1)^2+(2k-1)\right]$$
$$=(4k-3)k^3=a(m-n)^3$$

故 $5,9,\cdots,2\,009$ 是友好的. 从而,集合 $\{1,2,\cdots,2\,012\}$ 中至少有 502 个友好的整数.

(2)$a=2$ 不是友好的.

考虑当 $a=2$ 时的方程①,并将其左边写为平方差的形式,得

$$\frac{1}{4}\left[(m^2+n+n^2+m^2)-(m^2+n^2-n^2-m^2)\right]=2(m-n)^3$$

由

$$m^2+n-n^2-m=(m-n)(m+n-1)$$

知上述方程又可写为

$$(m^2+n+n^2+m)^2=(m-n)^2\left[8(m-n)+(m+n-1)^2\right]$$

于是,$8(m-n)+(m+n-1)^2$ 为完全平方数.

由 $m>n$,则存在正整数 S,使得

$$(m+n-1+2S)^2=8(m-n)+(m+n-1)^2$$

化简,得

$$S(m+n-1+S)=2(m-n)$$

因为

$$m+n-1+S>m-n$$

所以,$S<2$.

故

$$S=1,m=3n$$

但在 $a = 2$ 时,方程①的左边大于 $m^3 = 27n^3$,右边等于 $16n^3$,矛盾.

因此, $a = 2$ 不是友好的.

例 17 (2013 年第 52 届荷兰数学奥林匹克)若正整数 x, y, z 满足 $y \geq 2$,且

$$x^2 - 3y^2 = z^2 - 3$$

则称三元数组 (x, y, z) 为"好的". 例如, $6 \geq 2, 19^2 - 3 \times 6^2 = 16^2 - 3$,则 $(19, 6, 16)$ 为三元好数组.

(1)证明:对每一个奇数 $x(x \geq 5)$,均至少存在两组三元好数组 (x, y, z) ;

(2)求出一组 x 为偶数的三元好数组 (x, y, z) .

证明 (1)因为奇数 $x \geq 5$,所以,设

$$x = 2n + 1 \quad (n \geq 2, n \in \mathbf{Z})$$

将 $x = 5$ 代入题给等式,知 z 不大于 5.

若 $z = 5$,则 $y = 1$,与定义矛盾. 因此, z 最大为 4.

将 $z = 1, 2, 3, 4$ 分别代入,计算 y 对应的值,可得两组三元好数组 $(5, 2, 4)$ 和 $(5, 3, 1)$.

对 $x = 7$ 和 9 重复上面的计算,也得到三元好数组,并发现规律:当 x 每增加 2 时, y 和 z 均增加 1.

由此,当 $x = 2n + 1$ 时,猜测出 y, z 的一般表达式. 如

$$(x, y, z) = (2n + 1, n, n + 2), (2n + 1, n + 1, n - 1) \qquad ①$$

经检验,这两种情况下 $y \geq 2$,且满足题给等式.

因此,结论①为两种不同的好数组.

(2)当 x 为偶数时,将原方程改写为

$$x^2 - z^2 = 3y^2 - 3 \Rightarrow (x - z)(x + z) = 3(y - 1)(y + 1)$$

对 y 代入不同的值进行试验.

若 $y = 4$,有

$$(x - z)(x + z) = 3 \times 3 \times 5 = 5 \times 9 = 3 \times 15 = 1 \times 45$$

解得 $x = 7, 9, 23$,均为奇数,不合题意.

若 $y = 7$,解得

$$(x, y, z) = (20, 7, 16)$$

满足条件.

若 $y = 9$,解得

$$(x, y, z) = (32, 9, 28), (16, 9, 4)$$

满足条件.

例 18 (1991 年第 6 届中国数学奥林匹克)求所有自然数 n ,使得

$$\min_{k \in \mathbf{N}}\left(k^2 + \left[\frac{n}{k^2}\right]\right) = 1\ 991$$

这里 $\left[\dfrac{n}{k^2}\right]$ 表示不超过 $\dfrac{n}{k^2}$ 的最大整数,$\mathbf{N}$ 是自然数集.

解 由于当 k 取遍所有自然数时,$k^2 + \left[\dfrac{n}{k^2}\right]$ 的极小值是 1 991,故对所有自然数 k 有

$$k^2 + \frac{n}{k^2} \geqslant 1\ 991$$

成立. 因而

$$k^4 - 1\ 991k^2 + n \geqslant 0$$

$$\left(k^2 - \frac{1\ 991}{2}\right)^2 + n - \frac{1\ 991^2}{4} \geqslant 0$$

当 $k = 32$ 时

$$k^2 - \frac{1\ 991}{2} = \frac{57}{2}$$

使 $\left(k^2 - \dfrac{1\ 991}{2}\right)^2$ 达到极小值 $\dfrac{57^2}{4}$. 因而应有

$$n \geqslant \frac{1}{4}(1\ 991^2 - 57^2) = \frac{1}{4} \cdot (1\ 991 + 57)(1\ 991 - 57) = 1\ 024 \cdot 967$$

另一方面,$k^2 + \left[\dfrac{n}{k^2}\right]$ 的极小值是 1 991 也意味着存在自然数 k 使

$$k^2 + \frac{n}{k^2} < 1\ 992$$

即

$$k^4 - 1\ 992k^2 + n < 0$$

或

$$(k^2 - 966)^2 + n - 996^2 < 0$$

当 $k = 32$ 时

$$(k^2 - 996)^2 = 28^2$$

达到其极小值,故应有

$$n \leqslant 996^2 - 28^2 = 1\ 024 \cdot 968, \cdots$$

故所求的自然数 n 满足

$$1\ 024 \cdot 967 \leqslant n \leqslant 1\ 024 \cdot 967 + 1\ 023$$

例 19 (2004 年第 54 届白俄罗斯数学奥林匹克)求满足方程

$$y^2(x^2 + y^2 - 2xy - x - y) = (x + y)^2(x - y)$$

的所有整数解.

解 易知,若 $y = 0$,则 $x = 0$. 设 $y \neq 0$,则已知方程

$$y^2(x^2 + y^2 - 2xy - x - y) = (x + y)^2(x - y)$$

$$\Leftrightarrow y^2[(x - y)^2 - (x + y)] = (x + y)^2(x - y)$$

$$\Leftrightarrow y^2(x - y)^2 - y^2(x + y) = (x + y)^2(x - y)$$

$$\Leftrightarrow y^2(x - y)^2 = (x + y)[(x + y)(x - y) + y^2]$$

$$\Leftrightarrow y^2(x - y)^2 = (x + y)x^2$$

记 $d = (x, y) > 0$,则

$$x = ad, y = bd$$

其中 $(a, b) = 1$. 于是,有

$$db^2(a - b)^2 = (a + b)a^2 \qquad ①$$

显然

$$(a^2, b^2) = 1, (a + b, b^2) = 1$$

且

$$b^2 \mid (a + b)a^2$$

因为 $a + b \neq 0$(否则,由式①得 $a - b = 0$,则 $a = b = 0$),所以,$b^2 = 1$,即 $b = \pm 1$.

若 $b = 1$,由式①得

$$d(a - 1)^2 = (a + 1)a^2 \qquad ②$$

显然,$a - 1 \neq 0$. 又

$$(a - 1)^2 \mid (a + 1)a^2$$

且

$$(a, a - 1) = 1$$

则有

$$(a - 1)^2 \mid (a + 1)$$

因此

$$(a - 1) \mid (a + 1)$$

又

$$(a + 1) - (a - 1) = 2$$

所以

$$(a - 1) \mid 2$$

故有以下四种可能:

当 $a - 1 = 1$ 时,$a = 2$;

当 $a-1=-1$ 时, $a=0$;

当 $a-1=2$ 时, $a=3$;

当 $a-1=-2$ 时, $a=-1$.

代入式②知, $a=2, a=3$ 满足条件.

当 $a=2$ 时, $d=12$, 有

$$(x,y)=(24,12)$$

当 $a=3$ 时, $d=9$, 有

$$(x,y)=(27,9)$$

若 $b=-1$, 由式①得

$$d(a+1)^2=(a-1)a^2 \qquad ③$$

则

$$(a+1)^2 \mid (a-1)a^2$$

但

$$(a,a+1)=1$$

则有

$$(a+1)^2 \mid (a-1)$$

因此

$$(a+1) \mid (a-1)$$

又

$$(a-1)-(a+1)=-2$$

所以

$$(a+1) \mid (-2)$$

故又有下面四种可能:

当 $a+1=1$ 时, $a=0$;

当 $a+1=-1$ 时, $a=-2$;

当 $a+1=2$ 时, $a=1$;

当 $a+1=-2$ 时, $a=-3$.

代入式③, 由 $d>0$ 知, 没有符合条件的解.

所以, 要求的整数对为

$$(0,0),(24,12),(27,9)$$

例 20 (2015 年 IMO)确定所有三元正整数组 (a,b,c), 使得

$$ab-c,bc-a,ca-b$$

中的每个数都是 2 的方幂. (2 的方幂是指形如 2^n 的整数, 其中 n 是非负整数.)

解 如果 $a=1$，那么 $b-c$ 与 $c-b$ 都是 2 的方幂，这不可能. 于是 $a\geqslant 2$，同理 $b\geqslant 2$，$c\geqslant 2$. 下面分两种情形.

情形 1：a,b,c 中有两个数相等.

不妨设 $a=b$，于是

$$ac-b=a(c-1)$$

是 2 的方幂，这表明 a 和 $c-1$ 都是 2 的方幂. 设

$$a=2^s,c=1+2^t \quad (s\geqslant 1,t\geqslant 0)$$
$$ab-c=2^{2s}-2^t-1$$

是 2 的方幂. 若 $t>0$，则 $2^{2s}-2^t-1$ 是奇数，只可能

$$2^{2s}-2^t-1=1$$

模 4 得

$$2^t\equiv 2(\bmod 4)$$

故 $t=1$，从而 $s=1$，此时

$$a=b=2,c=3$$

若 $t=0$，则 $2^{2s}-2$ 是 2 的方幂，只可能 $s=1$，此时

$$a=b=c=2$$

容易验证 $(2,2,2)$ 和 $(2,2,3)$ 都满足要求.

情形 2：a,b,c 互不相同.

不妨设 $2\leqslant a<b<c$. 由题意，存在非负整数 α,β,γ，使得

$$bc-a=2^{\alpha} \qquad\qquad ①$$
$$ac-b=2^{\beta} \qquad\qquad ②$$
$$ab-c=2^{\gamma} \qquad\qquad ③$$

显然 $\alpha>\beta>\gamma\geqslant 0$. 对 a 的大小再分两种情形讨论.

（ⅰ）$a=2$.

我们先证明 $\gamma=0$. 假如 $\gamma>0$，由式③可知 c 是偶数，由式②可知 b 也是偶数，这样式①左边

$$bc-a\equiv 2(\bmod 4)$$

但是

$$2^{\alpha}\equiv 0(\bmod 4)$$

矛盾.

从而 $\gamma=0$，式③成为 $c=2b-1$，由式②得到

$$3b-2=2^{\beta}$$

模 3 可知 β 是偶数. 若 $\beta=2$，则 $b=2=a$，不成立. 若 $\beta=4$，则

$$b=6,c=11$$

容易验证

$$(a,b,c)=(2,6,11)$$

满足要求. 若 $\beta \geqslant 6$, 则有

$$b=\frac{1}{3}(2^\beta+2)$$

代入式①有

$$
\begin{aligned}
9\cdot 2^\alpha &=9(bc-a)=9b(2b-1)-18\\
&=(3b-2)(6b+1)-16\\
&=2^\beta(2^{\beta+1}+5)-16
\end{aligned}
$$

由于 $\alpha>\beta\geqslant 6$, 故

$$2^7\mid 9\cdot 2^\alpha$$

但是上式右边仅被 2^4 整除, 不被 2^5 整除, 矛盾.

(ⅱ) $a\geqslant 3$.

将①②两式相加, 得

$$(a+b)(c-1)=2^\alpha+2^\beta$$

将①②两式相减, 得

$$(b-a)(c+1)=2^\alpha-2^\beta$$

由于 $c-1$ 与 $c+1$ 中有一个不是 4 的倍数, 故

$$2^{\beta-1}\mid a+b, \text{或者} 2^{\beta-1}\mid b-a$$

由

$$2^\beta=ac-b\geqslant 3c-b>2c$$

可得, $b<c<2^{\beta-1}$, 因此 $0<b-a<2^{\beta-1}$, 故 $2^{\beta-1}\mid b-a$ 不成立, 于是 $2^{\beta-1}\mid a+b$, 且由于 $a+b<2b<2^\beta$, 只能 $a+b=2^{\beta-1}$. 代入式②有

$$ac-b=2^\beta=2(a+b)$$

即

$$a(c-2)=3b$$

若 $a\geqslant 4$, 则 $b\geqslant 5$, 有

$$a(c-2)\geqslant 4(c-2)\geqslant 4(b-1)>3b$$

矛盾. 故

$$a=3, c-2=b$$

因此

$$b=2^{\beta-1}-3, c=2^{\beta-1}-1$$

代入式③, 有

$$2^\gamma=ab-c=3(2^{\beta-1}-3)-(2^{\beta-1}-1)=2^\beta-8$$

从而
$$\beta = 4, b = 5, c = 7$$
容易验证$(3,5,7)$也满足条件.

综上所述,满足条件的三元正整数组共有 16 个,为$(2,2,2),(2,2,3)$的 3 种排列,$(2,6,11)$的 6 种排列,$(3,5,7)$的 6 种排列.

例 21 (2005 年中国国家集训队培训试题)试求所有互质的正整数对(x, y),使满足
$$x \mid (y^2 + 210), y \mid (x^2 + 210)$$

解 对 $x, y \in \mathbf{N}^*$,有
$$x \mid (y^2 + 210), y \mid (x^2 + 210) \quad ((x,y) = 1)$$
$$\Leftrightarrow xy \mid (x^2 + y^2 + 210) \quad ((x,y) = 1) \qquad ①$$
$$\Leftrightarrow x^2 + y^2 + 210 = kxy \quad ((x,y) = 1, k \in \mathbf{N}^*)$$
易知
$$(x,y) = 1, (x,210) = 1, (y,210) = 1$$
中由任一个出发可导出另两个,且 $k \geqslant 3$.

若 $x = y$,易知
$$x = y = 1, k = 212$$
若 $x = 1$,则
$$k = y + \frac{211}{y}$$
注意到 211 是质数,故 $y = 1$ 或 $211, k = 212$.

若 $1 < x < y$,先证 $x \geqslant 15$.

假设 $x \leqslant 14$,由于$(x,210) = 1$,故 $x = 11$ 或 13.

如果 $x = 11$,则
$$y^2 + 311 = k \cdot y \cdot 11$$
注意到 331 是质数,故 $y = 331$,从而 $11 \mid 332$,矛盾.

如果 $x = 13$,则
$$y^2 + 379 = k \cdot y \cdot 13$$
注意到 379 是质数,故 $y = 379$,从而 $13 \mid 380$,矛盾.

所以 $x \geqslant 15$.

当 $x \geqslant 15$ 时,将方程①变形为
$$y^2 - kxy + (x^2 + 210) < 0$$
设方程的另一根为 y',则有
$$y + y' = kx \qquad ②$$

$$yy' = x^2 + 210$$

则 $y' \in \mathbf{N}^*$.

由于 $x^2 > 210$, 故

$$(y-x)^2 + x^2 > (y-x)^2 + 210 = (k-2)xy \geqslant xy$$
$$(y-x)^2 > x(y-x)$$

由于 $y-x > 0$, 故

$$y - x > x, y > 2x$$

从而

$$y' = \frac{x^2 + 210}{y} < \frac{x^2 + 210}{2x} < \frac{x^2 + x^2}{2x} = x$$

所以 (y', x) 是一组"更小"的解, 且 k 值不变.

这表明, 每一组 (x, y) $(1 < x < y)$ 都可以由 $(1, 1)$ 或 $(1, 211)$ 导出, 且 $k = 212$.

由于 $(1, 211)$ 也可由 $(1, 1)$ 导出, 所以由②可构造数列 $\{a_n\}$ 如下

$$a_1 = a_2 = 1$$
$$a_{n+2} = 212a_{n+1} - a_n$$

则原方程的所有正整数解为

$$(a_n, a_{n+1}) \text{和} (a_{n+1}, a_n) \quad (n \in \mathbf{N}^*)$$

例 22 (2005 年中国国家集训队培训试题)(1)试求所有正整数 k, 使得方程

$$a^2 + b^2 + c^2 = kabc \qquad \qquad ①$$

有正整数解 (a, b, c);

(2)证明:对上述每个 k, 方程①都有无穷多个这样的正整数解 (a_n, b_n, c_n), 使得 a_n, b_n, c_n 三数中, 任两数之积皆可表为两个正整数的平方和.

解 (1)先证一个引理.

引理 不存在不全为零的整数 a, b, c, 使得

$$a^2 + b^2 + c^2 = kabc$$

其中 k 为某个偶数.

引理的证明 假设不然, 设 (a, b, c) 是使 $|a| + |b| + |c|$ 达到最小的不全为零的整数组.

注意到 k 为偶数, 则 a, b, c 中必有偶数(否则 $a^2 + b^2 + c^2 \equiv 3 \pmod 4$, 与 k 为偶数矛盾). 从而

$$a^2 + b^2 + c^2 \equiv 0 \pmod 4$$

由于整数的平方模 4 的余数为 0 或 1, 故 a, b, c 都为偶数.

设

$$a = 2a_1, b = 2b_1, c = 2c_1 \quad (a_1, b_1, c_1 \in \mathbf{Z})$$

代入①得

$$a_1^2 + b_1^2 + c_1^2 = 2ka_1b_1c_1$$

但

$$0 < |a_1| + |b_1| + |c_1| = \frac{1}{2}(|a| + |b| + |c|) < |a| + |b| + |c|$$

与 $|a| + |b| + |c|$ 最小矛盾.

现回到原题.

固定 k, 设 (a, b, c) 是使得 $a + b + c$ 达到"最小"的正整数解, 不妨设 $a \leqslant b \leqslant c$.

将式①改写为

$$c^2 - kabc + (a^2 + b^2) = 0$$

设另一根为 c', 则

$$\begin{cases} c + c' = kab \\ c \cdot c' = a^2 + b^2 \end{cases}$$

易知 $c' \in \mathbf{N}^*$, 由

$$a + b + c' \geqslant a + b + c$$

得

$$c' \geqslant c$$

则

$$c^2 \leqslant cc' = a^2 + b^2 < (a + b)^2$$

即

$$c < a + b$$

从而

$$k = \frac{a^2 + b^2 + c^2}{abc} = \frac{a}{bc} + \frac{b}{ca} + \frac{c}{ab}$$

$$\leqslant \frac{1}{c} + \frac{1}{a} + \frac{c}{ab}$$

$$< \frac{1}{c} + \frac{1}{a} + \frac{a + b}{ab}$$

$$= \frac{2}{a} + \frac{1}{b} + \frac{1}{c} \leqslant 4$$

由引理, k 为奇数, 则 $k = 1$ 或 3, 且 $(a, b, c) = (1, 1, 1)$ 时, $k = 3$; $(a, b, c) = (3, 3, 3)$ 时, $k = 1$.

（2）先考虑 $k=3$.

定义数列 $\{F_n\}$，有
$$F_0=0, F_1=1, F_{n+2}=F_{n+1}+F_n$$

这是斐波那契数列，可以证明：

（ⅰ）
$$F_{n+1}F_{n-1}-F_n^2=(-1)^n \quad (n\in\mathbf{N}^*)$$

特别地
$$F_{2n+1}F_{2n-1}=F_{2n}^2+1$$

（ⅱ）
$$F_{n+m}=F_nF_{m-1}+F_mF_{n+1} \quad (n\in\mathbf{N}, m\in\mathbf{N}^*)$$

特别地
$$F_{2n+1}=F_n^2+F_{n+1}^2$$

（ⅲ）
$$1+F_{2n-1}^2+F_{2n+1}^2=3F_{2n-1}F_{2n+1} \quad (n\in\mathbf{N}^*)$$

由（ⅲ）知
$$(a,b,c)=(1,F_{2n-1},F_{2n+1}) \quad (n\geqslant 2)$$

是方程①的一组正整数解，且有
$$1\cdot F_{2n-1}=F_{n-1}^2+F_n^2$$
$$1\cdot F_{2n+1}=F_n^2+F_{n+1}^2$$
$$F_{2n-1}F_{2n+1}=F_{2n}^2+1^2$$

当 $k=1$ 时，上面已讨论，存在无穷多组解 (a_n,b_n,c_n) 满足
$$a_n^2+b_n^2+c_n^2=3a_nb_nc_n$$

且 a_n,b_n,c_n 中任两数之积都可表为两个整数的平方和.

则易知 $3a_n,3b_n,3c_n$ 中任两数之积也可表为两个正整数的平方和，且满足
$$(3a_n)^2+(3b_n)^2+(3c_n)^2=(3a_n)(3b_n)(3c_n)$$

例 23 （2002 年保加利亚冬季数学奥林匹克）已知数列 $\{x_n\},\{y_n\}$ 定义如下
$$x_1=3, y_1=4$$
$$x_{n+1}=3x_n+3y_n$$
$$y_{n+1}=4x_n+3y_n \quad (n\geqslant 1)$$

证明：x_n, y_n 均不能表示为整数的 3 次幂.

证明 由题设等式，有
$$2x_{n+1}^2-y_{n+1}^2=2(3x_n+2y_n)^2-(4x_n+3y_n)^2=2x_n^2-y_n^2$$

重复上述过程有

$$2x_1^2 - y_1^2 = 2 \times 3^2 - 4^2 = 2$$

于是问题转为方程

$$2x^6 - y^2 = 2$$

和

$$2x^2 - y^6 = 2$$

均无整数解.

假设

$$2x^6 - y^2 = 2$$

有整数解,则 y 是偶数,令 $y = 2z$,则原方程化为

$$x^6 - 2z^2 = 1$$

即

$$(x^3 - 1)(x^3 + 1) = 2z^2$$

其中 $x \geq 3$,且 x 为奇数.

由于

$$(x^3 + 1) - (x^3 - 1) = 2$$

则 $x^3 + 1$ 与 $x^3 - 1$ 一定有一项不是 3 的倍数,不妨假设 $x^3 - 1$ 不是 3 的倍数,可得

$$x^3 - 1 = at^2$$

$$a = 1 \text{ 或 } a = 2$$

由于

$$(x - 1)(x^2 + x + 1) = at^2$$

且

$$(x - 1, x^2 + x + 1) = (x - 1, (x + 2)(x - 1) + 3) = (x - 1, 3) = 1$$

又 $x - 1$ 是偶数,所以无论 $a = 1$ 还是 $a = 2$,均存在 t 的约数 t_1,使得

$$x^2 + x + 1 = t_1^2$$

但是

$$x^2 < x^2 + x + 1 < (x + 1)^2$$

所以

$$x^2 + x + 1 = t_1^2$$

是不可能的.

假设 $x^3 + 1$ 不能被 3 整除,同理可得

$$x^2 - x + 1 = t_2^2$$

当 $x \geq 3$ 时

$$(x-1)^2 < x^2 - x + 1 < x^2$$

所以

$$x^2 - x + 1 = t_2^2$$

也是不可能的.

因此

$$2x^6 - y^2 = 2$$

没有整数解.

假设

$$2x^2 - y^6 = 2$$

有整数解,则 y 是偶数,令 $y = 2z$,则方程化为

$$\frac{x-1}{2} \cdot \frac{x+1}{2} = (2z^2)^3$$

例 24 (2014 年克罗地亚数学奥林匹克) 求所有的素数 p, q,使得 $p^{q+1} + q^{p+1}$ 为完全平方数.

解 显然

$$(p, q) = (2, 2)$$

为一组解.

不失一般性,下面假设 p 为奇数,且令

$$p^{q+1} + q^{p+1} = x^2 \quad (x \in \mathbf{Z}_+)$$

于是,$p + 1$ 为偶数,且

$$p^{q+1} = \left(x - q^{\frac{p+1}{2}}\right)\left(x + q^{\frac{p+1}{2}}\right)$$

设

$$d = \left(x - q^{\frac{p+1}{2}}, x + q^{\frac{p+1}{2}}\right)$$

若 $d > 1$,则 d 为 p 的幂,且 d 为 $2q^{\frac{p+1}{2}}$ 的因子. 故 $p \mid q$,即 $p = q$.

从而 $2p^{p+1} = x^2$,不成立.

因此

$$d = 1, x - q^{\frac{p+1}{2}} = 1, x + q^{\frac{p+1}{2}} = p^{q+1}$$

所以

$$2q^{\frac{p+1}{2}} = p^{q+1} - 1$$

若 q 为奇数,则

$$2q^{\frac{p+1}{2}} \equiv 2 (\bmod 4)$$

但

$$p^{q+1} - 1 \equiv 0 (\bmod 4)$$

矛盾,从而,$q=1$,且

$$2^{\frac{p+3}{2}} = p^3 - 1 = (p-1)(p^2+p+1)$$

但

$$2 \nmid (p^2+p+1)$$

矛盾.

例 25 (2009 年加拿大数学奥林匹克)求所有的有序数对(a,b),使得a,b是整数,且3^a+7^b是一个完全平方数.

解 设

$$3^a + 7^b = n^2$$

因为3^a+7^b为偶数,所以,$2 \mid n$.

于是

$$3^a + 7^b \equiv 0 (\bmod 4)$$

即

$$(-1)^a + (-1)^b \equiv 0 (\bmod 4)$$

故a,b为一奇一偶.

(1)设

$$a = 2p, b = 2q+1 \quad (p, q \in \mathbf{N}_+)$$

则

$$7^{2q+1} = n^2 - 3^{2p} = (n-3^p)(n+3^p)$$

因为

$$(n-3^p, n+3^p) = (n-3^p, 2 \times 3^p)$$

所以,$n-3^p, n+3^p$不同时被 7 整除.

故

$$n - 3^p = 1$$

即

$$n = 3^p + 1$$

则

$$7^{2q+1} = 2 \times 3^p + 1$$

易知$p=0$时无解.

若$p=1$,则$7^{2q+1}=7$,即$q=0$.

此时

$$(a,b) = (2,1)$$

若$p \geq 2$,则

$$7^{2q+1} = 2 \times 9 \times 3^{p-2} + 1 \equiv 1 \pmod 9$$

而
$$7^2 \equiv 4 \pmod 9, 7^3 \equiv 4 \times 7 \equiv 1 \pmod 9$$

故
$$3 \mid (2q+1).$$

记
$$2q+1 = 3l$$

则
$$(7^3)^l = 2 \times 3^p + 1$$

又
$$7^3 = 343 \equiv 1 \pmod{19}$$
$$\Rightarrow 2 \times 3^p + 1 \equiv 1 \pmod{19}$$
$$\Rightarrow 19 \mid 2 \times 3^p$$

显然不成立.

故 a 为偶数时只有解
$$(a,b) = (2,1)$$

(2)设
$$a = 2p+1, b = 2q \quad (p, q \in \mathbf{N}_+)$$

则
$$3^{2p+1} = n^2 - 7^{2q} = (n - 7^q)(n + 7^q)$$

类似于(1),可得
$$n - 7^q = 1 \Rightarrow n = 7^q + 1$$
$$\Rightarrow 3^{2p+1} = 2 \times 7^q + 1$$

若 $q = 0$,则
$$3^{2p+1} = 3, p = 0$$

此时
$$(a,b) = (1,0)$$

若 $q \geq 1$,则
$$3^{2p+1} \equiv 2 \times 7^q + 1 \equiv 1 \pmod 7$$

而
$$3^2 \equiv 2 \pmod 7, 3^3 \equiv 6 \pmod 7$$
$$3^6 \equiv 1 \pmod 7$$

则 $6 \mid (2p+1)$,矛盾. 故 b 为偶数时只有解
$$(a,b) = (1,0)$$

综合(1)(2)知所有的有序数对
$$(a,b)=(2,1),(1,0)$$

例26 （2005 年保加利亚数学奥林匹克）求所有的正整数 x,y,z，使得

$$\sqrt{\frac{2\,005}{x+y}}+\sqrt{\frac{2\,005}{y+z}}+\sqrt{\frac{2\,005}{z+x}}$$

是整数.

解 首先证明一个引理.

引理 若 p,q,r 和 $s=\sqrt{p}+\sqrt{q}+\sqrt{r}$ 是有理数，则 $\sqrt{p},\sqrt{q},\sqrt{r}$ 也是有理数.

引理的证明 由于

$$(\sqrt{p}+\sqrt{q})^2=(s-\sqrt{r})^2$$

可得

$$2\sqrt{pq}=s^2+r-p-q-2s\sqrt{r}$$

平方后可得

$$4pq=M^2+4s^2r-4Ms\sqrt{r}$$

其中

$$M=s^2+r-p-q>0$$

于是，$\sqrt{r}$ 是有理数. 同理，$\sqrt{p},\sqrt{q}$ 也是有理数.

下面证明原题.

假设 x,y,z 是满足条件的正整数，则 $\sqrt{\dfrac{2\,005}{x+y}},\sqrt{\dfrac{2\,005}{x+z}},\sqrt{\dfrac{2\,005}{y+z}}$ 均为有理数.

设

$$\sqrt{\frac{2\,005}{x+y}}=\frac{a}{b}$$

其中 a,b 互质. 于是

$$2\,005b^2=(x+y)a^2$$

从而，a^2 整除 $2\,005$，进而有 $a=1$.

因此

$$x+y=2\,005b^2$$

同理可设

$$x+z=2\,005c^2,y+z=2\,005d^2$$

代入原表达式知 $\dfrac{1}{b}+\dfrac{1}{c}+\dfrac{1}{d}$ 是正整数，其中 b,c,d 是正整数.

因为
$$\frac{1}{b}+\frac{1}{c}+\frac{1}{d}\leqslant 3$$

下面分情况讨论.

（1）当
$$\frac{1}{b}+\frac{1}{c}+\frac{1}{d}=3$$

时,则
$$b=c=d=1,x+y=y+z=z+x=2\,005$$

没有正整数解.

（2）当
$$\frac{1}{b}+\frac{1}{c}+\frac{1}{d}=2$$

时,则 b,c,d 中一个等于1,另两个等于2,不存在满足条件的 x,y,z.

（3）当
$$\frac{1}{b}+\frac{1}{c}+\frac{1}{d}=1$$

时,不妨设 $b\geqslant c\geqslant d>1$,于是,有
$$\frac{3}{d}\geqslant \frac{1}{b}+\frac{1}{c}+\frac{1}{d}=1$$

所以, $d=2$ 或3.

（ⅰ）$d=3$,则 $b=c=3$,不存在满足条件的 x,y,z.

（ⅱ）$d=2$,则 $c>2$,且
$$\frac{2}{c}\geqslant \frac{1}{b}+\frac{1}{c}=\frac{1}{2}$$

所以 $c=3$ 或4.

若 $c=3$,则 $b=6$,不存在满足条件的 x,y,z;

若 $c=4$,则 $b=4$,存在
$$x=14\times 2\,005=28\,070,y=z=2\times 2\,005=4\,010$$

满足条件.

综上所述, x,y,z 中一个为 28 070,另两个为 4 010.

例27　（2009 年奥地利数学奥林匹克）已知定义阶乘为
$$n!\ =n(n-1)(n-2)\cdots 1$$

"双阶乘"为
$$n!!\ =n(n-2)(n-4)\cdots 1\quad (n\ 为奇数)$$

$$n!! = n(n-2)(n-4)\cdots2 \quad (n \text{ 为偶数})$$

当 $n > 0$ 时,定义第 k 阶阶乘为

$$F_k(n) = n(n-k)(n-2k)\cdots r$$

其中 $1 \leqslant r \leqslant k$,且 $n \equiv r(\bmod k)$. 定义 $F_k(0) = 1$.

求所有的非负整数 n,使得 $F_{20}(n) + 2\,009$ 是一个整数的平方.

解 设

$$F_{20}(n) + 2\,009 = x^2 \quad (n, x \in \mathbf{N})$$

(1)当 $n \geqslant 41$ 时,$F_{20}(n)$ 是 $n(n-20)(n-40)$ 的倍数,且

$$n(n-20)(n-40) \equiv n(n+1)(n+2) \equiv 0(\bmod 3)$$

所以,$F_{20}(n)$ 也是 3 的倍数.

故

$$2 \equiv F_{20}(n) + 2\,009 \equiv x^2(\bmod 3)$$

易知一个数的平方除以 3 的余数不可能为 2. 因此,当 $n \geqslant 41$ 时

$$F_{20}(n) + 2\,009 = x^2$$

无解.

(2)当 $21 \leqslant n \leqslant 40$ 时,有

$$n(n-20) + 2\,009 = F_{20}(n) + 2\,009 = x^2$$

即

$$2\,009 = x^2 - n^2 + 20n$$

配方并整理得

$$23 \times 83 = 1\,909 = x^2 - (n-10)^2 = (x-n+10)(x+n-10)$$

因

$$x+n-10 \geqslant x-n+10 > \sqrt{2\,009} - n + 10 \geqslant 44 - 40 + 10 = 14$$

所以

$$\begin{cases} x+n-10 = 83 \\ x-n+10 = 23 \end{cases}$$

所以

$$\begin{cases} x = 53 \\ n = 40 \end{cases}$$

(3)当 $1 \leqslant n \leqslant 20$ 时,有

$$F_{20}(n) = n$$

由

$$44^2 = 1\,936 \leqslant 2\,009 \leqslant x^2 = 2\,009 + n \leqslant 2\,029 < 2\,116 = 46^2$$

得

$$x = 45, n = 16$$

(4)当 $n = 0$ 时

$$F_{20}(0) + 2\ 009 = 2\ 010$$

不是平方数.

综上,满足题意的解为 $n = 16$ 和 $n = 40$.

例 28　(2009 年日本数学奥林匹克)设正整数 $k(k \geqslant 2)$, n_1, n_2, n_3 是正整数, a_1, a_2, a_3 是小于或等于 $k - 1$ 的整数

$$b_i = a_i \sum_{j=0}^{n_i} k^j \quad (i = 1, 2, 3)$$

若 $b_1 b_2 = b_3$,求所有可能的三元数组 (n_1, n_2, n_3).

解　由 $b_1 b_2 = b_3$,得

$$a_1 a_2 \cdot \frac{k^{n_1+1} - 1}{k - 1} \cdot \frac{k^{n_2+1} - 1}{k - 1} = a_3 \frac{k^{n_3+1} - 1}{k - 1}$$

两边同乘 $(k - 1)^2$ 得

$$a_1 a_2 (k^{n_1+1} - 1)(k^{n_2+1} - 1) = a_3 (k^{n_3+1} - 1)(k - 1) \qquad ①$$

因

$$k^{n_2+1} - 1 \geqslant k^2 - 1 > a_3 (k - 1)$$

所以

$$k^{n_1+1} - 1 < k^{n_3+1} - 1$$

即 $n_1 < n_3$. 同理, $n_2 < n_3$. 不妨假设 $n_1 \geqslant n_2$.

若 $n_2 \geqslant 2$,由式①得

$$a_1 a_2 \equiv -a_3 (k - 1) \pmod{k^3}$$

但

$$0 < a_1 a_2 + a_3 (k - 1) < k^2 + k(k - 1) < 2k^2 \leqslant k^3$$

矛盾.

因此, $n_2 = 1$.

式①两边同除 $k - 1$ 得

$$a_1 a_2 (k^{n_1+1} - 1)(k + 1) = a_3 (k^{n_3+1} - 1)$$

若 $n_1 \geqslant 2$,则

$$-a_1 a_2 (k + 1) \equiv -a_3 \pmod{k^3}$$

但是

$$a_1 a_2 (k + 1) - a_3 \geqslant k + 1 - (k - 1) = 2 > 0$$

$$a_1 a_2 (k + 1) - a_3 \leqslant (k - 1)^2 (k + 1) - 1 = k^3 - k^2 - k < k^3$$

矛盾. 因此, $n_1 = 1$. 于是

$$a_1 a_2 (k^2 - 1)(k + 1) = a_3 (k^{n_3 + 1} - 1)$$

因

$$
\begin{aligned}
k^{n_3 + 1} - 1 &\leqslant a_3 (k^{n_3 + 1} - 1) \\
&= a_1 a_2 (k^2 - 1)(k + 1) \\
&\leqslant (k - 1)^2 (k^2 - 1)(k + 1) \\
&= k^5 - k^4 - 2k^3 + 2k^2 + k - 1 < k^5 - 1
\end{aligned}
$$

所以,$n_3 < 4$.

若 $n_3 = 2$,则

$$a_1 a_2 (k + 1)^2 = a_3 (k^2 + k + 1)$$

由

$$(k + 1)^2 > k^2 + k + 1$$

得

$$0 < a_1 a_2 < a_3 < k$$

但是

$$a_1 a_2 \equiv a_3 \pmod{k}$$

矛盾.

由于 $n_3 > n_1 = 1$,则 $n_3 = 3$.

如果

$$(n_1, n_2, n_3) = (1, 1, 3)$$

下面证明:存在四元正整数数组 (k, a_1, a_2, a_3) 满足条件,即满足

$$a_1 a_2 (k + 1) = a_3 (k^2 + 1)$$

若能找到 a_1, a_2 满足

$$a_1 a_2 = \frac{k^2 + 1}{2}$$

$$(1 \leqslant a_1, a_2 \leqslant k - 1)$$

其中,k 为某个奇数,则

$$a_3 = \frac{k + 1}{2}$$

取 $k = 7$,得一组满足条件的解

$$(k, a_1, a_2, a_3) = (7, 5, 5, 4)$$

综上,满足条件的三元数组为

$$(n_1, n_2, n_3) = (1, 1, 3)$$

例 29 (2007 年第 48 届 IMO 预选题)求所有的正整数对 (k, n),使得 $(7^k - 3^n) \mid (k^4 + n^2)$.

解 假设正整数对 (k, n) 满足条件.

因为 $7^k - 3^n$ 是偶数,所以, $k^4 + n^2$ 也是偶数. 于是, k 和 n 有相同的奇偶性.

若 k 和 n 同为奇数,则

$$k^2 + n^2 \equiv 1 + 1 = 2 \pmod 4$$

而

$$7^k - 3^n \equiv 7 - 3 \equiv 0 \pmod 4$$

矛盾.

因此, k 和 n 同为偶数.

设

$$k = 2a, n = 2b$$

则

$$7^k - 3^n = 7^{2a} - 3^{2b} = \frac{7^a - 3^b}{2} \cdot 2(7^a + 3^b)$$

因 $\dfrac{7^a - 3^b}{2}$ 和 $2(7^a + 3^b)$ 都为整数,所以

$$2(7^a + 3^b) \mid (7^k - 3^n)$$

又

$$(7^k - 3^n) \mid (k^4 + n^2)$$

即

$$(7^k - 3^n) \mid 2(8a^4 + 2b^2)$$

则

$$7^a + 3^b \leqslant 8a^4 + 2b^2$$

用数学归纳法证明.

当 $a \geqslant 4$ 时

$$8a^4 < 7^a$$

当 $b \geqslant 1$ 时

$$2b^2 < 3^b$$

当 $b \geqslant 3$ 时

$$2b^2 + 9 \leqslant 3^b$$

显然,当 $a = 4$ 时,有

$$8 \times 4^4 = 2\ 048 < 7^4 = 2\ 401$$

假设

$$8a^4 < 7^a \quad (a \geqslant 4)$$

则

$$8(a+1)^4 = 8a^4\left(\frac{a+1}{a}\right)^4 < 7^a\left(\frac{5}{4}\right)^4 = 7^a \cdot \frac{625}{256} < 7^{a+1}$$

当 $b=1$ 时,有

$$2 \times 1^2 = 2 < 3 = 3^1$$

当 $b=2$ 时,有

$$2 \times 2^2 = 8 < 9 = 3^2$$

假设

$$2b^2 < 3^b \quad (b \geqslant 2)$$

则

$$2(b+1)^2 = 2b^2 + 2 \times 2b + 2 < 2b^2 + 2b^2 + 2b^2 < 3 \times 3^b = 3^{b+1}$$

当 $b=3$ 时,有

$$2 \times 3^2 + 9 = 27 = 3^3$$

假设

$$2b^2 + 9 \leqslant 3^b \quad (b \geqslant 3)$$

则

$$2(b+1)^2 + 9 < (2b^2 + 9)\left(\frac{b+1}{b}\right)^2 \leqslant 3^b\left(\frac{4}{3}\right)^2 = 3^b \cdot \frac{16}{9} < 3^{b+1}$$

其中用此结论也可以证明:

当 $b \geqslant 3$ 时

$$2b^2 < 3^b$$

对于 $a \geqslant 4, b \geqslant 1$,得

$$7^a + 3^b > 8a^4 + 2b^2$$

上式不可能成立. 因此,$a \leqslant 3$.

(1)当 $a=1$ 时,$k=2$.

由

$$8 + 2b^2 \geqslant 7 + 3^b$$

得

$$2b^2 + 1 \geqslant 3^b$$

这只可能在 $b \leqslant 2$ 时成立.

若 $b=1$,则 $n=2$,有

$$\frac{k^4 + n^2}{7^k - 3^n} = \frac{2^4 + 2^2}{7^2 - 3^2} = \frac{1}{2}$$

不是整数.

若 $b=2$,则 $n=4$,有

$$\frac{k^4 + n^2}{7^k - 3^n} = \frac{2^4 + 4^2}{7^2 - 3^4} = -1$$

所以,$(k,n) = (2,4)$ 是一个解.

(2)当 $a = 2$ 时,$k = 4$. 则

$$k^4 + n^2 = 256 + 4b^2 \geqslant |7^4 - 3^n| = |49 - 3^b|(49 + 3^b)$$

由于 $|49 - 3^b|$ 的最小值为 22,且当 $b = 3$ 时取到,因此

$$128 + 2b^2 \geqslant 11(49 + 3^b)$$

这与 $3^b > 2b^2$ 矛盾.

(3)当 $a = 3$ 时,$k = 6$. 则

$$k^4 + n^2 = 1\,296 + 4b^2 \geqslant |7^6 - 3^n| = |343 - 3^b|(343 + 3^b)$$

类似地,由于

$$|343 - 3^b| \geqslant 100$$

且当 $b = 5$ 时取到,因此

$$324 + b^2 \geqslant 25(343 + 3^b)$$

矛盾.

综上所述,满足条件的整数对

$$(k,n) = (2,4)$$

例 30 (1988 年第 29 届国际数学奥林匹克预选题)设 p 是两个大于 2 的连续整数的积. 证明没有整数 $x_1, x_2, \cdots, x_p$ 适合方程

$$\sum_{i=1}^{p} x_i^2 - \frac{4}{4p+1}\Big(\sum_{i=1}^{p} x_i\Big)^2 = 1$$

或证明仅有两个 p 的值,使得有整数 $x_1, x_2, \cdots, x_p$ 适合

$$\sum_{i=1}^{p} x_i^2 - \frac{4}{4p+1}\Big(\sum_{i=1}^{p} x_i\Big)^2 = 1$$

证明 设

$$p = k(k+1) \quad (k \geqslant 3)$$

则

$$4p + 1 \geqslant 12 \cdot 4 + 1 = 49 \tag{①}$$

若有整数

$$x_1 \geqslant x_2 \geqslant \cdots \geqslant x_p$$

适合方程

$$\sum_{i=1}^{p} x_i^2 - \frac{4}{4p+1}\Big(\sum_{i=1}^{p} x_i\Big)^2 = 1 \tag{②}$$

则

$$4p + 1 = (4p + 1) \sum_{i=1}^{p} x_i^2 - 4 \Big(\sum_{i=1}^{p} x_i \Big)^2$$

$$= 4 \Big[p \sum_{i=1}^{p} x_i^2 - \Big(\sum_{i=1}^{p} x_I \Big)^2 \Big] + \sum_{i=1}^{p} x_i^2$$

$$= 2 \sum_{i,j} (x_i - x_j)^2 + \sum_{i=1}^{p} x_i^2 \qquad ③$$

其中 $\sum\limits_{i,j}$ 表示对 i,j 的每一种组合求和,$i,j \in \{1,2,\cdots,p\}$.

如果所有的 $x_i(i=1,2,\cdots,p)$ 均相等,那么由③得

$$4p + 1 = px^2$$

此式右边能被 p 整除,而左边不能被 p 整除,出现矛盾.

于是,必有两个 x_l, x_{l+1} 不相等,即必有

$$x_1 \geqslant x_2 \geqslant \cdots \geqslant x_l > x_{l+1} \geqslant \cdots \geqslant x_p$$

其中 l 是自然数.

当 $p - 1 > l \geqslant 2$ 时

$$2 \sum_{i,j} (x_i - x_j)^2 \geqslant 4l(p - l) \geqslant 8(p - 2)$$

由①,$p \geqslant 12$ 可知

$$8(p - 2) > 4p + 1$$

于是

$$2 \sum_{i,j} (x_i - x_j)^2 > 4p + 1$$

所以 $l = 1$ 或 $l = p - 1$.

不妨设

$$x_1 > x_2 = x_3 = \cdots = x_{p-1} \geqslant x_p$$

由③得

$$4p + 1 = 4 \Big[(p-2)(x_1 - x_2)^2 + (x_1 - x_p)^2 + (p-2)(x_p - x_2)^2 \Big] + \sum_{i=1}^{p} x_i^2$$

于是

$$x_1 - x_2 = 1$$

上式可化为

$$9 = 4 \Big[(x_1 - x_p)^2 + (p-2)(x_p - x_2)^2 \Big] + \sum_{i=1}^{p} x_i^2$$

从而有

$$x_1 - x_p = 1, x_p = x_2$$

这样就有

$$5 = x_1^2 + (p-1)x_2^2$$

由 $p \geq 12$ 可得 $x_2 = 0$,从而 $x_1^2 = 5$. 这也是不可能的. 因此没有整数 x_1, $x_2, \cdots, x_p$ 满足方程②.

例 31 (1988 年第 29 届国际数学奥林匹克候选题)求正整数 $x_1, x_2, \cdots,$ x_{29},其中至少有一个大于 1 988,使得

$$x_1^2 + x_2^2 + \cdots + x_{29}^2 = 29x_1x_2\cdots x_{29}$$

成立.

解法 1 设 $(x_1, x_2, \cdots, x_{29})$ 是方程

$$x_1^2 + x_2^2 + \cdots + x_{29}^2 = 29x_1x_2\cdots x_{29} \qquad ①$$

的一组整数解.

令

$$x_1^2 + x_2^2 + \cdots + x_{28}^2 = q$$

$$29x_1x_2\cdots x_{28} = p$$

则方程①化为

$$q + x_{29}^2 = px_{29}$$

即

$$x_{29}^2 - px_{29} + q = 0 \qquad ②$$

于是,由②,x_{29} 与 $p - x_{29}$ 是方程

$$t^2 - pt + q = 0$$

的两个根.

这就表明,如果 $(x_1, x_2, \cdots, x_{29})$ 是方程①的一组整数解,那么 $(x_1, x_2, \cdots, x_{28}, 29x_1x_2\cdots x_{28} - x_{29})$ 也是方程①的一组整数解.

显然,$(1, 1, \cdots, 1)$ 是①的一组解,由上面的结论可知

$$(1, 1, \cdots, 1, 29 \cdot 1 \cdot 1 \cdots 1 - 1) = (1, 1, \cdots, 1, 28)$$

是①的另一组解.

由对称性 $\underbrace{(1, 1, \cdots, 1, 28, 1)}_{27个}$ 也是①的一组解. 进而

$$(1, 1, \cdots, 1, 28, 29 \cdot 28 \cdot 1^{27} - 1) = (1, 1, \cdots, 1, 28, 811)$$

是①的一组解.

再由对称性,$(1, 1, \cdots, 1, 811, 28)$ 是①的一组解,从而

$$(1, 1, \cdots, 1, 811, 29 \cdot 811 \cdot 1^{27} - 28) = (1, 1, \cdots, 1, 811, 23\ 491)$$

也是①的一组解.

于是,$(1, 1, \cdots, 1, 811, 23\ 491)$ 就是符合题目要求的一组解. 同时由以上方法可以得出无穷多组符合题目要求的整数解.

解法 2　设 $(x_1, x_2, \cdots, x_{29})$ 是方程

$$x_1^2 + x_2^2 + \cdots + x_{29}^2 = 29 x_1 x_2 \cdots x_{29}$$

的一组整数解.

为了使其中一个大于 1 988,考虑给 x_1 一个增量 h. 为此设

$$x'_1 = x_1 + h \quad (h > 0)$$

并设 $x'_1, x_2, \cdots, x_{29}$ 仍满足方程①,则

$$(x_1 + h)^2 + x_2^2 + \cdots + x_{29}^2 = 29 (x_1 + h) x_2 \cdots x_{29} \qquad ③$$

③ - ①得

$$2 x_1 h + h^2 = 29 h x_2 x_3 \cdots x_{29}$$

由 $h \neq 0$ 得

$$h = 29 x_2 x_3 \cdots x_{29} - 2 x_1 \qquad ④$$

由

$$(x_1, x_2, \cdots, x_{29}) = (1, 1, \cdots, 1)$$

是方程①的解可得

$$h = 27, x'_1 = 28$$

显然 $(28, 1, 1, \cdots, 1)$ 为方程①的解.

由于式④对于任何 x_i 都适合,则还有

$$h = 29 x'_1 x_3 x_4 \cdots x_{29} - 2 x_2$$
$$= 812 - 2 = 810$$

于是

$$x'_2 = x_2 + h = 811$$

再令

$$h = 29 x'_2 x_3 \cdots x_{29} - 2 x'_1$$
$$= 29 \cdot 811 - 2 \cdot 28$$
$$= 23\ 463$$

则

$$x''_1 = 28 + 23\ 463 = 23\ 491$$

于是 $(23\ 491, 811, 1, 1, \cdots, 1)$ 为方程①的一组解. 这组解符合题目的要求.

例 32　(1992 年第 33 届国际数学奥林匹克)对于每个正整数 n,以 $S(n)$ 表示满足如下条件的最大整数:对于每个正整数 $k \leqslant S(n)$. n^2 都可以表为 k 个正整数的平方之和.

(1)证明对于每个 $n \geqslant 4$,都有

$$S(n) \leqslant n^2 - 14$$

(2)试找出一个正整数 n,使得

429

$$S(n) = n^2 - 14$$

(3)证明存在无限多个正整数 n,使得

$$S(n) = n^2 - 14$$

证明 (1)假设命题不成立,即对某个 $n \geqslant 4$,有

$$S(n) > n^2 - 14$$

即存在

$$k = n^2 - 13$$

个正整数

$$a_1, a_2, \cdots, a_k$$

使得

$$n^2 = a_1^2 + a_2^2 + \cdots + a_k^2$$

所以

$$a_1^2 + a_2^2 + \cdots + a_k^2 = k + 13$$

于是有

$$\sum_{i=1}^{k} (a_i^2 - 1) = 13$$

由于 a_i 为正整数,所以由上式可知,必有

$$0 \leqslant a_i^2 - 1 \leqslant 13$$

从而 $a_i = 1, 2, 3$,即

$$a_i^2 - 1 \in \{0, 3, 8\}$$

设在 $a_1^2 - 1, a_2^2 - 1, \cdots, a_k^2 - 1$ 中有 a 个 0,b 个 3,c 个 8,于是就有

$$3b + 8c = 13$$

要使这个不定方程有非负整数解,c 只能为 0 或 1. 当 $c = 0$ 时,$3b = 13$,当 $c = 1$ 时,$3b = 5$,此时均不存在整数解 b.

因此上述假设不成立,所以对一切正整数 $n \geqslant 4$,都有

$$S(n) \leqslant n^2 - 14$$

(2)我们证明,对 $n = 13$ 可以成立等式

$$S(n) = n^2 - 14$$

首先证明:每一个大于 13 的正整数 l 都可以表示为 $3s + 8t$ 的形式,其中 s 和 t 为非负整数.

事实上,若 $l = 3s_0$,则

$$l = 3s_0 + 8 \cdot 0$$

若 $l = 3s_1 + 1$,则

$$s_1 \geqslant 5, l = 3(s_1 - 5) + 8 \cdot 2$$

若 $l = 3s_2 + 2$,则

$$s_2 \geqslant 4, l = 3(s_2 - 2) + 8 \cdot 1$$

于是可以对满足

$$s + t \leqslant k \leqslant n^2 - 14$$

的 k,取 s, t 使

$$3s + 8t = n^2 - k$$

若 $s + t \leqslant k$,则有等式

$$\underbrace{1^2 + \cdots + 1^2}_{(k-s-t)\uparrow} + \underbrace{2^2 + \cdots + 2^2}_{s\uparrow} + \underbrace{3^2 + \cdots + 3^2}_{t\uparrow}$$

$$= k - s - t + 4s + 9t$$

$$= 3s + 8t + k = n^2$$

即 n^2 可以表为 k 个平方数之和.

当 $k \geqslant \dfrac{1}{4}n^2$ 时,则

$$k \geqslant \frac{1}{4}n^2 \geqslant \frac{1}{3}(n^2 - k) \geqslant s + t$$

此时每个 n^2 都可表为

$$\left[\frac{1}{4}n^2\right] + 1, \left[\frac{1}{4}n^2\right] + 2, \cdots, n^2 - 15, n^2 - 14$$

个平方数之和.

令 $n = 13$,由于

$$\left[\frac{1}{4}n^2\right] + 1 = \left[\frac{169}{4}\right] + 1 = 43$$

所以 13^2 可以表为 $43, 44, \cdots, 155$ 个平方数之和.

因此我们只要证明 13^2 能表示为 $1, 2, \cdots, 42$ 个平方数之和即可. 由于

$$n^2 = 13^2 = 12^2 + 5^2 = 12^2 + 4^2 + 3^2 = 8^2 + 8^2 + 5^2 + 4^2$$

$$= 8^2 + 8^2 + 4^2 + 4^2 + 3^2$$

因为

$$8^2 = 4^2 + 4^2 + 4^2 + 4^2, 4^2 = 2^2 + 2^2 + 2^2 + 2^2, 2^2 = 1^2 + 1^2 + 1^2 + 1^2$$

即 8^2 可表为 4 个 4^2 之和,4^2 可表为 4 个 2^2 之和,2^2 可表为 4 个 1^2 之和,所以对于

$$n^2 = 8^2 + 8^2 + 5^2 + 4^2$$

可表为 $4, 7, 10, \cdots, 43$ 个平方数之和.

对于

$$n^2 = 8^2 + 8^2 + 4^2 + 4^2 + 3^2$$

又可表为 $5,8,11,\cdots,44$ 个平方数之和.

下面讨论
$$n^2 = 12^2 + 4^2 + 3^2$$

因为 12^2 可表为 4 个 6^2 之和, 6^2 可表为 4 个 3^2 之和, 4^2 可表为 4 个 2^2 之和, 2^2 可表为 4 个 1^2 之和, 所以
$$n^2 = 12^2 + 4^2 + 3^2$$

可表为 $3,6,9,\cdots,33$ 个平方数之和.

又因为
$$n^2 = \underbrace{3^2 + 3^2 + \cdots + 3^2}_{17个} + 4^2, 3^2 = 2^2 + 2^2 + 1^2$$

所以 n^2 又可表为
$$18 + 2 \cdot 9 = 36, 18 + 2 \cdot 12 = 42$$

个平方数之和, 再由 4^2 可表为 4 个 2^2 之和, 则 n^2 也可表为
$$36 + 3 = 39$$

个平方数之和.

因此 n^2 可以表为 $1,2,3,\cdots,42,43,44$ 个平方数之和.

由以上 $n^2 = 13^2$ 可表为 $1,2,\cdots,155$ 个平方数之和. $n = 13$ 满足要求.

(3)我们证明如果
$$S(n) = n^2 - 14$$

则
$$S(2n) = (2n)^2 - 14$$

其中 $n \geqslant 13$.

首先对任何正整数 $1 \leqslant k \leqslant n^2 - 14$, 都存在 k 个正整数 $a_1, a_2, \cdots, a_k$, 使得
$$n^2 = a_1^2 + a_2^2 + \cdots + a_k^2$$

因此
$$(2n)^2 = (2a_1)^2 + (2a_2)^2 + \cdots + (2a_k)^2$$

可见, 对于这样的 k, $(2n)^2$ 都能表示成 k 个平方数之和. 由此, 由
$$(2n)^2 = n^2 + n^2 + n^2 + n^2$$

可知, 对 $1 \leqslant k \leqslant 4(n^2 - 14)$, $(2n)^2$ 都能表示为 k 个平方数之和.

对于任何正整数
$$4(n^2 - 14) \leqslant k \leqslant 4n^2 - 14$$

因为 $n \geqslant 13$, 则有
$$4k \geqslant 16(n^2 - 14) = 4n^2 + 2(6n^2 - 112) > (2n)^2$$

由(2)的证明可知, 对于 $k \geqslant \dfrac{1}{4}(2n)^2$, $(2n)^2$ 可以表示为 k 个平方数之和.

综上所述，对于 $n \geq 13$，只要有

$$S(n) = n^2 - 14$$

则必有

$$S(2n) = (2n)^2 - 14$$

由（2）已存在 $n = 13$，使

$$S(13) = 13^2 - 14$$

所以存在无限多个正整数 n，使得

$$S(n) = n^2 - 14$$

习 题 十 四

1.（2007 年波罗的海地区数学竞赛）设 a,b,c,d 为非零整数，使得关于 x，y,z,t 的方程

$$ax^2 + by^2 + cz^2 + dt^2 = 0$$

有唯一的整数解

$$x = y = z = t = 0$$

问：a,b,c,d 是否一定同号？为什么？

解 不一定同号.

例如

$$x^2 + y^2 - 3z^2 - 3t^2 = 0$$

由于 $x^2 + y^2$ 为 3 的倍数，而

$$x^2, y^2 \equiv 0 \text{ 或 } 1 (\bmod 3)$$

则只可能为

$$x \equiv y \equiv 0 \ (\bmod 3)$$

于是

$$x^2 + y^2 = 3(z^2 + t^2)$$

可以被 9 整除，即 $z^2 + t^2$ 可以被 3 整除. 故 z, t 也为 3 的倍数.

因此，若 x,y,z,t 为原方程的解，则 $\frac{x}{3}, \frac{y}{3}, \frac{z}{3}, \frac{t}{3}$ 也为原方程的解.

由无穷递降法知

$$x = y = z = t = 0$$

2.（2009 年第 17 届土耳其数学奥林匹克）试求出所有素数 p，使得 $p^3 - 4p + 9$ 为完全平方数.

解 设
$$x^2 = p^3 - 4p + 9 \quad (x \in \mathbf{Z}_+)$$

因为
$$x^2 \equiv 9 \pmod{p}$$

所以
$$x = kp \pm 3 \quad (k \text{ 为整数})$$

故
$$(kp \pm 3)^2 = p^3 - 4p + 9 \Rightarrow k^2 p \pm 6k = p^2 - 4$$

因此
$$p \mid (6k \pm 4)$$

当 $p \neq 2$ 时
$$p \mid (3k \pm 2) \Rightarrow p \leqslant 3k + 2 \Rightarrow \frac{p-2}{3} \leqslant k \Rightarrow \frac{p^2 - 2p - 9}{3} \leqslant pk - 3 \leqslant x$$

当 $x \leqslant \dfrac{p^2}{4}$ 时
$$\frac{p^2 - 2p - 9}{3} \leqslant \frac{p^2}{4} \Rightarrow p \leqslant 8 + \frac{36}{p} \Rightarrow p \leqslant 11$$

当 $x > \dfrac{p^2}{4}$ 时
$$x^2 = p^3 - 4p + 9 \Rightarrow \frac{p^4}{16} < p^3 - 4p + 9 \Rightarrow p < 16 - \frac{16(4p-9)}{p^3} \Rightarrow p \leqslant 13$$

因为 $p \leqslant 13$,所以
$$(p, x) = (2, 3), (7, 18), (11, 36)$$

3. (2012 年爱沙尼亚国家队选拔考试)证明:对任意的正整数 k,存在 k 个两两不同的整数,使得这 k 个数的平方和等于其立方和.

证明 对任意的整数 $m > 1$,数 $2m^2 + 1, m(2m^2 + 1), -m(2m^2 + 1)$ 满足题目要求.

由于其两两不同,且
$$(2m^2 + 1)^2 + [m(2m^2 + 1)]^2 + [-m(2m^2 + 1)]^2$$
$$= (1 + m^2 + m^2)(2m^2 + 1)^2$$
$$= (2m^2 + 1)^3 = (1 + m^3 - m^3)(2m^2 + 1)^3$$
$$= (2m^2 + 1)^3 + [m(2m^2 + 1)]^3 + [-m(2m^2 + 1)]^3$$

称这三个数为相对于 m 的三元组.

当 m 增大时,相应的三元组中的数可以任意大.

因此,对任意多的三元组,可以找到一个新的三元组,使得该三元组中的数

大于已有的三元组中所有数.

4. (第 21 届爱尔兰数学奥林匹克) 试求所有的整数 x, 使得 $x(x+1)(x+7)(x+8)$ 为完全平方数.

解 首先找出满足

$$x(x+1)(x+7)(x+8) = y^2 \quad (y \in \mathbf{N})$$

的所有整数数对 (x,y).

令 $z = x+4$. 则

$$x(x+1)(x+7)(x+8) = y^2 \Leftrightarrow (z-4)(z-3)(z+3)(z+4) = y^2$$

则

$$(z^2-16)(z^2-9) = y^2 \Rightarrow z^4 - 25z^2 + 12^2 = y^2$$

两边同时乘以 4 整理得

$$(2z^2 - 25 - 2y)(2z^2 - 25 + 2y) = 49$$

记

$$A = 2z^2 - 25 - 2y, B = 2z^2 - 25 + 2y$$

则

$$A \leqslant B, AB = 49$$

且 A, B 均为整数.

从下表中得到所有可能的解.

A	B	y	z	x
-49	-1	12	0	-4
-7	-7	0	± 3	$-1, -7$
7	7	0	± 4	$0, -8$
1	49	12	± 5	$1, -9$

y, z, x 的值可从

$$B - A = 4y, 2z^2 = 25 + A + 2y = 25 + \frac{A+B}{2}, x = z - 4$$

得到.

经检验, $x = -9, -8, -7, -4, -1, 0, 1$ 时, $x(x+1)(x+7)(x+8)$ 为完全平方数.

5. (1955 年基辅数学奥林匹克) 有四个不相等的正整数, 它们的和等于最大数乘以最小数的积加上其余两数的积. 求这四个数.

解 设正整数 x, y, z, u, 且

$$1 \leqslant x < y < z < u$$

由题意得不定方程

$$x + y + z + u = xu + yz \qquad \text{①}$$

因为 $x \geqslant 1$, 所以

$$x + y + z + u = xu + yz \geqslant u + yz$$

由此得

$$x + y + z \geqslant yz \qquad \text{②}$$

又

$$x + y + z < 3z \qquad \text{③}$$

从而由②,③得

$$3z > yz$$

即

$$1 < y < 3$$

于是 $y = 2$. 从而只能有 $x = 1$.

把 $x = 1, y = 2$ 代入①得

$$1 + 2 + z + u = u + 2z$$
$$z = 3$$

于是本题的解为

$$x = 1, y = 2, z = 3, u \text{ 是大于 3 的任何整数}$$

6. (2005 年斯洛文尼亚国家队选拔考试) 求所有的正整数数对 (m, n), 使得 $m^2 - 4n, n^2 - 4m$ 均为完全平方数.

解 显然

$$m^2 - 4n < m^2$$

若

$$m^2 - 4n = (m - 1)^2$$

则

$$2m - 1 = 4n$$

矛盾. 故

$$m^2 - 4n \leqslant (m - 2)^2$$

得

$$4m \leqslant 4n + 4$$

即

$$m \leqslant n + 1$$

同理

$$n \leqslant m + 1$$

故
$$n - 1 \leqslant m \leqslant n + 1$$

（1）若 $m = n - 1$，则
$$n^2 - 4m = n^2 - 4(n - 1) = (n - 2)^2$$
$$m^2 - 4n = m^2 - 4(m + 1) = (m - 2)^2 - 8 = t^2 \quad (t \in \mathbf{Z}_+)$$

从而
$$(m - 2 + t)(m - 2 - t) = 8$$

故
$$\begin{cases} m - 2 + t = 4 \\ m - 2 - t = 2 \end{cases}$$

解得
$$m - 2 = 3$$

所以
$$m = 5, n = 6$$

满足要求.

（2）若 $m = n$，则
$$m^2 - 4n = n^2 - 4m = m^2 - 4m = (m - 2)^2 - 4 = t^2 \quad (t \in \mathbf{Z}_+)$$

从而
$$(m - 2 + t)(m - 2 - t) = 4$$

解得
$$m - 2 = 2$$

所以
$$m = n = 4$$

满足要求.

（3）若 $m = n + 1$，则
$$m^2 - 4n = (n + 1)^2 - 4n = (n - 1)^2$$
$$n^2 - 4m = n^2 - 4(n + 1) = (n - 2)^2 - 8 = t^2 \quad (t \in \mathbf{Z}_+)$$

从而
$$(n - 2 + t)(n - 2 - t) = 8$$

解得
$$n - 2 = 3$$

所以
$$n = 5, m = 6$$

满足要求.

综上,所求正整数数对

$$(m,n)=(4,4),(5,6),(6,5)$$

7.(2008 年新加坡数学奥林匹克)求所有的素数 p,满足 5^p+4p^4 为完全平方数.

解 设

$$5^p+4p^4=q^2$$

则

$$5^p=(q-2p^2)(q+2p^2)$$

故

$$q-2p^2=5^s,q+2p^2=5^t \quad (0\leqslant s<t,s+t=p)$$

消去 q,知

$$4p^2=5^s(5^{t-s}-1)$$

若 $s>0$,则 $5\mid 4p^2$. 因此,$p=5$. 此时,所给表达式确实为完全平方.

若 $s=0$,则 $t=p$,且有

$$5^p=4p^2+1$$

只需证明:对于任意的 $k(k\geqslant 2)$,$5^k>4k^2+1$.

利用数学归纳法.

当 $k=2$ 时,结论显然成立.

假设对 $k\geqslant 2$ 时,命题成立.

则

$$\frac{4(k+1)^2+1}{4k^2+1}=\frac{4k^2+1}{4k^2+1}+\frac{8k}{4k^2+1}+\frac{4}{4k^2+1}<1+1+1<5$$

故

$$5^{k+1}=5\times 5^k>5(4k^2+1)>4(k+1)^2+1$$

因此,命题对 $k\geqslant 2$ 均成立.

8.(1981 年第 22 届国际数学奥林匹克)已知整数 m,n 满足 $m,n\in\{1,2,\cdots,1\,981\}$ 及

$$(n^2-mn-m^2)^2=1 \qquad\qquad ①$$

求 m^2+n^2 的最大值.

解 若 $m=n$,由①可得 $(mn)^2=1$,又由 $m,n\in\{1,2,\cdots,1\,981\}$,所以 $m=n=1$.

若 $m\neq n$,并约定 $n>m$.

令 $n=m+u_k$,于是由式①有

$$[(m+u_k)^2-m(m+u_k)-m^2]^2=1$$

即

$$(m^2 - u_k m - u_k^2)^2 = 1$$

再令

$$m = u_k + u_{k-1}$$

同样有

$$(u_k^2 - u_{k-1} u_k - u_{k-1}^2)^2 = 1$$

如果 $u_k \neq u_{k-1}$,则以上步骤可继续下去,直至

$$(u_{k-i-1}^2 - u_{k-i} u_{k-i-1} - u_{k-i}^2)^2 = 1$$

且

$$u_{k-i} = u_{k-i-1} = 1$$

这样就得到数列

$$n, m, u_k, u_{k-1}, \cdots, u_{k-i}(= 1), u_{k-i-1}(= 1)$$

此数列任意相邻两项均满足方程①,并且满足

$$u_j = u_{j-1} + u_{j-2}$$

这恰好是斐波那契数列.

容易求出,集合 $\{1, 2, \cdots, 1\,981\}$ 中的斐波那契数为

$$1, 1, 2, 3, 5, 8, 13, 21, 34, 55, 88, 144, 233, 377, 610, 987, 1\,597$$

由此可知,当 $m = 987, n = 1\,597$ 时, $m^2 + n^2$ 的值最大,最大值为

$$987^2 + 1\,597^2 = 3\,524\,578$$

9. (2009 年土耳其数学奥林匹克)试求出所有质数 p ,使得 $p^3 - 4p + 9$ 是完全平方数.

解 设

$$x^2 = p^3 - 4p + 9 \quad (x \in \mathbf{N}_+)$$

因为

$$x^2 \equiv 9 (\bmod p)$$

所以

$$x = kp \pm 3 \quad (k \text{ 为整数})$$

故

$$(kp \pm 3)^2 = p^3 - 4p + 9$$

因此

$$k^2 p \pm 6k = p^2 - 4$$

因此

$$p \mid (6k \pm 4)$$

当 $p \neq 2$ 时

$$p \mid (3k \pm 2) \Rightarrow p \leqslant 3k + 2 \Rightarrow \frac{p-2}{3} \leqslant k \Rightarrow \frac{p^2 - 2p - 9}{3} \leqslant pk - 3 \leqslant x$$

当 $x \leqslant \dfrac{p^2}{4}$ 时

$$\frac{p^2 - 2p - 9}{3} \leqslant \frac{p^2}{4} \Rightarrow p \leqslant 8 + \frac{36}{p} \Rightarrow p \leqslant 11$$

当 $x > \dfrac{p^2}{4}$ 时

$$x^2 = p^3 - 4p + 9 \Rightarrow \frac{p^4}{16} < p^3 - 4p + 9 \Rightarrow p < 16 - \frac{16(4p - 9)}{p^3} \Rightarrow p \leqslant 13$$

因为 $p \leqslant 13$, 所以

$$(p, x) = (2, 3), (7, 18), (11, 36)$$

10. (2008 年斯洛文尼亚选拔考试)(1)证明:对于正整数 a, b, 若 $a - \dfrac{1}{b} + b\left(b + \dfrac{3}{a}\right)$ 是整数,则其也是完全平方数;

(2)试求出一对整数 (a, b), 使得(1)中代数式为正整数,但不为完全平方数.

证明 (1)令

$$I = a - \frac{1}{b} + b\left(b + \frac{3}{a}\right)$$

若

$$I = a - \frac{1}{b} + b^2 + \frac{3b}{a}$$

为整数,则

$$N = \frac{3b}{a} - \frac{1}{b} = \frac{3b^2 - a}{ab}$$

也为整数,故

$$ab \mid (3b^2 - a) \Rightarrow b \mid (3b^2 - a) \Rightarrow b \mid a$$

设 $a = kb$. 则

$$N = \frac{3b - k}{kb} \Rightarrow kb \mid (3b - k) \Rightarrow b \mid (3b - k) \Rightarrow b \mid k$$

设 $k = lb$. 则

$$N = \frac{3 - l}{lb} \Rightarrow l \mid (3 - l) \Rightarrow l \mid 3$$

由 $a, b \in \mathbf{Z}_+$, 知 $l \in \mathbf{Z}_+$. 所以

$$a = lb^2 \quad (l = 1 \text{ 或 } 3)$$

当 $l = 1$ 时, $N = \dfrac{2}{b}$. 从而, $b = 1$ 或 2, 此时, $I = 4$ 或 9.

当 $l = 3$ 时, $N = 0$. 从而, $a = 3b^2$, 此时

$$I = 4b^2 = (2b)^2$$

故 I 为完全平方数.

(2) 当 $a = 4, b = -2$ 时, $I = 7$; 当 $a = -4, b = -2$ 时, $I = 2$.

因此, 在以上两种情形中, I 均为正整数, 但不为完全平方数.

11. (2014 年第 63 届捷克和斯洛伐克数学奥林匹克) 电影院有 234 位观众, 大家坐成 n 行 ($n \in \mathbf{Z}_+$, $n \geqslant 4$, 且坐在第 i 行的每位观众在第 j 行恰有 j 位朋友 (朋友之间的关系是相互的), 其中, $i, j \in \{1, 2, \cdots, n\}$, 且 $i \neq j$. 求所有 n 的可能值.

解 对于任意 $k \in \{1, 2, \cdots, n\}$, 定义 p_k 为第 k 行的观众人数.

对于坐在第 i 行的观众 A 和第 j 行与 A 是朋友的任意观众 B, 由于朋友是相互的, 则第 i 行与第 j 行 (A, B) 的总对数为

$$ip_j = jp_i \Rightarrow \frac{p_i}{i} = \frac{p_j}{j}$$

所以

$$\frac{p_1}{1} = \frac{p_2}{2} = \cdots = \frac{p_n}{n} \qquad ①$$

设式①的比值为 d.

当 $d = 1$ 时

$$p_1 + p_2 + \cdots + p_n = 1 + 2 + \cdots + n$$
$$= \frac{n(n+1)}{2} = 234$$

所以

$$n^2 + n - 468 = 0$$

此时, 方程无正整数解.

当 $d > 1$ 时

$$p_1 + p_2 + \cdots + p_n = d + 2d + \cdots + dn$$
$$= \frac{n(n+1)}{2} d = 234$$

所以

$$dn(n+1) = 234 \times 2 = 2^2 \times 3^2 \times 13$$

若 $n \geqslant 22$, 则

$$n(n+1) \geqslant 22 \times 23 > 468$$

故 $n < 22$.

于是

$$n \in \{4, 6, 9, 12, 13, 18\}$$

经验证知 $n = 12$.

12. (2009 年奥地利数学奥林匹克) 当 $n > 0$ 时, 定义第 k 阶阶乘为

$$F_k(n) = n(n-k)(n-2k) \cdots r$$

其中, $1 \leqslant r \leqslant k$, 且 $n \equiv r \pmod{k}$. 定义 $F_k(0) = 1$.

求所有的非负整数 n, 使得 $F_{20}(n) + 2\,009$ 为整数的平方.

解 设

$$F_{20}(n) + 2\,009 = x^2 \quad (n, x \in \mathbf{N})$$

(1) 当 $n \geqslant 41$ 时, $F_{20}(n)$ 为 $n(n-20)(n-40)$ 的倍数, 且

$$n(n-20)(n-40) \equiv n(n+1)(n+2) \equiv 0 \pmod{3}$$

所以, $F_{20}(n)$ 也为 3 的倍数.

故

$$2 \equiv F_{20}(n) + 2\,009 \equiv x^2 \pmod{3}$$

易知, 一个数的平方除以 3 的余数不可能为 2. 因此, 当 $n \geqslant 41$ 时

$$F_{20}(n) + 2\,009 = x^2$$

无解.

(2) 当 $21 \leqslant n \leqslant 40$ 时, 有

$$n(n-20) + 2\,009 = F_{20}(n) + 2\,009 = x^2$$

即

$$2\,009 = x^2 - n^2 + 20n$$

配方并整理得

$$23 \times 83 = 1\,909 = x^2 - (n-10)^2 = (x-n+10)(x+n-10)$$

因为

$$x+n-10 \geqslant x-n+10 > \sqrt{2\,009} - n + 10 \geqslant 44 - 40 + 10 = 14$$

所以

$$\begin{cases} x+n-10 = 83 \\ x-n+10 = 23 \end{cases} \Rightarrow \begin{cases} x = 53 \\ n = 40 \end{cases}$$

(3) 当 $1 \leqslant n \leqslant 20$ 时, 有

$$F_{20}(n) = n$$

由

$$44^2 = 1\,936 \leqslant 2\,009 \leqslant x^2 = 2\,009 + n \leqslant 2\,029 < 2\,116 = 46^2$$

得

$$x = 45, n = 16$$

（4）当 $n = 0$ 时

$$F_{20}(0) + 2\ 009 = 2\ 010$$

不是平方数.

综上,满足题意的解为 $n = 16$ 和 $n = 40$.

13.（2010 年第 51 届 IMO 预选题）求最小的正整数 n,使得存在 n 个不同的正整数 $S_1, S_2, \cdots, S_n$ 满足

$$\left(1 - \frac{1}{S_1}\right)\left(1 - \frac{1}{S_2}\right) \cdots \left(1 - \frac{1}{S_n}\right) = \frac{51}{2\ 010}$$

解 假设正整数 n 满足条件,且设 $S_1 < S_2 < \cdots < S_n$,则

$$S_i \geq i + 1 \quad (i = 1, 2, \cdots, n)$$

注意到

$$\frac{51}{2\ 010} = \left(1 - \frac{1}{S_1}\right)\left(1 - \frac{1}{S_2}\right) \cdots \left(1 - \frac{1}{S_n}\right) \geq \left(1 - \frac{1}{2}\right)\left(1 - \frac{1}{3}\right) \cdots \left(1 - \frac{1}{n+1}\right) = \frac{1}{n+1}$$

于是

$$n + 1 \geq \frac{2\ 010}{51} = \frac{670}{17} > 39$$

从而 $n \geq 39$.

举例说明, $n = 39$ 满足条件.

取 39 个不同的正整数: $2, 3, \cdots, 33, 35, 36, \cdots, 40, 67$,其满足题设等式.

综上, n 的最小值为 39.

14.（2004 年第 30 届俄罗斯数学奥林匹克·十年级）方程

$$x^n + a_1 x^{n-1} + a_2 x^{n-2} + \cdots + a_{n-1} x + a_n = 0$$

的素数 $a_1, a_2, \cdots, a_n$ 皆为非零整数. 证明:如果该方程有 n 个整数根,且它们两两互质,则 a_{n-1} 与 a_n 互质.

证明 假设 a_{n-1} 与 a_n 不互质,于是,它们有公共的质约数 p,亦即

$$a_{n-1} = pm, a_n = pk$$

其中 m, k 为整数. 设方程的 n 个整数根为 $x_1, x_2, \cdots, x_n$. 由

$$x^n + a_1 x^{n-1} + a_2 x^{n-2} + \cdots + a_{n-1} x + a_n = (x - x_1)(x - x_2) \cdots (x - x_n)$$

得

$$x_1 x_2 \cdots x_n = \pm a_n = \pm pk$$

上式表明 $x_1, x_2, \cdots, x_n$ 均非零,而且由该式和题意知 $x_1, x_2, \cdots, x_n$ 中恰有一个是 p 的倍数,不妨设其为 x_1. 由韦达定理知

$$\sum_{j=1}^{n} \frac{x_1 x_2 \cdots x_n}{x_j} = \pm a_{n-1} = \pm pm$$

上式左端除了第一项 $x_2 x_3 \cdots x_n$ 之外,其余各项都是 x_1 的倍数,因此,都是 p 的倍数;而右端是 p 的倍数,因此,$x_2 x_3 \cdots x_n$ 也是 p 的倍数,即 $x_2, x_3, \cdots, x_n$ 中有一个是 p 的倍数. 故该数就与 x_1 有公共的质约数 p,从而不互质,此与题意相矛盾.

所以,a_{n-1} 与 a_n 互质.

15. (2012 年塞尔维亚数学奥林匹克)求所有的正整数对 (a, b),满足 $a \mid b^2$,$b \mid a^2$,$(a+1) \mid (b^2+1)$.

解 设 $b^2 = ca$,则

$$b^2 = ca \mid a^4,\text{且}(a+1) \mid (ca+1)$$

即

$$c \mid a^3,\text{且}(a+1) \mid (c-1)$$

记

$$c = d(a+1) + 1 \quad (d \in \mathbf{N})$$

由

$$a^3 \equiv -1(\bmod(a+1))$$

则

$$\frac{a^3}{c} \equiv -1(\bmod(a+1))$$

这表明,存在 $e \in \mathbf{N}_+$,使得

$$\frac{a^3}{c} = e(a+1) - 1$$

故

$$a^3 = c[e(a+1) - 1]$$
$$= [d(a+1) + 1][e(a+1) - 1]$$

所以

$$a^2 - a + 1 = de(a+1) + (e-d)$$

所以

$$e - d \equiv a^2 - a + 1 \equiv 3(\bmod(a+1))$$

所以

$$e - d = k(a+1) + 3(k \in \mathbf{Z})$$

所以

$$de = \frac{a^2 - a + 1 - (e-d)}{a+1}$$

$$= \frac{a^2 - a + 1 - [k(a+1)+3]}{a+1}$$

$$= a - 2 - k$$

下面分三种情形加以讨论.

(1) $k \notin \{-1,0\}$.

则

$$de < |e - d| - 1$$

必然包含 $d = 0$. 此时, $c = 1$, 则 $b^2 = a$, 故

$$(a,b) = (t^2,t)$$

(2) $k = -1$.

则

$$a = d + 1$$

此时, 得到

$$c = a^2, b^2 = a^3$$

故

$$(a,b) = (t^2,t^3)$$

(3) $k = 0$.

则

$$a = d^2 + 3d + 2$$

此时

$$c = d(a+1) + 1 = (d+1)^3$$

故

$$b^2 = ca = (d+1)^4(d+2)$$

这表明, 存在 $t \in \mathbf{Z}_+$, 使得

$$d + 2 = t^2$$

故

$$(a,b) = (t^2(t^2-1),t(t^2-1)^2)$$

综上, $(a,b) = (t^2,t),(t^2,t^3)$ 或 $(t^2(t^2-1),t(t^2-1)^2)$, 其中, $t \in \mathbf{Z}_+$.

16. (2014 年第 31 届希腊数学奥林匹克) 求整数 n, 使得 $\dfrac{8n-25}{n+5}$ 为一个有理数的立方.

解 设

$$\frac{8n-25}{n+5} = \left(\frac{p}{q}\right)^3 \quad (p,q \in \mathbf{Z},(p,q)=1)$$

于是
$$(p^3, q^3) = 1$$

且
$$n = \frac{5(5q^3 + p^3)}{8q^3 - p^3}$$

记
$$d = (5q^3 + p^3, 8q^3 - p^3)$$

则
$$d \mid (5q^3 + p^3 + 8q^3 - p^3) \Rightarrow d \mid 13q^3$$

又
$$(p, q) = 1 \Rightarrow d \mid 13$$

故
$$\frac{8q^3 - p^3}{d} \mid 5 \Rightarrow (8q^3 - p^3) \mid 5 \times 13$$
$$\Rightarrow (2q - p)(4q^2 + 2pq + p^2) \mid 65$$

注意到
$$4q^2 + 2pq + p^2 = 3q^2 + (p + q)^2 \equiv 1 \pmod 3$$

于是
$$4q^2 + 2pq + p^2 = 13$$

从而 $|q| \le 2$.

若 $|q| \in \{0, 1\}$, 则
$$(p + q)^2 \in \{13, 10\}$$

与 $p, q \in \mathbf{Z}$ 矛盾.

若 $|q| = 2$, 则
$$(p + q)^2 = 1$$

故
$$(p, q) = (-1, 2), (1, -2), (-3, 2), (3, -2)$$

因为
$$(2q - p) \mid 65$$

所以
$$(p, q) = (-1, 2), (1, -2)$$

因此, $n = 3$.

17. (2012 年意大利数学奥林匹克) 设数列 $x_1, x_2, \cdots, x_n$ 满足
$$x_1 = 4, x_{n+1} = x_1 x_2 \cdots x_n + 5 \quad (n \ge 1)$$

求所有的正整数对(i,j),使得x_i,x_j为完全平方数.

解 当$n\geqslant 2$时,可推得

$$x_{n+1}=x_n^2-5x_n+5$$

考虑

$$x^2-5x+5=a^2 \quad (x,a\in \mathbf{N}_+)$$

上式两边同乘以4得

$$4a^2=4x^2-20x+20=(2x-5)^2-5$$

所以

$$5=(2x-5)^2-4a^2$$

所以

$$(2x-2a-5)(2x+2a-5)=5$$

由

$$2x+2a-5>2x-2a-5$$

知

$$\begin{cases}2x+2a-5=-1\\2x-2a-5=-5\end{cases}$$

或

$$\begin{cases}2x+2a-5=5\\2x-2a-5=1\end{cases}$$

分别解得

$$\begin{cases}x=1\\a=1\end{cases}或\begin{cases}x=4\\a=1\end{cases}$$

又$x_1=4$,且数列递增,从而,数列中不存在1.

故当$n\geqslant 2$时

$$x_{n+1}=x_n^2-5x_n+5$$

型的完全平方数不存在.

当$n=1$时

$$x_1=4,x_2=9$$

符合题意.

所以,$(i,j)=(1,2)$.

18.(2008年新加坡数学奥林匹克)求所有的质数p,满足5^p+4p^4是完全平方数.

解 设

$$5^p+4p^4=q^2$$

则

$$5^p = (q - 2p^2)(q + 2p^2)$$

故

$$q - 2p^2 = 5^s$$
$$q + 2p^2 = 5^t \quad (0 \leqslant s < t, s + t = p)$$

消去 q 知

$$4p^2 = 5^s(5^{t-s} - 1)$$

若 $s > 0$, 则 $5 \mid 4p^2$. 因此, $p = 5$.

此时, 所给表达式确定为完全平方.

若 $s = 0$, 则 $t = p$, 且有

$$5^p = 4p^2 + 1$$

只要证明: 对于任意的 $k(k \geqslant 2)$, 有

$$5^k > 4k^2 + 1$$

利用数学归纳法.

当 $k = 2$ 时, 结论显然成立.

假设对 $k \geqslant 2$ 时, 命题成立. 则

$$\frac{4(k+1)^2 + 1}{4k^2 + 1} = \frac{4k^2 + 1}{4k^2 + 1} + \frac{8k}{4k^2 + 1} + \frac{4}{4k^2 + 1} < 1 + 1 + 1 < 5$$

故

$$5^{k+1} = 5 \times 5^k > 5(4k^2 + 1) > 4(k+1)^2 + 1$$

因此, 命题对 $k \geqslant 2$ 均成立.

19. (2008 年印度国家队选拔考试) 已知正整数 d, u, v, w 互不相同, 且

$$d^3 - d(uv + vw + wu) - 2uvw = 0$$

证明: d 不是一个质数, 且求 d 的最小值.

证明 因为当

$$u = 1, v = 2, w = 3$$

时, 方程

$$d^3 - 11d - 12 = 0$$

没有整数解, 所以, $uvw \geqslant 8$.

于是

$$uv + vw + wu > 3(uvw)^{\frac{2}{3}} \geqslant 12$$
$$d^3 > 12d + 16$$

从而, $d \geqslant 5$. 如果 d 是一个质数, 则 d 是奇质数. 设 $d = p$. 由

$$p^3 = p(uv + vw + wu) + 2uvw$$

可知 p 整除 uvw. 不妨假设 $p \mid u$, 且设 $u = pu_1$.

若 p 整除 vw, 则 p 要么整除 v, 要么整除 w. 从而

$$p(uv + vw + wu) > pu(v + w) > p^2(p + 1) > p^3$$

矛盾. 因此, p 不能整除 vw.

于是, 原方程化为

$$p^2 = pu_1(v + w) + vw(1 + 2u_1)$$

且 p 整除 $1 + 2u_1$. 故 $1 + 2u_1 \geq p$, 即 $u_1 \geq \dfrac{p-1}{2}$.

又 $v + w \geq 3$ (v, w 不同), 则

$$p(uv + vw + wu) > pu(v + w) \geq 3p^2 u_1 \geq \frac{3p^2(p-1)}{2} > p^3$$

矛盾.

如果 $d = 6$, 原方程化为

$$6^3 - 6(uv + vw + wu) - 2uvw = 0$$

于是, $3 \mid uvw$.

不妨假设 $3 \mid u$, 且设 $u = 3u_1$. 则原方程进一步化为

$$36 = 3u_1(v + w) + vw(1 + u_1)$$

从而

$$3 \mid vw(1 + u_1)$$

因为

$$3u_1(v + w) < 36, \quad v + w \geq 3$$

所以

$$u_1 < 4$$

于是, 要么 $3 \mid vw$, 要么 $u_1 = 2$.

若 $u_1 = 2$, 则原方程化为

$$12 = 2(v + w) + vw$$

这表明 $v = w = 2$, 矛盾.

若 $3 \mid vw$, 不妨假设 $3 \mid v$, 且设 $v = 3v_1$. 则原方程化为

$$12 = 3u_1 v_1 + w(u_1 + v_1) + u_1 v_1 w$$

由

$$u_1 v_1(3 + w) < 12$$

可得

$$u_1 v_1 < 3$$

因此

$$(u_1, v_1) = (1,2) \text{ 或} (2,1)$$

因为

$$u_1 + v_1 = 3, u_1 v_1 = 2$$

所以,原方程化为

$$12 = 6 + 5w$$

无解. 于是, $d \geqslant 8$.

如果 $d = 8$,则

$$(u, v, w) = (2,4,7)$$

满足原方程.

因此, d 的最小值为8.

20. 证明:有无穷多个正整数对 (m,n) 满足 $m < n$,且 $\dfrac{(m+n)(m+n+1)}{mn}$ 是整数.

证明 若 $m = 1, n = 2$(也可设 $m = 2, n = 3$),则

$$\frac{(m+n)(m+n+1)}{mn} = 6$$

假设存在正整数对 (m,n) 满足 $m < n$,且

$$\frac{(m+n)(m+n+1)}{mn} = k(\text{整数})$$

故

$$nk = m + 2n + 1 + \frac{n(n+1)}{m}$$

于是, $\dfrac{n(n+1)}{m}$ 也是整数(设其为 l).

又

$$(n+l)(n+l+1)$$

$$= \left[n + \frac{n(n+1)}{m} \right] \left[n + 1 + \frac{n(n+1)}{m} \right]$$

$$= \frac{n(n+1)(m+n+1)(m+n)}{m^2}$$

$$= \frac{l(m+n+1)(m+n)}{m}$$

则

$$\frac{(n+l)(n+l+1)}{nl}$$

$$= \frac{(m+n)(m+n+1)}{mn} = k$$

由于

$$lm = n(n+1) > n^2 > nm$$

即 $l > n$, 则

$$(m,n) \neq (n,l)$$

且较大的数变得更大. 从而, 可以从 $(1,2)$ 得到 $(2,6)$ 且可以一直进行下去, 得到无穷多个满足条件的正整数对.

21. (2014 年第 52 届荷兰国家队选拔考试)求满足

$$(a^2+b) \mid (a^2b+a), (b^2-a) \mid (ab^2+b)$$

的正整数解 (a,b).

解 注意到

$$(a^2+b) \mid (a^2b+a) \Rightarrow (a^2+b) \mid [(a^2b+a)-b(a^2+b)] \Rightarrow (a^2+b) \mid (a-b^2)$$

$$(b^2-a) \mid (ab^2+b) \Rightarrow (b^2-a) \mid [(ab^2+b)-a(b^2-a)] \Rightarrow (b^2-a) \mid (b+a^2)$$

故

$$a^2+b = \mid a-b^2 \mid$$

所以

$$a^2+b = b^2-a$$

或

$$a^2+b = a-b^2$$

若

$$a^2+b = a-b^2$$

则

$$a^2+b^2 = a-b$$

但这与

$$a^2 \geqslant a, b^2 \geqslant b > -b$$

矛盾.

故

$$a^2+b = b^2-a \Rightarrow a^2-b^2 = -a-b$$

$$\Rightarrow (a+b)(a-b) = -(a+b)$$

$$\Rightarrow a-b = -1 \Rightarrow b = a+1$$

因此, 所有满足条件的解均应形如数对 $(a,a+1)(a \in \mathbf{Z}_+)$.

接下来考虑这样的数对 $(a,a+1)$.

由

$$a^2 + b = a^2 + a + 1$$
$$a^2 b + a = a^2(a+1) + a$$
$$= a^3 + a^2 + a = a(a^2 + a + 1)$$

知满足题中第一个整除关系式.

又

$$b^2 - a = (a+1)^2 - a = a^2 + a + 1$$
$$ab^2 + b = a(a+1)^2 + (a+1)$$
$$= (a+1)(a^2 + a + 1)$$

则也满足题中第二个整除关系式.

综上,所有形如 $(a, a+1)(a \in \mathbf{Z}_+)$ 的数对均为所求.

22. (2014年土耳其国家队选拔考试)求所有正奇数数对 (m, n),使得

$$n \mid (3m+1) \qquad\qquad\qquad ①$$
$$m \mid (n^2 + 3) \qquad\qquad\qquad ②$$

解 由式①知 3 与 n 互素,即

$$(3, n) = 1 \qquad\qquad\qquad ③$$

若 $n \leqslant 9$,由式③知 $n = 1, 5, 7$.

当 $n = 1$ 时,由式②知

$$m \mid 4 \Rightarrow m = 1$$

因此,数对

$$(m, n) = (1, 1)$$

当 $n = 5$ 时,式①②分别为

$$5 \mid (3m+1), m \mid 28$$

于是,由 $m \mid 7$,得 $m = 1, 7$,但不满足

$$5 \mid (3m+1)$$

当 $n = 7$ 时,式①②分别为

$$7 \mid (3m+1), m \mid 52$$

于是,由 $m \mid 13$,得 $m = 1, 13$,但不满足

$$7 \mid (3m+1)$$

若 $n > 9$,由式①②知存在正整数 p, q,使得

$$np = 3m+1, mq = n^2 + 3$$

下面证明: $m \geqslant n + 1$.

若 $m \leqslant n$,则

$$4n > 3m + 1$$

于是, $p = 1, 2, 3$.

若 $p=3$，则 $3|1$，矛盾；

若 $p=1$，则

$$1\equiv np\equiv 3m+1\equiv 0(\bmod 2)$$

矛盾；

若 $p=2$，由于 $m|(n^2+3)$，则

$$m|(4n^2+12)\Rightarrow m|\left[(2n)^2+12\right]$$
$$\Rightarrow m|\left[(3m+1)^2+12\right]$$
$$\Rightarrow m|13$$
$$\Rightarrow m=1,13$$

因为 $n=\dfrac{3m+1}{2}$，所以，$n=2$ 或 20，矛盾. 从而，$m\geqslant n+1$.

由

$$n(n+1)>n^2+3=mq\geqslant(n+1)q\Rightarrow n>q$$

由式①知

$$n|(3mq+q)\Rightarrow n|\left[3(n^2+3)+q\right]\Rightarrow n|(q+9)\Rightarrow n\leqslant q+9$$

因为

$$q<n,9<n$$

所以

$$n\leqslant q+9<n+n=2n$$

因此

$$q+9=n$$

于是

$$n^2+3=mq=m(n-9)$$

由

$$m(n-9)-n^2-3=0$$

得

$$(m-n-9)(n-9)=84=3\times 4\times 7$$

因为 $m-n-9$ 为奇数，$n-9$ 为偶数，所以

$$4|(n-9)$$

由式①知

$$(n-9,3)=1$$

故

$$(m-n-9,n-9)$$
$$=(3,4\times 7)\text{或}(3\times 7,4)$$

由第一种情形得

$$(m,n) = (49,37)$$

由第二种情形得

$$(m,n) = (43,13)$$

综上

$$(m,n) = (1,1),(49,37),(43,13)$$

23.(2008年克罗地亚国家集训赛)求所有的整数 x,使得 $1 + 5 \times 2^x$ 为一个有理数的平方.

解 分类讨论如下.

(1)若 $x = 0$,则

$$1 + 5 \times 2^x = 6$$

它不是有理数的平方.

(2)若 $x > 0$,则 $1 + 5 \times 2^x$ 为正整数. 因此,若它为某个有理数的平方,则必存在一个正整数 n,使得

$$1 + 5 \times 2^x = n^2$$

即

$$5 \times 2^x = (n+1)(n-1)$$

因此,n 为大于1的奇数. 故 $n-1$ 和 $n+1$ 两数中恰有一个被4整除,且 $n^2 - 1$ 被5整除. 从而

$$n^2 - 1 \geqslant 5 \times 8 = 40$$

故 $n \geqslant 7$.

由于 $n-1$ 和 $n+1$ 为两个连续正偶数,故其中一个数被2整除,但不能被4整除,而另一个数被 2^{x-1} 整除,然而,由 $n \geqslant 7$ 得出,被2整除但不被4整除的那个数必含有因数5. 因此,$n-1$ 和 $n+1$ 两数中一个等于 $2 \times 5 = 10$,另一个等于 2^{x-1},易解得仅有 $n+1 = 10$,即 $n = 9$ 满足题意. 此时,$x = 4$.

(3)若 $x < 0$,则 $1 + 5 \times 2^x$ 为分数,且分母为2的幂. 若它为某有理数的平方,则存在一个正有理数 q,满足

$$1 + 5 \times 2^x = q^2$$

且 q 的分母为 $2^{-\frac{x}{2}}$. 因此,x 为偶数.

设

$$x = -2y \quad (y \in \mathbf{N}_+)$$

原方程两边同时乘以 2^{2y} 得

$$2^{2y} + 5 = (q \times 2^y)^2 \qquad ①$$

由于 $q \times 2^y = r$ 为正整数,故

$$式① \Leftrightarrow 5 = (r - 2^y)(r + 2^y)$$

于是

$$r - 2^y = 1, r + 2^y = 5$$

故

$$y = 1, x = -2$$

综上,所求的所有整数 $x = 4$ 或 $x = -2$.

24.(1905 年匈牙利数学奥林匹克)方程组

$$\begin{cases} x + py = n & ① \\ x + y = p^z & ② \end{cases}$$

(其中 n 和 p 是给定的自然数)有正整数解 (x, y, z) 的充分必要条件是什么? 再证明这样的解的个数不能大于 1.

证明 对于方程② $x + y = p^z$,仅当 $p > 1$ 时,才有正整数解 (x, y, z).

于是,我们假定 $p > 1$.

由方程组①,②解得

$$x = \frac{p^{z+1} - n}{p - 1} = \frac{p^{z+1} - 1}{p - 1} - \frac{n - 1}{p - 1} \qquad ③$$

$$y = \frac{n - p^z}{p - 1} = \frac{n - 1}{p - 1} - \frac{p^z - 1}{p - 1} \qquad ④$$

对所有的正整数 z,$\frac{p^{z+1} - 1}{p - 1}$ 和 $\frac{p^z - 1}{p - 1}$ 都是整数.

因此,由关系式③和④推出:当且仅当 $n - 1$ 是 $p - 1$ 的倍数时,x 和 y 是整数.

又由③和④可知,x 和 y 仅在

$$p^{z+1} > n > p^z$$

时,才是正数.

这就是说,数 n 应该在数 p 的两个连续的乘幂之间,而 z 应该取数 p 的两个幂指数中最小的那一个.

于是原方程组有正整数解 (x, y, z) 的充分必要条件是下列三个条件:

(1)$p > 1$;

(2)$n - 1$ 是 $p - 1$ 的倍数;

(3)n 不等于数 p 或 p 的整数次幂.

如果所有这三个条件都满足,那么原方程组有且仅有一组解. 为了得到这一组解,必须用上面所说的方法来选取 z,并用关系式③和④求出 x 和 y.

25.(2007 年保加利亚冬季数学奥林匹克)求所有的正整数 x,y,使得

$$(x^2+y)(y^2+x)$$

是一个质数的 5 次幂.

解 设

$$(x^2+y)(y^2+x)=p^5$$

其中,p 为质数,则

$$\begin{cases} x^2+y=p^s \\ y^2+x=p^t \end{cases}$$

其中

$$\{s,t\}=\{1,4\}\text{ 或}\{2,3\}$$

不妨设 $x<y$.

(1)

$$\begin{cases} x^2+y=p \\ y^2+x=p^4 \end{cases}$$

$$p^2=(x^2+y)^2>x+y^2=p^4$$

矛盾. 此时无解;

(2)

$$\begin{cases} x^2+y=p^2 \\ y^2+x=p^3 \end{cases}$$

由 $x<y$,有 $x<p$,有

$$p^2\mid[(x^2+y)(x^2-y)+(y^2+x)]$$

即

$$p^2\mid(x^4+x)=x(x+1)(x^2-x+1)$$

若 $p\mid(x+1)$,则 $p=x+1$,又

$$(x+1)(x^2-x+1)=(x+1)(x-2)+3$$

由

$$p\mid(x+1)(x^2-x+1)$$

得 $p\mid3$,所以 $p=3$,于是

$$x=2,y=5$$

若 $p\nmid(x+1)$,即

$$p^2\mid(x^2-x+1)$$

因为

$$p^2\mid(x^2+y)=(x^2-x+1)+(x+y-1)$$

所以

$$p^2 \mid (x + y - 1)$$

从而

$$y \geqslant p^2 - x + 1 > p^2 - p$$
$$p^3 = y^2 + x > p^2(p-1)^2$$

矛盾.

所以,所求的正整数解为$(2,5)$和$(5,2)$.

26. (1956年中国北京市高中数学竞赛)有一群儿童,他们的年龄之和是50岁. 其中最大的13岁,有一个是10岁,除去10岁的儿童之外,其余儿童的年龄恰好组成一个等差级数. 问有几个儿童,每个儿童几岁?

解 把最大儿童的年龄记作a,即$a = 13$.

设除去10岁的那个儿童外,还有$b+1$个儿童,并设他们年龄的公差为d,则这$b+1$个儿童的年龄为

$$a, a-d, a-2d, \cdots, a-bd$$

并且他们的年龄之和为

$$50 - 10 = 40$$

于是

$$a + (a-d) + \cdots + (a-bd) = 40$$
$$(b+1)a - \frac{b(b+1)}{2}d = 40$$
$$(b+1)(2a - bd) = 80$$

于是$b+1$能整除80.

$$2a - bd = a + (a - bd) > 13$$

因此

$$b + 1 < \frac{80}{13}$$

$$2a - bd < 2a = 26$$

从而又有

$$b + 1 > \frac{80}{26}$$

即

$$\frac{80}{26} < b + 1 < \frac{80}{13}$$

则$b+1$只能是$4,5$和6,又因为6不是80的约数,所以$b+1$可能等于4

或 5.

当 $b+1=4$ 时

$$b=3$$
$$(b+1)(2a-bd)=4(26-3d)=80$$

所以 $d=2$.

从而

$$a-d=11,a-2d=9,a-3d=7$$

所以一共有 $4+1=5$ 个儿童,他们的年龄分别是 $13,11,10,9,7$.

当 $b+1=5$ 时

$$b=4$$
$$(b+1)(2a-bd)=5(26-4d)=80$$

得 $d=2.5$ 不是整数.

所以 $b+1=5$ 不可能.

于是只有唯一一组解.

27. (1990 年中国国家集训队训练题)设 p 是素数,证明数列 $\left\{\dfrac{n(n+1)}{2}\right\}$ 中没有两项之比为 $p^{2l}(l\geqslant 1,l,n\in\mathbf{N})$.

证明 假设数列中有两项之比为 p^{2l},即

$$\frac{\dfrac{x(x+1)}{2}}{\dfrac{y(y+1)}{2}}=p^{2l}\quad(x,y\in\mathbf{N})$$

则本题等价于不定方程

$$x(x+1)=p^{2l}y(y+1)$$

无正整数解.

设 $p^l=k$,则不定方程化为

$$x^2+x=k^2y^2+k^2y \qquad\qquad ①$$

即

$$(ky-x)(ky+x)=x-k^2y$$

如果 $ky-x\geqslant 0$,则必有

$$x-k^2y\geqslant 0$$

从而

$$(ky-x)+(x-k^2y)\geqslant 0$$
$$ky(1-k)\geqslant 0$$

然而

$$k > 1, y \geqslant 1$$

出现矛盾. 因此必有

$$ky - x < 0$$

于是可令

$$x = ky + a \quad (a \geqslant 1)$$

代入①得

$$(ky + a)^2 + (ky + a) = k^2 y^2 + k^2 y$$
$$a(a + 1) = ky(k - 2a - 1) \qquad ②$$

由于 $(a, a + 1) = 1, k = p^l$ 及 p 是素数,则由②必有

$$k \mid a \text{ 或 } k \mid a + 1$$

因此 $a \geqslant k$.

然而此时式②右边 $k - 2a - 1 < 0$,出现矛盾.

所以不定方程①无正整数解. 即数列 $\left\{ \dfrac{n(n+1)}{2} \right\}$ 中没有两项之比为 p^{2l}, p 是素数.

28. (1987 年第 2 届中国东北三省数学邀请赛) $a_1, a_2, \cdots, a_{2n}$ 是 $2n$ 个互不相等的整数,如果方程

$$(x - a_1)(x - a_2) \cdots (x - a_{2n}) + (-1)^{n-1}(n!)^2 = 0$$

有一个整数解 r,求证

$$r = \frac{a_1 + a_2 + \cdots + a_{2n}}{2n}$$

证明 由题设可知

$$(r - a_1)(r - a_2) \cdots (r - a_{2n}) = (-1)^n (n!)^2$$

$r - a_1, r - a_2, \cdots, r - a_{2n}$ 是 $2n$ 个互不相等的整数,对上式两边取绝对值,得

$$|r - a_1||r - a_2| \cdots |r - a_{2n}| = (n!)^2$$

我们可以看出:$|r - a_1|, |r - a_2|, \cdots, |r - a_{2n}|$ 是 $2n$ 个正整数,而且其中至多有两个数相等.

若不然,设

$$|r - a_i| = |r - a_j| = |r - a_k| \quad (i \neq j \neq k)$$

那么,r 必小于 a_i, a_j 和 a_k 中的两个,或者 r 必大于 a_i, a_j, a_k 中的两个. 不妨设 $r > a_i, r > a_j$. 这时有

$$r - a_i = |r - a_i| = |r - a_j| = r - a_j$$

于是 $a_i = a_j$ 与已知矛盾.

由此可知,为使

$$|r-a_1|\,|r-a_2|\cdots|r-a_{2n}|=1\cdot1\cdot2\cdot2\cdots n\cdot n$$

必须且只需在$|r-a_1|,|r-a_2|,\cdots,|r-a_{2n}|$中,正好有两个1,两个2,……,两个$n$.

如果有$|r-a_i|=|r-a_j|$,也只能是

$$r-a_i=-(r-a_j)$$

否则,将有$a_i=a_j$.

因此有

$$(r-a_1)+(r-a_2)+\cdots+(r-a_{2n})=0$$

$$r=\frac{a_1+a_2+\cdots+a_{2n}}{2n}$$

29. (2007年中国国家队集训测试)求所有的正整数对(a,b),满足:a^2+b+1是一个素数的幂,a^2+b+1整除b^2-a^3-1,且a^2+b+1不整除$(a+b-1)^2$.

解 由已知

$$\frac{(b+1)(a+b-1)}{a^2+b+1}=\frac{b^2-a^3-1}{a^2+b+1}+a$$

也是整数.

设

$$p^k=m=a^2+b+1$$

k为正整数,则

$$p^k\mid(b+1)(a+b-1)$$

若p不整除$b+1$、$a+b-1$之一,则p^k必整除另一个,但此时

$$p^k=a^2+b+1>\max\{b+1,a+b-1\}$$

矛盾! 故

$$b+1\equiv a+b-1\equiv0(\bmod\ p)$$

$$a^2=p^k-(b+1)\equiv0(\bmod\ p)$$

由于p为素数,有

$$a\equiv0(\bmod\ p)$$

$$0\equiv(b+1)-(a+b-1)+a\equiv2(\bmod\ p)\Rightarrow p=2$$

设

$$\begin{cases} a^2+b+1=2^k \\ b+1=2^{k_1}t_1 \\ a+b-1=2^{k_2}t_2 \\ k_1+k_2\geqslant k \\ k>2k_2 \end{cases}$$

其中,t_1,t_2 为奇数,k_1,k_2 为正整数,最后一式由

$$m \nmid (a+b-1)^2$$

可知.

由于

$$2^k = a^2 + b + 1 > b + 1 = 2^{k_1} t_1$$

故还可得到

$$k > k_1$$

(1)当 $k_1 \geqslant 3$.

因为

$$a^2 = 2^k - 2^{k_1} t_1 \equiv 0 (\bmod 2^3)$$

故

$$a \equiv 0 (\bmod 4), a+b-1 \equiv 0-1-1 \equiv 2 (\bmod 4)$$

由此必有 $k_2 = 1$. 由

$$k_1 + k_2 \geqslant k > k_1$$

知

$$k = k_1 + 1$$

此时

$$2^{k_1} t_1 = b + 1 < a^2 + b + 1 = 2^k = 2^{k_1 + 1}$$

故

$$t_1 = 1$$

于是

$$\begin{cases} b+1 = 2^{k_1} \\ a^2 + b + 1 = 2^{k_1+1} \end{cases} \Rightarrow \begin{cases} a = 2^x \\ b = 2^{2x} - 1 \end{cases}$$

这里仅当 k_1 为偶数时才有对应解(因出现了 a^2),故设 $k_1 = 2x$,则

$$(a,b) = (2^x, 2^{2x} - 1)$$

为一组通解. 经检验知,当 $x = 1$ 时

$$(a,b) = (2,3)$$

但

$$\frac{(a+b-1)^2}{a^2+b+1} = 2$$

为整数,故舍去;对 $x \geqslant 2$,数组均满足所有条件.

(2)当 $k_1 = 2$.

由 $k > k_1$ 知,$k \geqslant 3$.

由

$$k_1 + k_2 \geqslant k \text{ 及 } k > 2k_2$$

知

$$2k_2 < k \leqslant k_2 + 2 \Rightarrow k_2 < 2$$

继而有 $k \leqslant 3$,故

$$k = 3$$

但

$$\begin{cases} b+1 = 2^2 t_1 \\ a^2 + b + 1 = 8 \end{cases} \Rightarrow \begin{cases} t_1 = 1 \\ a = 2 \\ b = 3 \end{cases}$$

舍去.

(3)当 $k_1 = 1$,则

$$2k_2 < k \leqslant k_2 + 1 \Rightarrow k_2 < 1$$

矛盾!

综上,所求数组 (a,b) 为 $(2^x, 2^{2x-1})(x = 2,3,4,\cdots)$.

30. (2004 年第 54 届白俄罗斯数学奥林匹克)正整数 a,b,c 满足等式

$$c(ac+1)^2 = (5c+2b)(2c+b) \qquad ①$$

(1)证明:若 c 为奇数,则 c 为完全平方数;

(2)对某个 a,b,是否存在偶数 c 满足式①;

(3)证明:式①有无穷多组正整数解 (a,b,c).

证明 (2)假设 c 为偶数,记 $c = 2c_1$. 则已知等式可写为

$$c_1(2ac_1+1)^2 = (5c_1+b)(4c_1+b)$$

设 $d = (c_1, b)$,则

$$c_1 = dc_0, b = db_0$$

其中 $(c_0, b_0) = 1$. 于是,有

$$c_0(2adc_0+1)^2 = d(5c_0+b_0)(4c_0+b_0)$$

显然

$$(c_0, 5c_0+b_0) = (c_0, 4c_0+b_0) = (d, (2adc_0+1)^2) = 1$$

因此

$$c_0 = d$$

从而

$$(2ad^2+1)^2 = (5d+b_0)(4d+b_0)$$

注意到

$$(5c_0 + b_0, 4c_0 + b_0)$$

$$= (5c_0 + b_0 - 4c_0 - b_0, 4c_0 + b_0)$$

$$= (c_0, 4c_0 + b_0) = (c_0, 4c_0 + b_0 - 4c_0)$$

$$= (c_0, b_0) = 1$$

所以

$$5d + b_0 = m^2, 4d + b_0 = n^2$$

$$2ad^2 + 1 = mn \quad (m, n \in \mathbf{N}_+)$$

于是, $d = m^2 - n^2$(显然, $m > n$). 则

$$mn = 1 + 2ad^2$$

$$= 1 + 2a(m - n)^2(m + n)^2$$

$$\geqslant 1 + 2a(m + n)^2$$

$$\geqslant 1 + 8amn \geqslant 1 + 8mn$$

故

$$0 \geqslant 1 + 7mn$$

矛盾.

因此, c 是奇数.

(1)类似(2),设

$$c = dc_0, b = db_0$$

其中 $d = (c, b)$ 且 $(c_0, b_0) = 1$. 则已知等式可改写为

$$c_0(adc_0 + 1)^2 = d(5c_0 + 2b_0)(2c_0 + b_0)$$

注意到

$$(c_0, 5c_0 + 2b_0) = (c_0, 2c_0 + b_0)$$

$$= (d, (adc_0 + 1)^2) = 1$$

因此, $c_0 = d$, 从而

$$c = dc_0 = d^2$$

(3)令 $c = 1$, 只需证明方程

$$(a + 1)^2 = (5 + 2b)(2 + b)$$

有无穷多组整数解 (a, b).

事实上, 设

$$5 + 2b = m^2, 2 + b = n^2$$

则

$$a = mn - 1$$

从而, 只需证明:存在无穷多组 $m, n \in \mathbf{N}_+$, 满足

$$5 + 2b = m^2, 2 + b = n^2$$

即

$$m^2 - 2n^2 = 1 \qquad ②$$

显然,$(3,2)$是式②的解. 又若(m,n)是式②的解,那么,$(3m+4n,3n+2m)$也是式②的解.

31.(1990 年第 5 届中国中学生数学冬令营)设 a 是给定的正整数,A 和 B 是两个实数,试确定方程组

$$x^2 + y^2 + z^2 = (13a)^2 \qquad ①$$

$$x^2(Ax^2 + By^2) + y^2(Ay^2 + Bz^2) + z^2(Az^2 + Bx^2) = \frac{1}{4}(2A+B)(13a)^4 \qquad ②$$

有正整数解的充分必要条件(用 A,B 的关系式表示,并予以证明).

证明 方程①平方得

$$x^4 + y^4 + z^4 + 2x^2y^2 + 2y^2z^2 + 2z^2x^2 = (13a)^4$$

乘以 $\frac{1}{2}B$ 得

$$\frac{1}{2}B(x^4 + y^4 + z^4) + B(x^2y^2 + y^2z^2 + z^2x^2) = \frac{1}{2}B(13a)^4 \qquad ③$$

式③与式②相减得

$$\left(A - \frac{1}{2}B\right)(x^4 + y^4 + z^4) = \frac{1}{2}\left(A - \frac{1}{2}B\right)(13a)^4 \qquad ④$$

下面分两种情况讨论.

(1)当 $A \neq \frac{1}{2}B$ 时

$$A - \frac{1}{2}B \neq 0$$

则方程④等价于

$$2(x^4 + y^4 + z^4) = (13a)^4 \qquad ⑤$$

设原方程组有正整数解 (x,y,z),则正整数 x,y,z 必定满足方程⑤. 显然,a 必为偶数.

设 $a = 2a_1$,则方程⑤等价于

$$x^4 + y^4 + z^4 = 8(13a_1)^4 \qquad ⑥$$

由方程⑥可知,x,y,z 必定全为偶数. 否则,如果 x,y,z 都为奇数,或者一个为奇数,两个为偶数,则方程⑥的左边为奇数,右边为偶数;如果两个为奇数,一个为偶数,则方程⑥的左边为 $8k+2$ 型的数,右边为 $8k$ 型的数,这都不可能.

设

$$x = 2x_1, y = 2y_1, z = 2z_1$$

则方程⑥等价于

$$2(x_1^4 + y_1^4 + z_1^4) = (13a_1)^4$$

显然,a_1 必为偶数.

设 $a_1 = 2a_2$,利用类似的推理可知:x_1, y_1, z_1 也都是偶数.

设

$$x_1 = 2x_2, y_1 = 2y_2, z_1 = 2z_2$$

则有

$$2(x_2^4 + y_2^4 + z_2^4) = (13a_2)^4$$

由于 a 为给定的正整数,所以上述推理过程经过有限次可得到整数 x_k, y_k, z_k,且满足

$$2(x_k^4 + y_k^4 + z_k^4) = 13^4$$

这显然是不可能的. 从而当 $A \neq \dfrac{1}{2} B$ 时,原方程没有正整数解.

(2)当 $A = \dfrac{1}{2} B$ 时.

若 $A = B = 0$,则方程②为恒等式.

若 $B \neq 0$,则 $A \neq 0$,于是方程②即为

$$(x^2 + y^2 + z^2)^2 = (13a)^4$$

即

$$x^2 + y^2 + z^2 = (13a)^2$$

这就是说,无论何种情况,如果 (x, y, z) 满足方程①也必定满足方程②,从而方程组显然有解

$$x = 3a, y = 4a, z = 12a$$

于是方程组有正整数解的充分必要条件是

$$A = \dfrac{1}{2} B$$

32. 求所有的正整数 x, y, z,使得

$$\sqrt{\dfrac{2\,009}{x+y}} + \sqrt{\dfrac{2\,009}{y+z}} + \sqrt{\dfrac{2\,009}{z+x}}$$

是整数.

解 先证明一个引理.

引理 若 p, q, r 是有理数,且

$$S = \sqrt{p} + \sqrt{q} + \sqrt{r}$$

也是有理数,则 $\sqrt{p}$, $\sqrt{q}$, $\sqrt{r}$ 一定都是有理数.

引理的证明 注意到

$$(\sqrt{p}+\sqrt{q})^2 = (S-\sqrt{r})^2 \Rightarrow 2\sqrt{pq} = S^2 + r - p - q - 2S\sqrt{r}$$

设

$$M = S^2 + r - p - q > 0$$

则

$$2\sqrt{pq} = M - 2S\sqrt{r}$$

将上式两边平方得

$$4pq = M^2 + 4S^2 r - 4MS\sqrt{r}$$

故

$$\sqrt{r} = \frac{M^2 + 4S^2 r - 4pq}{4MS}$$

是有理数.

同理,$\sqrt{p}$, $\sqrt{q}$ 也是有理数.

下面证明原题.

假设 x, y, z 是满足条件的正整数.

又 $\sqrt{\dfrac{2\,009}{x+y}} + \sqrt{\dfrac{2\,009}{y+z}} + \sqrt{\dfrac{2\,009}{x+z}}$ 是整数,由引理知 $\sqrt{\dfrac{2\,009}{x+y}}$, $\sqrt{\dfrac{2\,009}{y+z}}$,

$\sqrt{\dfrac{2\,009}{x+z}}$ 是有理数.

设

$$\sqrt{\frac{2\,009}{x+y}} = \frac{a}{b}$$

且

$$(a, b) = 1$$

$$\sqrt{\frac{2\,009}{y+z}} = \frac{a}{c}, \quad \sqrt{\frac{2\,009}{x+z}} = \frac{a}{d}$$

则

$$2\,009b^2 = (x+y)a^2$$

因此,a^2 能整除 $2\,009$. 所以,$a = 1$. 从而

$$x + y = 2\,009b^2 \qquad ①$$

同理

$$y + z = 2\,009c^2 \qquad ②$$

$$z + x = 2\ 009d^2 \qquad\qquad ③$$

将式①②③代入原表达式知 $\dfrac{1}{b} + \dfrac{1}{c} + \dfrac{1}{d}$ 是正整数.

①+③得

$$2x + y + z = 2\ 009b^2 + 2\ 009d^2$$

将式②代入上式得

$$x = \frac{2\ 009}{2}(b^2 + d^2 - c^2)$$

同理

$$y = \frac{2\ 009}{2}(b^2 + c^2 - d^2),$$

$$z = \frac{2\ 009}{2}(c^2 + d^2 - b^2)$$

注意到

$$\frac{1}{b} + \frac{1}{c} + \frac{1}{d} \leqslant 3$$

分以下三种情况讨论.

(1)当

$$\frac{1}{b} + \frac{1}{c} + \frac{1}{d} = 3$$

时

$$b = c = d = 1$$

由式①②③知

$$x + y = y + z = z + x = 2\ 009$$

没有正整数解.

(2)当

$$\frac{1}{b} + \frac{1}{c} + \frac{1}{d} = 2$$

时,b,c,d 中必有一个等于 1,另外两个等于 2. 此时,不存在满足条件的 x,y,z.

(3)当

$$\frac{1}{b} + \frac{1}{c} + \frac{1}{d} = 1$$

时,不妨设

$$b \geqslant c \geqslant d > 1$$

则

$$\frac{3}{d} \geqslant \frac{1}{b} + \frac{1}{c} + \frac{1}{d}$$

故

$$d = 2 \text{ 或 } d = 3$$

（ⅰ）若 $d = 3$，则 $b = c = 3$. 此时，不存在满足条件的 x, y, z.

（ⅱ）若 $d = 2$，则 $c > 2$，且

$$\frac{2}{c} \geqslant \frac{1}{b} + \frac{1}{c} = \frac{1}{2}$$

故 $c = 3$ 或 $c = 4$.

（a）若 $c = 3$，则 $b = 6$. 此时，不存在满足条件的 x, y, z.

（b）若 $c = 4$，则 $b = 4$. 此时，存在满足条件的 x, y, z. 计算得

$$x = \frac{2\,009}{2}(16 + 4 - 16) = 4\,018$$

$$y = \frac{2\,009}{2}(16 + 16 - 4) = 28\,126$$

$$z = \frac{2\,009}{2}(16 + 4 - 16) = 4\,018$$

所以，x, y, z 中一个为 28 126，另外两个均为 4 018.

刘培杰数学工作室
已出版(即将出版)图书目录——初等数学

书　　名	出版时间	定　价	编号
新编中学数学解题方法全书(高中版)上卷(第2版)	2018—08	58.00	951
新编中学数学解题方法全书(高中版)中卷(第2版)	2018—08	68.00	952
新编中学数学解题方法全书(高中版)下卷(一)(第2版)	2018—08	58.00	953
新编中学数学解题方法全书(高中版)下卷(二)(第2版)	2018—08	58.00	954
新编中学数学解题方法全书(高中版)下卷(三)(第2版)	2018—08	68.00	955
新编中学数学解题方法全书(初中版)上卷	2008—01	28.00	29
新编中学数学解题方法全书(初中版)中卷	2010—07	38.00	75
新编中学数学解题方法全书(高考复习卷)	2010—01	48.00	67
新编中学数学解题方法全书(高考真题卷)	2010—01	38.00	62
新编中学数学解题方法全书(高考精华卷)	2011—03	68.00	118
新编平面解析几何解题方法全书(专题讲座卷)	2010—01	18.00	61
新编中学数学解题方法全书(自主招生卷)	2013—08	88.00	261
数学奥林匹克与数学文化(第一辑)	2006—05	48.00	4
数学奥林匹克与数学文化(第二辑)(竞赛卷)	2008—01	48.00	19
数学奥林匹克与数学文化(第二辑)(文化卷)	2008—07	58.00	36′
数学奥林匹克与数学文化(第三辑)(竞赛卷)	2010—01	48.00	59
数学奥林匹克与数学文化(第四辑)(竞赛卷)	2011—08	58.00	87
数学奥林匹克与数学文化(第五辑)	2015—06	98.00	370
世界著名平面几何经典著作钩沉——几何作图专题卷(上)	2009—06	48.00	49
世界著名平面几何经典著作钩沉——几何作图专题卷(下)	2011—01	88.00	80
世界著名平面几何经典著作钩沉(民国平面几何老课本)	2011—03	38.00	113
世界著名平面几何经典著作钩沉(建国初期平面三角老课本)	2015—08	38.00	507
世界著名解析几何经典著作钩沉——平面解析几何卷	2014—01	38.00	264
世界著名数论经典著作钩沉(算术卷)	2012—01	28.00	125
世界著名数学经典著作钩沉——立体几何卷	2011—02	28.00	88
世界著名三角学经典著作钩沉(平面三角卷Ⅰ)	2010—06	28.00	69
世界著名三角学经典著作钩沉(平面三角卷Ⅱ)	2011—01	38.00	78
世界著名初等数论经典著作钩沉(理论和实用算术卷)	2011—07	38.00	126
发展你的空间想象力	2017—06	38.00	785
走向国际数学奥林匹克的平面几何试题诠释(上、下)(第1版)	2007—01	68.00	11,12
走向国际数学奥林匹克的平面几何试题诠释(上、下)(第2版)	2010—02	98.00	63,64
平面几何证明方法全书	2007—08	35.00	1
平面几何证明方法全书习题解答(第1版)	2005—10	18.00	2
平面几何证明方法全书习题解答(第2版)	2006—12	18.00	10
平面几何天天练上卷·基础篇(直线型)	2013—01	58.00	208
平面几何天天练中卷·基础篇(涉及圆)	2013—01	28.00	234
平面几何天天练下卷·提高篇	2013—01	58.00	237
平面几何专题研究	2013—07	98.00	258

刘培杰数学工作室
已出版(即将出版)图书目录——初等数学

书　名	出版时间	定　价	编号
最新世界各国数学奥林匹克中的平面几何试题	2007—09	38.00	14
数学竞赛平面几何典型题及新颖解	2010—07	48.00	74
初等数学复习及研究(平面几何)	2008—09	58.00	38
初等数学复习及研究(立体几何)	2010—06	38.00	71
初等数学复习及研究(平面几何)习题解答	2009—01	48.00	42
几何学教程(平面几何卷)	2011—03	68.00	90
几何学教程(立体几何卷)	2011—07	68.00	130
几何变换与几何证题	2010—06	88.00	70
计算方法与几何证题	2011—06	28.00	129
立体几何技巧与方法	2014—04	88.00	293
几何瑰宝——平面几何500名题暨1000条定理(上、下)	2010—07	138.00	76,77
三角形的解法与应用	2012—07	18.00	183
近代的三角形几何学	2012—07	48.00	184
一般折线几何学	2015—08	48.00	503
三角形的五心	2009—06	28.00	51
三角形的六心及其应用	2015—10	68.00	542
三角形趣谈	2012—08	28.00	212
解三角形	2014—01	28.00	265
三角学专门教程	2014—09	28.00	387
图天下几何新题试卷.初中(第2版)	2017—11	58.00	855
圆锥曲线习题集(上册)	2013—06	68.00	255
圆锥曲线习题集(中册)	2015—01	78.00	434
圆锥曲线习题集(下册·第1卷)	2016—10	78.00	683
圆锥曲线习题集(下册·第2卷)	2018—01	98.00	853
论九点圆	2015—05	88.00	645
近代欧氏几何学	2012—03	48.00	162
罗巴切夫斯基几何学及几何基础概要	2012—07	28.00	188
罗巴切夫斯基几何学初步	2015—06	28.00	474
用三角、解析几何、复数、向量计算解数学竞赛几何题	2015—03	48.00	455
美国中学几何教程	2015—04	88.00	458
三线坐标与三角形特征点	2015—04	98.00	460
平面解析几何方法与研究(第1卷)	2015—05	18.00	471
平面解析几何方法与研究(第2卷)	2015—06	18.00	472
平面解析几何方法与研究(第3卷)	2015—07	18.00	473
解析几何研究	2015—01	38.00	425
解析几何学教程.上	2016—01	38.00	574
解析几何学教程.下	2016—01	38.00	575
几何学基础	2016—01	58.00	581
初等几何研究	2015—02	58.00	444
十九和二十世纪欧氏几何学中的片段	2017—01	58.00	696
平面几何中考.高考.奥数一本通	2017—07	28.00	820
几何学简史	2017—08	28.00	833
四面体	2018—01	48.00	880
平面几何图形特性新析.上篇	即将出版		911
平面几何图形特性新析.下篇	2018—06	88.00	912
平面几何范例多解探究.上篇	2018—04	48.00	913
平面几何范例多解探究.下篇	即将出版		914
从分析解题过程学解题:竞赛中的几何问题研究	2018—07	68.00	946

刘培杰数学工作室
已出版(即将出版)图书目录——初等数学

书　名	出版时间	定　价	编号
俄罗斯平面几何问题集	2009—08	88.00	55
俄罗斯立体几何问题集	2014—03	58.00	283
俄罗斯几何大师——沙雷金论数学及其他	2014—01	48.00	271
来自俄罗斯的 5000 道几何习题及解答	2011—03	58.00	89
俄罗斯初等数学问题集	2012—05	38.00	177
俄罗斯函数问题集	2011—03	38.00	103
俄罗斯组合分析问题集	2011—01	48.00	79
俄罗斯初等数学万题选——三角卷	2012—11	38.00	222
俄罗斯初等数学万题选——代数卷	2013—08	68.00	225
俄罗斯初等数学万题选——几何卷	2014—01	68.00	226
俄罗斯《量子》杂志数学征解问题100题选	2018—08	48.00	969
俄罗斯《量子》杂志数学征解问题又100题选	2018—08	48.00	970
463 个俄罗斯几何老问题	2012—01	28.00	152
《量子》数学短文精粹	2018—09	38.00	972
谈谈素数	2011—03	18.00	91
平方和	2011—03	18.00	92
整数论	2011—05	38.00	120
从整数谈起	2015—10	28.00	538
数与多项式	2016—01	38.00	558
谈谈不定方程	2011—05	28.00	119
解析不等式新论	2009—06	68.00	48
建立不等式的方法	2011—03	98.00	104
数学奥林匹克不等式研究	2009—08	68.00	56
不等式研究(第二辑)	2012—02	68.00	153
不等式的秘密(第一卷)	2012—02	28.00	154
不等式的秘密(第一卷)(第2版)	2014—02	38.00	286
不等式的秘密(第二卷)	2014—01	38.00	268
初等不等式的证明方法	2010—06	38.00	123
初等不等式的证明方法(第二版)	2014—11	38.00	407
不等式·理论·方法(基础卷)	2015—07	38.00	496
不等式·理论·方法(经典不等式卷)	2015—07	38.00	497
不等式·理论·方法(特殊类型不等式卷)	2015—07	48.00	498
不等式探究	2016—03	38.00	582
不等式探秘	2017—01	88.00	689
四面体不等式	2017—01	68.00	715
数学奥林匹克中常见重要不等式	2017—09	38.00	845
三正弦不等式	2018—09	98.00	974
同余理论	2012—05	38.00	163
[x]与{x}	2015—04	48.00	476
极值与最值.上卷	2015—06	28.00	486
极值与最值.中卷	2015—06	38.00	487
极值与最值.下卷	2015—06	28.00	488
整数的性质	2012—11	38.00	192
完全平方数及其应用	2015—08	78.00	506
多项式理论	2015—10	88.00	541
奇数、偶数、奇偶分析法	2018—01	98.00	876

刘培杰数学工作室
已出版(即将出版)图书目录——初等数学

书　名	出版时间	定　价	编号
历届美国中学生数学竞赛试题及解答(第一卷)1950—1954	2014—07	18.00	277
历届美国中学生数学竞赛试题及解答(第二卷)1955—1959	2014—04	18.00	278
历届美国中学生数学竞赛试题及解答(第三卷)1960—1964	2014—06	18.00	279
历届美国中学生数学竞赛试题及解答(第四卷)1965—1969	2014—04	28.00	280
历届美国中学生数学竞赛试题及解答(第五卷)1970—1972	2014—06	18.00	281
历届美国中学生数学竞赛试题及解答(第六卷)1973—1980	2017—07	18.00	768
历届美国中学生数学竞赛试题及解答(第七卷)1981—1986	2015—01	18.00	424
历届美国中学生数学竞赛试题及解答(第八卷)1987—1990	2017—05	18.00	769

书　名	出版时间	定　价	编号
历届IMO试题集(1959—2005)	2006—05	58.00	5
历届CMO试题集	2008—09	28.00	40
历届中国数学奥林匹克试题集(第2版)	2017—03	38.00	757
历届加拿大数学奥林匹克试题集	2012—08	38.00	215
历届美国数学奥林匹克试题集:多解推广加强	2012—08	38.00	209
历届美国数学奥林匹克试题集:多解推广加强(第2版)	2016—03	48.00	592
历届波兰数学竞赛试题集.第1卷,1949~1963	2015—03	18.00	453
历届波兰数学竞赛试题集.第2卷,1964~1976	2015—03	18.00	454
历届巴尔干数学奥林匹克试题集	2015—05	38.00	466
保加利亚数学奥林匹克	2014—10	38.00	393
圣彼得堡数学奥林匹克试题集	2015—01	38.00	429
匈牙利奥林匹克数学竞赛题解.第1卷	2016—05	28.00	593
匈牙利奥林匹克数学竞赛题解.第2卷	2016—05	28.00	594
历届美国数学邀请赛试题集(第2版)	2017—10	78.00	851
全国高中数学竞赛试题及解答.第1卷	2014—07	38.00	331
普林斯顿大学数学竞赛	2016—06	38.00	669
亚太地区数学奥林匹克竞赛题	2015—07	18.00	492
日本历届(初级)广中杯数学竞赛试题及解答.第1卷(2000~2007)	2016—05	28.00	641
日本历届(初级)广中杯数学竞赛试题及解答.第2卷(2008~2015)	2016—05	38.00	642
360个数学竞赛问题	2016—08	58.00	677
奥数最佳实战题.上卷	2017—06	38.00	760
奥数最佳实战题.下卷	2017—05	58.00	761
哈尔滨市早期中学数学竞赛试题汇编	2016—07	28.00	672
全国高中数学联赛试题及解答:1981—2017(第2版)	2018—05	98.00	920
20世纪50年代全国部分城市数学竞赛试题汇编	2017—07	28.00	797
高中数学竞赛培训教程:平面几何问题的求解方法与策略.上	2018—05	68.00	906
高中数学竞赛培训教程:平面几何问题的求解方法与策略.下	2018—06	78.00	907
高中数学竞赛培训教程:整除与同余以及不定方程	2018—01	88.00	908
高中数学竞赛培训教程:组合计数与组合极值	2018—04	48.00	909
国内外数学竞赛题及精解:2016~2017	2018—07	45.00	922
许康华竞赛优学精选集.第一辑	2018—08	68.00	949

书　名	出版时间	定　价	编号
高考数学临门一脚(含密押三套卷)(理科版)	2017—01	45.00	743
高考数学临门一脚(含密押三套卷)(文科版)	2017—01	45.00	744
新课标高考数学题型全归纳(文科版)	2015—05	72.00	467
新课标高考数学题型全归纳(理科版)	2015—05	82.00	468
洞穿高考数学解答题核心考点(理科版)	2015—11	49.80	550
洞穿高考数学解答题核心考点(文科版)	2015—11	46.80	551

刘培杰数学工作室
已出版(即将出版)图书目录——初等数学

书　名	出版时间	定　价	编号
高考数学题型全归纳:文科版.上	2016—05	53.00	663
高考数学题型全归纳:文科版.下	2016—05	53.00	664
高考数学题型全归纳:理科版.上	2016—05	58.00	665
高考数学题型全归纳:理科版.下	2016—05	58.00	666
王连笑教你怎样学数学:高考选择题解题策略与客观题实用训练	2014—01	48.00	262
王连笑教你怎样学数学:高考数学高层次讲座	2015—02	48.00	432
高考数学的理论与实践	2009—08	38.00	53
高考数学核心题型解题方法与技巧	2010—01	28.00	86
高考思维新平台	2014—03	38.00	259
30 分钟拿下高考数学选择题、填空题(理科版)	2016—10	39.80	720
30 分钟拿下高考数学选择题、填空题(文科版)	2016—10	39.80	721
高考数学压轴题解题诀窍(上)(第 2 版)	2018—01	58.00	874
高考数学压轴题解题诀窍(下)(第 2 版)	2018—01	48.00	875
北京市五区文科数学三年高考模拟题详解:2013~2015	2015—08	48.00	500
北京市五区理科数学三年高考模拟题详解:2013~2015	2015—09	68.00	505
向量法巧解数学高考题	2009—08	28.00	54
高考数学万能解题法(第 2 版)	即将出版	38.00	691
高考物理万能解题法(第 2 版)	即将出版	38.00	692
高考化学万能解题法(第 2 版)	即将出版	28.00	693
高考生物万能解题法(第 2 版)	即将出版	28.00	694
高考数学解题金典(第 2 版)	2017—01	78.00	716
高考物理解题金典(第 2 版)	即将出版	68.00	717
高考化学解题金典(第 2 版)	即将出版	58.00	718
我一定要赚分:高中物理	2016—01	38.00	580
数学高考参考	2016—01	78.00	589
2011~2015 年全国及各省市高考数学文科精品试题审题要津与解法研究	2015—10	68.00	539
2011~2015 年全国及各省市高考数学理科精品试题审题要津与解法研究	2015—10	88.00	540
最新全国及各省市高考数学试卷解法研究及点拨评析	2009—02	38.00	41
2011 年全国及各省市高考数学试题审题要津与解法研究	2011—10	48.00	139
2013 年全国及各省市高考数学试题解析与点评	2014—01	48.00	282
全国及各省市高考数学试题审题要津与解法研究	2015—02	48.00	450
新课标高考数学——五年试题分章详解(2007~2011)(上、下)	2011—10	78.00	140,141
全国中考数学压轴题审题要津与解法研究	2013—04	78.00	248
新编全国及各省市中考数学压轴题审题要津与解法研究	2014—05	58.00	342
全国及各省市 5 年中考数学压轴题审题要津与解法研究(2015 版)	2015—04	58.00	462
中考数学专题总复习	2007—04	28.00	6
中考数学较难题、难题常考题型解题方法与技巧.上	2016—01	48.00	584
中考数学较难题、难题常考题型解题方法与技巧.下	2016—01	58.00	585
中考数学较难题常考题型解题方法与技巧	2016—09	48.00	681
中考数学难题常考题型解题方法与技巧	2016—09	48.00	682
中考数学中档题常考题型解题方法与技巧	2017—08	68.00	835
中考数学选择填空压轴好题妙解365	2017—05	38.00	759

刘培杰数学工作室
已出版(即将出版)图书目录——初等数学

书　　名	出版时间	定　价	编号
中考数学小压轴汇编初讲	2017—07	48.00	788
中考数学大压轴专题微言	2017—09	48.00	846
北京中考数学压轴题解题方法突破(第3版)	2017—11	48.00	854
助你高考成功的数学解题智慧:知识是智慧的基础	2016—01	58.00	596
助你高考成功的数学解题智慧:错误是智慧的试金石	2016—04	58.00	643
助你高考成功的数学解题智慧:方法是智慧的推手	2016—04	68.00	657
高考数学奇思妙解	2016—04	38.00	610
高考数学解题策略	2016—05	48.00	670
数学解题泄天机(第2版)	2017—10	48.00	850
高考物理压轴题全解	2017—04	48.00	746
高中物理经典问题25讲	2017—05	28.00	764
高中物理教学讲义	2018—01	48.00	871
2016年高考文科数学真题研究	2017—04	58.00	754
2016年高考理科数学真题研究	2017—04	78.00	755
初中数学、高中数学脱节知识补缺教材	2017—06	48.00	766
高考数学小题抢分必练	2017—10	48.00	834
高考数学核心素养解读	2017—09	38.00	839
高考数学客观题解题方法和技巧	2017—10	38.00	847
十年高考数学精品试题审题要津与解法研究.上卷	2018—01	68.00	872
十年高考数学精品试题审题要津与解法研究.下卷	2018—01	58.00	873
中国历届高考数学试题及解答.1949—1979	2018—01	38.00	877
历届中国高考数学试题及解答.第二卷,1980—1989	2018—10	28.00	975
历届中国高考数学试题及解答.第三卷,1990—1999	2018—10	48.00	976
数学文化与高考研究	2018—03	48.00	882
跟我学解高中数学题	2018—07	58.00	926
中学数学研究的方法及案例	2018—05	58.00	869
高考数学抢分技能	2018—07	68.00	934
高一新生常用数学方法和重要数学思想提升教材	2018—06	38.00	921
新编640个世界著名数学智力趣题	2014—01	88.00	242
500个最新世界著名数学智力趣题	2008—06	48.00	3
400个最新世界著名数学最值问题	2008—09	48.00	36
500个世界著名数学征解问题	2009—06	48.00	52
400个中国最佳初等数学征解老问题	2010—01	48.00	60
500个俄罗斯数学经典老题	2011—01	28.00	81
1000个国外中学物理好题	2012—04	48.00	174
300个日本高考数学题	2012—05	38.00	142
700个早期日本高考数学试题	2017—02	88.00	752
500个前苏联早期高考数学试题及解答	2012—05	28.00	185
546个早期俄罗斯大学生数学竞赛题	2014—03	38.00	285
548个来自美苏的数学好问题	2014—11	28.00	396
20所苏联著名大学早期入学试题	2015—02	18.00	452
161道德国工科大学生必做的微分方程习题	2015—05	28.00	469
500个德国工科大学生必做的高数习题	2015—06	28.00	478
360个数学竞赛问题	2016—08	58.00	677
200个趣味数学故事	2018—02	48.00	857
470个数学奥林匹克中的最值问题	2018—10	88.00	985
德国讲义日本考题.微积分卷	2015—04	48.00	456
德国讲义日本考题.微分方程卷	2015—04	38.00	457
二十世纪中叶中、英、美、日、法、俄高考数学试题精选	2017—06	38.00	783

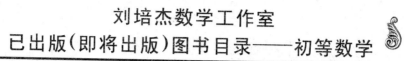

书　名	出版时间	定　价	编号
中国初等数学研究　2009 卷(第 1 辑)	2009—05	20.00	45
中国初等数学研究　2010 卷(第 2 辑)	2010—05	30.00	68
中国初等数学研究　2011 卷(第 3 辑)	2011—07	60.00	127
中国初等数学研究　2012 卷(第 4 辑)	2012—07	48.00	190
中国初等数学研究　2014 卷(第 5 辑)	2014—02	48.00	288
中国初等数学研究　2015 卷(第 6 辑)	2015—06	68.00	493
中国初等数学研究　2016 卷(第 7 辑)	2016—04	68.00	609
中国初等数学研究　2017 卷(第 8 辑)	2017—01	98.00	712
几何变换(Ⅰ)	2014—07	28.00	353
几何变换(Ⅱ)	2015—06	28.00	354
几何变换(Ⅲ)	2015—01	38.00	355
几何变换(Ⅳ)	2015—12	38.00	356
初等数论难题集(第一卷)	2009—05	68.00	44
初等数论难题集(第二卷)(上、下)	2011—02	128.00	82,83
数论概貌	2011—03	18.00	93
代数数论(第二版)	2013—08	58.00	94
代数多项式	2014—06	38.00	289
初等数论的知识与问题	2011—02	28.00	95
超越数论基础	2011—03	28.00	96
数论初等教程	2011—03	28.00	97
数论基础	2011—03	18.00	98
数论基础与维诺格拉多夫	2014—03	18.00	292
解析数论基础	2012—08	28.00	216
解析数论基础(第二版)	2014—01	48.00	287
解析数论问题集(第二版)(原版引进)	2014—05	88.00	343
解析数论问题集(第二版)(中译本)	2016—04	88.00	607
解析数论基础(潘承洞,潘承彪著)	2016—07	98.00	673
解析数论导引	2016—07	58.00	674
数论入门	2011—03	38.00	99
代数数论入门	2015—03	38.00	448
数论开篇	2012—07	28.00	194
解析数论引论	2011—03	48.00	100
Barban Davenport Halberstam 均值和	2009—01	40.00	33
基础数论	2011—03	28.00	101
初等数论 100 例	2011—05	18.00	122
初等数论经典例题	2012—07	18.00	204
最新世界各国数学奥林匹克中的初等数论试题(上、下)	2012—01	138.00	144,145
初等数论(Ⅰ)	2012—01	18.00	156
初等数论(Ⅱ)	2012—01	18.00	157
初等数论(Ⅲ)	2012—01	28.00	158

书　名	出版时间	定　价	编号
平面几何与数论中未解决的新老问题	2013—01	68.00	229
代数数论简史	2014—11	28.00	408
代数数论	2015—09	88.00	532
代数、数论及分析习题集	2016—11	98.00	695
数论导引提要及习题解答	2016—01	48.00	559
素数定理的初等证明. 第2版	2016—09	48.00	686
数论中的模函数与狄利克雷级数（第二版）	2017—11	78.00	837
数论:数学导引	2018—01	68.00	849
数学眼光透视（第2版）	2017—06	78.00	732
数学思想领悟（第2版）	2018—01	68.00	733
数学方法溯源（第2版）	2018—08	68.00	734
数学解题引论	2017—05	58.00	735
数学史话览胜（第2版）	2017—01	48.00	736
数学应用展观（第2版）	2017—08	68.00	737
数学建模尝试	2018—04	48.00	738
数学竞赛采风	2018—01	68.00	739
数学技能操握	2018—03	48.00	741
数学欣赏拾趣	2018—02	48.00	742
从毕达哥拉斯到怀尔斯	2007—10	48.00	9
从迪利克雷到维斯卡尔迪	2008—01	48.00	21
从哥德巴赫到陈景润	2008—05	98.00	35
从庞加莱到佩雷尔曼	2011—08	138.00	136
博弈论精粹	2008—03	58.00	30
博弈论精粹.第二版（精装）	2015—01	88.00	461
数学 我爱你	2008—01	28.00	20
精神的圣徒 别样的人生——60位中国数学家成长的历程	2008—09	48.00	39
数学史概论	2009—06	78.00	50
数学史概论（精装）	2013—03	158.00	272
数学史选讲	2016—01	48.00	544
斐波那契数列	2010—02	28.00	65
数学拼盘和斐波那契魔方	2010—07	38.00	72
斐波那契数列欣赏（第2版）	2018—08	58.00	948
Fibonacci 数列中的明珠	2018—06	58.00	928
数学的创造	2011—02	48.00	85
数学美与创造力	2016—01	48.00	595
数海拾贝	2016—01	48.00	590
数学中的美	2011—02	38.00	84
数论中的美学	2014—12	38.00	351

刘培杰数学工作室
已出版(即将出版)图书目录——初等数学

书　名	出版时间	定　价	编号
数学王者　科学巨人——高斯	2015—01	28.00	428
振兴祖国数学的圆梦之旅:中国初等数学研究史话	2015—06	98.00	490
二十世纪中国数学史料研究	2015—10	48.00	536
数字谜、数阵图与棋盘覆盖	2016—01	58.00	298
时间的形状	2016—01	38.00	556
数学发现的艺术:数学探索中的合情推理	2016—07	58.00	671
活跃在数学中的参数	2016—07	48.00	675
数学解题——靠数学思想给力(上)	2011—07	38.00	131
数学解题——靠数学思想给力(中)	2011—07	48.00	132
数学解题——靠数学思想给力(下)	2011—07	38.00	133
我怎样解题	2013—01	48.00	227
数学解题中的物理方法	2011—06	28.00	114
数学解题的特殊方法	2011—06	48.00	115
中学数学计算技巧	2012—01	48.00	116
中学数学证明方法	2012—01	58.00	117
数学趣题巧解	2012—03	28.00	128
高中数学教学通鉴	2015—05	58.00	479
和高中生漫谈:数学与哲学的故事	2014—08	28.00	369
算术问题集	2017—03	38.00	789
张教授讲数学	2018—07	38.00	933
自主招生考试中的参数方程问题	2015—01	28.00	435
自主招生考试中的极坐标问题	2015—04	28.00	463
近年全国重点大学自主招生数学试题全解及研究.华约卷	2015—02	38.00	441
近年全国重点大学自主招生数学试题全解及研究.北约卷	2016—05	38.00	619
自主招生数学解证宝典	2015—09	48.00	535
格点和面积	2012—07	18.00	191
射影几何趣谈	2012—04	28.00	175
斯潘纳尔引理——从一道加拿大数学奥林匹克试题谈起	2014—01	28.00	228
李普希兹条件——从几道近年高考数学试题谈起	2012—10	18.00	221
拉格朗日中值定理——从一道北京高考试题的解法谈起	2015—10	18.00	197
闵科夫斯基定理——从一道清华大学自主招生试题谈起	2014—01	28.00	198
哈尔测度——从一道冬令营试题的背景谈起	2012—08	28.00	202
切比雪夫逼近问题——从一道中国台北数学奥林匹克试题谈起	2013—04	38.00	238
伯恩斯坦多项式与贝齐尔曲面——从一道全国高中数学联赛试题谈起	2013—03	38.00	236
卡塔兰猜想——从一道普特南竞赛试题谈起	2013—06	18.00	256
麦卡锡函数和阿克曼函数——从一道前南斯拉夫数学奥林匹克试题谈起	2012—08	18.00	201
贝蒂定理与拉姆贝克莫斯尔定理——从一个拣石子游戏谈起	2012—08	18.00	217
皮亚诺曲线和豪斯道夫分球定理——从无限集谈起	2012—08	18.00	211
平面凸图形与凸多面体	2012—10	28.00	218
斯坦因豪斯问题——从一道二十五省市自治区中学数学竞赛试题谈起	2012—07	18.00	196

刘培杰数学工作室
已出版（即将出版）图书目录——初等数学

书 名	出版时间	定 价	编号
纽结理论中的亚历山大多项式与琼斯多项式——从一道北京市高一数学竞赛试题谈起	2012—07	28.00	195
原则与策略——从波利亚"解题表"谈起	2013—04	38.00	244
转化与化归——从三大尺规作图不能问题谈起	2012—08	28.00	214
代数几何中的贝祖定理（第一版）——从一道IMO试题的解法谈起	2013—08	18.00	193
成功连贯理论与约当块理论——从一道比利时数学竞赛试题谈起	2012—04	18.00	180
素数判定与大数分解	2014—08	18.00	199
置换多项式及其应用	2012—10	18.00	220
椭圆函数与模函数——从一道美国加州大学洛杉矶分校(UCLA)博士资格考题谈起	2012—10	28.00	219
差分方程的拉格朗日方法——从一道2011年全国高考理科试题的解法谈起	2012—08	28.00	200
力学在几何中的一些应用	2013—01	38.00	240
高斯散度定理、斯托克斯定理和平面格林定理——从一道国际大学生数学竞赛试题谈起	即将出版		
康托洛维奇不等式——从一道全国高中联赛试题谈起	2013—03	28.00	337
西格尔引理——从一道第18届IMO试题的解法谈起	即将出版		
罗斯定理——从一道前苏联数学竞赛试题谈起	即将出版		
拉克斯定理和阿廷定理——从一道IMO试题的解法谈起	2014—01	58.00	246
毕卡大定理——从一道美国大学数学竞赛试题谈起	2014—07	18.00	350
贝齐尔曲线——从一道全国高中联赛试题谈起	即将出版		
拉格朗日乘子定理——从一道2005年全国高中联赛试题的高等数学解法谈起	2015—05	28.00	480
雅可比定理——从一道日本数学奥林匹克试题谈起	2013—04	48.00	249
李天岩—约克定理——从一道波兰数学竞赛试题谈起	2014—06	28.00	349
整系数多项式因式分解的一般方法——从克朗耐克算法谈起	即将出版		
布劳维不动点定理——从一道前苏联数学奥林匹克试题谈起	2014—01	38.00	273
伯恩赛德定理——从一道英国数学奥林匹克试题谈起	即将出版		
布查特—莫斯特定理——从一道上海市初中竞赛试题谈起	即将出版		
数论中的同余数问题——从一道普特南竞赛试题谈起	即将出版		
范·德蒙行列式——从一道美国数学奥林匹克试题谈起	即将出版		
中国剩余定理:总数法构建中国历史年表	2015—01	28.00	430
牛顿程序与方程求根——从一道全国高考试题解法谈起	即将出版		
库默尔定理——从一道IMO预选试题谈起	即将出版		
卢丁定理——从一道冬令营试题的解法谈起	即将出版		
沃斯滕霍姆定理——从一道IMO预选试题谈起	即将出版		
卡尔松不等式——从一道莫斯科数学奥林匹克试题谈起	即将出版		
信息论中的香农熵——从一道近年高考压轴题谈起	即将出版		
约当不等式——从一道希望杯竞赛试题谈起	即将出版		
拉比诺维奇定理	即将出版		
刘维尔定理——从一道《美国数学月刊》征解问题的解法谈起	即将出版		
卡塔兰恒等式与级数求和——从一道IMO试题的解法谈起	即将出版		
勒让德猜想与素数分布——从一道爱尔兰竞赛试题谈起	即将出版		
天平称重与信息论——从一道基辅市数学奥林匹克试题谈起	即将出版		
哈密尔顿—凯莱定理:从一道高中数学联赛试题的解法谈起	2014—09	18.00	376
艾思特曼定理——从一道CMO试题的解法谈起	即将出版		

刘培杰数学工作室
已出版（即将出版）图书目录——初等数学

书　　名	出版时间	定价	编号
阿贝尔恒等式与经典不等式及应用	2018—06	98.00	923
迪利克雷除数问题	2018—07	48.00	930
贝克码与编码理论——从一道全国高中联赛试题谈起	即将出版		
帕斯卡三角形	2014—03	18.00	294
蒲丰投针问题——从2009年清华大学的一道自主招生试题谈起	2014—01	38.00	295
斯图姆定理——从一道"华约"自主招生试题的解法谈起	2014—01	18.00	296
许瓦兹引理——从一道加利福尼亚大学伯克利分校数学系博士生试题谈起	2014—08	18.00	297
拉姆塞定理——从王诗宬院士的一个问题谈起	2016—04	48.00	299
坐标法	2013—12	28.00	332
数论三角形	2014—04	38.00	341
毕克定理	2014—07	18.00	352
数林掠影	2014—09	48.00	389
我们周围的概率	2014—10	38.00	390
凸函数最值定理:从一道华约自主招生题的解法谈起	2014—10	28.00	391
易学与数学奥林匹克	2014—10	38.00	392
生物数学趣谈	2015—01	18.00	409
反演	2015—01	28.00	420
因式分解与圆锥曲线	2015—01	18.00	426
轨迹	2015—01	28.00	427
面积原理:从常庚哲命的一道CMO试题的积分解法谈起	2015—01	48.00	431
形形色色的不动点定理:从一道28届IMO试题谈起	2015—01	38.00	439
柯西函数方程:从一道上海交大自主招生的试题谈起	2015—02	28.00	440
三角恒等式	2015—02	28.00	442
无理性判定:从一道2014年"北约"自主招生试题谈起	2015—02	38.00	443
数学归纳法	2015—03	18.00	451
极端原理与解题	2015—04	28.00	464
法雷级数	2014—08	18.00	367
摆线族	2015—01	38.00	438
函数方程及其解法	2015—05	38.00	470
含参数的方程和不等式	2012—09	28.00	213
希尔伯特第十问题	2016—01	38.00	543
无穷小量的求和	2016—01	28.00	545
切比雪夫多项式:从一道清华大学金秋营试题谈起	2016—01	38.00	583
泽肯多夫定理	2016—03	38.00	599
代数等式证明法	2016—01	28.00	600
三角等式证题法	2016—01	28.00	601
吴大任教授藏书中的一个因式分解公式:从一道美国数学邀请赛试题的解法谈起	2016—06	28.00	656
易卦——类万物的数学模型	2017—08	68.00	838
"不可思议"的数与数系可持续发展	2018—01	38.00	878
最短线	2018—01	38.00	879
幻方和魔方（第一卷）	2012—05	68.00	173
尘封的经典——初等数学经典文献选读（第一卷）	2012—07	48.00	205
尘封的经典——初等数学经典文献选读（第二卷）	2012—07	38.00	206
初级方程式论	2011—03	28.00	106
初等数学研究（Ⅰ）	2008—09	68.00	37
初等数学研究（Ⅱ）(上、下)	2009—05	118.00	46,47

书 名	出版时间	定 价	编号
趣味初等方程妙题集锦	2014—09	48.00	388
趣味初等数论选美与欣赏	2015—02	48.00	445
耕读笔记（上卷）：一位农民数学爱好者的初数探索	2015—04	28.00	459
耕读笔记（中卷）：一位农民数学爱好者的初数探索	2015—05	28.00	483
耕读笔记（下卷）：一位农民数学爱好者的初数探索	2015—05	28.00	484
几何不等式研究与欣赏.上卷	2016—01	88.00	547
几何不等式研究与欣赏.下卷	2016—01	48.00	552
初等数列研究与欣赏·上	2016—01	48.00	570
初等数列研究与欣赏·下	2016—01	48.00	571
趣味初等函数研究与欣赏.上	2016—09	48.00	684
趣味初等函数研究与欣赏.下	2018—09	48.00	685
火柴游戏	2016—05	38.00	612
智力解谜.第1卷	2017—07	38.00	613
智力解谜.第2卷	2017—07	38.00	614
故事智力	2016—07	48.00	615
名人们喜欢的智力问题	即将出版		616
数学大师的发现、创造与失误	2018—01	48.00	617
异曲同工	2018—09	48.00	618
数学的味道	2018—01	58.00	798
数学千字文	2018—10	68.00	977
数贝偶拾——高考数学题研究	2014—04	28.00	274
数贝偶拾——初等数学研究	2014—04	38.00	275
数贝偶拾——奥数题研究	2014—04	48.00	276
钱昌本教你快乐学数学（上）	2011—12	48.00	155
钱昌本教你快乐学数学（下）	2012—03	58.00	171
集合、函数与方程	2014—01	28.00	300
数列与不等式	2014—01	38.00	301
三角与平面向量	2014—01	28.00	302
平面解析几何	2014—01	38.00	303
立体几何与组合	2014—01	28.00	304
极限与导数、数学归纳法	2014—01	38.00	305
趣味数学	2014—03	28.00	306
教材教法	2014—04	68.00	307
自主招生	2014—05	58.00	308
高考压轴题（上）	2015—01	48.00	309
高考压轴题（下）	2014—10	68.00	310
从费马到怀尔斯——费马大定理的历史	2013—10	198.00	I
从庞加莱到佩雷尔曼——庞加莱猜想的历史	2013—10	298.00	II
从切比雪夫到爱尔特希（上）——素数定理的初等证明	2013—07	48.00	III
从切比雪夫到爱尔特希（下）——素数定理100年	2012—12	98.00	III
从高斯到盖尔方特——二次域的高斯猜想	2013—10	198.00	IV
从库默尔到朗兰兹——朗兰兹猜想的历史	2014—01	98.00	V
从比勃巴赫到德布朗斯——比勃巴赫猜想的历史	2014—02	298.00	VI
从麦比乌斯到陈省身——麦比乌斯变换与麦比乌斯带	2014—02	298.00	VII
从布尔到豪斯道夫——布尔方程与格论漫谈	2013—10	198.00	VIII
从开普勒到阿诺德——三体问题的历史	2014—05	298.00	IX
从华林到华罗庚——华林问题的历史	2013—10	298.00	X

刘培杰数学工作室
已出版(即将出版)图书目录——初等数学

书　名	出版时间	定　价	编号
美国高中数学竞赛五十讲.第1卷(英文)	2014—08	28.00	357
美国高中数学竞赛五十讲.第2卷(英文)	2014—08	28.00	358
美国高中数学竞赛五十讲.第3卷(英文)	2014—09	28.00	359
美国高中数学竞赛五十讲.第4卷(英文)	2014—09	28.00	360
美国高中数学竞赛五十讲.第5卷(英文)	2014—10	28.00	361
美国高中数学竞赛五十讲.第6卷(英文)	2014—11	28.00	362
美国高中数学竞赛五十讲.第7卷(英文)	2014—12	28.00	363
美国高中数学竞赛五十讲.第8卷(英文)	2015—01	28.00	364
美国高中数学竞赛五十讲.第9卷(英文)	2015—01	28.00	365
美国高中数学竞赛五十讲.第10卷(英文)	2015—02	38.00	366
三角函数(第2版)	2017—04	38.00	626
不等式	2014—01	38.00	312
数列	2014—01	38.00	313
方程(第2版)	2017—04	38.00	624
排列和组合	2014—01	28.00	315
极限与导数(第2版)	2016—04	38.00	635
向量(第2版)	2018—08	58.00	627
复数及其应用	2014—08	28.00	318
函数	2014—01	38.00	319
集合	即将出版		320
直线与平面	2014—01	28.00	321
立体几何(第2版)	2016—04	38.00	629
解三角形	即将出版		323
直线与圆(第2版)	2016—11	38.00	631
圆锥曲线(第2版)	2016—09	48.00	632
解题通法(一)	2014—07	38.00	326
解题通法(二)	2014—07	38.00	327
解题通法(三)	2014—05	38.00	328
概率与统计	2014—01	28.00	329
信息迁移与算法	即将出版		330
IMO 50年.第1卷(1959—1963)	2014—11	28.00	377
IMO 50年.第2卷(1964—1968)	2014—11	28.00	378
IMO 50年.第3卷(1969—1973)	2014—09	28.00	379
IMO 50年.第4卷(1974—1978)	2016—04	38.00	380
IMO 50年.第5卷(1979—1984)	2015—04	38.00	381
IMO 50年.第6卷(1985—1989)	2015—04	58.00	382
IMO 50年.第7卷(1990—1994)	2016—01	48.00	383
IMO 50年.第8卷(1995—1999)	2016—06	38.00	384
IMO 50年.第9卷(2000—2004)	2015—04	58.00	385
IMO 50年.第10卷(2005—2009)	2016—01	48.00	386
IMO 50年.第11卷(2010—2015)	2017—03	48.00	646

刘培杰数学工作室
已出版(即将出版)图书目录——初等数学

书　　名	出版时间	定　价	编号
数学反思(2007—2008)	即将出版		915
数学反思(2008—2009)	即将出版		916
数学反思(2010—2011)	2018—05	58.00	917
数学反思(2012—2013)	即将出版		918
数学反思(2014—2015)	即将出版		919
历届美国大学生数学竞赛试题集.第一卷(1938—1949)	2015—01	28.00	397
历届美国大学生数学竞赛试题集.第二卷(1950—1959)	2015—01	28.00	398
历届美国大学生数学竞赛试题集.第三卷(1960—1969)	2015—01	28.00	399
历届美国大学生数学竞赛试题集.第四卷(1970—1979)	2015—01	18.00	400
历届美国大学生数学竞赛试题集.第五卷(1980—1989)	2015—01	28.00	401
历届美国大学生数学竞赛试题集.第六卷(1990—1999)	2015—01	28.00	402
历届美国大学生数学竞赛试题集.第七卷(2000—2009)	2015—08	18.00	403
历届美国大学生数学竞赛试题集.第八卷(2010—2012)	2015—01	18.00	404
新课标高考数学创新题解题诀窍:总论	2014—09	28.00	372
新课标高考数学创新题解题诀窍:必修1~5分册	2014—08	38.00	373
新课标高考数学创新题解题诀窍:选修2—1,2—2,1—1,1—2分册	2014—09	38.00	374
新课标高考数学创新题解题诀窍:选修2—3,4—4,4—5分册	2014—09	18.00	375
全国重点大学自主招生英文数学试题全攻略:词汇卷	2015—07	48.00	410
全国重点大学自主招生英文数学试题全攻略:概念卷	2015—01	28.00	411
全国重点大学自主招生英文数学试题全攻略:文章选读卷(上)	2016—09	38.00	412
全国重点大学自主招生英文数学试题全攻略:文章选读卷(下)	2017—01	58.00	413
全国重点大学自主招生英文数学试题全攻略:试题卷	2015—07	38.00	414
全国重点大学自主招生英文数学试题全攻略:名著欣赏卷	2017—03	48.00	415
劳埃德数学趣题大全.题目卷.1:英文	2016—01	18.00	516
劳埃德数学趣题大全.题目卷.2:英文	2016—01	18.00	517
劳埃德数学趣题大全.题目卷.3:英文	2016—01	18.00	518
劳埃德数学趣题大全.题目卷.4:英文	2016—01	18.00	519
劳埃德数学趣题大全.题目卷.5:英文	2016—01	18.00	520
劳埃德数学趣题大全.答案卷:英文	2016—01	18.00	521
李成章教练奥数笔记.第1卷	2016—01	48.00	522
李成章教练奥数笔记.第2卷	2016—01	48.00	523
李成章教练奥数笔记.第3卷	2016—01	38.00	524
李成章教练奥数笔记.第4卷	2016—01	38.00	525
李成章教练奥数笔记.第5卷	2016—01	38.00	526
李成章教练奥数笔记.第6卷	2016—01	38.00	527
李成章教练奥数笔记.第7卷	2016—01	38.00	528
李成章教练奥数笔记.第8卷	2016—01	48.00	529
李成章教练奥数笔记.第9卷	2016—01	28.00	530

刘培杰数学工作室
已出版(即将出版)图书目录——初等数学

书　名	出版时间	定　价	编号
第19~23届"希望杯"全国数学邀请赛试题审题要津详细评注(初一版)	2014—03	28.00	333
第19~23届"希望杯"全国数学邀请赛试题审题要津详细评注(初二、初三版)	2014—03	38.00	334
第19~23届"希望杯"全国数学邀请赛试题审题要津详细评注(高一版)	2014—03	28.00	335
第19~23届"希望杯"全国数学邀请赛试题审题要津详细评注(高二版)	2014—03	38.00	336
第19~25届"希望杯"全国数学邀请赛试题审题要津详细评注(初一版)	2015—01	38.00	416
第19~25届"希望杯"全国数学邀请赛试题审题要津详细评注(初二、初三版)	2015—01	58.00	417
第19~25届"希望杯"全国数学邀请赛试题审题要津详细评注(高一版)	2015—01	48.00	418
第19~25届"希望杯"全国数学邀请赛试题审题要津详细评注(高二版)	2015—01	48.00	419
物理奥林匹克竞赛大题典——力学卷	2014—11	48.00	405
物理奥林匹克竞赛大题典——热学卷	2014—04	28.00	339
物理奥林匹克竞赛大题典——电磁学卷	2015—07	48.00	406
物理奥林匹克竞赛大题典——光学与近代物理卷	2014—06	28.00	345
历届中国东南地区数学奥林匹克试题集(2004~2012)	2014—06	18.00	346
历届中国西部地区数学奥林匹克试题集(2001~2012)	2014—07	18.00	347
历届中国女子数学奥林匹克试题集(2002~2012)	2014—08	18.00	348
数学奥林匹克在中国	2014—06	98.00	344
数学奥林匹克问题集	2014—01	38.00	267
数学奥林匹克不等式散论	2010—06	38.00	124
数学奥林匹克不等式欣赏	2011—09	38.00	138
数学奥林匹克超级题库(初中卷上)	2010—01	58.00	66
数学奥林匹克不等式证明方法和技巧(上、下)	2011—08	158.00	134,135
他们学什么:原民主德国中学数学课本	2016—09	38.00	658
他们学什么:英国中学数学课本	2016—09	38.00	659
他们学什么:法国中学数学课本.1	2016—09	38.00	660
他们学什么:法国中学数学课本.2	2016—09	28.00	661
他们学什么:法国中学数学课本.3	2016—09	38.00	662
他们学什么:苏联中学数学课本	2016—09	28.00	679
高中数学题典——集合与简易逻辑·函数	2016—07	48.00	647
高中数学题典——导数	2016—07	48.00	648
高中数学题典——三角函数·平面向量	2016—07	48.00	649
高中数学题典——数列	2016—07	58.00	650
高中数学题典——不等式·推理与证明	2016—07	38.00	651
高中数学题典——立体几何	2016—07	48.00	652
高中数学题典——平面解析几何	2016—07	78.00	653
高中数学题典——计数原理·统计·概率·复数	2016—07	48.00	654
高中数学题典——算法·平面几何·初等数论·组合数学·其他	2016—07	68.00	655

刘培杰数学工作室
已出版(即将出版)图书目录——初等数学

书　　名	出版时间	定价	编号
台湾地区奥林匹克数学竞赛试题.小学一年级	2017—03	38.00	722
台湾地区奥林匹克数学竞赛试题.小学二年级	2017—03	38.00	723
台湾地区奥林匹克数学竞赛试题.小学三年级	2017—03	38.00	724
台湾地区奥林匹克数学竞赛试题.小学四年级	2017—03	38.00	725
台湾地区奥林匹克数学竞赛试题.小学五年级	2017—03	38.00	726
台湾地区奥林匹克数学竞赛试题.小学六年级	2017—03	38.00	727
台湾地区奥林匹克数学竞赛试题.初中一年级	2017—03	38.00	728
台湾地区奥林匹克数学竞赛试题.初中二年级	2017—03	38.00	729
台湾地区奥林匹克数学竞赛试题.初中三年级	2017—03	28.00	730
不等式证题法	2017—04	28.00	747
平面几何培优教程	即将出版		748
奥数鼎级培优教程.高一分册	2018—09	88.00	749
奥数鼎级培优教程.高二分册.上	2018—04	68.00	750
奥数鼎级培优教程.高二分册.下	2018—04	68.00	751
高中数学竞赛冲刺宝典	即将出版		883
初中尖子生数学超级题典.实数	2017—07	58.00	792
初中尖子生数学超级题典.式、方程与不等式	2017—08	58.00	793
初中尖子生数学超级题典.圆、面积	2017—08	38.00	794
初中尖子生数学超级题典.函数、逻辑推理	2017—08	48.00	795
初中尖子生数学超级题典.角、线段、三角形与多边形	2017—07	58.00	796
数学王子——高斯	2018—01	48.00	858
坎坷奇星——阿贝尔	2018—01	48.00	859
闪烁奇星——伽罗瓦	2018—01	58.00	860
无穷统帅——康托尔	2018—01	48.00	861
科学公主——柯瓦列夫斯卡娅	2018—01	48.00	862
抽象代数之母——埃米·诺特	2018—01	48.00	863
电脑先驱——图灵	2018—01	58.00	864
昔日神童——维纳	2018—01	48.00	865
数坛怪侠——爱尔特希	2018—01	68.00	866
当代世界中的数学.数学思想与数学基础	2019—01	38.00	892
当代世界中的数学.数学问题	2019—01	38.00	893
当代世界中的数学.应用数学与数学应用	即将出版		894
当代世界中的数学.数学王国的新疆域(一)	2019—01	38.00	895
当代世界中的数学.数学王国的新疆域(二)	2019—01	38.00	896
当代世界中的数学.数林撷英(一)	即将出版		897
当代世界中的数学.数林撷英(二)	即将出版		898
当代世界中的数学.数学之路	即将出版		899

刘培杰数学工作室
已出版(即将出版)图书目录——初等数学

书　名	出版时间	定　价	编号
105 个代数问题:来自 AwesomeMath 夏季课程	即将出版		956
106 个几何问题:来自 AwesomeMath 夏季课程	即将出版		957
107 个几何问题:来自 AwesomeMath 全年课程	即将出版		958
108 个代数问题:来自 AwesomeMath 全年课程	2018—09	68.00	959
109 个不等式:来自 AwesomeMath 夏季课程	即将出版		960
数学奥林匹克中的 110 个几何问题	即将出版		961
111 个代数和数论问题	即将出版		962
112 个组合问题:来自 AwesomeMath 夏季课程	即将出版		963
113 个几何不等式:来自 AwesomeMath 夏季课程	即将出版		964
114 个指数和对数问题:来自 AwesomeMath 夏季课程	即将出版	.	965
115 个三角问题:来自 AwesomeMath 夏季课程	即将出版		966
116 个代数不等式:来自 AwesomeMath 全年课程	即将出版		967

联系地址:哈尔滨市南岗区复华四道街 10 号　哈尔滨工业大学出版社刘培杰数学工作室
网　　址:http://lpj.hit.edu.cn/
邮　　编:150006
联系电话:0451—86281378　　13904613167
E-mail:lpj1378@163.com